中 国 轻 工 业“ 十 四 五 ” 规 划 立 项 教 材
普通高等院校计算机类专业规划教材·精品系列

物联网概论

张翼英　梁　琨　马溪源◎主编

中国铁道出版社有限公司
CHINA RAILWAY PUBLISHING HOUSE CO., LTD.

内 容 简 介

本书是“中国轻工业‘十四五’规划立项教材”，针对当前普通高等学校物联网专业教学需要编写。本书紧密追踪物联网技术发展与典型应用，从物联网的全面感知、可靠传递、智能处理三方面出发，结合人工智能、云计算、大数据等技术，从基础知识、关键技术到典型应用，全方位阐释物联网的技术原理特征和生产生活应用。全书分为基础篇和应用篇，共 12 章，第 1 章阐述物联网的背景需求、概念特征及发展趋势；第 2 章至第 4 章讲解物联网基础技术，分别介绍物联网标识技术、物联网传感技术及物联网感知技术；第 5 章从物联网传输功能出发，主要介绍支撑信息传输的各种典型通信技术；第 6 章介绍物联网安全技术；第 7 章详细介绍物联网精准定位、时间同步、云边协同等关键应用技术；第 8 章至第 12 章主要介绍智能交通、智能穿戴、智能物流、智能机器人、智能博物馆等物联网典型应用。

本书适合作为高等院校物联网等专业的教材，也可以作为物联网技术相关研究人员、企事业单位人员的参考书。

图书在版编目（CIP）数据

物联网概论 / 张翼英，梁琨，马溪源主编. -- 北京 ：中国铁道出版社有限公司，2024. 9. --（中国轻工业“十四五”规划立项教材）（普通高等院校计算机类专业规划教材）. -- ISBN 978-7-113-31352-4

Ⅰ. TP393. 4；TP18

中国国家版本馆CIP数据核字第20249UY948号

书　　名：**物联网概论**
作　　者：张翼英　梁　琨　马溪源

策　　划：闫钇汛　　　　编辑部电话：（010）63551006
责任编辑：闫钇汛
封面设计：穆　丽
封面制作：刘　颖
责任校对：苗　丹
责任印制：樊启鹏

出版发行：中国铁道出版社有限公司（100054，北京市西城区右安门西街 8 号）
网　　址：https://www.tdpress.com/51eds/
印　　刷：河北燕山印务有限公司
版　　次：2024 年 9 月第 1 版　2024 年 9 月第 1 次印刷
开　　本：787 mm×1 092 mm　1/16　印张：17.25　字数：429 千
书　　号：ISBN 978-7-113-31352-4
定　　价：55.00 元

前　言

物联网是以感知技术和网络通信技术为主要手段，实现人、机、物的泛在连接，提供信息感知、信息传输、信息处理等服务的基础设施。随着经济社会数字化转型和智能升级步伐加快，物联网已经成为数字化基础设施的重要组成部分，是形成新质生产力的重要技术力量。目前，在我国主要城市已经初步建成物联网新型基础设施，社会现代化治理、产业数字化转型和民生消费升级的基础更加稳固，物联网技术与应用得到迅猛发展。数以万亿的智能设备、感知终端接入网络，如智能电表、智能手机、电动汽车等；同时，人工智能、边缘计算、区块链等新技术加快与物联网技术结合，实现了行业跨界融合，产生了各种创新应用。

行业应用是物联网发展的主要驱动力之一。物联网通过部署各类感知设备，实现对行业应用对象的精准感知，打破了真实的物理世界和虚拟的信息世界界限，扩大了人类对物理世界的认知、理解和控制，为传统行业数字化转型升级提供了从物理世界到信息世界映射的基础支撑。随着我国“人工智能+”“新质生产力”等战略提出，互联网企业、传统行业企业、设备商、电信运营商等全面加入物联网产业，产业生态初具雏形。在感知层面，各类感知终端持续向精准感知、功能融合发展；在传输层面，各类通信技术不断创新落地，网络基础设施迅速完善，物联网从碎片化逐渐向互联互通转变；在应用层面，人工智能、大数据、区块链等技术迅猛发展，更多数字化、智能化应用不断涌现。

由于物联网相关技术及应用不断出新，新工科等建设最新技术及典型应用相关教材严重匮乏。本书集合了十余名相关专业的专家和博士在物联网及相关领域的理论研究和实践成果，从物联网关键技术和典型应用两方面全方位阐释了物联网的发展现状、关键技术及其典型应用，全书分为基础篇（1～6章）和应用篇（7～12章）。

第1章首先阐述了物联网的发展背景、定义、特征，以及物联网安全等概念，并对物联网体系架构进行深入分析。又分别对欧美、日韩和中国等国内外物联网的发展进程、主要研究和实践情况进行介绍。

第2章介绍了物联网标识技术。主要对射频识别技术进行了详细的介绍，包括它的技术背景、原理及中间件等。同时，对射频识别技术的安全问题等进行了阐述。

第3章从物联网感知功能出发，详细介绍了传感网，包括传感器的构成、分类，以及传感网的自组网技术、协议体系等理论、技术原理及应用。

第4章主要介绍了物联网感知技术，包括智能视频技术、智能语音技术及智能环境感知技术等。

第5章从物联网传输层出发，主要介绍了支撑传输层的各种信息通信技术，包括WAPI技术、Wi-Fi技术等，以及低功耗广域网技术（NB-IoT等）、卫星、光纤、移动通信技术等。

第6章阐述了物联网安全技术，从物联网三个层次的安全威胁、安全技术及相关案例进行详细阐述。

第7章从应用层出发，主要介绍了大数据、云计算、物联网定位等技术。

第8章至第12章主要介绍了物联网应用层的关键技术及典型应用，包括智能交通、智能物流、智能穿戴、智能机器人、智能博物馆等。

本书由张翼英、梁琨、马溪源主编。具体编写情况如下：

本书第1章由张翼英编写；第2章由梁琨、张翼英编写；第3章由马兴毅、李冰、李昊臻编写；第4章由张茜、马溪源编写；第5章由张翼英、张亚男编写；第6章由梁琨、张翼英编写；第7章由王聪、张翼英编写；第8章由张亚男编写；第9章由马溪源、张晓丽、张亚男、赵宇编写；第10章由张茜、马溪源编写；第11章由戴凤智、李芳艳编写；第12章由贺琳、杨晓飞编写。全书由张翼英统稿、定稿。

参加编写的人员还有柳柯、郭振坤、董艳萍、李子纤、丁慧、马浩、赵丛丛、范一凡、卢文杰、黄越洋、许瑶等同学。

感谢中国铁道出版社有限公司在本书出版过程中给予的大力支持，感谢编辑人员的帮助与指导。感谢中国轻工业联合会认可，认定本书为中国轻工业“十四五”规划立项教材。

希望本书能够对关心物联网技术和产业发展的高校师生、专业工程师，以及产业链相关领域的从业人员、投融资人士等读者都能有所裨益，为我国物联网产业发展添砖加瓦。受编者水平及时间所限，书中难免会有局限和诸多不足之处，欢迎广大专家和读者不吝指正。

编 者

2024年7月

目　录

第一篇　基础篇

第一篇 基础篇

第 1 章 物联网概述

学习目标

◎ 了解：了解物联网的基本概念和发展历程，理解物联网的核心特点和技术架构。熟悉物联网在各行业中的应用现状，以及对社会生活和产业发展的影响。

◎ 理解：深入理解物联网技术在实际应用中的工作原理，包括物联网设备之间的通信协议、数据传输方式及安全性保障。理解不同物联网平台和解决方案的特点，以及它们在实际场景中的应用案例。

◎ 应用：能够运用所学知识，设计简单的物联网解决方案，并考虑到实际应用中可能遇到的问题和挑战。

◎ 分析：通过案例学习，分析不同行业中物联网解决方案的设计、实施和效果，总结成功的经验和失败的教训，为今后的物联网项目提供借鉴和指导。

物联网（internet of things, IoT）作为新一代信息通信技术的典型代表，已成为全球新一轮科技革命与产业变革的核心驱动，也是经济社会绿色、智能、可持续发展的关键基础与重要引擎。近几年，由于通信技术快速发展和智能设备的推陈出新，极大地促进物联网产业的发展。全球物联网正从碎片化、孤立化的典型性应用转变为示范性、可推广新阶段。尤其伴随“互联网+”“人工智能+”的提出，物联网及其相关市场快速启动，在诸多领域加速渗透，逐步走向大规模爆发式增长。物联网已成为当前世界新一轮经济和科技发展的战略制高点之一，是各国开创经济社会发展新模式和重塑国家竞争力的先导领域。随着各国的国家战略导引、政策支持、技术研发、企业推进等，物联网技术及物联网产业得到迅速发展和广泛应用。我国已经具备一定的应用、技术和产业基础。2024年《政府工作报告》提出，“大力推进现代化产业体系建设，加快发展新质生产力”。“深入推进数字经济创新发展”成为推动新质生产力加快发展的重要路径。物联网已经成为构建数字化基础设施的重要条件，是新质生产力重要的技术支撑。发展物联网已连续七年在《政府工作报告》中明确为重点任务之一，其应用领域将向与老百姓息息相关的医疗、教育、金融、交通、社会保障、就业、智能家居等方面扩展，形成更加多元化、智能化的应用。物联网已经从概念化阶段逐步落实，将成为每个人都触手可及的应用实践。

1.1　物联网的概念

视 频

物联网的概念

物联网就是物物相连的互联网。物联网构建了物理世界与信息世界的通道与桥梁，是在互联网基础上延伸和扩展的网络。通过网络连接，搭建物与物、人与物等直接的交流通道；通过配置在感知对象的感知设备上（如标签、传感器、智能设备等），将用户端延伸和扩展到任何物品与物品之间，对现实世界进行感知；通过智能设备对感知对象的识别、反馈其状态等，进行信息交换、通信和智能处理。简而言之，物联网就是将现实世界中的实体连到互联网上，实现物与物、人与物之间可以很方便地相互沟通。

随着物联网技术持续发展，物联网已经从概念技术广泛应用到社会生活的方方面面。下面来看一些生活中的物联网场景，如图 1.1 所示。

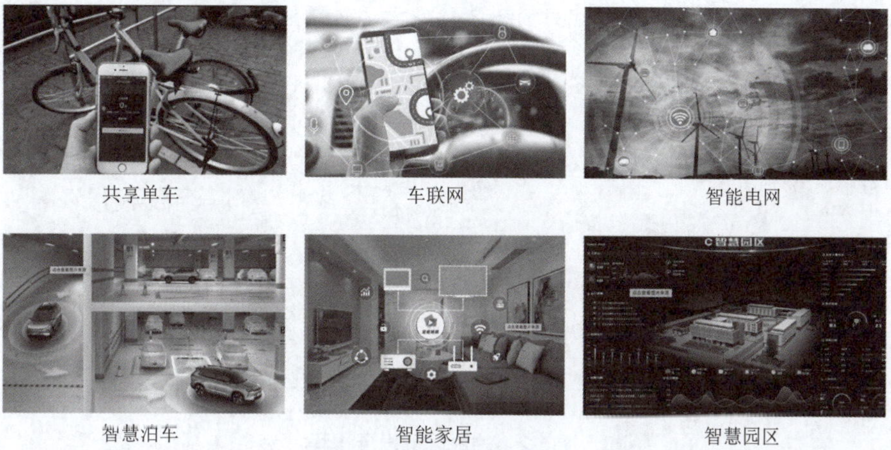

图 1.1　物联网的应用场景

智能家居是一个典型的物联网应用，它可以通过学习用户的生活习惯自动调节家中的温度，用户可以远程通过手机应用控制恒温器，无论身在何处都能调整家中的温度设置；智能设备也能够监测用户的在家和离家状态，并根据这些信息优化能源使用，从而帮助用户节省电费并减少能源浪费；同时，可以通过智能电视、智能音箱等享受智能生活。物联网技术不但提升了居住舒适度，也极大地丰富了生活内容、增加了生活乐趣。

物联网技术也推动了车联网、新能源汽车的快速发展和产品迭代。现在的车联网技术已经从车辆位置的导航，拓展到驾车的整个过程中，包括车体本身的一些运维数据的采集，比如刹车制动、车体温度、压力等，还有行车环境的监测，比如障碍物的识别、周边行车的速度距离等，通过这些数据的采集分析，给行车者提供更多的安全保障和出行便利。

物联网在日常生活中还有很多的应用场景，如智慧医疗、智慧城市、工业物联网、农业物联网等。这些场景通过智能设备和互联网的连接，提高了生活的便利性和效率。

1.1.1　物联网的起源与发展背景

众所周知，互联网是 20 世纪影响全世界的一项伟大发明。互联网的出现使人们的交往方式和文化形态都发生了重大变化，它不仅改变了现实的物理世界，也构建了一个全新的、虚拟的信息世界，让现实世界与虚拟世界相互交融，打破了时间和空间的束缚。

图1.2呈现了物联网由互联网演进的历程，可划分为三个重要时代：PC 时代（20 世纪 80 年代至 21 世纪初）、移动互联网时代（21 世纪初至 2020 年左右）和智能时代（2020 年及以后）。在 PC 时代，计算机与互联网的逐渐普及为物联网的发展筑牢了根基，Windows 操作系统和 Intel 芯片的广泛运用促进了计算机网络的前行。在移动互联网时代，智能手机和移动操作系统的蓬勃兴起，像苹果和谷歌的操作系统，让互联网更为便利和普及，4G 网络的迅猛发展进一步助推了移动互联网的广泛应用。步入智能时代，物联网凭借 5G 网络和人工智能技术成为可能，万物互联变为现实，华为等技术企业在推进 5G 技术普及进程中发挥了关键作用。物联网的发展轨迹清晰地表明了从互联网到物联网的演变过程。

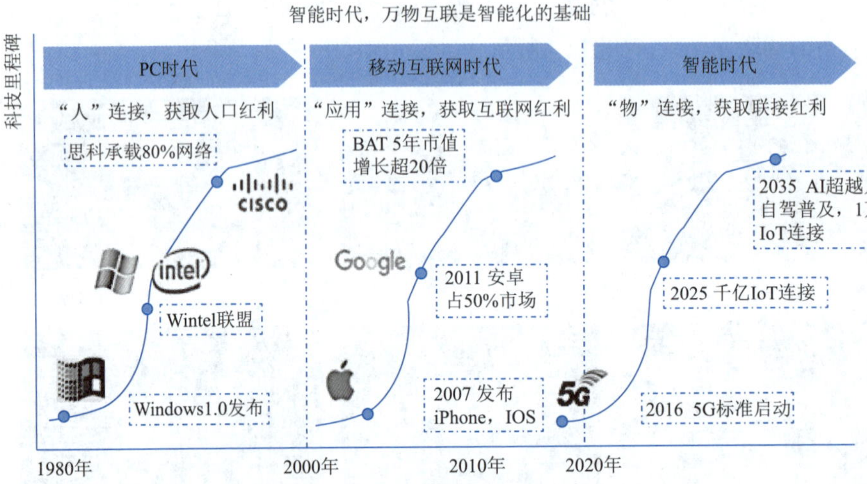

图 1.2 物联网的发展进程

物联网与传统互联网在核心技术和通信协议上有着直接的联系，它们共同构成了当今世界信息通信的基础。互联网最初设计的目的是实现计算机网络之间的数据交换，主要连接人与信息，以及人与人之间的互动。而物联网则是这一概念的延伸和扩展，它通过在物理设备中嵌入传感器和网络连接模块，使得这些设备能够收集、传输并利用数据。这样，不仅计算机和智能手机，而且普通的家用电器、工业设备乃至城市基础设施也能够“联网”，实现智能化管理和操作。

尽管物联网在实现形式上依赖于互联网，但它们的应用目标和功能需求有着本质的不同。互联网连接的是信息与人，而物联网连接的是人与机器，以及机器与机器，它强调的是对现实世界的实时控制和自动化监测。互联网和物联网的不同主要体现在两个方面。一方面，互联网用户通过各类终端设备，如服务器、计算机和移动设备，进行虚拟的在线活动，包括电子邮件、新闻阅读、博客创作、网络通信和在线交易等。另一方面，在物联网中，传感器节点和射频芯片通过无线传感器网络或读写器连接到互联网，实现实物之间的实时对话。这两者的不同接入方式反映了它们应用系统的差异。物联网的广泛应用技术包括无线技术、互联网、智能芯片技术、软件技术和人工智能，几乎囊括了信息通信技术的各个领域。从互联网向物联网的发展趋势如图1.3所示。

全球公认的物联网起源，要追溯到1991年英国剑桥大学著名的“特洛伊咖啡壶”事件。英国剑桥大学的特洛伊计算机实验室的科学家们为解决需要频繁检查咖啡煮好与否而上下楼梯的问题，创造性地安装了一个便携式摄像机对准咖啡壶，并通过图像捕捉技术将咖啡煮制情况实时传送到实验室的计算机上。随后，这个系统通过实验室网站接入互联网，允许全球用户通过网络查看咖啡状态，这个被称为“特洛伊咖啡壶”的系统不仅解决了一个实际问题，还意外引发了全球关注，成为物联网应用的一个重要雏形，并在2001年的eBay拍卖中以7 300美元的高价售出。这项不经意的发明居然在全世界引起了巨大的轰动。“特洛伊咖啡壶”是全世界物联网最早获得应用的一个雏形。

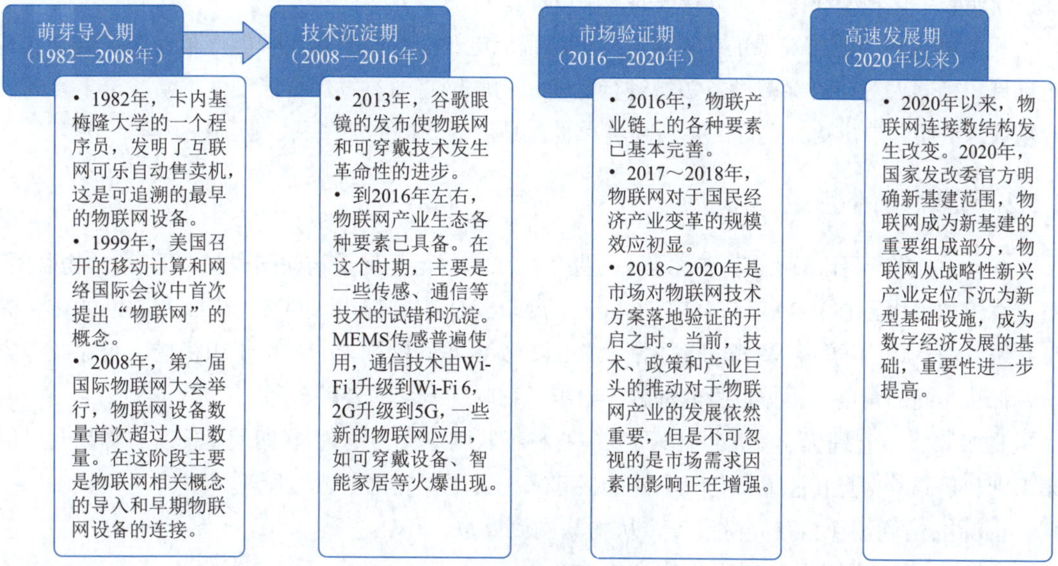

图 1.3　物联网的发展趋势

在21世纪初，随着无线网络技术和传感器技术的迅速发展，物联网开始逐步从概念阶段走向实际应用。射频识别（radio frequency identification, RFID）技术的广泛应用，特别是在供应链管理中的使用，被认为是物联网早期最成功的实践之一。通过RFID，物品能够自动识别和跟踪，从而提高了物流效率，并降低了运营成本。

国际电信联盟（ITU）于2005年11月17日发表了《ITU互联网报告2005：物联网》，该报告指出，物联网时代已经到来，无线通信时代正在到来，世界上所有的物体都能通过互联网主动地交换信息。RFID、传感技术、纳米技术、智能嵌入技术等将会得到更广泛的应用，这标志着物联网产业进入了发展的初期，物联网的概念也越来越深入。

2009年1月，美国政府承认新能源与物联网是美国的国策。欧盟执行委员会在2009年6月发布了《欧洲物联网行动计划》，提出要加强物联网管理，推动产业发展。时任国务院总理温家宝到无锡视察时高度肯定了传感网技术的研究发展，并提出在无锡高新区建设“感知中国中心”，中国科学院、运营商、多所大学在无锡建立了物联网研究院，中国正式启动了物联网产业的战略部署。中国、美国及各欧洲国家在物联网行业的部署计划标志着物联网进入了快速发展时期。

2019年，据中国工业信息网预测，全球物联网设备的数量已达107亿部，并预计2025年物联网接入数量将达到251亿部，增长率保持12%以上。从市场规模来看，statista数据显示，2020年全球物联网市场规模为2 480亿美元，预计到2025年市场规模将超过1.5万亿美元，复合增长44.59%。

2020年，在中国信息通信研究院发布的物联网白皮书中提到，预计到2025年，全球物联网总连接数规模将达到200亿，年复合增长率高达13%。2019年全球物联网的收入为3 430亿美元（约人民币2.4万亿元），预计到2025年将增长到1.1万亿美元（约人民币7.7万亿元），年复合增长率高达21.4%。

2021年9月，工信部等八部门印发《物联网新型基础设施建设三年行动计划（2021—2023年）》，明确到2023年底，在国内主要城市初步建成物联网新型基础设施，社会现代化治理、产业数字化转型和民生消费升级的基础更加稳固。

目前物联网产业的发展正在飞速进行，从智能电视、智能家居、智能汽车、医疗健康、智能玩具、机器人等向可穿戴设备领域进行延伸。物联网将通过发展智能硬件不断渗透多元的消费场景，从而营造出更加美好的生活环境，也就是生活变得更加便利、舒适、安全、节能。

1.1.2 物联网的定义

早在1995年，比尔·盖茨在《未来之路》一书中就已经提及物联网概念。但是，“物联网”概念真正被提出是在1999年，由EPCGlobal的Auto-ID 中心提出。目前，对于物联网的定义尚没有统一的认识，物联网的概念是不断发展的，所以不同的国家、权威组织机构、企业及专家学者都从不同的角度，根据自身的理解，给出了物联网概念的各种解释。

1999年，麻省理工学院Auto-ID研究中心将物联网定义为：“物联网就是把所有物品通过射频识别和条码等信息传感设备与互联网连接起来，实现智能化识别和管理。”

国际电信联盟（ITU）在报告《从物联网到互联网》中提出，物联网主要解决物体到物体（thing to thing, T2T），人到物体（human to thing, H2T），人到人（human to human, H2H）之间的互联。如图1.4所示，物联网是通过标准化的电子识别装置，实现任何时间、任何地点，对任何事物进行自动化的互联网络。这一定义扩展了物联网的范畴，强调了全面连接性和自动化的特点。

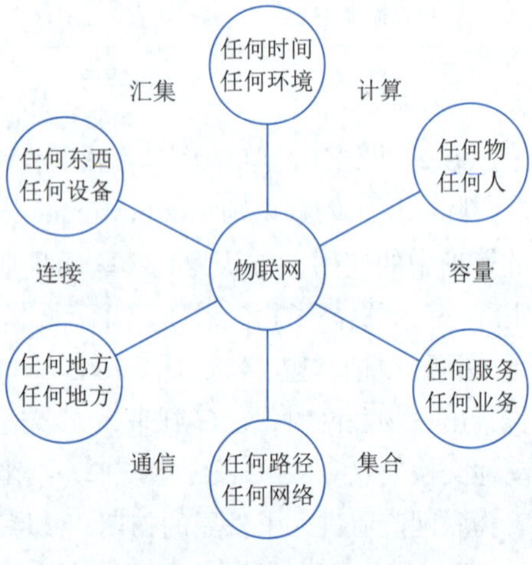

图 1.4 物联网的定义

2008年，欧洲智能系统集成技术平台（the European technology platform on smart systems integration, EPoSS）发布了“*Internet of Things in* 2020”报告。该报告分析并预测了未来物联网的发展，认为RFID和相关的识别技术是未来物联网的基石，但更加侧重于RFID的应用及物体的智能化。该报告对物联网的定义是：“物联网是由具有标识、虚拟个性的物体/对象所组成的网络，这些标识和个性等信息在智能空间使用智慧接口与用户、社会和环境进行通信。”

2009年，IBM提出“智慧地球”概念时，进一步阐述了物联网的功能，将其定义为物理世界的智能化响应和互动网络。IBM认为物联网是连接数据、过程、人和系统的全球基础设施。

2012年，通用电气提出了“工业物联网”（industrial internet of things, IIoT）的概念，定义为连接机器、数据和人的网络，通过数据分析和机器学习提高产业运作效率和决策质量。这个定义将物联网的应用从日常生活拓展到工业生产和企业级应用。

2015年IEEE对物联网给出了技术层面的详细定义，描述它为“包括硬件（各种传感器和智能设备）、网络（包括各种通信协议）和处理能力（云和边缘计算等），能够无缝集成物理世界和计算系统的基础设施”。

随着时间的推移和技术的进步，物联网的定义不断演化和扩展，反映了从基础设施、技术平台到全球系统的渐进式发展。这些定义不仅揭示了物联网技术如何从初步的概念走向实际应用的多维度展开，也展示了其在不同行业和领域中的广泛影响力。物联网的每一次定义更新，都是对其功能和可能性的重新认识，是技术发展与社会需求相互作用的结果。通过这些定义的变迁，人们可以更好地理解物联网的过去、现在及未来的可能方向，为深入探索物联网带来的变革提供坚实的理论基础。

1.1.3　物联网的特征

通常，物联网可以分为三个层级，包括感知层、网络层、应用层，如图1.5所示。与传统的互联网相比，物联网有其鲜明的特征。物联网是具有全面感知、可靠传输、智能处理三大特征的连接物理世界的网络，实现了任何人（anyone）、任何时间（anytime）、任何地点（anywhere）及任何物体（anything）的4A联接。

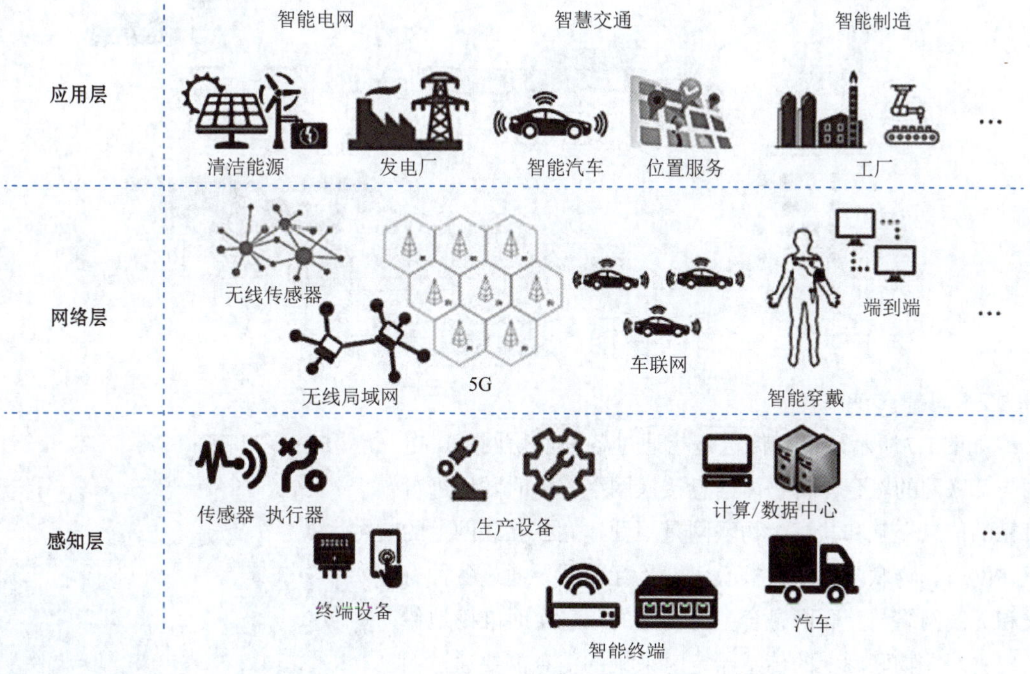

图 1.5　物联网三层架构

感知层是物联网的最底层，其主要功能是收集数据，通过芯片、传感器、执行器、模组等终端从物理世界中采集信息。

网络层是物联网的管道，主要负责传输数据，将感知层采集和识别的信息进一步传输到应用层。

应用层是物联网的最顶层，主要基于平台层的数据解决具体垂直领域的行业问题，包括安防、物流、交通、家居等领域。

总的来说，物联网的技术特征主要有以下三个方面：

1. 全面感知

全面感知是物联网的核心特征之一，如图1.6所示，它指的是通过部署遍布各种环境的传感器和智能设备，物联网能够持续地从其周围环境收集数据。这些传感器可以检测和记录各种参数，如温度、湿度、位置、运动等，而智能设备则能处理这些数据并做出相应的响应。全面感知使物联网能够实时地捕捉到环境变化和用户需求，从而实现精准的数据监测和高效的资源管理。这一特性不仅提高了物联网系统的自动化和智能化水平，也极大地扩展了物联网在健康监护、智能交通、环境监测等领域的应用范围，使其能够更好地服务于人类社会和经济活动。

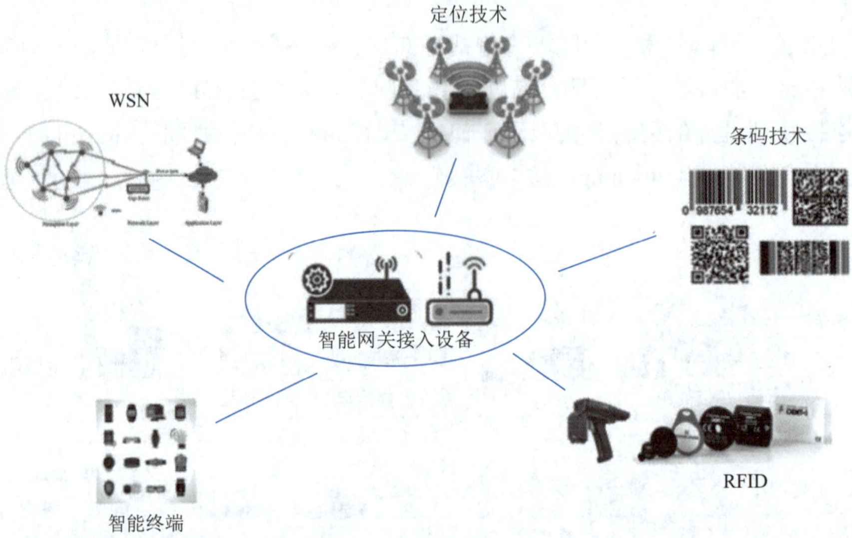

图1.6 传感器与智能设备

2. 可靠传递

如图1.7所示，可靠传送是指通过各种通信网、广电网与互联网的融合，将物体信息接入网络，随时随地进行可靠的信息交互和共享。物联网是一种建立在互联网上的泛在网络。物联网技术的核心仍旧是互联网，通过各种有线和无线网络与互联网融合，将物体的信息实时准确地传递出去。在物联网上的传感器定时采集的信息需要通过网络传输，由于其数量极其庞大，形成了海量信息，在传输过程中，为了保障数据的正确性和及时性，必须适应各种异构网络和协议。

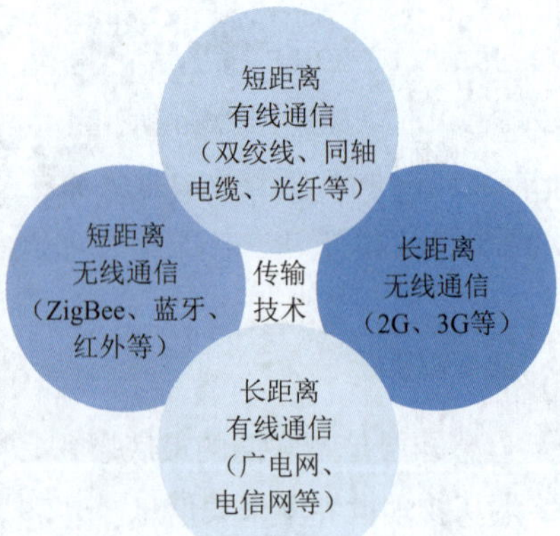

图1.7 物联网传输技术

3. 智能处理

智能处理是指利用云计算、数据挖掘等各种智能计算技术，对海量的跨地域、跨行业、跨部门的同构、异构数据和信息进行分析处理，提升对物理世界、经济社会各种活动和变化的洞察力，实现智能化的决策和控制。物联网不仅提供了传感器的连接，其本身也具有智能处理的能力，能够对物体实施智能控制。如图 1.8 所示，物联网将传感器和智能处理相结合，利用云计算、模式识别等各种智能技术，扩充其应用领域。从传感器获得的海量信息中分析、加工和处理出有意义的数据，以适应不同用户的不同需求，发现新的应用领域和应用模式。

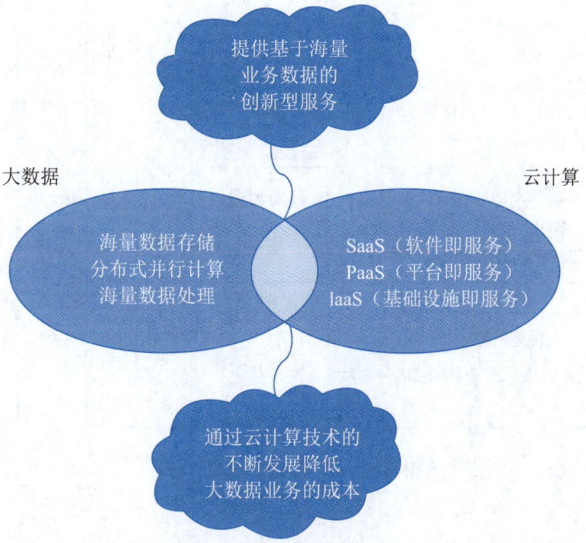

图 1.8　智能处理技术

1.2　物联网体系结构

视频

物联网体系结构

物联网打破了地域限制，实现了物与物之间按需进行信息获取、传递、存储、融合、使用等服务的网络。一个完整的物联网系统由前端信息生成、中间传输网络及后端的应用平台构成。物联网系统大致有三个层次，详见表 1.1。

表 1.1　物联网的三个层次

层　次	特　征	具体说明
感知层	全面感知	利用 RFID、传感器、一维/二维码、传感器、红外感应器、全球定位系统等信息，传感装置随时随地获取物体的信息，包括用户位置、周边环境、个体喜好、身体状况、情绪、环境温度、湿度、用户业务感受及网络状态等
网络层	可靠感知	通过各种网络融合、业务融合、终端融合、运营管理融合，将物体的信息实时准确地传递出去
应用层	智能处理	利用云计算、模糊识别等各种智能计算技术，对感知层得到的海量数据和信息进行分析和处理，实现物体的智能化识别、定位、跟踪、监控和管理等实际特定应用服务

物联网作为一个系统网络，有其内部特有的架构。在感知层、网络层和应用层之间，信息是多种多样的，且相互之间实现交互和控制等，关键的是物品信息，包括在特定应用系统范围内能唯一标识物品的识别码、静态信息与动态信息，如图 1.9 所示。

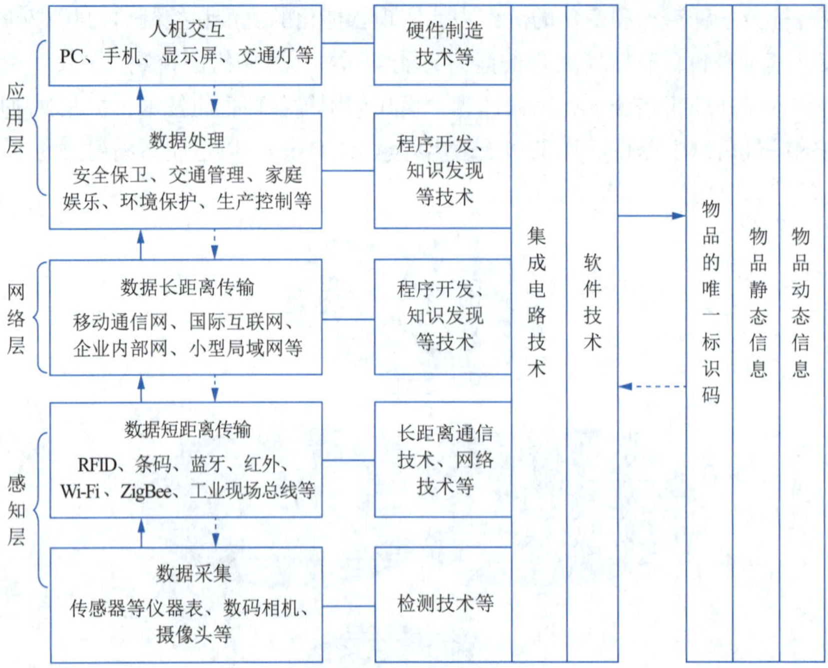

图 1.9　物联网的系统架构

1.2.1　感知层

感知层是物联网发展和应用的基础，主要目标是实现对客观世界的全面感知，核心是解决智能化、小型化、低功耗、低成本的问题，包括传感器等数据采集设备，以及数据接入到网关之前的传感器网络。感知节点有RFID、传感器、嵌入式系统、IC 卡、磁卡、一维或二维的条形码等。

1. 感知层功能

物联网的感知层解决的是人类世界和物理世界的数据获取问题，包括各类物理量、标识、音频、视频数据等。

物联网的感知层相当于人类眼睛、鼻子、耳朵、嘴巴、四肢的延伸，融合了视觉、听觉、嗅觉、触觉等器官的功能。一般包括数据采集和数据短距离传输两部分，即通过传感器、摄像头等设备采集外部物理世界的数据，通过蓝牙、红外、ZigBee、工业现场总线等短距离有线或无线传输技术进行协同工作或者传递数据到网关设备。

2. 感知层关键技术

感知层以传感器技术、RFID技术、条形码识别技术等为主要技术，其任务是识别物体和采集系统中的相关信息，从而实现对“物”的认识与感知。

（1）传感器技术

传感器是指能感受规定的被测量对象，并按照一定的规律转换成可用输出信号的器件或装置，是构成物联网的基础单元。具体来说，传感器是一种能够对当前状态进行识别的元器件，当特定的状态发生变化时，传感器能够立即察觉出来，并且能够向其他的元器件发出相应的信号，用来告知状态的变化。

联网中传感器节点是在传感器基础上增加了协同计算、通信功能，构成了具有感知能力、计算能力和通信能力的传感器节点。智能化是传感器的重要特点，嵌入式智能技术是实现传感器智能化的重要手段。

（2）RFID 技术

RFID 即射频识别，俗称电子标签。RFID 是一种非接触式的自动识别技术，可识别高速运动物体，并可同时识别多个标签，操作快捷方便。通过射频信号自动识别对象并获取相关数据完成信息的自动采集工作，RFID 是物联网中广泛应用的一种技术，它为物体贴上电子标签，实现高效灵活的管理。

（3）条形码识别技术

条形码是一种信息的图形化表示方法，可以把信息制作成条形码，然后用相应的扫描设备把其中的信息输入到计算机中。

条形码分为一维条码和二维条码，一维条形码将宽度不等的多个黑条和空白，按一定的编码规则排列，用以表达一组信息的图形标识符，如图 1.10 所示。二维条形码是在二维空间，即水平和竖直方向存储信息的条形码。它的优点是信息容量大、译码可靠性高、纠错能力强、制作成本低、保密与防伪性能好，可以通过条形码扫描器扫描完成，如图 1.11 所示。

图 1.10　一维条形码

图 1.11　条形码扫描器

1.2.2　网络层

物联网网络层是在现有网络（移动通信网和互联网）的基础上建立起来的，由汇聚网、接入网、承载网等组成，承担着数据传输的功能。要求能够把感知层感知到的数据无障碍、高可靠性、高安全性地进行传送，解决了感知层所获得的数据在一定范围，尤其是远距离传输的问题。

1. 网络层功能

物联网的网络层位于感知层和应用层之间，主要作用是将感知层收集的数据信息经过无线汇聚、网络接入及承载传输给应用层，使得应用层可以方便地对信息进行分析管理，从而实现对客观世界的感知及有效控制。网络层的主要功能包括网络接入、网络管理和网络安全等。

2. 网络层技术

网络层技术主要完成感知信息的可靠传输，物联网涉及的网络技术有多种：可以是有线网络、无线网络；可以是短距离网络和长距离网络；可以是企业专用网络、公用网络；还可以是局域网、互联网等。

（1）蓝牙

蓝牙（bluetooth）是一种短距离通信的无线电技术，以低成本的近距离无线连接为基础，为固定与移动设备的通信环境建立一个特别连接的短程无线电技术。

（2）ZigBee无线技术

ZigBee技术是一种近距离、低复杂度、低功耗、低速率、低成本的双向无线通信技术。ZigBee网络主要特点是低功耗、低成本、时延短、网络容量大、可靠、安全。主要适合用于自动控制和远程控制领域，可以嵌入各种设备。

（3）Wi-Fi

Wi-Fi（wireless fidelity）是一种可以将个人计算机、手持设备（如PDA、手机）等终端以无线方式互相连接的短程无线传输技术。该技术使用的是2.4 GHz附近的频段，该频段无须申请。其突出优势是无线电波的覆盖范围广、传输速度非常快、厂商进入该领域的门槛较低。

1.2.3 应用层

应用层包括各类用户界面显示设备及其他管理设备等，这也是物联网体系结构的最高层，实现了物联网的最终目的——将人与物、物与物紧密地结合在一起。应用是物联网发展的驱动力和目的。应用层旨在解决信息处理和人机界面的问题，软件开发、智能控制技术将为用户提供丰富多彩的物联网应用。

物联网的应用层利用经过分析处理的感知数据为用户提供丰富的特定服务，包括制造领域、物流领域、医疗领域、农业领域、电子支付领域、环境监测领域、智能家居领域等，可分为监控型（物流监控、污染监控）、查询型（智能检索、远程抄表）、控制型（智能交通、智能家居、路灯控制）、扫描型（手机钱包、高速公路不停车收费）等应用类型。

1. 应用层功能

物联网的应用层主要解决计算、处理和决策的问题，是物联网与行业专业技术的深度融合，并与行业需求结合，实现广泛智能化。应用层的主要功能是把感知和传输来的信息进行分析和处理，做出正确的控制和决策，实现智能化的管理、应用和服务。

2. 应用层技术

应用层包括物联网应用的支撑平台子层和应用服务子层，其中：应用支撑平台子层用于支撑跨行业、跨应用、跨系统之间的信息协同、共享、互通的功能，主要包括公共中间件、信息开放平台、云计算平台和服务支撑平台；应用服务子层包括智能交通、供应链管理、智能家居、工业控制等行业应用。

（1）公共中间件

应用支撑平台子层中的公共中间件，是操作平台和应用程序之间通信服务的提供者，使平台（包括操作系统和硬件系统）与应用连接不会因为接口标准不同等问题导致无法通信。

（2）云计算

云计算是网络计算、分布式计算、并行计算、效用计算、网络存储、虚拟化、负载均衡等传统计算机技术和网络技术发展融合的产物，核心思想是对大量用网络连接的计算机资源统一管理和调度，构成一个计算机资源池向用户提供相应服务。

（3）人工智能

人工智能是研究如何应用计算机的软硬件来模拟人类某些智能行为的基本理论、方法和技术。

（4）数据挖掘

数据挖掘是从数据库、数据仓库或其他信息库的大量数据中，通过算法搜索获取有效、新颖、潜在有用、最终可理解的信息。

（5）专家系统

专家系统是一种智能计算机程序系统，含有大量某领域专家水平的知识与经验，能够利用人类专家的知识和解决问题的方法来处理该领域的问题。

1.2.4　物联网安全

根据物联网的体系架构，物联网安全架构可分为感知安全、网络安全、应用安全和安全管理四个方面，如图1.12所示。

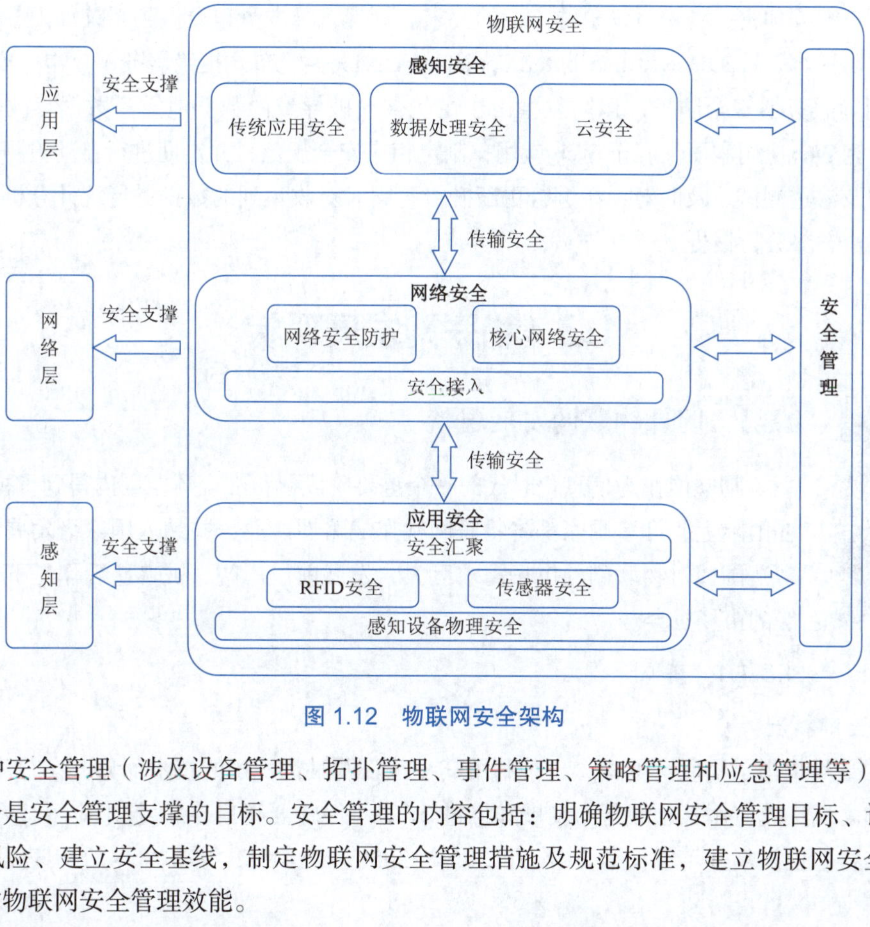

图 1.12　物联网安全架构

其中安全管理（涉及设备管理、拓扑管理、事件管理、策略管理和应急管理等）是基础，其余三个是安全管理支撑的目标。安全管理的内容包括：明确物联网安全管理目标、评估物联网安全风险、建立安全基线，制定物联网安全管理措施及规范标准，建立物联网安全管理体系，评估物联网安全管理效能。

物联网感知层的设备大到智能汽车、智能冰箱、智能空调，小到红外线传感器、RFID芯片、读写扫描器，其功能复杂多样、结构差异巨大。感知安全主要涵盖了硬件、接入、操作系统与应用安全。硬件安全主要体现在通过安全访问、可信赖的计算环境及加密单元等，保护物联网芯片内系统程序、终端参数、安全数据和用户数据免于非法篡改及获取。接入安全是利用安全应用插件进行信息加密、身份认证、终端异常分析、入侵检测等，避免攻击者借助终端对网络关键节点的攻击和非法节点的接入。操作系统安全主要涉及对系统资源调用的监控保护。应用安全着力于对拟安装与已安装的应用软件进行来源识别、敏感行为控制。

物联网的网络层往往存在多种网络接入技术，比如窄带物联网络、无线局域网、移动通信技术，各种接入技术之间为异构关系。因此，网络安全除了传统的网络安全防护，还应加强安全接入与核心网安全防护。引入对网络节点身份的认证机制，防止虚假节点加入网络。在通信过程中，端到端之间建立安全通道，为通道中的数据提供加密和保护服务，防止通信内容被窃听篡改。数据传输过程中，加强数据过滤、加密和认证工作，并加入设备指纹、时间戳、身份验证等多维度的数据校验手段，保护数据的安全与完整。除此之外，可借助运营商实现公网和局域网中物联网设备主动识别和被动检测，对物联网设备的流量进行分析和跟踪，对安全攻击进行实时监控，掌握物联网网络安全态势。

应用安全除却传统的应用安全防护，还应在分布式数据管理系统、云计算Web应用上部署安全防护策略。分布式数据管理系统在实现海量数据管理的同时，必须满足数据库安全相关的身份验证、数据加密、备份、恢复等方面的要求。管理系统本身也要做到系统加固、漏洞检测与修复、防黑客、抗 DDoS（distributed denial of service，分布式拒绝服务）攻击、安全审计、行为检测等服务器安全防护，以防发生由于主机被攻破导致的数据泄露、数据篡改等安全问题。云计算Web应用本质上属于 Web 应用，制定相应安全规范，并定期进行自动检测，不定期进行漏扫及渗透测试，及时对系统进行更新升级。同时对收集到的数据进行统计分析，定期形成系统安全态势分析报告。

1.3 物联网发展现状

1.3.1 国外物联网发展现状

视频

物联网发展现状

物联网作为信息化时代的一个重要阶段，正在全球范围内得到重视和发展。在国际上，许多国家都将物联网视作战略性产业，并纳入国家级发展计划。全球范围内对物联网的市场需求巨大，发展前景广阔，被普遍看作是下一个万亿级的市场机会。

1.3.1.1 美国

1. 当前状况

美国最早提出了物联网的概念，并利用其在互联网时代积累的技术优势，在芯片、软件、互联网和高端集成应用等领域努力发展和推进RFID、传感器和M2M等技术应用。展望未来，预计收入将呈现出复合年增长率（CAGR 2024～2028）10.41%，到2028年的市场成交量将达3 683亿美元。

2. 政策指导

《物联网参考架构》是美国标准协会和IEEE联合发布的。此外，美国的行业协会和标准组织也积极参与制定和推动物联网标准。在2023年美国《福布斯》双周刊网站的报道中，又列出了其物联网领域的三大趋势。

（1）数字孪生与元宇宙融合

2023年，数字孪生和元宇宙这两大非常重要的技术融合在一起，更好地促进了行业的发展。对于商业企业而言，元宇宙最有价值的应用之一是弥合真实世界和虚拟世界之间的差距。通过使用物联网传感器提供的数据，人们有可能为诸多不同系统构建越来越逼真的数字孪生体，从制造设施到购物中心应有尽有。

（2）网络安全引起更多关注

2024年起物联网设备的数量呈爆发式增长，企业、设备制造商和安全专家加大力度，应对“恶意攻击者”，最大限度地减少他们窃取宝贵数据的机会。美国白宫国家安全委员会表示，2023年消费级物联网设备启动“网络安全标签”计划，帮助物联网设备买家了解他们将特定设备引入家中可能带来的风险，届时消费者可通过智能手机扫码了解详情，包括软件更新策略、数据加密和漏洞修复等。

（3）医疗保健物联网方兴未艾

2023年物联网健康设备的市场价值达到2 670亿美元。其中最大的“游戏规则改变者”是可穿戴设备和家庭传感器，它们使医疗人员能在医院之外监测患者的健康状况，从而实现全天候护理，也为需要立即和直接护理的患者腾出宝贵的医疗资源。“虚拟医院病房”中的医生和护士将通过传感器和远程医疗监测患者的情况并开展治疗。配备心电图和血氧饱和度传感器的智能手表现在很常见，未来一年更多产品将接踵而至，如可穿戴皮肤贴片等。埃隆·马斯克的Neuralink公司“神经连接”设备也有可能面世，该公司正在制造能够读取神经信号的植入物，可帮助瘫痪患者重新控制身体。

3. 先进案例

美国思科已经开发出“智能互联建筑”解决方案，为位于硅谷的美国网域存储技术有限公司节约了15%的能耗；IBM提出了“智慧地球”的概念，并已经开发出了涵盖智能电力、智慧医疗、智能交通、智能银行、智慧城市等多项物联网应用方案；美国政府目前正在推动与墨西哥边境的“虚拟边境”建设，该项目依靠传感器网络技术。

1.3.1.2 欧盟

1. 当前状况

欧盟是世界上物联网发展最为活跃的地区之一，欧盟的物联网市场规模在逐年增长，其主要应用领域包括智慧金融、智慧城市、工业物联网、医疗保健等。

截至2023年底，欧盟国家积极推动工业4.0和智能制造，通过物联网技术实现设备连接、数据采集和分析，以提升生产效率和产品质量。智能交通、环境监测、垃圾分类、智能能源管理等方面的应用，改善城市管理和居民生活。精准农业、智能灌溉、畜牧养殖监控等方面的应用，可提高农业生产效率和可持续发展能力。医疗设备监测、远程医疗、健康管理等方面的应用，有助于提升医疗服务的效率和覆盖范围。

2. 政策指导

欧盟执委会提出要加强欧盟政府对物联网的管理，消除物联网发展的障碍。行动方案提出以下政策建议：

① 加强物联网管理，包括制定一系列物联网的管理规则，建立一个有效的分布式管理架

构，使全球管理机构可以公开、公平、尽责地履行管理职能。

② 完善隐私和个人数据保护，包括持续监测隐私和个人数据保护问题，修订相关立法，加强相关方对话等；执委会将针对个人可以随时断开联网环境开展技术、法律层面的辩论。

③ 提高物联网的可信度、接受度、安全性，包括推广标准化，执委会将评估现有物联网相关标准并推动制定新的标准，持续监测欧洲标准组织、国际标准组织及其他标准组织等物联网标准的制定进度，确保物联网标准的制定是在各相关方的积极参与下，以一种开放、透明、协商一致的方式达成。

3. 先进案例

位于比利时的欧洲合作研发机构校际微电子中心利用GPS（global positioning system，全球定位系统）、RFID技术已经开发出远程环境监测、先进工业监测等系统，近来该机构还利用在微电子及生物医药电子领域的领先技术，积极研发具有可遥控、体积小、成本低等功能的微电子人体传感器，以及自动驾驶系统等技术。

1.3.1.3 日本和韩国

1. 当前状况

日本是物联网领域的先行者，在传感器、无线通信和云计算等方面的技术非常成熟。在智能制造、可穿戴设备等领域，已经拥有世界领先的技术和应用实践经验。

韩国在物联网市场的各个行业中，工业物联网占据着主导地位。由于韩国物联网市场的增长轨迹良好，预计其在2024年至2028年期间的年增长率为10.86%。这种稳定的增长预计将使2028年的市场成交量达到261.0亿美元。在强劲的制造业和政府对智能城市举措的支持的推动下，韩国的物联网市场正在蓬勃发展。

2. 政策支持

日本政府积极地制定政策法规，以推动物联网的发展，也出台了一系列产业政策和计划来助推物联网的应用和创新。制定了《物联网促进法》等相关法律，以推动物联网技术的应用和发展。积极促进产业界的合作，组织各种交流活动和展览会，推广物联网技术和应用。政府还鼓励企业与学术界、研究机构等进行合作，加强研发和创新。

韩国政府出台了相关法规和政策，鼓励企业投资研发物联网技术并推动其应用。韩国政府投资于5G网络、宽带网络和无线通信技术等关键基础设施，以确保高速、稳定和可靠的连接服务。制定了《物联网促进与隐私保护法》等法律，以促进物联网技术的应用和发展。

3. 先进案例

日本东京、横滨和名古屋等城市正在推动智能交通系统的建设，包括智能交通信号灯控制、智能停车管理和交通数据分析等。许多日本企业开发了智能家电和智能家居解决方案，以提高家庭生活的舒适性和便利性。此外，日本还推出了一些物联网技术的应用，如远程健康监测和老年人护理服务。日本的制造业借助物联网技术进行智能制造转型。

韩国首尔、仁川和大田等城市引入了智能交通系统，包括智能交通信号灯、智能停车管理和智能公共交通等。一些医疗机构引入了智能医疗设备和远程医疗服务，利用物联网传感器和数据分析技术实现健康监测、远程诊断和护理。

1.3.2　国内物联网发展现状

1. 当前状况

截至2023年，我国的物联网市场规模已达2.8万亿元，拥有1.2亿个物联网连接设备和2.5亿个NB-IoT（narrow band internet of things，窄带物联网）连接设备。

在这个快速发展的市场中，智能家居和智慧城市将成为中国物联网的重点发展领域。智能家居方面，截至2023年，我国的智能家居家庭数量已超过1亿户，市场规模达到1.2万亿元。而在智慧城市方面，中国将逐步建立智能交通、智能能源、智能环保、智能治理、智能建筑等一系列智能化基础设施。在技术创新方面，根据我国工信部发布的数据，我国IoT市场规模从2010年的60亿元增长到了2018年的1.3万亿元，截至2023年底已达2.8万亿元。

随着社会数字化的发展，物联网持续在各产业、各类消费终端产品、公共应用领域快速渗透。物联网作为未来社会结构与组织的底层基础设施，伴随着通信、传感技术、综合应用的发展成熟，构建“万物互联”的步伐逐渐加快。物联网目前已应用于超45个国民经济大类，融入产业基地、园区、重点企业，为行业赋能、赋值、赋智，规模化应用与产业数字化转型升级提速。目前，产业互联正处于从萌芽期到导入期的过程，无论是横向跨领域应用覆盖，还是纵向产业链上下游的升级转型都亟须拓展，因此物联网的发展仍任重道远。

2. 政策指导

近年来，政府出台多项政策，以促进物联网的发展，提高我国在全球物联网领域的地位。2021年9月，工信部等八部门印发《物联网新型基础设施建设三年行动计划（2021—2023年）》，明确到2023年底，在国内主要城市初步建成物联网新型基础设施，社会现代化治理、产业数字化转型和民生消费升级的基础更加稳固。2024年3月，“新质生产力”成为热词。培育好新质生产力，本质还是依靠高新技术来推动产业的高质量发展，尤其是信息技术在未来相当长一段时期对新质生产力的发展有重要作用。在2024年《政府工作报告》中提出，要深入推进数字经济创新发展。制定支持数字经济高质量发展政策，积极推进数字产业化、产业数字化，促进数字技术和实体经济深度融合。深化大数据、人工智能等研发应用，开展“人工智能 +”行动，打造具有国际竞争力的数字产业集群。

我国对于物联网的发展也制定了相应的发展战略，我国政府将物联网作为“互联网+”的重要支撑，多次发布了物联网相关文件和计划，如《国家物联网推进计划》《工业互联网发展行动计划》等。另外，我国也将加速推进工业互联网的发展，截至目前，我国的工业互联网市场规模达到1.2万亿元。以京东为例，未来五年，京东工业品采购平台将通过与其他智能工业平台整合，提供多项工业应用解决方案，例如智能工厂、智能仓储、智能交互等。

3. 先进案例

我国物联网发展已经涌现出了很多先进的案例，北京地铁采用物联网技术对运营进行监控和管理，通过数据分析和预测，实现了列车间隔自动调整、故障快速排查等能力，提升了地铁运营效率和安全性。阿里云物联网平台为物流行业提供了智能化解决方案，通过传感器、RFID等技术实现了仓储、运输、配送等各环节的自动化和智能化，提高了物流效率和可靠性。

我国一些城市推出了基于物联网技术的智慧养老服务，通过智能家居设备、健康监测终端等设施，实现了老年人生活的智能化、便利化和安全保障。还有一些城市借助物联网技术实现了智慧城市建设，提高了城市的运行效率和生态环境。农业企业使用物联网技术，实现了对土壤、气象、水源等要素的实时监测和数据分析，通过智能化的农业管理和精准化的农业生产，提高了农业效益和可持续性。

4. 发展战略

推进智能制造也是我国物联网发展的重要方向之一。我国政府提出要加强智能制造领域的标准化工作，建立智能制造标准体系，深入推进“标准化+”工作，促进智能制造与其他领域的融合发展，提高智能制造的数字化、网络化、智能化水平。国家层面也组织工业互联网与制造技术融合的百项示范工程，提升智能制造在我国制造业中的应用和影响力。我国政府致力于打造数字城市、智慧城市，并投入资金建设物联网基础设施，例如，智能交通、智慧水利等。通过物联网技术的应用，提高城市管理和服务的效率和水平。农业物联网包括了农业生产和农村信息化的领域，是我国推动“三农”发展的重要手段。

物联网平台层价值仍需深挖与落实，物联网平台层向下连接各种智能硬件设备、传感器等传递的初级原始信息，向上需赋能智能化应用与操作，物联网平台的“基础信息数据库”更加丰富，能够带来更多数据联动的可能。目前平台层的功能实现仍待完善与切实落地，应用领域也需要进一步拓展。在企业实际应用过程中依然面临阻碍。从目前平台的使用对象来看，包括单个企业、政府部门、单个项目等，呈现碎片化、不联通的格局。但从物联网发展的最终形态来看，是致力于能够实现一体化、N领域1平台的形式，以达成全社会高效联通运转的目的。

云-边协同成为物联网发展的主要趋势。物联网对实时海量数据的采集、处理、分析和决策的需求日益增长，有时会超出终端设备的处理能力，云端丰富的计算与存储资源满足物联网的处理需求。云平台更有助于数据信息共享，提高整体运行效率。云技术可以为物联网提供安全保障解决方案，通过有效身份验证或加密协议等途径为用户提供强大的安全措施。边缘计算为物联网安全、延迟、成本、效率和扩展性方面带来优势，云技术仍是实现可扩展和自主物联网基础设施的关键。

5. 建设实施

我国物联网基础设施建设是物联网实施的重要基础。国家电网建设了智能电网，通信运营商建设了NB-IoT、LTE-M等物联网网络，政府和企业还积极投资建设数据中心、云计算基础设施等。

物联网应用场景的探索和应用是实现物联网的关键。我国政府和企业在城市管理、物流配送、智能制造、智慧农业等领域积极探索应用，同时大力推广物联网新兴应用场景，如智能家居、车联网等。

创新是物联网建设的重要驱动力。我国政府和企业加强对物联网技术和应用的创新研发，包括5G、人工智能、大数据等，同时注重提高技术的安全性、可靠性和实用性。我国物联网的产业布局如图1.13所示。

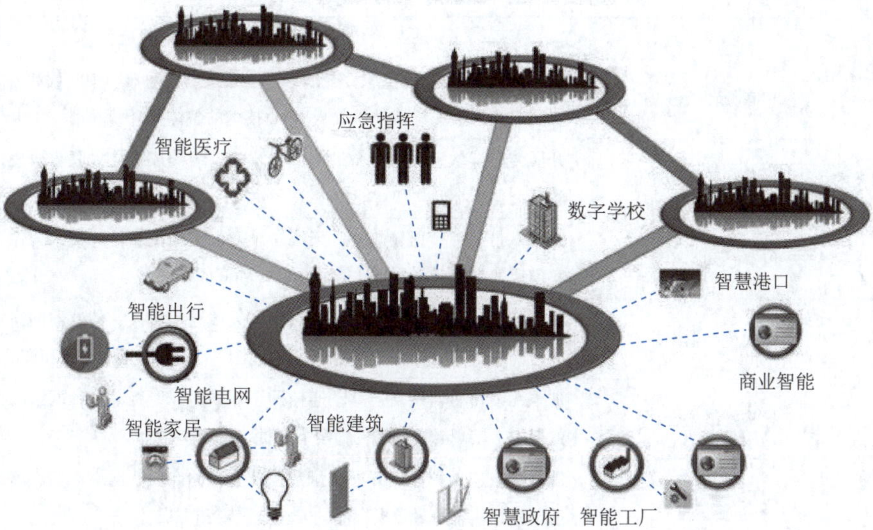

图 1.13 我国物联网产业布局

6. 面临问题

物联网的复杂化与碎片化现象短期内难以消失。物联网应用领域分散，大部分仍处于不完全、不成熟阶段，在细分领域的应用仍有待创新与突破，还需不断“做加法”积累应对问题的解决思路与方案，在此基础之上才能进行标准化建设，以及“做减法”。另外，物联网全面整合的实现要基于组成板块步步整合的成果之上，目前部分企业虽作出了努力与贡献，但问题依然显著。

物联网安全与隐私成为产业发展面临阻碍的因素。随着物联网接入设备规模化部署，设备数量激增，使面临的网络安全风险增加，个人用户隐私、企业商业数据、国家政府数据信息均面临安全威胁。根据物联网研究机构James Brehm &Associates 调研数据表明，安全成为阻碍物联网发展的最显著因素，占比达到64%。

物联网数据“废弃”严重，数据价值待深挖。目前物联网数据存在体量大、价值密度小、时效性高、质量低的特点，加大了企业数据处理与应用的难度，且企业对数据的价值认知与挖掘存在不足。根据研究机构国际数据公司对全球1 500家企业的调研，68%的企业数据没有得到利用。

物联网核心技术仍存在短板。我国物联网在感知、传输、处理重点环节，技术创新积累不足，高端传感器、物联网芯片、新型短距离通信、边缘计算等关键技术仍需加大攻关力度。

7. 未来展望

近年来，我国各省市充分发挥企业主体作用，并积极利用高校和研究所实验室的研究成果，致力于追赶先进的信息感知和信息处理技术，取得了显著的进展。在信息传输技术领域，我国已达到国际领先水平，而在信息安全保障能力方面也有所增强，旨在尽快突破关键核心技术，并形成较为完备的物联网技术体系，推进其产业化，具体见表1.2。

表 1.2 关键技术创新工程

技术类型	特点	作用
信息感知技术	超高频和微波RFID	积极利用RFID行业组织，开展芯片、天线、读写器、中间件和系统集成等技术协同攻关，实现超高频和微波RFID技术的整体提升
	微型和智能传感器	开展传感器敏感元件、微纳制造和智能系统集成等技术联合研发，实现传感器的新型化、小型化和智能化
	位置感知	开展基带芯片、射频芯片、天线、导航电子地图软件等技术合作开发，实现导航模块的多模兼容、高性能、小型化和低成本
信息传输技术	无线传感器网络	开展传感器节点及操作系统、近距离无线通信协议、传感器网络组网等技术研究，开发出低功耗、高性能、适用范围广的无线传感网系统和产品
	异构网络融合	加强无线传感器网络、移动通信网、互联网、专网等各种网络间相互融合技术的研发，实现异构网络的稳定、快捷、低成本融合
信息处理技术	海量数据存储	围绕重点应用行业，开展海量数据新型存储介质、网络存储、虚拟存储等技术的研发，实现海量数据存储的安全、稳定和可靠
	数据挖掘	集中开展各种数据挖掘理论、模型和方法的研究，实现国产数据挖掘技术在物联网重点应用领域的全面推广
信息处理技术	图像视频智能分析	结合经济和社会发展实际应用，有针对性地开展图像视频智能分析理论与方法的研究，实现图像视频智能分析软件在物联网市场的广泛应用
信息安全技术	安全可信	构建“可管、可控、可信”的物联网安全体系架构，研究物联网安全等级保护和安全测评等关键技术，提升物联网信息安全保障水平

随着技术的发展和成熟，物联网的应用场景将不断涌现，未来物联网将拓展至更多的领域，推动新一轮数字化、网络化、智能化的产业变革。我国政府和企业加强技术的研究和开发，加速技术成果的转化和应用，特别是5G、人工智能、大数据等新技术的快速发展，将进一步促进物联网的发展，有可能形成一个新世界的技术场景，打造全球物联网的新秩序。我国将与国际标准接轨，持续加强物联网标准化工作，加快国家信息化标准化体系的建设，形成更加完善的物联网标准体系，促进物联网的互联互通。我国政府将通过建设大数据中心和云计算基础设施等手段，推广智能云平台，强化物联网与云计算的关联，提高物联网数据的分析和处理能力，进一步推动物联网的发展。并且，政府将加大对物联网数据治理的力度，同时加强对物联网安全威胁的防范，包括数据信息安全、网络安全、设备安全等方面，确保物联网的安全和稳定运行。

1.4 物联网发展趋势

视频

物联网发展趋势

物联网是新一代信息技术的重要组成部分。与互联网不同，物联网主要的应用对象是一些物理设备，如车辆、家电、建筑物等。在这些物理设备中嵌入电子软件、传感器及一些网络连接设备等，就可以实现设备之间数据的交换，从而建立起一套互联的网络。近年来，物联网行业呈现了井喷式的发展。物联网设备数量、物联网应用数量、物联网市场规模、物联网技术投资，以及物联网连接数量都呈现了显著的增长趋势。这一井喷式的发展不仅在硬件设备的部署上取得了巨大成功，还在创新的应用场景、市场规模的扩大、技术投资的加大，以及设备之间的连接数量上取得了显著的进展。物联网的发展趋势已体现在多个方面。物联网设备将更加便于携带，从传统的笨重设备转变为轻便、便携的形态，以适应人们日益移动化的生活方式。从形态上看，物联网设备将逐渐发展成为具有固态的特点，如可穿戴设备、嵌入式传感器，以及多种业态的融合，涵盖了家居、健康、交通等多个领域，为人们提供更全面的智能化服务。随着物联网技术的不断演进，算力的加持将成为一个重要的趋势。物联网设备将具备更强大的处理能力和智能化水平，能够更加灵活地应对各种复杂场景和需求，为用户带来全新的使用体验和服务模式。这些趋势的共同作用将推动物联网技术在未来的发展与应用中迈向新的里程碑。

1. 物联网终端设备大规模普及

随着物联网终端设备的大规模普及，全球连接的设备数量呈现井喷式增长的趋势。根据华为GIV预测，到2025年，全球连接设备数将达到1 000亿台，而到2030年，物联网设备将超过5 000亿台，年产生的数据总量将达到1 YB，相比于2020年将增长23倍。意味着未来物联网将成为连接设备数量庞大、数据产生巨大的关键网络基础设施。井喷式增长的物联网设备带来了前所未有的数据规模，其中包括来自各种传感器、终端设备的实时数据。海量数据的产生对物联网体系架构提出了严峻的挑战，因为传统的处理方式可能无法满足对数据实时性和高效性的需求。这也催生了对更高计算能力和更智能的物联网体系结构的需求。高计算能力的需求也推动了人工智能和机器学习在物联网领域的应用，以提高对数据的智能分析和决策能力。移动互联网连接和工业互联网连接是未来发展的主要趋势，根据IDC的测算数据，预计2026年，全球物联网市场规模将超过1.55万亿美元。

2. 人工智能与物联网的融合

在未来人工智能与物联网的融合为物联网设备带来了全新的可能性，使其能够更加智能地分析数据、自主决策，从而实现更高级的功能和效益。这种趋势的发展不仅将影响着人们的日常生活，还将深刻改变着多个行业的面貌。物联网是连接世界各种物体的网络，允许它们相互通信，实现物联网设备的智能化和自主性，从而开辟了全新的应用领域。在人工智能与物联网的融合中，数据起着关键作用。物联网设备产生了海量的数据。然而，仅仅拥有大量数据并不足够，关键在于如何从这些数据中提取有价值的信息。

3. 物联网与机器人

物联网与机器人的融合在物联网发展趋势中占据着重要位置。随着物联网技术的不断进步，机器人的智能化、自主化程度也在不断提升，双方之间的互动与合作日益密切。物联网技术为机器人提供了更广阔的数据来源和实时反馈，使其能够更准确地感知和理解环境，实现更精准的任务执行。同时，机器人的应用也推动着物联网技术的应用场景不断拓展，例如，在智能家居、智能制造、智慧城市等领域，物联网与机器人的结合将为人们的生活和工作带来更多便利与效率。随着人工智能、大数据等相关技术的不断成熟和普及，物联网与机器人的融合将呈现更多创新应用和发展机遇，成为推动未来科技发展的重要引擎之一。

4. 物联网正发展成为可持续发展的关键技术

在物联网社区中，智能连接设备支持和推进环境监测、区域管理和能源优化等应用的能力是众所周知的。然而，这些应用程序的商业价值一直受到限制，并且迄今为止被大多数主要的物联网参与者边缘化。随着人们越来越关注建设绿色经济和减缓气候变化，物联网技术有可能为企业、城市和社区提供绿色解决方案。这些应用程序，包括降低能源成本、实现远程部署、监控故障点等，将很快从边缘案例转变为物联网扩展的驱动力。物联网社区的一个关键目标应该是强调将物联网整合到可持续全球经济的任何可行模型中。

5. 6G 已为物联网应用做好准备

6G技术的崛起标志着物联网应用进入了一个崭新的时代，为其发展提供了强有力的支持。随着科技的不断演进，6G不仅是一种通信技术的进化，更是物联网蓬勃发展的有力推动者。其超高速、低时延、大连接性等特性，为物联网的各个领域提供了更为强大的基础。6G的到来为物联网应用提供了更广阔的空间，不仅在传统领域，如智能家居、智能交通中等得到了升级，同时也推动了物联网技术在新兴领域的拓展，如远程医疗、智能工厂等。其强大的网络性能和支持多设备连接的能力，为物联网的规模化应用提供了坚实的技术基础。如今物联网设备连接比重如图1.14所示。

物联网作为新一代信息技术的重要组成部分，以物理设备为主要应用对象，在近年来呈现了井喷式的发展。这一发展体现在硬件设备的成功部署、创新应用场景的拓展、市场规模的扩大、技术投资的增加，以及设备之间连接数量的增长上。未来的趋势包括物联网设备更便携化、固态化特点的发展、多业态融合、算力加持及智能化水平提升。这些趋势的共同作用将推动物联网技术迈向新的里程碑，为用户带来更全面的智能化服务和使用体验。

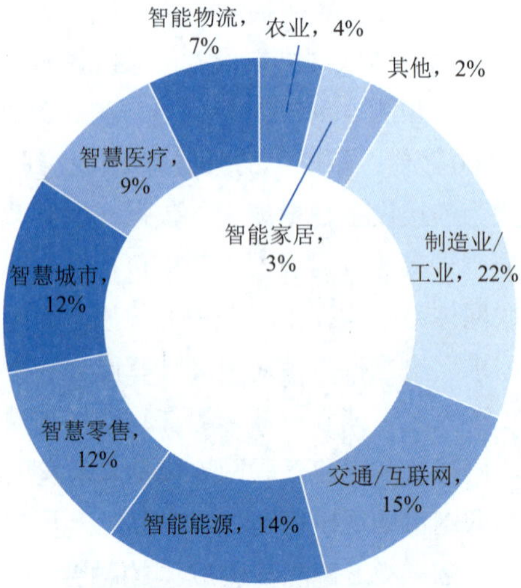

图 1.14　物联网设备连接比重

本章小结

物联网的出现打破了人们的传统思维，被业界称为继互联网和移动通信之后的万亿级通信产业。物联网的发展不仅是一个单纯的技术问题，其涉及世界范围内的政策、法律、标准、文化等方方面面，因此，物联网的发展之路还很漫长。物联网的网络规模在不断扩大，接入系统也在增加，异构网络结构复杂度不断提升，同时作为一项新兴的技术，物联网还需要在非常有限的资源条件下满足低成本、绿色节能、用户和环境友好、用户为中心、高效等极端要求。

习　题

1. 什么是物联网（IoT）？请详细解释其定义和主要组成部分。
2. 请列举并简述物联网在三个不同领域的应用场景。
3. 分析物联网的关键技术和应用难点。
4. 举例说明物联网的应用领域及前景。
5. 美国物联网市场面临的主要挑战和限制因素是什么？
6. 欧盟如何促进跨成员国之间的物联网标准化？
7. 以物联网技术为基础，探讨未来智能城市的构想，并阐述其可能带来的影响和挑战。
8. 分析物联网在医疗保健领域的应用，并就其优势、潜在风险，以及未来发展方向进行评述。

第 2 章

物联网标识技术

学习目标

◎ 了解：RFID技术的基本原理，包括RFID系统的组成、基本类型（如主动式、半主动式、被动式），以及它们的工作原理。

◎ 理解：RFID如何与物联网中的其他系统组件（如数据处理单元、通信技术）相互作用，共同构建智能、互联的物联网系统。

◎ 应用：能够运用RFID技术的基本原理和相关知识，设计和实施基本的RFID应用方案。

◎ 分析：学习如何针对特定应用场景选择合适的RFID技术方案，并进行有效的优化和改进。

随着电子技术的不断发展，RFID作为目前物联网系统的关键技术之一，应用范围日益扩展，已涉及人们日常生活的各个领域。当前RFID可应用在物流领域的仓库管理、日用品销售、高速公路收费、医疗行业的药片生产及追踪、门禁管理等生活的各个方面。RFID势必会成为未来信息社会建设的基础技术之一。

2.1 RFID 技术概述

RFID即射频识别，俗称电子标签，是一种利用无线射频方式在阅读器和射频卡之间进行非接触双向传输数据，以达到目标识别和数据交换目的的无线系统。它通过射频信号自动识别目标对象并获取相关数据，识别工作无须人工干预，可工作于各种恶劣环境。

视频

RFID技术概述

2.1.1 RFID 技术简介

RFID技术可识别高速运动物体并可同时识别多个标签，操作快捷方便。目前，RFID技术已被广泛应用于零售、物流、生产、交通等各个行业，如全球最大的跨国零售商沃尔玛公司已要求其供销商在消费品包装和物流方面必须采用RFID技术。RFID标签与现在广泛使用的条形码的对比见表2.1。

表 2.1 RFID 标签与条形码对比

比较项目	信息载体	信息量	保密性	寿命	成本	智能化
条形码	纸、金属表面	小	差	较短	最低	无
RFID标签	EEPROM	大	最好	最长	较高	有

RFID的基本原理是利用射频信号和空间耦合（电感或电磁耦合）的传输特性，实现对物体或标签的自动识别和数据获取。具体来说，当RFID读写器向电子标签发送射频信号时，电子标签会通过感应电流获得能量并被激活。然后，电子标签将自身编码信息通过内置射频天线发送出去。读写器的接收天线接收到从标签发送来的调制信号，经天线调节器传送到读写器信号处理模块，解调和解码后的有效信息被送至后台主机系统进行相关的处理。主机系统根据逻辑运算识别该标签的身份，针对不同的设定作出相应的处理和控制，最终发出指令信号控制读写器完成相应的读写操作。

2.1.2 RFID 技术的背景

RFID技术最早起源于英国，在二战期间被英国皇家空军用于识别自家和盟军的战机，为了识别返航的飞机，英国在盟军的飞机上装备了一个无线电收发器（类似于飞机上的“黑匣子”），如图2.1所示。其工作原理是控制塔向返航飞机发射询问信号，收发器接收信号后回传信号，探询器根据回传信号来识别敌我。

图 2.1 无线电收发器

这是早期RFID技术的萌芽，也是RFID技术的第一次实际应用，不过在当时，这个系统仅用于军事和实验室。直到20世纪60年代末期，市场上才出现了一些比较简单的商用RFID系统，主要用于仓库、图书馆等物品的安全和监视。这种早期的商用RFID系统被称为1 bit标签，系统相对容易构建、部署和维护，但缺点是只能检测被标识的目标是否在场，无法拥有更大的数据容量，也不能区分目标之间的差别。因此，早期的1 bit只能做简单的检测。

20世纪90年代之后，随着集成电路制造和信息技术的飞速发展，RFID技术日趋成熟，其成本也越来越低，同时，也开始逐渐引起人们的关注。例如，美国国防部规定从2005年1月1日以后所有的军需物资都要使用RFID标签；道路电子收费系统在大西洋沿线得到了广泛应用；美国食品与药品管理局建议制药商从2006年起利用 RFID 跟踪造假的药品。

从历史上看，RFID技术的发展基本可按十年期划分为几个阶段，见表2.2。

表 2.2　RFID 技术发展阶段

时　间	RFID 技术发展
1941—1950年	雷达的改进和应用催生了RFID技术
1951—1960年	早期RFID技术的探索阶段，主要是进行实验室实验研究
1961—1970年	RFID技术理论得到了发展，开始了一些应用尝试
1971—1980年	RFID技术与产品研发迎来大发展，各种RFID技术测试得到加速，出现了一些早期的RFID应用
1981—1990年	RFID技术及产品进入商业应用阶段，各类应用开始出现
1991—2000年	RFID产品得到广泛采用，并逐渐成为人们生活的一部分
2001年至今	标准化问题日趋为人们所重视，RFID产品种类更加丰富，有源电子标签、无源电子标签及半无源电子标签均得到发展，电子标签成本不断降低

2.2　RFID 系统组成

RFID系统通常由读写器、电子标签、中间件三部分组成。其中，电子标签是信息的载体，每个电子标签都有一个唯一的ID；读写器是系统的信息控制和处理中心，通过射频信号与电子标签进行通信；中间件则是连接读写器和应用软件之间的桥梁，实现数据的传输和处理。

RFID技术的基本工作原理是标签进入磁场后，接收读写器发出的射频信号，凭借感应电流所获得的能量发送出存储在芯片中的产品信息，或者由标签主动发送某一频率的信号，读写器读取信息并解码后，送至中央信息系统，由应用软件进行有关数据处理。

RFID的工作流程如下：

（1）标签制作：RFID系统的核心是RFID标签，它包含一个芯片和一个天线。在标签制作过程中，首先需要将芯片和天线封装在一起，然后将标签与物体相结合，可以通过粘贴、熔接等方式将标签固定在物体上。

（2）读写器激活：读写器是RFID系统中的另一个重要组成部分。读写器通过向标签发送射频信号来激活标签，并读取或写入标签信息。

（3）数据传输：当标签被激活后，它会通过读写器天线发送射频信号，将标签信息传输到读写器中。读写器会将接收到的信号转换为数字信号，并传输到计算机系统中进行处理。

（4）数据处理：计算机系统会对接收到的数据进行处理，例如，进行存储、查询、分析等操作。根据实际应用需求，计算机系统可以与RFID系统进行无缝集成，实现自动化管理。

2.2.1　读写器

视　频

RFID读写器

1. 读写器概述

读写器又称阅读器或者询问器，是读取和写入电子标签内存信息的设备。读写器在RFID系统中起着重要的作用，读写器的频率决定了射频识别系统的工作频段，读写器的功率直接影响了射频识别的距离。它通常使用无线技术与电子标签进行通信，可以在一定范围内识别和处理标签的信息。读写器通常包括一个天线用于发送和接收无线信号，以及一个处理器用于解码和编码标签的信息。它可以与计算机或其他设备连接，用于将标签信息传输到其他系统中进行处理和分析。读写器在物流、零售、仓储等领域广泛应用，可以提高工作效率和准确性。读写器作为连接后台系统软件与电子标签的重要纽带，主要具有以下功能：

（1）读取RFID标签信息：RFID读写器可以通过无线电波与附近的RFID标签进行通信，读取标签上存储的信息，如产品序列号、批次号、生产日期等。

（2）写入RFID标签信息：除了读取标签信息，RFID读写器还可以向RFID标签中写入信息，如更新产品状态、记录物流信息等。

（3）数据传输和处理：RFID读写器可以将读取的标签信息传输到计算机或其他系统中，进行数据处理和存储。它也可以通过网络连接将数据传输到远程服务器，实现实时监控和管理。

（4）多标签识别：RFID读写器可以同时识别多个RFID标签，实现批量读取和写入操作，提高工作效率。

（5）安全性管理：RFID读写器可以通过设置权限和加密功能，保护标签信息的安全，防止未经授权的读取和篡改。

读写器是RFID系统中的核心组件，如图2.2所示，通过发送特定频率的射频信号激活附近的RFID标签，使其传输存储的信息至读写器，从而实现对标签的唯一标识符和数据的读取，同时在写入模式下可以更新标签信息。读写器的基本作用包括：①识别标签，读写器通过与标签的通信，能够识别标签的唯一标识符或存储的其他信息，从而在系统中确定标签的身份；②读取和写入数据，读写器能够读取存储在RFID标签中的数据，这可以是产品信息、库存状态、生产日期等，在需要更新或修改信息时，读写器可以将新的数据写入RFID标签，使其具备动态更新的能力；③控制对标签的访问权限，读写器可以根据系统的设置，控制对RFID标签的读取和写入权限，确保信息安全性和系统管理的可控性，为物体追踪、信息管理和系统安全提供关键支持。

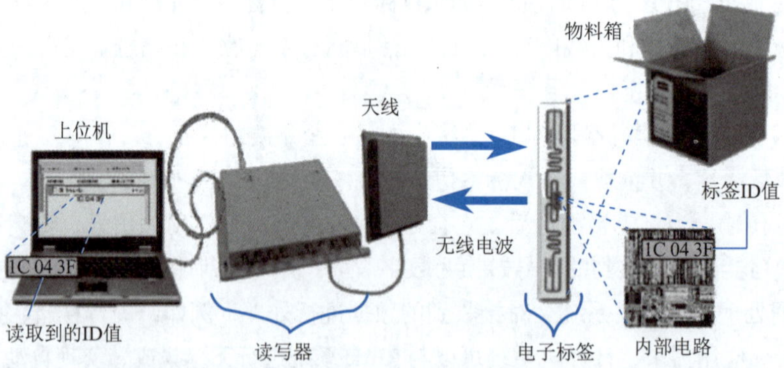

图2.2　RFID系统中的读写器

2. 读写器的工作原理

RFID读写器的工作主要包括射频信号发射、标签识别、数据读取和编写、数据处理及数据输出等。这样，RFID读写器可以实现对RFID标签的高效读取和数据处理。

RFID读写器通过射频天线向周围环境发射射频信号，这个信号会被附近的RFID标签接收到。当RFID标签接收到射频信号后，它会被激活并开始回复信息。RFID读写器会接收并识别这些回复信息，从而确定标签的存在和位置。一旦RFID读写器识别到标签的存在，它可以发送读取指令给标签，要求标签返回存储在其内部的数据。标签收到指令后，会回复存储的数据，RFID读写器接收并解码这些数据，然后将其传输到连接的设备或系统中，其电路组成如图2.3所示。除了读取数据，RFID读写器还可以对标签进行编写操作。它可以发送写入指令给标签，并将要写入的数据传输给标签。标签接收到指令后，会将数据写入到其内部存储中。RFID读写器通常会配备解码模块，用于对从标签读取的数据进行处理，例如，进行校验、纠错、格式转换等操作，以确保数据的准确性和完整性。最终，RFID读写器将读取和处理后的数据输出给连接的设备或系统，例如，主机系统、数据库、显示屏等。

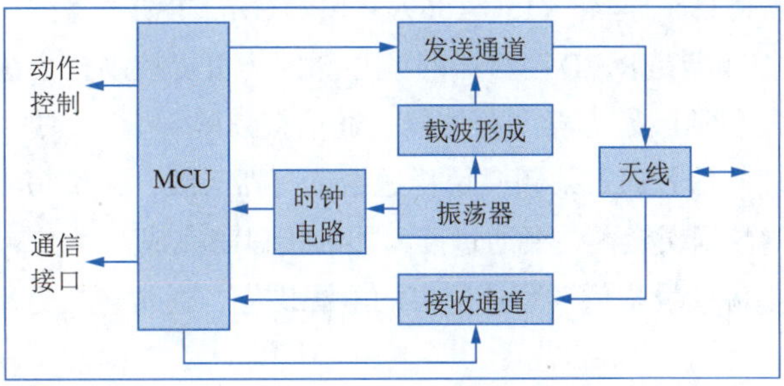

图 2.3　RFID 读写器的电路组成

RFID读写器可以在两种不同的工作模式下进行操作，分别为RTF（读写器先发言）和TTF（标签先发言）。

（1）RTF（读写器先发言）模式

在RTF模式下，读写器首先向周围的环境发射射频信号，当RFID标签接收到信号后，标签会被激活并回复信息。读写器在接收到标签的回复后，会进行数据读取或编写操作。这种模式下，读写器控制整个通信过程，包括信号的发射和数据的读取/编写。

（2）TTF（标签先发言）模式

在TTF模式下，RFID标签首先发言，也就是标签主动发送信息。当读写器接收到标签的信号后，会进行数据读取或编写操作。在这种模式下，标签控制通信的起始，读写器需要根据标签的信号来进行后续的操作。

选择RTF或TTF模式取决于具体的应用场景和需求。例如，在某些应用中，需要读写器对标签进行定时轮询，这时候RTF模式可能更适合；而在另一些场景下，标签可能需要在特定事件触发时主动发送信息，这时候TTF模式可能更加合适。

3. 读写器的组成结构

读写器的结构组成也分为硬件和软件两部分。

读写器的硬件一般由天线、射频模块、解码模块、控制模块、电源模块和接口等组成。

（1）天线：RFID读写器上的天线用于发送和接收无线射频信号。天线将电能转换为无线射频信号，并向周围的空间发送。这些射频信号会被附近的RFID标签接收，并将其转换为电能，一些读写器使用多个天线来实现对多个标签的同时识别，这种设计被称为天线阵列。天线的设计和放置对读写器的性能和读取范围有很大影响。根据工作频率和应用需求，RFID读写器的天线可以是线圈天线、PCB天线、片状天线等不同类型。

（2）射频模块：射频模块负责处理天线接收到的射频信号，将其转换为数字信号，并发送给解码模块进行解析。通常具有频率选择和控制功能，可以根据应用需求选择不同的工作频率，并对射频信号进行调节。射频模块具有一定的抗干扰能力，可以在复杂的电磁环境中正常工作。其工作稳定性和性能会直接影响到读写器的读取范围、多标签识别能力、抗干扰能力等方面。

（3）解码模块：解码模块负责对接收到的数字信号进行解码，将其中存储的信息转换为可读取的数据格式。这些数据可以是标签的唯一识别码、存储的信息内容等。对解码后的数据进行处理，例如，进行校验、纠错、格式转换等操作，以确保数据的准确性和完整性，并传递给控制器进行后续处理。解码模块通常支持多种RFID标准和协议，可以对不同类型的标签进行解码和识别，例如，支持ISO 14443、ISO 15693、EPC Gen2等协议。

（4）控制模块：控制器是RFID读写器的核心部件，负责控制整个读写器的工作状态、数据处理和通信。它通常包括微处理器、存储器、通信接口等部分。一般由ASIC组件和微处理器组成，控制模块处理的信号通过射频模块传送给读写器天线，由读写器天线发射出去。控制模块与应用软件之间的数据交换，主要通过读写器的接口来完成。

（5）电源模块：电源模块提供读写器所需的电源供应，通常包括直流电源输入、电池或者交流电源输入等。

（6）接口：读写器通常会有外壳来保护内部部件，并提供外部接口，如USB、RS-232、Ethernet等，以便与外部设备进行连接和数据交换。

除了以上主要部件外，一些高端的RFID读写器还可能包括其他功能模块，比如数据加密模块、多天线支持模块、防护模块等，以满足不同的应用需求。

读写器的软件主要由驱动程序、控制软件、数据处理软件、用户界面软件，以及通信协议软件这几部分组成。

（1）驱动程序：读写器的软件通常包括与操作系统和硬件设备通信的驱动程序。这些驱动程序负责将读写器的功能与操作系统进行交互，以便在计算机或其他设备上正确识别和使用读写器。

（2）控制软件：控制软件是用于控制读写器的工作状态和参数设置的程序。通过控制软件，用户可以对读写器进行启动、停止、设置读取范围和数据格式等操作。

（3）数据处理软件：数据处理软件用于处理读取到的RFID标签数据。这些软件可以将读取到的数据进行解析、格式化、存储等操作，以便用户能够方便地使用和管理读取到的数据。

（4）用户界面软件：用户界面软件是用于与用户进行交互的部分，通常包括图形界面和命令行界面。用户可以通过用户界面软件进行读写器的设置、数据读取、数据写入等操作。

（5）通信协议软件：读写器通常需要与其他设备或系统进行通信，因此通信协议软件负责实现与其他设备或系统之间的通信协议，以便实现数据的传输和交换。

这些软件部分共同组成了读写器的软件系统，通过这些软件部分的协作，读写器可以实现对RFID标签的数据读取和写入功能，并与其他设备或系统进行数据交换。

4. 读写器的种类

根据数据管理系统的功能需求及不同设备制造商的生产习惯，读写器具有各种各样的结构与外观形式。根据天线和读写器模块的分离与否，可以分为分离式读写器和集成式读写器，主要取决于读取模块和天线的安装方式。如果读取模块和天线是分开的，那么就是分离式读写器；如果读取模块和天线是集成在一起的，那么就是集成式读写器，如图2.4所示。

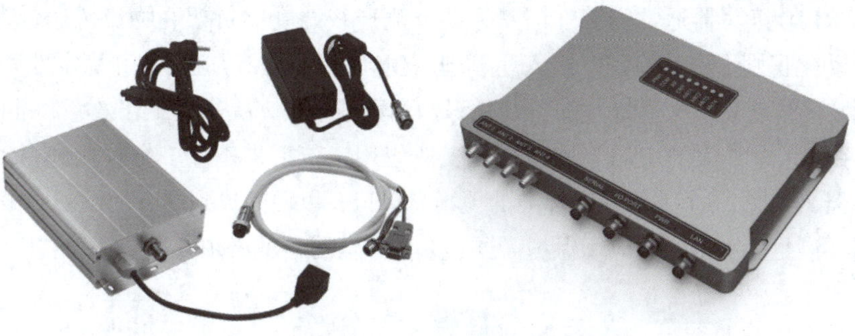

图 2.4　分离式读写器和集成式读写器

常见的分离式读写器有固定式读写器，而典型的集成式读写器有手持式读写器。手持式RFID读写器又称为RFID手持终端或RFID手持机，可携带至工作场所使用，比如车间、仓库。固定式RFID读写器在读取距离、读取范围上有一定优势。

（1）手持式读写器

手持式RFID读写器是一种便携式的设备，可以用于识别和读取附近的RFID标签，如图2.5所示。它通常由RFID读取模块、处理器、电源模块、显示屏、键盘或触摸屏等组成，具有移动性强、操作简便等特点。手持式RFID读写器内置了RFID读取模块，用于发射射频信号并接收标签的回复信息。读取模块通常支持多种射频标准，如LF（低频）、HF（高频）和UHF（超高频），以适应不同类型的RFID标签。内置的处理器，用于控制整个设备的操作，包括信号处理、数据解码、用户交互等功能。处理器的性能决定了设备的响应速度和处理能力。

手持式RFID读写器广泛应用于库存管理、资产追踪、物流配送、零售管理等领域，其便携性和灵活性使得用户可以随时随地进行RFID标签的识别和数据读取，提高了工作效率和准确性。

（2）固定式读写器

固定式RFID读写器是一种安装在固定位置的设备，用于识别和读取附近的RFID标签。它通常由RFID读取模块、天线、处理器、通信接口等组成，图2.6所示为固定式读写器。

图 2.5　手持 RFID 读写器

图 2.6　固定式读写器

固定式RFID读写器有如下技术特点：输出功率5～33 dBm（可调），RFID读写器的发射功率影响读写距离，读写器发射功率越大，读写距离也会增大。可匹配多种规格天线，实现标签的高识读率和快速读写处理，功能丰富，RS-232、RS-485、RJ-45（TCP/IP）、Wi-Fi等多种通信接口，易集成、易部署。

固定式RFID读写器通常安装在门禁系统、生产线、仓储货架、物流传送带等固定位置，用于实现自动化识别、资产追踪、出入库管理、生产过程监控等应用。其稳定性和长距离识别能力使得用户可以实现对大量标签的自动化识别和数据采集，提高了工作效率和准确性。

RFID系统未来最大的应用领域也许是工业应用，包括采矿业、畜牧业和自动化生产等。工业用读写器（见图2.7）大都具有标准的现场总接口，以便集成到现有的设备当中，此外，这类设备还需要满足多种不同的应用保护需要，如矿井读写器就必须具有防爆装置。

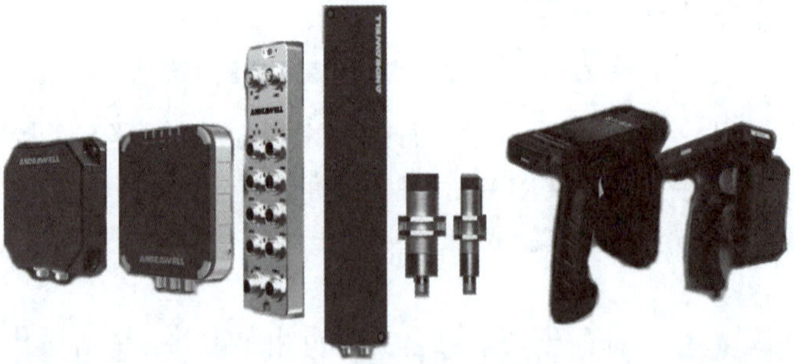

图 2.7 工业用读写器

5. 读写器的发展前景

RFID技术是一种基于无线电波的自动识别技术，具有非接触式、高效、高精度、可靠性强等特点，已经广泛应用于物流、零售、制造业、医疗、农业、交通等行业和领域。未来，RFID技术的发展前景非常广阔，应用领域的拓展会不断延伸，随着RFID技术的不断成熟和应用范围的扩大，未来RFID技术将进一步拓展到更多的领域，如环境监测、智能家居、智慧城市等，这一技术将成为实现物联网的重要技术手段之一。未来RFID技术的性能将得到进一步提升，如识别距离、识别速度、识别精度等。同时，RFID技术还将与其他技术相结合，如传感器技术、云计算技术、人工智能技术等，形成更加智能化、高效化的应用模式。

未来RFID标签芯片将应用于更多的物品和设备中，如智能手表、智能家电、智能健康监测设备等。RFID标签芯片将成为实现智能化的重要组成部分。未来也会与其他技术深度融合，如物联网、云计算、大数据、人工智能等，形成更加完整、高效的应用场景。将成为实现智慧城市、智慧物流、智慧医疗等领域的关键技术。

2.2.2 电子标签

视频

RFID电子标签

电子标签，通常称为RFID卡、RF标签、应答器、智能标签或传感标签，在射频识别技术中起着关键作用。它的主要功能是接收来自读取器的指令并传回内部存储的编码。作为一次性组件，电子标签在对象识别和管理场景中得到广泛使用。

标签包括与无线通信天线配对的集成电路芯片（IC芯片）。这种设计确保了成本效益和高可靠性。通过与阅读器的无线电波通信，电子标签可以实现快速的信息传输。事实证明，它们在物流、供应链和零售等诸多领域中都是不可或缺的。

1. 电子标签的组成结构

从总体上看，电子标签主要由天线、射频接口和芯片三部分组成，具体如图2.8所示。

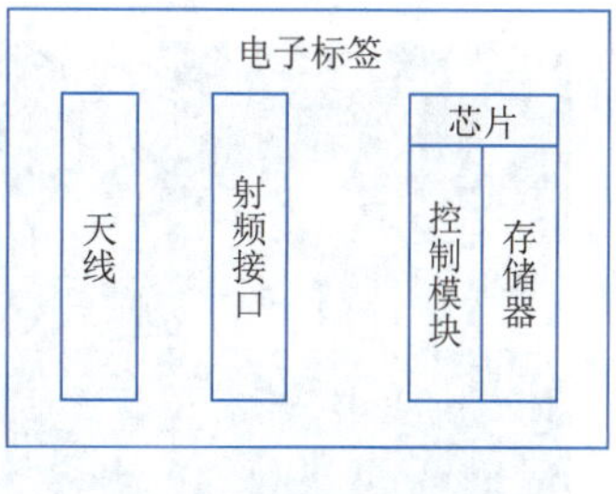

图 2.8　电子标签组成结构

（1）天线

天线是电磁波的收发器，负责将电信号转换为电磁波进行传输，或将接收到的电磁波转换为电信号进行处理。在射频领域，天线起着至关重要的作用，特别是在通信、雷达和射频识别等系统中。

天线的设计考虑到频率、波束宽度、增益和方向性等因素，以满足特定应用的要求。不同类型的天线包括偶极天线、方向天线、螺旋天线等，每种天线类型都有其独有的特性和应用场景。例如，定向天线用于长距离通信，而全向天线则适用于无线局域网。

在射频系统中，阻抗匹配和辐射效率是天线设计中的重要考虑因素，以确保信号的最大传输效果。此外，多天线系统和相控阵技术也被广泛应用，以提高通信的可靠性和性能。

总体而言，天线作为射频系统的关键组件，对于信号的发射和接收起到决定性的作用，其精确设计和优化对于系统性能至关重要。常用的电子标签天线有线圈型、微带贴片型和偶极子天线三类。

① 线圈型：线圈型天线横截面小，为了加大电子标签与读写器之间的天线线圈互感量，通常在天线内部嵌入铁氧体材料来弥补横截面小的缺陷。线圈型天线如图2.9所示。

② 微带贴片型：此类天线体积小，质量轻，剖面薄，适用于通信方向变化不大并且工作距离在1 m以上的应用系统中。微带贴片型天线如图2.10所示。

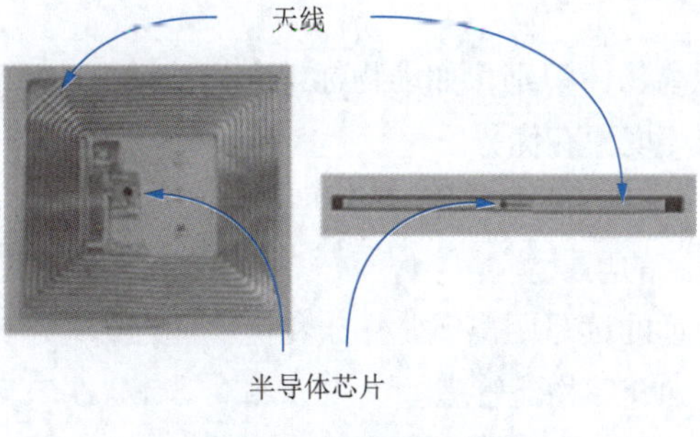

图 2.9　线圈型天线

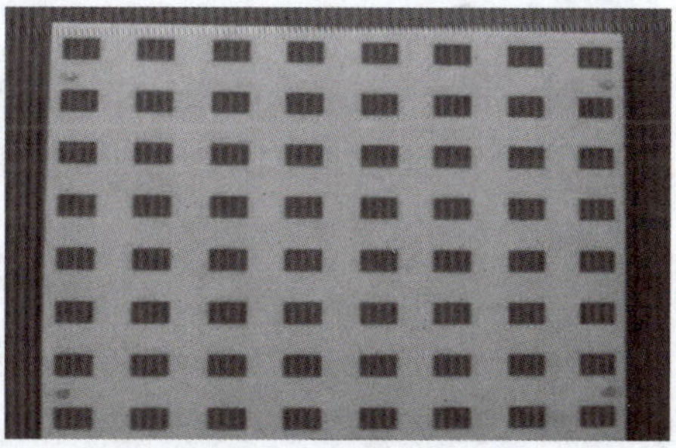

图 2.10　微带贴片型天线

③ 偶极子天线：在远距离、高频或微波频段常用偶极子天线。通信信号从天线中间进入，在两端产生一定的电流分布，从而在天线周围空间产生电磁场，具体如图2.11所示。

（2）射频接口

电子标签的射频接口是连接天线和芯片的关键接口，确保射频信号的高效传输，如图2.12所示。其包括精心设计的连接器和天线接口，以维持信号的稳定性和可靠性。在高频范围内，阻抗匹配是关键，有助于最小化信号的反射和损耗。电子标签的射频接口考虑到高频信号的特殊要求，为标签与读写器之间的快速、可靠通信提供了关键支持，广泛应用于物流、供应链管理和智能物联网领域。射频接口部分主要由接收、发送和公共电路组成，它们协同工作，使射频设备在高频率范围内实现稳定、高效的通信。设计良好的射频接口至关重要，确保信号传输的可靠性和数据的准确性。

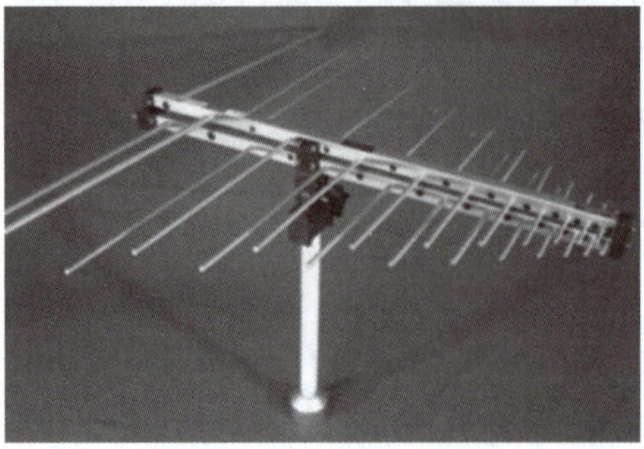

图 2.11　偶极子天线

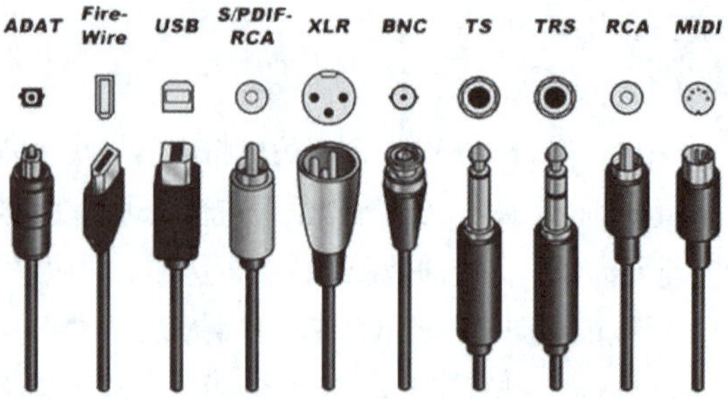

图 2.12　射频接口

（3）芯片

芯片是电子标签的核心，也称为集成电路芯片（IC芯片）。该芯片内置存储器、处理器和通信模块。存储器用于保存唯一编码和其他相关数据，而处理器用于执行读写操作。通信模块用于与读写器进行数据传输。芯片的结构组成如图2.13所示。

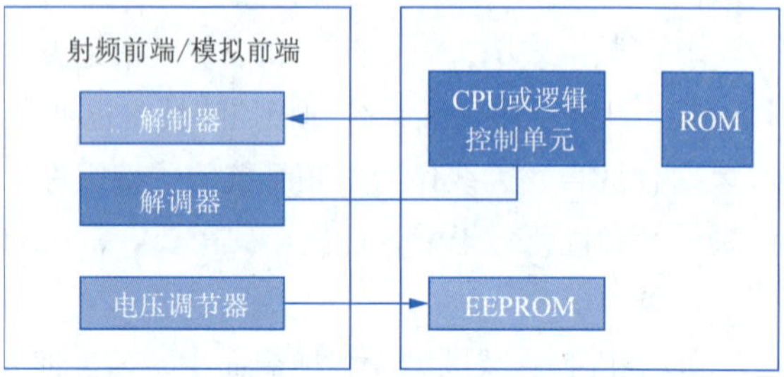

图 2.13　电子标签芯片的结构组成

2. 电子标签的分类

不同的电子标签适用于不同的场合，因此为了满足需求的多样性，电子标签的种类多种多样。

（1）按工作频率分类

低频：工作频率通常在125 kHz，适用于近距离物体识别，如动物标识和门禁系统。由于低频信号在金属和水中传播较好，因此在某些特殊环境中有优势。

高频：工作频率通常在13.56 MHz，广泛用于物流、图书馆管理等中距离标识应用。它具有较高的数据传输速率，适用于对传输速度要求较高的场景。

超高频：工作频率在860 ~ 960 MHz，具有较远的读写距离，常用于物流、库存管理等远距离识别。超高频标签适用于大规模标签的读取，如仓库物流管理。

（2）按电源分类

主动式标签：需要内置电池，能主动发送信号，具有更长的读写距离和更多的功能。这种标签适用于需要主动追踪物体、实时监测环境等场景。

被动式标签：不含电池，通过读写器发送的射频信号激活并回应，适用于短距离应用。由于不需要电池，被动式标签更轻便、成本较低。

（3）按应用领域分类

物流标签：用于货物追踪、库存管理，提高物流效率。物流标签通常需要具备高读取速度和远距离读取的能力。

零售标签：用于商品管理、防盗，提供零售业务智能化。零售标签通常需要较小的尺寸、贴附性强，并支持防盗功能。

医疗标签：用于病人身份识别、药品管理，提高医疗安全性。医疗标签通常需要符合卫生标准，可能需要防水和防污染能力。

农业标签：用于农产品追溯、畜牧业管理，提高农业生产效益。农业标签通常需要在环境中适应性强，如防水、耐高温等。

（4）按形状分类

贴片标签：扁平、贴附于物体表面，适用于多种应用场景。贴片标签的设计通常注重易贴附、不影响外观和易于集成。

手持标签：设计成手持式，方便携带和使用。手持标签通常用于需要移动扫描或人工操作的场景，如库存盘点。

腕带标签：用于身份验证、医疗记录，通常佩戴在手腕上。腕带标签通常注重佩戴舒适性和防水性，用于医疗、活动门票等场景。

（5）按封装材质分类

纸标签：可以将标签制作成自带粘贴功能的纸标签形式，此类标签价格较便宜，一般由面层、芯片线路层、胶层和底层组成。成品的纸标签可以是单张的，也可以是连续的纸卷形式，如图2.14所示。

塑料标签：此类标签采用特殊工艺将芯片和天线用特定的塑料材质封装成不同的标签形式，具有较长的线圈，因此工作范围较广。材质一般采用PVC和PSP，包括面层、芯片层和底层，常应用在挂牌、信用卡等领域，如图2.15所示。

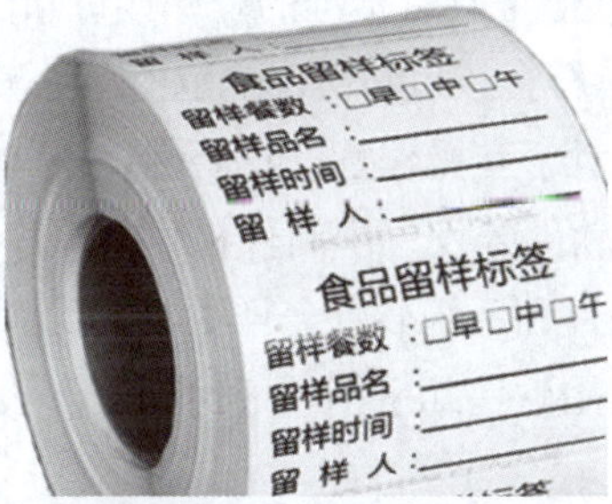

图2.14 纸标签

图2.15 塑料标签

3. 标签的发展趋势

作用距离更远，无线读写性能更完善，高度移动识别，快速多标签读写，一致性更好，环境适应性更好，体积更小的无源标签是未来发展的主流趋势。此外，将开发多元化功能标签，例如，带有蜂鸣器的标签等。新技术的应用，将使标签成本更低，市场更大。未来，还将有更多专业标签被研发和生产。

（1）更小型化和灵活性。小型化的电子标签可以更灵活地嵌入到各种物体中，无论是商品、设备还是生产线上的零部件。小型化的标签也更适用于物体空间有限的情境，如智能卡、医疗器械等。

（2）多功能性和传感器整合。电子标签不再仅仅是被动的识别工具，而是成为具备多功能的智能传感装置。集成温度、湿度、光照等传感器，使标签在物联网中的应用更加广泛，例如在冷链物流中实时监测温度。

（3）无源和低功耗设计。为了应对电池寿命和更广泛的应用需求，无源电子标签的发展注重设计更低功耗的解决方案。这使得标签在不需要频繁更换电池的情况下能够长期使用，降低了运营成本。

（4）更广泛的应用领域。电子标签将在物流、智能零售、医疗保健、农业等行业得到更广泛的应用。例如，在智能零售中，标签可被用于库存管理和商品追踪。

（5）物联网整合。电子标签将更深度融入物联网生态系统，通过与其他物联网设备协同工作，实现对物体、环境的全面监测和控制。这有助于提升整体智能化水平。

（6）数据安全和隐私。随着对数据隐私的关注增加，电子标签的设计将更加注重数据的安全传输。采用加密技术和身份验证手段，确保敏感信息不受未授权访问。

（7）可持续发展。环保意识的提高推动电子标签采用可持续、可降解的材料。这有助于降低对环境的影响，符合社会可持续发展的理念。

（8）人工智能整合。电子标签将更智能化，结合人工智能技术，实现对数据的智能分析和理解。这使得标签能够适应不同场景的需求，并更好地服务于用户。

（9）智能性更强。更完善的加密特性。在某些对安全性要求较高的应用领域，需要对标签的数据进行严格的加密，并对通信过程进行加密。这样就需要智能性更强、加密性更为完善的标签。

视 频

RFID中间件

2.2.3 中间件

为解决分布异构问题，人们提出了中间件的概念。中间件是位于平台（硬件和操作系统）和应用之间的通用服务，这些服务具有标准的程序接口和协议。针对不同的操作系统和硬件平台，它们可以有符合接口和协议规范的多种实现。

由于标准接口对于可移植性和标准协议对于互操作性的重要性，中间件已成为许多标准化工作的主要部分。对于应用软件开发，中间件提供的程序接口定义了一个相对稳定的高层应用环境，不管底层的计算机硬件和系统软件怎样更新换代，只要将中间件升级更新，并保持中间件对外的接口定义不变，应用软件几乎不需任何修改，从而降低了企业在应用软件开发和维护中的投资成本。

1. 中间件的功能及实现原理

RFID中间件的功能是负责管理在识读器和应用软件之间的数据流，作为标签和企业应用之间的桥梁，负责实现标签数据的收集、过滤、处理、存储和传递，提供标准的接口和服务，简化了应用程序与各种 RFID 设备（如读写器、天线、标签等）的交互，从而加速了企业内部信息流的运行。RFID 中间件不仅提供了标准的数据接口，还可以实现业务逻辑的控制和规则管理，提高了RFID 系统的灵活性和可扩展性。同时，RFID中间件也是RFID技术的关键组成部分之一，对于 RFID 系统的稳定性和安全性有重要影响。

RFID中间件在实际应用中完成数据的处理、传递和对读写器的管理等功能，用来监测RFID设备及其工作状态，管理和处理电子标签和读写器之间的数据流，以及提供RFID设备和主机的接口。软交换呼叫中心中间件如图2.16所示。

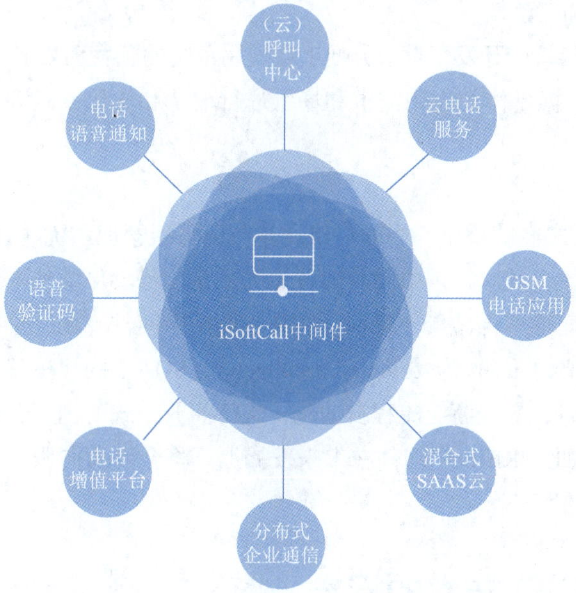

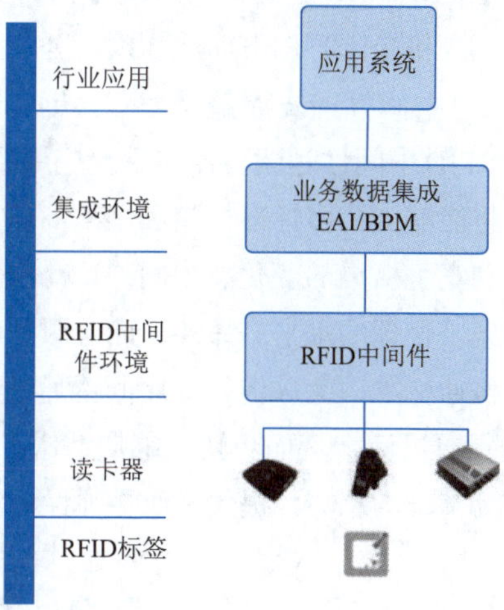

图 2.16　软交换呼叫中心中间件

2. 中间件的系统架构

RFID中间件是一种面向消息的中间件（message-oriented middleware, MOM），信息（information）是以消息（message）的形式从一个程序传送到另一个或多个程序。信息可以以异步（asynchronous）的方式传送，所以传送者不必等待回应。面向消息的中间件包含的功能不仅是传递（passing）信息，还必须包括解译数据、安全性、数据广播、错误恢复、定位网络资源、找出符合成本的路径、消息与要求的优先次序，以及延伸的除错工具等服务。

RFID中间件的系统架构具体可以分为四个主要部分：

（1）硬件设备层：这一层主要负责与RFID读写器、标签等硬件设备的连接和通信。中间件通过硬件接口与这些设备进行数据交互，实现标签的读写操作。

（2）数据采集层：该层负责从硬件设备层接收到的原始RFID数据进行处理，包括数据的解析、过滤、分组等操作。这些处理可以帮助提高数据的质量和准确性，为后续的应用提供可靠的数据基础。

（3）数据处理层：在这一层，中间件将采集到的RFID数据进行进一步的处理和分析，如数据清洗、数据整合、数据挖掘等。这些处理可以为上层应用提供更丰富、更有价值的信息。

（4）应用接口层：这是中间件与上层应用系统进行交互的接口层。中间件通过API、SDK等方式向上层应用提供数据和服务，实现与上层应用的无缝集成。

整个RFID中间件系统架构的设计需要考虑以下几个关键因素：

（1）可扩展性：随着RFID应用的不断扩展，中间件需要能够支持更多的硬件设备、更大量的数据处理和更多的上层应用系统的接入。

（2）实时性：RFID应用通常需要实时地获取和处理数据，因此中间件需要具备高实时性的数据处理能力。

（3）安全性：由于RFID标签可以用于追踪和识别物体，因此中间件需要提供高安全性的数据处理和存储能力，确保数据的机密性和完整性。

（4）易用性：中间件需要提供易用的接口和开发工具，方便上层应用系统的开发和集成。

总之，RFID中间件的系统架构需要根据具体的应用需求和场景进行设计和优化，以满足不断发展和变化的RFID应用需求。

3. 中间件的发展趋势

RFID中间件是读写器与后台应用系统之间的桥梁。中间件将逐步与读写器管理系统融合，并且将能够支持多标准标签和多厂商读写器。其次，是中间件的普通商品化趋势。伴随技术的成熟和竞争格局的变化，中间件产品已经变得不再昂贵。特别是在高端商用中间件市场，价格回归到了合理的水平。另外，面向服务的架构（service-oriented architecture, SOA）的目标就是建立沟通标准，突破应用程序间沟通的障碍，实现商业流程自动化，支持商业模式的创新，让IT变得更灵活，从而更快地响应需求。因此，RFID中间件在未来发展上，将会以面向服务的架构为基础的趋势，提供企业更弹性灵活的服务。

2.3 RFID技术的标准

2.3.1 RFID系统技术标准概述

RFID技术作为一种实时、快速、准确采集与处理数据的高新技术，已经被列为21世纪十大重要技术之一。但是目前，RFID还未实现统一的全球标准化，现有局面为多标准并存，为了解决编码、通信和空中接口等问题的标准化，统一RFID标准势在必行。

1. RFID技术标准多元化的原因

（1）技术创新和竞争：随着RFID技术的不断发展，不同厂商和组织为了满足市场需求和推动技术创新，不断推出具有自己特色的RFID技术标准。这些标准在技术参数、性能指标、应用领域等方面存在差异，形成了RFID技术标准的多元化。

（2）行业应用需求：RFID技术在不同行业的应用需求也存在差异。例如，在物流行业，RFID技术需要满足货物的快速、准确的识别和跟踪；在医疗行业，需要满足医疗器械和药品的追踪和管理；在交通行业，需要满足车辆的自动识别和收费等。这些不同的应用需求推动了RFID技术标准的多元化发展。

（3）国际标准化组织的推动：国际标准化组织（ISO）和国际电工委员会（IEC）等组织在RFID技术标准制定方面发挥着重要作用。这些组织通过制定统一的标准，促进了RFID技术的普及和应用。然而，由于不同国家和地区的文化、技术水平、市场需求等方面的差异，这些标准在具体实施过程中可能存在差异，从而形成了RFID技术标准的多元化。

RFID技术标准多元化的原因是多方面的，包括技术创新和竞争、行业应用需求，以及国际标准化组织的推动等。这种多元化有助于推动RFID技术的不断创新和发展，满足不同行业和领域的需求。

2. RFID标准体系结构

射频识别系统有着广阔的应用前景，因此，要加快RFID技术在各行各业的应用，提高应用水平，尽快制定我国相关的RFID标准体系。

RFID标准体系的基本结构如图2.17所示。

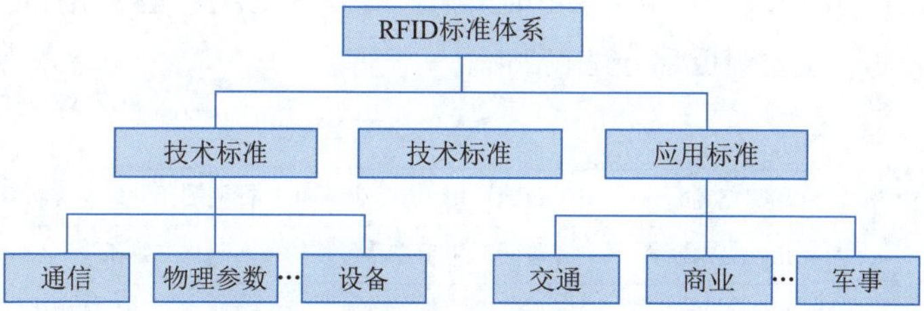

图 2.17　RFID 标准体系基本结构

目前，RFID还没有形成统一的全球化标准，市场为多种标准并存的局面。但随着全球物流行业RFID大规模应用的开始，RFID标准的统一已经得到业界的广泛认同。RFID系统主要由数据采集和后台数据库网络应用系统两大部分组成。目前已经发布或者正在制定中的标准主要是与数据采集相关的，其中包括电子标签与读写器之间的空气接口、读写器与计算机之间的数据交换协议、RFID标签与读写器的性能和一致性测试规范，以及RFID标签的数据内容编码标准等。后台数据库网络应用系统目前并没有形成正式的国际标准，只有少数产业联盟制定了一些规范，现阶段还在不断演变中。

2.3.2　ISO 标准体系

国际标准化组织（ISO）及其他国际标准化机构，如国际电工委员会（IEC）、国际电信联盟（ITU）等是RFID国际标准的主要制定机构。大部分RFID标准都是ISO（或与IEC联合组成）的技术委员会或分技术委员会制定的。主要针对RFID所有领域的共同属性进行规范化，保证RFID不同应用领域的互通性。RFID基础技术标准体系根据数据流（标签-阅读器-中间件-上层应用程序）的顺序，由上而下分为四部分，分别为唯一性标识标准、空中接口协议、数据协议、软件体系架构标准。

ISO的RFID标准化工作最早可以追溯到20世纪80年代。1987年国际标准化组织（ISO）和国际电工委员会（IEC）在原ISO TC-97（信息处理系统技术委员会）、IEC TC-47/SC47B（微处理机分技术委员会）和IEC TC-83（信息技术设备技术委员会）基础上联合组建了JTC-1。1996年，第一联合技术委员会JTC-1成立SC31分委员会，专门负责自动识别与数据采集技术的标准化研究。SC31分委员会建立以来，已发布了74项国际标准，目前共有32个正式成员和9个观察成员，中国是SC31的28个享有投票权的成员之一。我国的全国信息技术标准化技术委员会自动识别与数据采集技术分技术委员会于2002年组建成立，秘书处设在中国物品编码中心，对口国际SC31开展标准化研究工作，是负责全国自动识别和数据采集技术及应用的标准化工作组织。

除了SC31子委员会以外，ISO TC-122包装标准化技术委员会、ISO TC-104货运集装箱标准化技术委员会，以及这两个委员会成立的供应链应用联合工作组（JWG），也制定了一些RFID用于物流应用方面的标准，其系列标准见表2.3。

1. 空中接口通信协议标准

在ISO的标准体系中，ISO/IEC 18000系列标准起到最为核心的作用。ISO/IEC 18000系列标准定义了RFID标签和读写器之间的信号形式、编解码规范、多标签碰撞协议，以及命令格式等内容，为所有RFID设备的空中接口通信提供了全面的指导。该标准具有广泛的通用性，覆盖了RFID应用的常用频段，如125～134.2 kHz、13.56 MHz、433 MHz、860～960 MHz、2.45 GHz、5.8 GHz等，主要组成部分见表2.4。

表 2.3 ISO TC-122 系列标准

ISO TC-122 包装相关标识、性能要求	ISO 15394	《包装 用于船、运输工具标签的条形码与二维条形码符号》
	ISO 22742	《包装 用于产品包装的条形码与二维条形码符号》
	ISO 21067	《包装词汇》
ISO TC104 集装箱制造和操作	ISO 830	《货运集装箱 词汇》
	ISO 17712	《货运集装箱密封件质量标准 陆、海、空机械封条》
	ISO 18185	《货运集装箱电子关封标准草案（陆、海、空）》
TC-104/TC-122 JWG 供应链	ISO 17358	《应用要求》
	ISO 17363	《货运集装箱》
	ISO 17364	《可回收运输品》
	ISO 17365	《运输单元》
	ISO 17366	《产品包装》
	ISO 17367	《产品粘贴标签的包装》
ISO TC23 SC19 动物追踪	ISO 11784	《动物RFID畜牧业应用 编码结构》
	ISO 11785	《动物RFID畜牧业应用 技术准则》
	ISO 14223	《动物RFID畜牧业应用 高级标签的空中接口、协议定义》

表 2.4 ISO/IEC 18000 系列标准

名 称	领 域
ISO/IEC 18000-1	基本的信息定义和系统描述
ISO/IEC 18000-2	125～134.2 kHz的空中接口通信协议参数，规定了时序参数、信号特性、标签与读写器之间通信的物理层架构、协议和指令，以及多标签读取时的防碰撞方法，这些协议保证读写器能有与Type-A（FDX）和Type-B（HDX）电子标签通信的能力，并使兼容的读写器和标签之间能够实现通信
ISO/IEC 18000-3	13.56 MHz的空中接口通信协议参数，规定了时序参数、信号特性、标签与读写器之间通信的物理层架构、协议和指令，以及多标签读取时的防碰撞方法，这些协议保证兼容的读写器和标签之间能够实现通信
ISO/IEC 18000-4	2.45 GHz的空中接口通信协议参数，规定了时序参数、信号特性、标签与读写器之间通信的物理层架构、协议和指令，以及多标签读取时的防碰撞方法，这些协议保证兼容的读写器和标签之间能够实现通信
ISO/IEC 18000-5	5.8 GHz的空中接口通信协议参数。规定了时序参数、信号特性、标签与读写器之间通信的物理层架构、协议和指令，以及多标签读取时的防碰撞方法，这些协议保证兼容的读写器和标签之间能够实现通信，该标准的制定工作目前已经停止
ISO/IEC 18000-6	860～960 MHz的空中接口通信协议参数，规定了时序参数、信号特性、标签与读写器之间通信的物理层架构、协议和指令，以及多标签读取时的防碰撞方法，这些协议保证兼容的读写器和标签之间能够实现通信
ISO/IEC 18000-7	有源433 MHz的空中接口通信协议参数，规定了时序参数、信号特性、标签与读写器之间通信的物理层架构、协议和指令，以及多标签读取时的防碰撞方法。这些协议保证兼容的读写器和标签之间能够实现通信

2. 数据内容标准

ISO/IEC 15961、ISO/IEC 15962与ISO/IEC 15963标准规定了信息交换过程中的数据协议，它们独立于ISO 18000系列空中接口通信协议。

其中ISO/IEC 15961标准描述了应用层中的数据协议，侧重于应用命令与数据协议处理器交换数据的标准方式，可以完成对电子标签数据的添加、修改、删除等操作功能，以及错误响应消息等。RFID数据协议的应用接口基于ASN.1库，它提供了一套独立于主应用程序、操作系统和编程语言，也独立于读写器与标签驱动之上的命令结构。

ISO/IEC 15962标准定义了数据的编码、压缩、存储格式，以及将电子标签中的数据转化为可利用的应用程序的方法。该协议提供了一套数据压缩的机制，能够充分利用电子标签中数据存储空间，支持各种存储格式，有效利用电子标签及数据访问过程。

ISO/IEC 15963标准规定了RFID唯一标识的编码体系，该体系兼容ISO/IEC 7816-6、ISO/TS 14816、EAN/UCC编码、INCITS 256等，并保留了一定的扩展性。

3. 性能测试和一致性测试标准

狭义的RFID系统由承载了唯一编码的RFID标签通过天线与读写器实现通信，因此RFID标签、读写器和天线就构成了完成自动识别与数据采集的有机整体。要实现系统的目标功能，系统各部分之间必须满足一致性要求，从而实现不同厂家生产的设备的互通性和互操作性。因此SC31 WG3制定了性能测试和一致性测试方法标准，作为RFID测试工作的基础。

ISO/IEC 18046定义了RFID设备的性能检测方法，包括对标签性能参数、速度、标签阵列、方向、单标签检测及多标签检测等标签性能检测方法，以及对读取距离、读取率、单标签和多标签读取等读写器性能检测方法。ISO/IEC 18047定义了RFID设备的一致性测试方法，也称空中接口通信协议测试方法。与ISO 18000系列标准相对应，ISO/IEC 18047组成部分见表2.5。

表2.5 ISO/IEC 18047组成

名　称	频　率	对应协议
ISO/IEC 18047-2	125～134 kHz	ISO 18000-2
ISO/IEC 18047-3	13.56 MHz	ISO 18000-3
ISO/IEC 18047-4	2.45 GHz	ISO 18000-4
ISO/IEC 18047-6	860～960 MHz	ISO 18000-6
ISO/IEC 18047-7	433 MHz	ISO 18000-7

2.3.3 EPCGlobal标准体系

EPCGlobal是由美国统一代码协会（UCC）和国际物品编码协会（EAN）于2003年9月共同成立的非营利性组织，其主要职责是在全球范围内对各个行业建立和维护EPCGlobal网络，保证供应链各环节信息的自动、实时识别，采用全球统一标准。目的是通过发展和管理EPCGlobal网络标准来提高供应链上贸易单元信息的透明度与可视性，以此来提高全球供应链的运作效率。EPCGlobal网络是实现自动、即时识别和供应链信息共享的网络平台，通过EPCGlobal网络，各机构组织将会更有效地运行。通过整合现有信息系统和技术，EPCGlobal网络将提供对全球供应链上贸易单元即时、准确、自动的识别和跟踪。

EPCGlobal的系统成员分为两类：终端成员和系统服务商。终端成员包括制造商、零售商、批发商、运输企业和政府组织。一般来说，终端成员就是在供应链中有物流活动的组织，而系统服务商是指那些给终端用户提供供应链物流服务的组织机构，包括软件和硬件厂商，系统集成商和培训机构等。目前全世界已有100多个国家和地区的超过100万家企业使用该系统对物品进行标识和供应链管理。

EPCGlobal目前提供的服务包括：分配、维护和注册EPC管理者代码；对用户进行EPC技术和EPC网络相关内容的教育和培训；参与EPC商业应用案例实施和EPCGlobal网络标准的制定；参与EPCGlobal网络、网络组成、研究开发和软件系统等的规范制定和实施；引领EPC研究方向；认证和测试；与其他用户共同进行试点和测试。EPC系统的工作流程如图2.18所示。

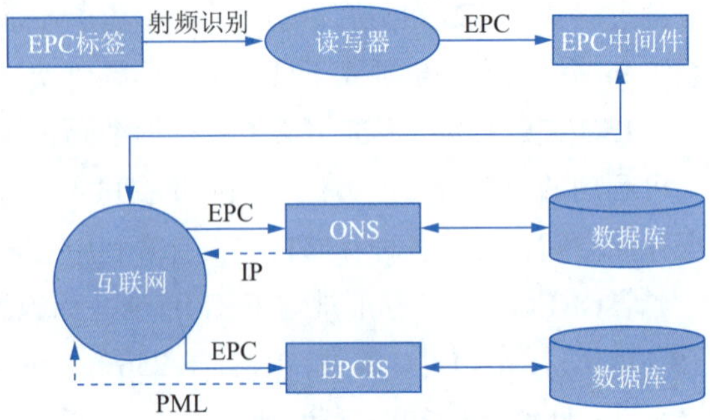

图 2.18 EPC 系统的工作流程

2.3.4 Ubiquitous ID 标准体系

Ubiquitous ID（泛在ID）是指在“某地”或“某物”上装上世界上独一无二的泛在识别码“uCode”，通过计算机的自动识别，将现实世界与虚拟空间紧密连接在一起的技术，简称UID。其是日本推出的一套RFID方面的标准化系统，始于20世纪80年代中期的实时嵌入式系统eTron，T-Engine是其中核心的体系架构。

UID标准受日本政府扶持，得到了许多日本国内厂商的支持。其与EPCGlobal的最大区别是，EPC只是使用RFID设备来对物品的个体进行识别，而UID技术面向的是：人、物体、环境三个要素，它通过综合使用RFID技术、红外线、无线局域网等，可以对进入某个特定环境的人员发出特定的指示。

泛在ID中心的泛在识别技术体系架构由泛在识别码（uCode）、信息系统服务器、泛在通信器和uCode解析服务器四部分构成。uCode采用128 bit记录信息，提供了340 × 1 036编码空间，并可以128 bit为单元进一步扩展至256 bit、384 bit或512 bit。uCode能包容现有编码体系的元编码设计，以兼容多种编码，包括JAN、UPC、ISBN、IPv6地址，甚至电话号码。uCode标具有多种形式，包括条码、射频标签、智能卡、有源芯片等。泛在ID中心把标签进行分类，设立了九个级别的不同认证标准。

信息系统服务器存储并提供与uCode相关的各种信息。uCode解析服务器确定与uCode相关的信息存放在哪个信息系统服务器上。uCode解析服务器的通信协议为uCodeRP和eTP，其中eTP是基于eTron（PKI）的密码认证通信协议。泛在通信器主要由IC标签、标签读写器和无线广域通信设备等部分构成，用来把读到的uCode送至uCode解析服务器，并从信息系统服务器获得有关信息。

2.3.5　我国标准体系

国际上，标准化组织ISO/IEC针对各个频段的射频应用都颁布了标准。空中接口标准是RFID技术的关键技术标准，而由欧美发达国家主导的RFID空中接口协议标准已成为国际上射频应用和产品开发的主流标准。我国的RFID标准研究工作相对起步较晚。RFID技术在2000年在国内开始应用，但由于当时技术的缺乏，导致RFID在国内发展不起来，所以那时主要用国外的标准产品。随着2005—2006年国家技术资金的投入，使得RFID产业有了一定的发展，也逐渐应用于国防、交通、生产制造等多个领域。

我国在RFID标准制定方面正在做积极的努力。低频125 kHz颁布为标准GB 18937—2003，TB/T 3070—2002应用于动物识别和人员出入管理。高频13.56 MHz将颁布15693-1，2，3。UHF标准未定，正在917～922 MHz之间测试频率，一般采用ISO18000-6标准。2012年，国家标准委与总装选取RFID领域为自主技术标准“军转民”的突破口，启动了800/900 MHz和2.45 GHz射频识别空中接口协议国军标转化为国标的工作。2012年、2013年这两项国家标准相继出台。此外，2.45 GHz空中接口通信参数国家标准已经上升为国际标准。

RFID标准体系由各种实体单元组成，各种实体单元由接口连接起来，对接口制定接口标准，对实体定义产品标准。中国RFID系统标准体系可分为基础技术标准体系和应用技术标准体系，基础技术标准分为基础类标准、管理类标准、技术类标准和信息安全类标准四个部分。其中，基础类标准包括术语标准；管理类标准包含编码注册管理标准和无线电管理标准；技术类标准包含编码标准、RFID标准（包括RFID标签、空中接口协议、读写器、读写器通信协议等）、中间件标准、公共服务体系标准（包括物品信息服务、编码解析、检索服务、跟踪服务、数据格式），以及相应的测试标准；信息安全类标准涉及标签与读写器之间及整个信息网络的每一个环节。RFID信息安全类标准可分为安全基础标准、安全管理标准、安全技术标准和安全测评标准四个方面。我国RFID标准体系如图2.19所示，我国RFID标准工作组业务领域见表2.6。

其中中国RFID的关键技术如下：

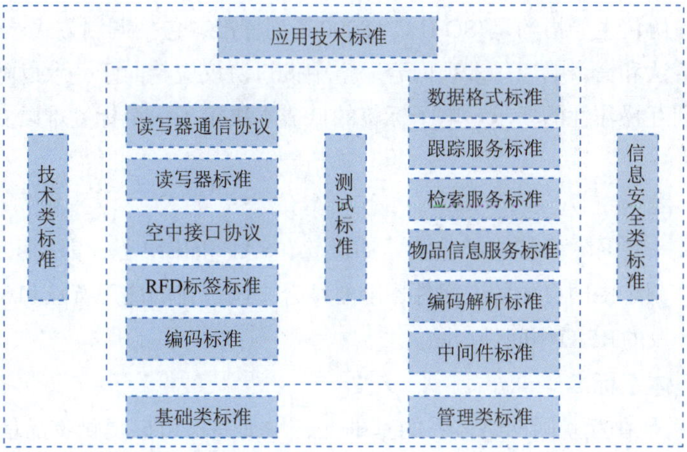

图 2.19　中国 RFID 标准体系

表 2.6 我国 RFID 标准工作组业务领域

专题组	业务领域
总体组	规划总体目标和工作计划，统筹负责RFID标准的制定工作，协调推进各专题组的各项工作
标签与读写器组	负责制定标签与读写器物理特性、电特性及实验方法等标准
频率与通信组	负责提出我国RFID频率需求、制定RFID通信协议标准及相应的检测方法
数据格式组	负责制定基础标准、术语、产品编码、网络架构等标准
信息安全组	负责制定RFID相关的信息安全标准
应用组	负责制定RFID相关应用标准
知识产权组	制定RFID标准知识产权政策，起草知识产权法律文件，提供知识产权咨询服务

RFID的框架体系分为数据采集和数据共享两个部分，主要包括编码标准、数据采集标准、中间件标准、公共服务体系标准和信息安全标准五方面内容。

1. 编码标准

制订编码标准要考虑与国际通用编码体系的兼容性，使其成为国际承认的编码方式之一。这样可以减小商品流通信息化的成本，同时也降低国外编码机构收费。有关编码方面的标准主要有：

（1）基于 RFID 的物品编码

该标准对物品RFID编码的数据结构、分配原则及编码原则进行规定，为实际编码提供基本原则。

（2）基于 RFID 的物品编码注册和维护

该标准对物品编码申请人的资格、注册程序，以及注册后的相关权利和义务进行规定，实现对物品编码的国家层和行业层管理。通过对物品编码注册、维护和注销等加以规定，可以实现物品编码信息的循环流通。

2. 数据采集标准

RFID数据采集技术相关标准有电子标签与读写器之间的空气接口、读写器与计算机之间的数据交换协议、电子标签与读写器的性能和一致性测试规范，以及电子标签的数据内容编码标准等。空中接口协议主要指的是ISO/IEC 18000系列标准，包括调制方式、位数据编码方式、帧格式、防冲突算法和命令响应等多项内容。空中接口协议应趋向于一致以降低成本，并满足标签与读写器之间互操作性的要求。电子标签的低成本决定了一个标签难以支持多种空中接口协议。

3. 中间件标准

EPCGlobal及一些国际著名的IT企业，如微软、SAP和IBM等，都在积极从事RFID中间件的研究与开发。制定中国自主的中间件标准要结合中国行业的应用特点和现状，设计和开发出具有自主知识产权的RFID中间件产品。

4. 公共服务体系标准

公共服务体系是在互联网网络体系的基础上，增加一层可以提供物品信息交流的基础设施，其功能包括编码解析、检索与跟踪服务、目录服务和信息发布服务等。

国外的RFID标准体系中，EPC Global制订了“物联网”规范，已公布的规范有EPCIS

（EPC信息服务）、ONS（对象名解析服务）和物品信息描述语言PML（物体标识语言）。

公共服务系统是RFID技术广泛应用的核心支撑，在制定中国RFID公共服务体系标准时，既要考虑中国RFID的应用特点，也要考虑全球贸易。

5. 信息安全标准

我国的信息安全标准体系主要由国家标准、行业标准、地方标准和企业标准等多个层次构成。这些标准旨在保障信息系统的安全性、完整性和可用性，防止信息泄露、篡改和非法利用。国家标准如下：

（1）GB系列标准：如GB15851—1995和GB15852—1995等，这些标准是我国较早制定的信息安全相关标准，对信息安全的基本要求、管理规范等方面进行了规定。目前GB15851—1995标准被GB/T 15851.3—2018标准替代，新标准针对带消息恢复的数字签名方案提供了更现代的加密技术和安全措施；GB15852—1995标准目前的替代标准是GB/T 15852.1—2008，而这个标准随后又被GB/T 15852.1—2020替代，新标准对消息鉴别码（MAC）算法进行了一些更新和补充。

（2）ISO系列标准：虽然ISO标准是国际标准化组织制定的，但我国也广泛采用ISO标准来构建信息安全管理体系。例如，ISO9001认证、ISO14001认证、OHSAS18001认证等，这些标准在质量管理、环境管理、职业健康与安全管理等方面对信息安全提出了要求。

信息安全标准通常包括以下几个方面：

（1）信息安全管理体系：规定了信息安全管理的组织结构、职责、程序和资源等方面的要求，以确保信息安全管理的有效实施。

（2）信息安全技术要求：包括加密技术、防火墙技术、入侵检测技术等，这些技术要求旨在提高信息系统的防御能力和应急响应能力。

（3）信息安全风险评估：规定了风险评估的方法、流程和工具等方面的要求，以帮助组织识别、分析和评估潜在的信息安全风险。

（4）信息安全应急响应：规定了应急响应的组织、流程、资源和措施等方面的要求，以确保在发生信息安全事件时能够及时、有效地进行应对。

我国的信息安全标准体系正在不断完善和发展中，通过制定和实施一系列标准和规范，不断提高我国信息系统的安全保护水平。同时，随着信息技术的不断发展和应用领域的不断拓展，信息安全标准也将不断更新和完善，以适应新的安全威胁和挑战。

2.4 RFID 安全隐私

2.4.1 RFID 系统的安全问题及策略

“系统开放”的设计思想导致了RFID系统的安全风险，主要有无线通信、不安全的认证和身份验证、不足的加密和安全协议，以及容易被攻击的物理环境。因此RFID系统具有各方面的安全需求，如图2.20所示。图2.21所示为RFID系统安全结构。

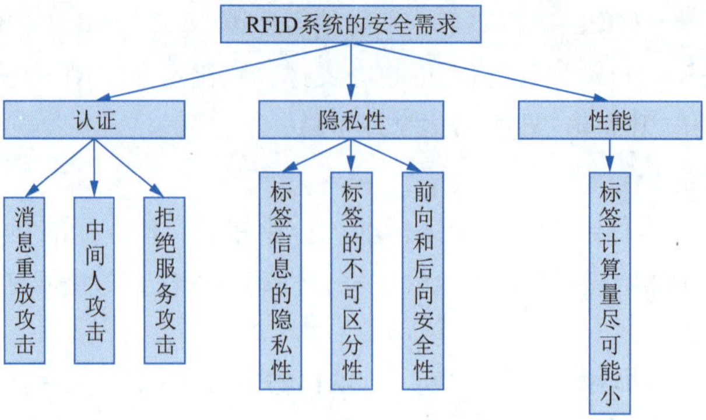

图 2.20 RFID 系统的安全需求

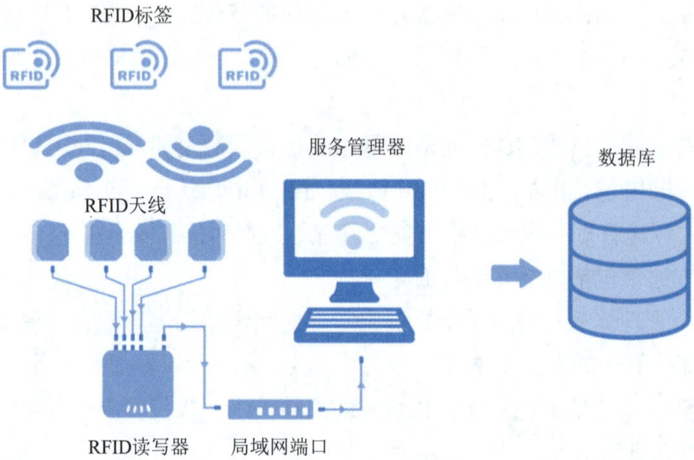

图 2.21 RFID 系统安全结构

1. RFID 系统的安全隐患

RFID系统的安全隐患主要体现在以下几个方面：

（1）标签本身的安全隐患

标签由于受到成本制约，其计算能力、存储空间和电源供应有限，难以具备足够的安全保障能力。因此，非法用户可以利用合法的阅读器或者自构一个阅读器，直接与标签进行通信，获取标签内所存数据。对于读写式标签，还存在数据被篡改的风险。

（2）读写器的安全隐患

读写器中也存在安全缺陷。在读写器中，除了中间件完成数据筛选、时间过滤和管理之外，只能提供用户业务接口，而不能提供能够让用户自行提升安全性的接口。

（3）通信链路的安全隐患

RFID的数据通信链路是无线通信链路，链路中的信号是开放的，且未进行加密处理，这就给攻击者带来了方便。攻击者可以窃听通信数据，实施拒绝服务攻击、欺骗攻击等。

（4）缺乏身份验证和访问控制

RFID系统通常缺乏足够的身份验证和访问控制机制，使得未经授权的用户或设备可以访问系统中的信息或进行操作。

（5）隐私泄露风险

RFID标签通常包含有关物品或人员的敏感信息，如果这些信息被未经授权的人或组织获取，可能会导致隐私泄露和滥用。

2. 常见的攻击 RFID 系统的方式

（1）窃听攻击

窃听攻击是RFID系统中最常见的攻击方式之一。攻击者使用特殊设备，如无线电接收器或网络嗅探器，来截获RFID标签与读写器之间的通信数据。这些通信数据可能包含敏感信息，如商品价格、库存量、用户个人信息等。攻击者可以通过分析这些数据来获取他们感兴趣的信息。

（2）跟踪攻击

跟踪攻击是指攻击者通过跟踪RFID标签的位置信息，获取标签携带者的行踪。这种攻击方式通常用于商业竞争、个人隐私侵犯等目的。

（3）拒绝服务攻击

类似于互联网中的DoS攻击，攻击者制造大量的干扰消息，导致读写器接收过多的虚假消息而无法处理正常的标签数据；还可以采用信号淹没方式，即正常的信号被攻击者发出的噪声信号淹没后就会发生射频阻塞，从而导致读写器与标签之间不能进行正常的通信。

（4）伪造攻击

伪造攻击是指攻击者通过伪造RFID标签或读写器，冒充合法用户或系统进行操作。在假冒读写器攻击中，攻击者会制造一个非法的读写器，截获标签传送的数据，导致真正的读写器无法接收信息；同时，以假冒身份侵入后台数据库，获得标签日志信息和业务信息；在假冒标签攻击中，攻击者伪造一个标签，向读写器发送虚假信息，读写器会将接收到的伪造信息当作真正的数据进行处理，从而达到欺骗系统处理虚假消息的目的。

3. 隐私泄露威胁

（1）读写器内部数据泄露

读写器是RFID系统中的关键设备，负责与电子标签进行通信和数据交换。如果读写器内部存在安全漏洞或被黑客攻击，可能导致读写器内部存储的数据被非法访问或窃取。这些数据可能包括与RFID标签交互的信息、通信协议、密钥等敏感信息，进一步可能导致标签数据的泄露。

（2）电子标签数据泄露

电子标签是RFID系统中的另一个关键组成部分，通常包含物品的标识、属性等信息。如果电子标签存在安全漏洞或被非法读取，可能导致标签中的数据被窃取。这些数据可能包括物品的标识、属性、位置等敏感信息，进一步可能导致个人隐私的泄露。

（3）入侵后台系统应用软件

RFID系统的后台系统通常包含数据库、服务器等关键组件，用于存储和管理RFID数据。如果后台系统存在安全漏洞或被黑客攻击，可能导致后台系统中的数据被非法访问或篡改。这些数据可能包括RFID标签的关联信息、用户身份信息、交易记录等敏感信息，进一步可能导致个人隐私的泄露和财务损失。

视频

RFID电子标签的安全问题和解决方案

2.4.2　RFID 电子标签的安全问题和解决方案

1. RFID 电子标签安全问题

RFID电子标签安全问题主要体现在以下几方面：

（1）数据完整性问题

数据完整性是通信过程中接收者收到的数据与发送者发出的数据一致，保证数据准确和可靠。如果不能保证数据完整性，数据可能被篡改或丢失，导致信息不完整或无效。在公钥密码体制中，采用消息摘要或数字签名保证数据完整性。在RFID系统中，采用消息认证码进行校验，使用带有共享密钥或不带密钥的Hash算法，将后端数据库和标签所共享的秘密与待检验的消息连接在一起或单独对消息进行Hash运算。由于Hash函数的性质，攻击者对待检验消息的任何细微改动都会产生雪崩效应，造成消息认证码的较大改变。在读写器和标签的通信过程中，传输信息的完整性无法得到保障，除非采用高端系统并使用消息认证码。

（2）数据真实性问题

对于RFID系统，确保标签身份的真实性非常重要。标签和读写器必须相互确认合法才能交换信息和控制命令。由于通信通过无线射频信号在不安全信道上传播，攻击者可以轻易窃取敏感信息并伪造标签欺骗读写器。例如，攻击者可以重放合法标签信息、用伪造标签替换实际物品或低价替换高价物品标签以获取非法利益。同时，攻击者可以屏蔽合法标签以躲避读写器跟踪，或伪装成合法读写器修改标签数据。因此，读写器和标签必须确认对方合法身份后才能确认接收消息的真实性。

（3）数据隐匿性问题

标签数据只能被合法读写器识别，这是RFID系统安全性的必要条件。未采用安全机制的标签数据在通信时可能被非法读写器获取。由于成本限制，大多数标签计算和存储能力有限，缺乏PtoP加密和公钥基础设施支持，使得读写器与标签信息交换过程中攻击者容易获取标签信息。前向信道信号容易被窃听，甚至可以通过边信道攻击分析通信规律来获取数据。

2. RFID 系统安全问题的解决方案

（1）Kill 命令机制

Kill命令机制是一种由标准化组织自动识别中心（auto-ID center）提出的机制，用于从物理上销毁RFID标签。一旦对标签实施了Kill命令，RFID标签将永久失效，读写器无法再对其进行查询或发布指令。这种机制通过销毁标签来保护消费者的个人隐私，但牺牲了RFID电子标签的功能和后续服务。然而，Kill命令机制存在一些问题。首先，其口令只有8位，因此恶意攻击者只需进行64次尝试就能获得标签访问权。其次，由于电子标签销毁后不再有任何应答，很难检测是否真正对标签实施了Kill操作。因此，Kill标签并非是一个有效检测和阻止标签扫描与追踪的防止隐私泄漏技术。

（2）静电屏蔽机制

静电屏蔽机制利用法拉第网罩屏蔽标签，防止外部电磁信号进入或内部信号穿透。法拉第网罩由金属网或金属箔片构成，是个阻隔电磁信号的容器。放入标签后，标签无法接收信号，也就无法获得能量和发射信号，从而防止非法扫描获取标签信息。但需额外设备和成本，使用不便。

（3）主动干扰

主动干扰无线电信号是另一种屏蔽标签的方法。标签用户可以通过一个设备主动广播无线电信号以阻止或破坏附近的物联网阅读器的操作。这种初级的方法可能导致非法干扰。附近其他合法的物联网系统也会受到干扰，更严重的是它可能阻断附近其他使用无线电信号的系统。

（4）阻塞标签法

阻塞标签法（blocker tag）防止阅读器读取标签以保护隐私。与一般标签不同，blocker tag

是被动干扰器，干扰读写器操作并阻止其与标签通信。但会增加应用成本，且可被滥用导致拒绝服务攻击。同时，其作用范围有限，不能保护所有标签。

（5）RFID 标签的芯片保护

破坏性攻击主要有版图重构和存储器读出技术两种防范措施。图 2.22 所示为电子标签内部结构图。

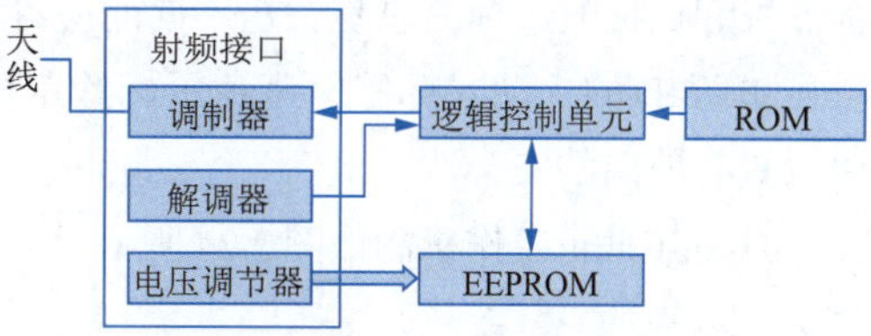

图 2.22　电子标签内部结构图

① 版图重构。破坏性攻击的一个重要步骤是重构 RFID 芯片的版图。通过研究连接模式和跟踪金属连线穿越可见模块的边界，达到迅速识别芯片上的一些基本结构，如数据线和地址线。

② 存储器读出技术。存储密钥和用户数据的存储器不易被光学照片获取。在安全认证时，至少访问一次这些数据区。微探针可监听总线信号获取数据，顶层探测器网格可防止微探针获取存储器数据。探测器输出可触发电路清零非易失性存储器内容。

（6）信息传输安全技术

解决信道数据的安全传输的基本方法是提出相应的安全协议。目前已有多种安全协议被提出，其中包括 Hash-Lock 协议、随机 Hash-Lock 协议、Hash-Chain 协议、分布式 RFID 询问 - 应答安全协议和 LCAP 协议。各种安全协议对比见表 2.7。

表 2.7　各安全协议性能比较表

安全协议	计算时间			存储容量		
	标签	读写器	后台应用系统	标签	读写器	后台应用系统
Hash 锁协议	1*TH*	—	—	2 *L*	—	3 *mL*
随机 Hash 锁协议	1*TH*, 1*TR*	*mTH*	—	1 *L*	—	*nL*
Hash 链协议	2*TH*	—	2 *mTH*	1 *L*	—	2 *mL*
基于 Hash 的 ID 变化协议	3*TH*	—	1*TR*, 2*TH*, 1*TXOR*	3 *L*	—	10 *mL*
基于 Hash 认证的‘Good reader’协议	1*TR*, 1*TH*	—	1*TH*	2 *L*	1 *L*	1 *L*
分布式询问应答协议	1*TR*, 2*TH*	1*TR*	(*m*+1)*TH*	1 *L*	—	*mL*
基于密钥和缓存机制的 RFD 双向认证协议	2*TH*, 1*TR*, 1*TXOR*	1*TR*, *nTH*, *nTXOR*	*m*/2*TH*, *m*/2*TXOR*	3 *L*	(*n*+1)*L*	*mL*

表格中标签数目为 *m*、*L* 代表随机数和密钥位数，*TH* 表示进行 Hash 运算的次数，*TXOR* 表示进行异或操作运算的次数，*TR* 表示产生随机数的次数。

① IIash-Lock 协议。

为了避免信息泄露和被追踪，它使用 metalID 来代替真实的标签 ID，并且每个标签拥有自己的访问密钥 Key，且 metalID=Hash(Key)，Hash-Lock 协议的执行过程如图 2.23 所示。

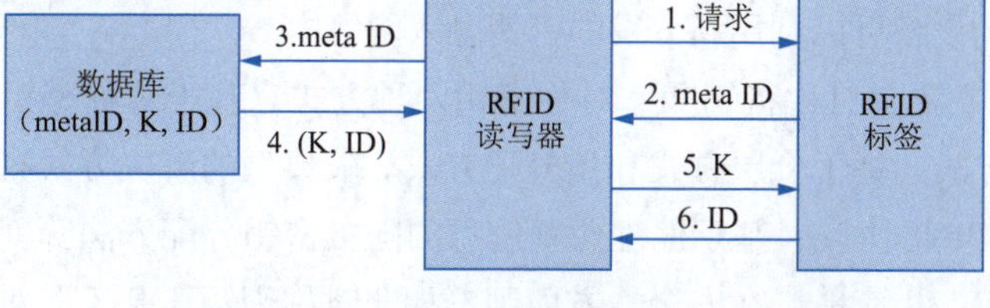

图 2.23　Hash-Lock 协议执行过程示意图

② Hash-Chain协议。

Hash-Chain协议本质上是基于共享秘密的询问-答应协议，但对两个使用不同Hash函数的标签发起认证时，标签总是发送不同的应答。Hash-Chain协议的优点在于协议中的tag是个具有自主更新ID的主动式标签，避免了标签定位隐私泄露；又由于Hash函数具有单向性，所以该协议具有前向的安全性。

Hash-Chain工作机制如图2.24所示。

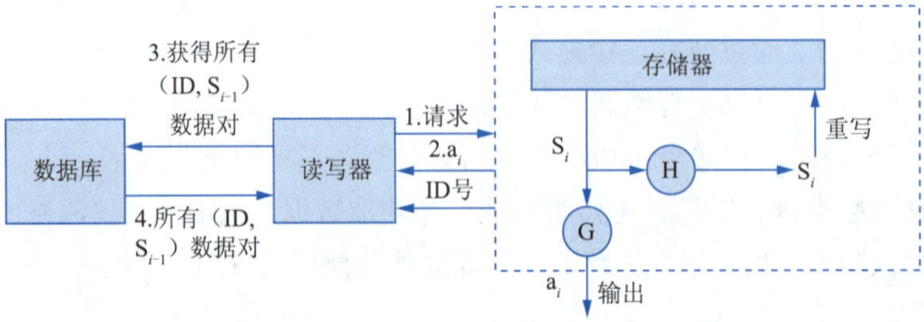

图 2.24　Hash-Chain 协议工作机制示意图

锁定标签：对于标签ID，读写器随机选取一个S_1发送给标签，并将（ID，S_1）存储到数据库，标签收到S_1进入锁定状态。

解锁标签：

a. 在第i次信息交换中，读写器请求标签，标签输出a_i=G_i，并更新S_{i+1}=H(S_i)，其中G和H为单向Hash函数（涉及密码学的区块与Hash散列，密码具有不可逆性质）。

b. 读写器收到a_i后，搜索数据库所有（ID，S_{i-1}）数据对，并为每个标签递归计算a_i=G(H(S_{i-1}))，比较是否等于a_i，若相等，则返回相应的ID。

（7）密钥管理技术

目前，RFID系统的密钥管理主要有两种方式：集中式管理和分布式管理。集中式管理是由指定的组织生成密钥，并且对密钥进行分发、更新和吊销等管理操作。这种管理模式实现起来较为容易，但是对管理中心的安全性要求较高。分布式管理比较适用于设备分布广，具有区域聚集特点的RFID系统，同时分布式管理还存在成本和开销较大的问题。

① 密钥安全管理的内容：

- 密钥的生成、分发、更新和注销。
- 共享密钥的产生、更新和注销。
- 会话密钥的建立和更新。

② 密钥安全管理应考虑以下问题：

- 密钥生成，以及密钥分发和更新的算法安全性。
- 保证中途退出的设备无法利用之前的密钥信息，避免其继续参与通信。
- 确保新加入的设备可以利用新分发的密钥融入网络中。

RFID密钥管理主要有对称密钥和非对称密钥两种方式。基于对称密钥的管理方式又分为基于密钥分配中心方式、基于分层方式和预分配方式。较典型的解决方式有单密钥和多密钥随机密钥分配方法、SPINS协议、基于地理位置信息的随机密钥分配方法等。对称密钥计算方式比非对称密钥较简单，相应地，在安全性方面则不如非对称密钥。基于非对称密钥方式主要有TinySec密钥分发和基于RSA算法的MICA2协议。

2.4.3 RFID 系统的隐私数据保护

RFID技术具有低成本高效获取数据的能力，未来大规模应用已是大势所趋，但是越来越多的用户和商家担心RFID系统的安全隐私问题，在使用RFID系统时如何保证其隐私性和安全性，不会导致个人信息、财产信息等丢失或者被他人盗用是RFID发展过程中面临的重大挑战。

RFID系统的隐私数据保护是RFID系统的重要组成部分，它旨在保护用户的个人信息和敏感数据不被未经授权地访问、泄露或篡改。将从以下几方面对RFID系统隐私数据进行保护。

1. 数据加密

RFID系统使用加密技术对标签数据进行加密，确保数据在传输过程中的安全性。加密算法可以防止黑客和不法分子通过窃取信号获取个人隐私和敏感数据。加密技术可以分为对标签数据的加密和对通信信道的加密两种方式。对标签数据的加密可以确保数据在传输过程中不被篡改或窃取，而对通信信道的加密则可以提高数据传输的安全性，防止第三方监听和截获。

2. 访问控制

RFID系统通过访问控制机制来限制对标签数据的访问。只有授权的读写器才能访问标签数据，未经授权的读写器无法读取或写入数据。这可以防止未经授权的访问和数据泄露。

3. 标签防篡改

RFID系统使用防篡改技术来确保标签数据的完整性和可靠性。如果标签数据被篡改，系统可以检测到并采取相应的措施，如拒绝访问或报告异常，这可以防止恶意攻击者篡改标签数据，从而保护用户的隐私。

4. 监控和审计

RFID系统定期监控系统的运行状态，对数据访问和操作进行审计。这可以帮助及时发现异常行为，如未经授权的访问或数据篡改。监控和审计机制还可以帮助管理员了解系统的安全状况，及时采取相应的措施来保护用户的隐私。

5. 安全标签布局

合理规划和布置RFID标签的位置，可以避免未经授权的读取和干扰。这可以通过将标签放置在安全区域或使用物理防护措施来实现。同时，合理规划标签的数量和分布也可以降低被攻击的风险。

本章小结

本章主要讲述了RFID相关基础概念、系统组成及安全隐私等。RFID系统主要由读写器、电子标签和中间件三部分构成。读写器负责信息的控制和处理，包含天线、射频收发模块及控制单元；电子标签则存储唯一的产品电子代码（EPC），通过无线射频与读写器通信；中间件作为桥梁，协调数据在读写器与应用软件间的传输。RFID技术以其独特的优势，已成为物联网时代不可或缺的一部分，通过不断的技术创新和安全强化，适应着日益增长的多样化应用需求，推动信息社会的智能化进程。

习　题

1. 请详细描述RFID技术的工作原理，并举例说明RFID技术在现代物流、智能零售和门禁系统中的应用，以及在这些应用中可能面临的挑战。

2. RFID读写器的硬件主要由哪些部件组成？简要描述它们的功能。

3. 请简述RFID电子标签的主要组成部分及其功能，并解释为什么RFID电子标签在物联网应用中具有重要意义。

4. RFID系统中，如何防止标签信息被非法读取，从而保护个人隐私？

5. 请简述中国RFID标准体系的主要组成部分，并举例说明其中一项标准的主要内容和作用。

6. 请简要描述RFID技术及其在物联网中的应用，并讨论RFID技术在实际应用中可能面临的安全挑战和应对策略。

第 3 章 物联网传感技术

学习目标

◎ 了解：了解传感器的基本类型、工作原理、分类，以及传感网络的基础架构和组成。熟悉当前传感网在物联网中的作用和应用情况。

◎ 理解：深入理解传感器如何在物联网中发挥作用，包括它们如何与其他系统组件（如数据处理单元、通信技术）相互作用。

◎ 应用：能够运用本章介绍的传感器类型和传感网络模式，设计和实施基本的传感网络。应用这些知识来解决实际问题。

◎ 分析：通过案例学习，分析不同传感网的设计、性能、优缺点。从案例中提取实用的设计和应用经验，以及如何针对特定应用进行优化。

物联网具有“信息感知、网络互联、智慧服务”的特征，是对现有电子信息技术的综合应用，利用各种传感技术与设备，如RFID、GPS、红外线感应器（infra red sensor）、激光扫描器（laser scanner）等，感知、采集和处理各种现实物体的各类需要信息，包括声音、热量、电能、速度、位置等，并将采集到的信息传输到互联网上。借助传感器和传感网络，人们能够感知和识别现实世界中的各种事物和现象，将它们转化为虚拟信号信息，随后通过现有的网络传递这些信息，实现了人与物、物与物之间的信息互通和连接互动，深刻地影响了众多人的生活方式。

物联网的网络构架由感知层、网络层和应用层组成。传感器和其所组成的传感网作为构成感知层的关键元素，在物联网的搭建和运行中担任数据收集感知、转换处理的角色。通过传感器、传感网络，实现了感知现实世界的能力，实现了现实与虚拟世界的融合。

本章将介绍物联网中基础的传感器，以及传感网的基本知识，并介绍传感网的关键技术及相关应用领域。

3.1 传感器概述

视频

传感器概述

传感器作为物联网的基础环节，用于收集数据、采集数据，并与整个物联网络共享。所有这些收集的数据使设备能够自主运行，整个物联生态系统每天都在变得更智能。传感器作为探测和获取外界信息的重要手段，是物联网中获得信息的重要途径，传感器对信息的准确性、可靠性、实时性将直接影响到控制节点对信息的处理与传输，对物联网应用系统的性能起到重要作用。

3.1.1 传感器的概念

人一般是通过感官（眼、耳、鼻、舌、皮肤等）来接收和感受外界信息（视觉、听觉、嗅觉、味觉、触觉等），并将所得到的信息传送到大脑进行判断和处理，然后大脑又把执行指令发送给效应部位（肌肉、腺体等）以指挥人的行为，但人的感官无法精准地评判所感知的外界信息，即没有一个评定的标准。比如，评判温度时只能用模糊的“冷、热”来形容，而无法得知准确的温度值。同时，感官可以感知的范围比较窄，比如对光线只能感知可见光的范围，难以感知红外线、紫外线等不可见光。并且无法感知无色无味气体、剧毒物，以及各种微弱信号等。所以人们迫切地希望出现可以精确感知外界信息的传感技术和仪器。

广义上讲，传感器是一种能将物理或者化学形式的能量转换为另外一种形式的能量的转换器。国家标准中，对传感器的定义是：“能感受规定的被测量并按照一定的规律转换成可用信号的器件或装置，通常由敏感元件和转换元件组成。”简言之，传感器是一种用于感知物理世界各种参数或信号的设备或装置。它们可以将各种类型的物理量，如温度、压力、光强、声音、位置等，转换成可量化的电信号或其他形式的信号，以便于被电子设备读取、处理和分析。

不同传感器有着不同的传感原理，但归根结底还是利用各种物理效应或现象，例如，压电效应、热敏效应、光电效应等，将环境中的各种物理量转换为电信号或其他形式的信号。这些信号随后被传输到电子设备中，经过处理和分析，从而实现对物理世界的感知和监测。例如：压力传感器通过测量压力对压电材料的压力变化来生成电信号；光敏传感器则通过感知光线的强度对光敏材料电阻值的变化来产生信号。传感器将收集到的数据通过无线通信技术（如Wi-Fi、蓝牙、LoRa等）传输给物联网平台或其他设备，然后通过云计算和数据分析进行处理，从而实现实时监测、预测分析、智能控制等功能。

日常所说的传感器是指一种能感受到待测物理或化学信息（位移、压力、速度、温度、湿度、热、光、声音等）的检测装置，如图3.1所示，将待测信息按一定规律变换成为电信号或其他所需形式的信息输出，以满足信息的传输、处理、存储、显示、记录和控制等要求。这是由于电信号具有高精度、高灵敏度、可测量的参数范围宽、便于传递、放大信号，并可以记录和存储等优点。传感器的开发是实现现实世界中各种信息数字化的基本依据和保证，也是实现自动检测和自动控制的首要环节。

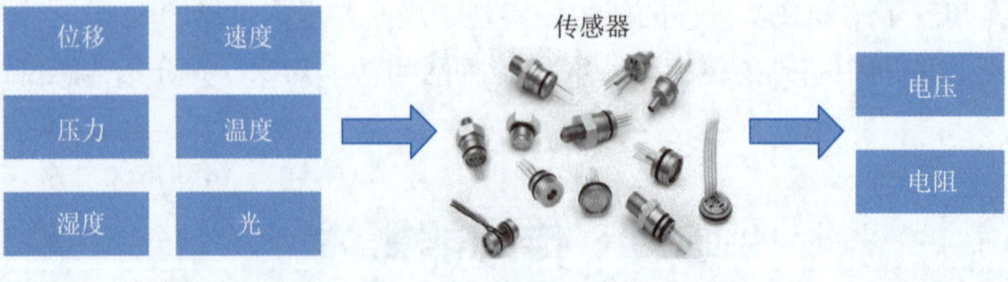

图 3.1 传感器导向图

如图3.2所示，人是通过自身的感官系统（视、听、嗅、味、触等）来接收外界的信息，相对应的，机器感知外界信息的方式是通过传感器。人通过大脑把感官系统发送来的信息进行处理，并将处理结果发送给肌肉，从而使肌肉做出相应的反应。而机器是通过电子计算机（处理器）来处理传感器发送来的信息，并将计算的结果发送给机械装置，从而使机械装置做出相应的动作。大多数机器还配有存储和显示装置，可以用来存储和显示采集到的初始信息或经过计算机处理过的信息。也就是说，如果把电子计算机比喻成大脑的话，传感器则相当于人的感官系统。

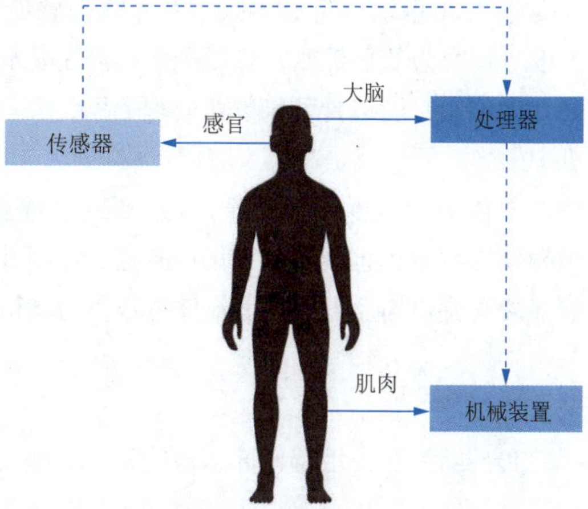

图 3.2 人体感知系统与机器感知系统的对应关系

传感器技术是构成现代信息技术的重要内容之一，所涉及的领域包括现代工业生产、农业生产、军事国防、基础学科研究、航天航空、海洋探测、环境保护、生物医学、医疗器械、建筑、汽车、家用电器等。随着传感器技术的不断进步，其应用领域正不断扩大。与此同时，自动检测和自动控制系统也是今后发展的重要方向。然而，被控对象未能精确检测，将不可实现精确控制。因此，传感器作为机械感知外界信息的不可或缺部分，是实现机械自动控制和自动检测的基础和关键。

传感器技术涉及传感器机理研究与分析、设计与研制、性能评估与应用等，是一门多学科交叉的现代科学技术。大规模集成电路、微纳加工、网络等技术的发展，为传感技术的发展奠定了技术基础。光学、电子学、化学、生物学等学科互相渗透与融合，为新型传感器的研制提供了技术支持。随着自动化程度的不断提高，人们对智能化的需求越来越迫切，对传感器的需求也越来越高。需求导向和技术支撑共同决定了现代传感技术的发展趋势。

3.1.2 传感器的发展历史

传感器的发展历程可分为三个显著的阶段，每个阶段都标志着技术的重要进步和应用的扩展。

第一代传感器，也称为结构型传感器，它们主要依据材料的物理效应来检测和转换信号。这些传感器通过结构参量的变化来感受信号，例如，电阻应变式传感器利用金属弹性变形时电阻的变化来转换电信号。这一代传感器虽然在传感器领域具有开创性的意义，但普遍存在体积大、灵敏度低和操作不便的问题。

第二代传感器，即固体传感器，起始于20世纪70年代。这些传感器由半导体、电介质、磁性材料等固体元件构成，利用材料的物理特性制成，如热电偶传感器、霍尔传感器和光敏传感器等。70年代后期，随着集成技术的发展，集成传感器开始出现，它们将传感器与信号处理电路集成在一起，具有成本低、可靠性高、性能好和接口灵活等特点，迅速占据了传感器市场的大部分份额。

第三代传感器，智能传感器，从20世纪80年代开始发展。这种传感器是微型计算机技术与检测技术的结合，具备检测、自诊断、数据处理和自适应能力。20世纪80年代的智能化测量技术以微处理器为核心，将传感器信号调节电路、微计算机、存储器及接口集成到单一芯片上。到了20世纪90年代，智能化测量技术进一步提升，传感器实现了更高级别的智能化，包括自诊断、记忆、多参数测量和网络通信功能。

进入20世纪90年代末期，数字化传感器快速发展，它们通过内置的模拟/数字转换器将模拟信号转换为数字信号，从而极大提高了传感器的性能和应用范围。数字化传感器集成了智能化处理单元，能够自动采集和处理数据，并能根据外部环境变化自动调整工作参数，如数码相机中的光敏元件就是其典型应用。

总体来看，传感器技术从最初的结构型传感器，经历了固体传感器和集成传感器的发展，到如今的智能传感器和数字化传感器，呈现出从简单到复杂、从单一功能到多功能、从模拟到数字的发展趋势，不断满足着日益增长的高精尖技术需求。

3.1.3 传感器的组成

传感器一般由敏感元件、转换元件、变换电路和辅助电源四部分组成，如图3.3所示。

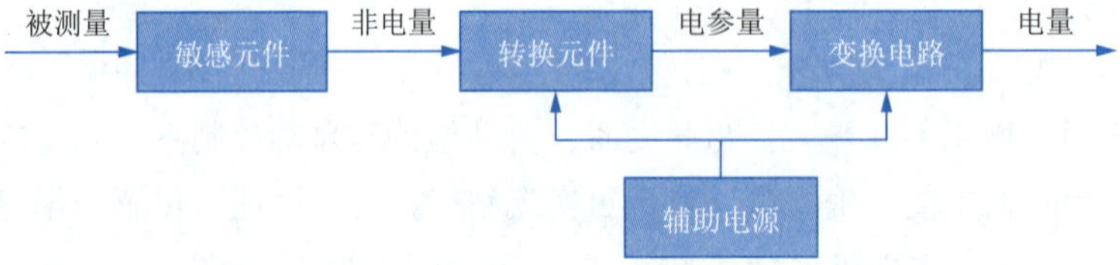

图3.3 传感器组成示意图

传感器的构成核心是敏感元件和转换元件。敏感元件是传感器中直接接触并感应被测量信息的部分，它具备对特定物理或化学量变化的敏感性，并能够将这些变化转换成可测量的信号。例如：在温度传感应用中，热敏电阻作为敏感元件，能够对温度的升高或降低产生反应，并产生相应的电压或电流变化作为输出信号；在压力传感应用中，应变片作为敏感元件，能够感应到作用力的变化并转换成电信号。

转换元件的功能是将敏感元件提供的信号转换成更容易被电子系统读取和处理的电信号形式。转换元件有时也包括信号的放大、滤波和模数转换等功能，以确保信号的质量和可用性。例如：热电偶传感器利用两种不同金属或半导体的接点在温度变化时产生的电势差（热电效应）来测量温度；而光电传感器则利用光电效应将光信号转换为电信号，通常涉及将入射光子的能量转换为电子信号。

变换电路又称信号调理电路，主要是对转换后的电信号进行放大、滤波、线性化、模数转换等处理，以便于读取。辅助电源为传感器及其电路提供所需电能，可以是电池、外部供电或能量收集系统。

在某些传感器的设计中，敏感元件和转换元件可能结合在一起，难以明确区分，它们协同工作以实现对环境变量的精确测量和信号转换。此外，变换电路和辅助电源的存在也确保了传感器的稳定运行和信号的有效处理。

3.1.4 传感器的分类

由于被测量信号的种类繁多，针对同一种信号，亦可选用不同工作原理的传感器来测量；同时，一种传感器也可用于测量多种信号，所以目前对传感器的分类方法种类很多。通常，传感器按照工作原理、输入信息和应用范围来进行分类。

（1）根据工作原理分类。可将传感器分为三类，分别是物理类（力、光、热、电等物理范畴）、化学类（对产生化学变化的结果或现象采集）、生物类（生长、增殖、分裂和抗体指标等）。

物理传感器是利用某些变换元件的物理性质，以及某些功能材料的特殊物理性能制成的传感器。例如，电阻式传感器利用金属或半导体材料的电阻值随被测量变化而变化；电感式传感器利用磁阻的变化；压电式传感器则利用压电晶体的压电效应。近年来，利用半导体材料的特性，诸如压阻、光电和霍尔效应，制成了多种新型传感器，如压敏、光敏和磁敏传感器。除此之外，在物理传感器中，可以进一步分为物性型传感器和结构型传感器。物性型传感器是利用功能材料本身所具有的内在特性及效应将被测量直接转换为电量的传感器。例如：利用压电晶体制成的压力传感器，利用压电材料的正压电效应来实现压力测量；光敏电阻则利用半导体材料对光强的变化引起电导率变化的光电导效应制成。结构型传感器则是基于特定的结构（如形状、尺寸等），利用某些物理规律将被测信息转换为电量。例如：气隙型电感式传感器由铁芯、线圈和衔铁组成，只有满足特定的结构与尺寸要求，才能产生相应的电信号；电动式传感器由磁靴和运动的线圈组成，线圈在运动时切割磁力线，产生与被测速度成对应关系的电动势。如图3.4所示，即为三种常见的传感器，这些传感器的工作原理和结构设计直接影响其性能和准确度。

（a）加速度传感器　　（b）陀螺仪传感器　　（c）压力传感器

图 3.4　常见的三种物理传感器

化学传感器是利用电化学反应原理，把无机和有机化学物质的成分、浓度等转换为电信号的传感器。常见的化学传感器中，离子选择性电极被广泛应用于测量溶液中的pH值或特定离子的活度，如钾、钠、钙等。尽管测量对象不同，但其测量原理类似，主要利用电极界面和被测溶液间的电化学反应，即电极对溶液中离子的选择性响应产生电位差。电位差与被测离子活度的对数呈线性关系，因此通过测量电极产生的电位差或受其影响的电流值，即可表示被测离子的活度。离子选择性敏感膜是化学传感器的核心部分，包括固体膜和液体膜。其中，玻璃膜、单晶膜和多晶膜属于固体膜，而带正、负电荷的载体膜和中性载体膜属于液体膜。近年来，发展最迅速的是将膜技术与场效应晶体管结合的离子选择性电极。该电极覆盖在场效应晶体管的栅极上，可以用于测量无机溶液、葡萄糖、气体中的离子，以及血清中的某些成分。

近年来，生物传感器作为一种新兴的传感器类型发展迅速，这种传感器利用生物活性物质对特定生物化学物质进行选择性识别和测定。生物活性物质具有对某种物质的选择性亲和力，也称为识别能力，利用这种识别能力来判断物质的存在和浓度，并通过电化学方法将其转换为电信号。生物传感器主要由两大部分组成：功能识别物质和信号转换装置。功能识别物质包括酶、抗原、抗体、微生物和细胞等，通过固化在特制的有机膜上，形成具有对特定化合物进行识别功能的功能膜。信号转换装置将识别反应产生的化学反应转换为电信号或光信号，其中最常见的是电极，如氧电极和过氧化氢电极。最近，将功能膜固定在场效应晶体管上以代替传统的栅—漏极，使得传感器体积变得更小。另外，光学方法如荧光生物传感器也被用于识别功能膜上的反应。信号转换装置的性能直接影响传感器的灵敏度和线性度。生物传感器具有在分子水平上识别物质的能力，因此在化学工业监测和医学诊断等领域具有广泛的应用前景。

（2）根据输入信息分类。该分类方法是通过被测信号的不同来进行分类的，从传感器名字上理解起来较为方便直观，如位移、速度、加速度、力、压力、光强、温度、湿度、黏度等不同类型的传感器。

（3）根据应用范围来分类。传感器根据其应用范围可分为多个类别，包括工业传感器、环境传感器、生物传感器、医疗传感器、农业传感器、交通传感器、安防传感器和运动传感器等。其分类方法并没有明确标准，可根据任务需要灵活分类。

3.1.5 传感器的特性

传感器的特性是指传感器的输入量和输出量对应关系特性，其输入-输出特性反映的是与内部结构参数有关系的外部特征，通常用静态特性和动态特性来描述。传感器的各种性能指标都是依据传感器输入和输出信号的对应关系进行描述的。

理想状态下，传感器的输入与输出呈一一对应关系，而且多为线性关系。但在实际情况下输入输出并不会完全符合对应的线性关系，比如：物理条件的限定（测量误差的现实存在）、受到外界条件的各种影响，以及传感器本身存在的迟滞、蠕变、摩擦等各方面因素。

通常输入量分为两种形式：一种是静态形式，即待测量为不随时间变化或者变化缓慢的准静态信号；另外一种是动态形式，即待测量为随时间变化的信号。因此，对传感器的特性评价也采用静态和动态两个方面进行评价。

1. 传感器的静态特性

传感器的静态特性描述的是传感器在被测量各种参数处于稳定状态下的输入-输出的关系。评价传感器的静态特性的重要指标是：测量范围、线性度、灵敏度、迟滞性、重复性、使用频率范围和可靠性等。

测量范围：指的是每一个传感器都有一定的测量范围，如果超出此范围进行测量，就会有很大的测量误差。例如，一个温度传感器的测量范围可能是从-20 ℃到100 ℃。在实际应用中，超出传感器规定的测量范围除了造成测量的准确性下降的问题以外，还会造成传感器的损坏。

线性度：在理想情况下，传感器的输出与输入之间呈直线关系，但由于测量误差的客观存在（线性误差或非线性误差），实际测量到的线性度通常为曲线。通常为了标定和数据处理的方便性方面考虑，用一条拟合直线近似地代表实际的特性曲线。

灵敏度：灵敏度表示传感器对测量参数变化的响应能力。高灵敏度的传感器能够捕捉到微小的变化，而低灵敏度的传感器可能需要更大的变化才能产生可感知的响应。为了测量振动的微小变化，传感器应具有较高的灵敏度。

迟滞性：指的是在相同的工作条件下，传感器在正行程（输入量增大）和反行程（输入量减小）期间，其输出-输入特性曲线不重合的程度称为迟滞。产生该现象的原因主要是传感器的物理性质或机械零部件的物理缺陷，如弹性滞后、摩擦、机构间隙、紧固件松动等。

重复性：重复性指的是传感器在相同输入条件下进行多次测量时，测量结果的一致性程度。

使用频率范围：频率的灵敏度变化幅度不超过给定误差的频率范围。两端都是较低的频上限。为了测量静态力学量，传感器应具有零频率响应特性。传感器的频率范围，除了传感器本身的频率响应特性之外，也与传感器的安装条件有关（主要影响上频限）。

可靠性：传感器的可靠性直接影响系统的性能，研制高可靠性、宽温度范围的传感器是不变的工作重点。一些特殊场合要求传感器的温度很高，因此，发展新兴材料的传感器尤为重要。

除此以外，还有精确度、分辨率、零点漂移、灵敏度漂移等特性，在传感器的选择和应用时也需要引起关注和重视。

2. 传感器的动态特性

传感器的动态特性指的是传感器的输出量与随时间变化的被测量之间的动态关系。一般利用微分方程来描述传感器的输入和输出关系。理论上，将传感器的静态特性当作其动态性的一个特例。将微分方程中的一阶及以上的微分项取0时，即可得到静态特性。在被检测量信号为时间的函数时（即输入信号随时间变化），其输出量也将是时间的函数（即输出信号也随时间变化），两者的关系要用动态特性来说明。

动态范围：动态范围是传感器能够同时测量的最大和最小信号强度之间的范围。在动态范围内，传感器可以正常工作并提供准确的测量结果，而超出动态范围的信号可能会导致传感器饱和或失真。动态范围一般不表示为绝对值，而是以分贝（dB）为单位。例如，对于一个摄像头传感器，动态范围表示它能够在同一场景中捕捉到光线强烈和光线较弱区域的细节，而不会出现过曝（过亮）或欠曝（过暗）的情况。一个宽动态范围的传感器可以在高对比度场景中保留更多细节。动态范围越大，传感器在复杂环境下的性能就越好，能够提供更准确的数据和信息。

相移：相移指的是信号的相位在传感器中发生的变化，通常是与时间相关的相位变化。相位是描述信号波形位置的特性，它与信号的周期性变化有关。例如，声呐传感器可以测量声音信号从发送到接收之间的时间差，从而计算出距离或位置。相移的存在可能导致输出合成的波形畸变。为了避免输出失真，相位偏移值必须为零，或与频率成比例。它影响了传感器对于信号变化的响应速度和精度，因此在传感器设计和应用中需要进行考虑和优化。

在实际情况下，当输入量变化较快的时候，由于传感器的机械惯性、热惯性、电磁储能元件及电路充放电等多种原因，输出信号相对于输入信号在波形上出现失真，从而造成两者的差异，该差异被称为动态误差。当然，通过合理的设计和应用，可以尽可能地减小物联网传感器的动态误差，从而提高其在实际应用中的性能和可靠性。

对传感器的动态特性的评定通常只能使用试验的方法进行。从原理上来讲，研究传感器的动态特性可以从时域和频域两个方面，采用瞬态响应法（时域响应）和频率响应法进行分析。输入信号源一般选用正弦输入、阶跃输入和线性输入。

传感器除了描述输入量与输出量之间的关系特性外，还有其他的很多特性在使用时需要关注和了解，比如与使用条件、使用环境、使用要求等有关的特性。在使用传感器时要了解传感器的静态特性和动态特性，该特性能展现出该传感器的各项指标，根据不同特性确定适当的使用方法，同时要对传感器可能产生的误差做出估计。

3.1.6 传感器的功能

在物联网系统中，传感器充当信息的采集点，它们的作用至关重要。

传感器的感知功能是物联网技术的核心。传感器负责检测环境中的物理或化学变化，如温度、湿度、光照、压力、声音等，并将这些变化转换成电信号。这一转换过程使得数字系统能够“感知”其周围的物理世界。例如，温度传感器能够检测环境温度的变化并将其转换为与温度相关的电信号，使得系统能够对温度变化做出响应。

除了感知能力，通信功能同样对传感器至关重要。在感知环境数据之后，传感器必须将这些数据传输到处理单元或中心控制系统，处理信号可能包括信号的放大、过滤或编码，以提高数据质量或适应特定的传输要求。随后，这些数字信号通过传感器的通信接口传输出去，数据传输可以通过有线连接实现，如以太网，或者通过无线通信方式，如Wi-Fi或蓝牙。无线通信方式在远程监控和可移动应用中尤为重要，因为它提供了更大的灵活性和覆盖范围。例如，在智能农业中，无线传感器可以用来监测田间的土壤湿度并将数据无线传输到远程服务器。

传感器在物联网中还需遵循特定的通信协议和标准，以确保与中央系统或其他设备数据的兼容性和互操作性。此外，考虑到物联网设备常常部署在远程或不便于访问的位置，因此对于传感器的能源管理非常重要，它们通常设计为低能耗，甚至采用能量采集技术，如太阳能，以实现长期运行。

3.1.7 传感器应用实例

1. 手机中的传感器

传感器是手机内置的器件或设备，能够测量各种物理量并将其转换为可用的输出信号。通常，这些传感器由敏感元件和转换元件组成。手机上的传感器通过芯片感知各种数值，如距离、光线、温度、亮度和压力等。在手机上增加传感器是需要满足一些特定条件的，比如操作系统本身的支持、需要开发对应的应用去配合传感器的数据记录、保证传感器测算的精度、控制传感器的尺寸及成本等。但和所有的电子元件一样，这些传感器都在越变越小，性能越来越强，同时成本也越来越低。

（1）光线传感器

光线传感器类似于人类的眼睛，它们都能够感知不同光线环境并做出相应的调整，就像人眼在不同光线下能自动调节，光线传感器也能根据环境光线调整手机屏幕的亮度，从而延长电池续航时间，光线感应器实物图如图3.5所示。这种传感器可以根据环境光线实时调整屏幕亮度，有些还能控制按键呼吸灯的明暗状态。例如，在明亮的户外环境中，屏幕会调至最亮状态，而在黑暗环境中，屏幕亮度则会相应降低。这种智能调节不仅提高了用户体验，还有助于节省电量，使手机在不同光线条件下都能够更好地工作。

（2）距离传感器

距离传感器的构成十分简单，通常由一个红外LED灯和红外辐射光线探测器组成，位于手机听筒附近，距离感应器实物图如图3.6所示。其工作原理为：红外LED灯发出不可见的红外光，照射到周围物体上并反射回来，最终被红外辐射光线探测器捕获。一般来说，距离传感器常与光线传感器一同使用。在实际应用中，距离传感器在通话过程中起到防误操作的作用，当用户通话时，若耳朵靠近距离传感器，传感器接收到信号后会立即关闭显示屏，避免用户在通话过程中误触屏幕干扰通话。

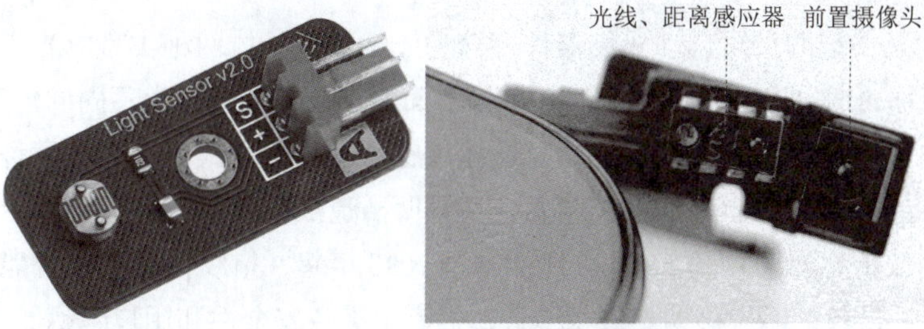

图 3.5　光线感应器实物图

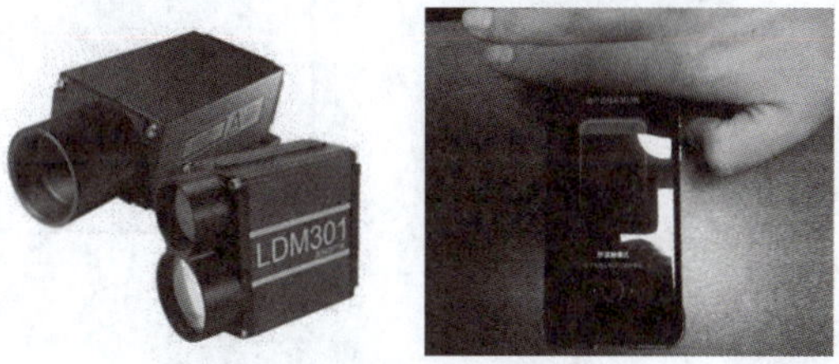

图 3.6　距离感应器实物图

（3）重力传感器

重力传感器利用压电效应实现，其内部包含一块重物与压电片整合在一起，重力传感器实物图如图 3.7 所示。通过测量在正交两个方向产生的电压大小，可以计算出水平方向的倾斜角度。在实际应用中，重力传感器可用于切换横屏和直屏方向，并且在一些游戏中，如平衡球和赛车游戏等，也可以通过重力传感器实现更加丰富的交互控制。

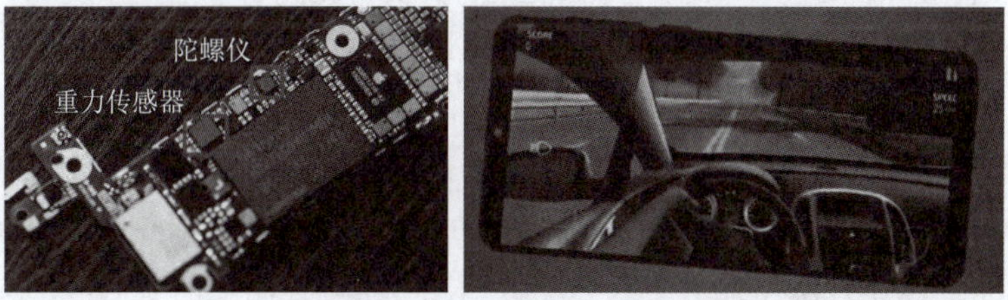

图 3.7　重力传感器实物图

（4）加速度传感器

加速度传感器和重力传感器在某些方面有重叠，但实际上它们是不同的，加速度传感器实物图如图 3.8 所示。加速度传感器可以在多个维度上测量，主要用于检测瞬时的加速或减速动作。其中，最典型的应用是计步器功能。加速度传感器能够检测到人体行走时产生的规律性振动，从而通过检测振动的过零点来计算步数或行走距离，并通过特定公式计算卡路里消耗。此外，加速度传感器还可检测交流信号和物体的振动，因此在一些应用中，如测量手机的运动速度或在游

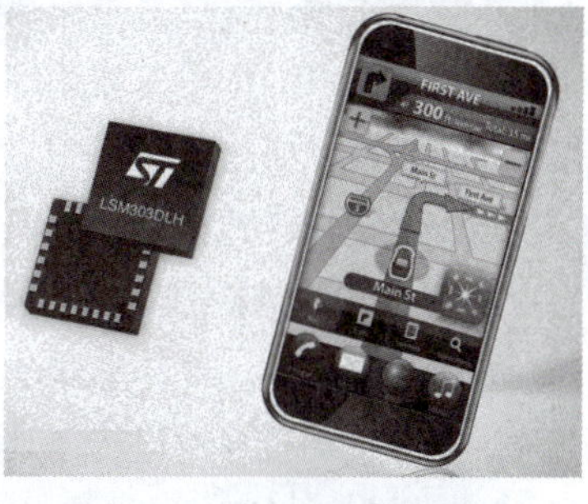

图 3.8　加速度传感器实物图

戏中触发特殊指令时，也能发挥重要作用。在日常应用中，一些功能如甩动切歌、摇一摇等也都是通过加速度传感器实现的。

（5）指纹传感器

指纹传感器是关键的指纹自动采集器件，分为光学和半导体两种类型。光学传感器利用光的折射和反射原理，通过底部射出的光线在手指表面的指纹凹凸上产生不同的角度和反射光强，由光学器件收集这些信息完成指纹采集。半导体传感器则有电容式和电感式两种，通过手指与集成半导体器件的平板接触形成电容或电感，不同凹凸造成的接触距离差异形成不同数值，完成指纹采集。指纹传感器实物图如图3.9所示。从2013年起，指纹传感器在智能手机中迅速普及，不仅用于解锁设备，还与移动支付相结合，提高了设备安全性和用户隐私保护水平。

图 3.9 指纹传感器实物图

2. 汽车中的传感器

汽车传感器是现代车辆中至关重要的组件，负责实时监测和传输各种运行状态和环境信息，以确保车辆的安全性、性能和效率。这些传感器涵盖多种类型，广泛应用于检测温度、压力、加速度、光线、距离等参数。通过传感器提供的精准数据，汽车的控制系统能够做出及时响应，优化驾驶体验，提升行车安全，降低能耗，并支持先进驾驶辅助系统和自动驾驶技术的发展。汽车传感器不仅提高了车辆的智能化程度，还促进了汽车工业的技术进步和创新。

（1）空气质量流量传感器

空气质量流量（mass air flow, MAF）传感器是汽车发动机中不可或缺的组件，用于测量进入发动机的空气密度，并将这些信息传送给发动机控制单元（engine control unit, ECU），如图3.10所示。通过MAF传感器提供的数据，ECU能够精确控制燃油喷射量，从而优化燃烧过程，提高发动机效率并降低排放。如果MAF传感器失效，车辆将无法正常运行，燃油消耗也会显著增加。MAF传感器主要有两种类型：叶片流量计和热线流量计。叶片流量计通过空气流动推动叶片来测量空气量，而热线流量计则通过测量空气流经热线时的冷却效果来确定空气流量。这两种类型的传感器都能准确检测进入发动机的空气量，确保发动机在各种工况下都能获得最佳的空气燃油比。

（2）发动机转速传感器

发动机转速传感器是汽车中至关重要的组件之一，常安装在曲轴上，负责监测曲轴的转速，如图3.11所示。该传感器的主要功能是提供精确的转速信息，以便控制燃油喷射和发动机正时，确保发动机高效运转。其工作原理是通过检测磁场变化或霍尔效应来获取曲轴的旋转速度。转速快时磁场变化快，交流电频率和电压高；转速慢时磁场变化慢，交流电频率和电压低。

此外，它还能防止车辆在意外情况下停机，提高行车安全性。若传感器失效，发动机可能无法正常工作，进而阻止车辆行驶。因此，发动机转速传感器对于维持车辆性能和保障驾驶安全至关重要。

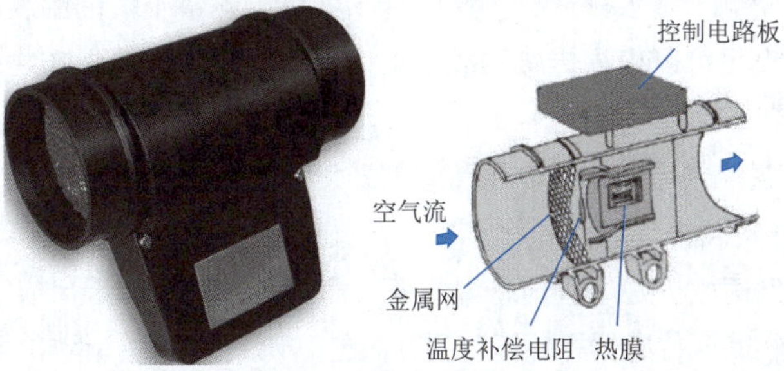

图 3.10　空气质量流量传感器

图 3.11　发动机转速传感器

（3）氧气传感器

氧气传感器（或 O_2 传感器）是汽车排放控制系统中的关键组件，通常安装在废气流中，位于废气歧管附近及催化转化器之后。其主要功能是监测废气中的氧气含量，并将其与周围空气中的氧气含量进行比较，以检测发动机运行的是富油比还是稀油比。ECU 利用氧气传感器提供的信息来调整燃油喷射量，确保最佳空气燃油比，从而优化发动机性能和排放控制。如果检测到燃烧过程过于富油或稀油，ECU 会相应调整燃油计量策略，以提高燃油效率并减少有害排放。因此，氧气传感器在维持发动机高效运转和降低排放方面起着至关重要的作用。氧传感器与车辆故障图如图 3.12 所示。

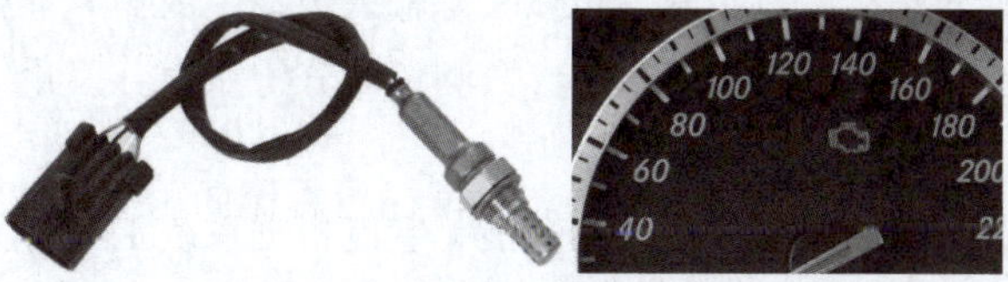

图 3.12　氧传感器与车辆故障图

3.2　传感器技术

3.2.1　传感器技术的应用领域

（1）工业自动化：制造业广泛应用物联网传感器来实现工业自动化。例如，工厂可以在生产线上安装传感器，监测设备的状态和性能。如果某个设备出现故障或异常，传感器会立即发出警报，使工作人员能够迅速采取行动，缩短生产中断时间。

（2）农业领域：农业利用物联网传感器实现了精准农业管理。例如，农民可以在田地中部署土壤湿度传感器，监测土壤水分情况。这些传感器可以测量土壤的湿度水平，并通过数据传输到云端进行分析。农民可以根据传感器数据来优化灌溉系统，确保作物得到适量的水分，提高产量并减少资源浪费。

（3）医疗健康：医疗领域利用物联网传感器监测患者的健康状况。例如，糖尿病患者可以佩戴连续葡萄糖监测传感器，该传感器会实时监测血糖水平，并将数据传输到医疗专家或患者的手机上。这可以帮助医生更好地管理患者的糖尿病，并及时采取干预措施。

（4）环境监测：物联网传感器在环境监测方面也得到大量应用。例如，气象站可以部署各种传感器来监测气温、湿度、风速等气象参数。这些数据可被用于天气预报、气候研究等领域。

（5）智慧城市：城市可以利用物联网传感器来实现智慧城市管理。例如，在智慧城市中部署垃圾桶传感器，可以监测垃圾桶的填充程度。当垃圾桶快满时，传感器会发送信号到垃圾收集中心，帮助规划更有效的垃圾收集路线，降低城市垃圾处理成本。

这些应用凸显了不同领域中物联网传感器的应用。传感器技术的发展不仅提高了效率和准确性，还为解决现实世界问题提供了创新的解决方案。

3.2.2 传感器技术的发展趋势

传感器技术随着电子、通信和计算机技术的发展而变化，正从模拟式向数字式、集成化向智能化、局域网向云处理方向发展。

智能传感器内部包含传感元件、模数转换器、信号处理器、寄存器和接口电路。与传统传感器相比，智能传感器具有以下特点：

（1）智能传感器通过采用自动校正、自动标定及统计处理等方法消除系统误差及偶然误差，以确保传感器具有较高的精度。

（2）智能传感器通过自动补偿因工作条件与环境参数发生变化后引起系统特性的漂移，从而保证了智能传感器的高可靠性与高稳定性。

（3）智能传感器通过信号处理技术，可以去除输入数据中的噪声；利用数据融合、神经网络等技术手段，保证在多参数状态下对特定参数测量的分辨能力。因此，智能传感器具有较高的信噪比与分辨率。

（4）智能传感器具有判断、分析和处理功能，它能根据系统工作情况决策各部分的供电情况与上位计算机数据的传输速率，使系统工作在最优低功耗状态和优化的传输速率，因此，具有较强的自适应能力。

（5）智能传感器通过与微控制单元（microcontroller unit, MCU）相结合，采用廉价的集成电路工艺和芯片，以及强大的软件来实现上述高性能，具有很高的性价比。

随着传感技术的不断进步，传感器不断朝着小型化、集成化和智能化方向发展。利用MEMS（micro-electro-mechanical systems）技术，将微传感器、微执行器、信号处理/控制电路、通信接口和电源等部件组成一体化的微型器件系统，大幅度地提高系统的自动化、智能化和可靠性水平。致使制造商将一件产品的所有功能集成到单个芯片上，从而降低成本，适用于大规模生产。在未来物联网发展中，通过更加智能和先进的传感器设备，可实现所有物体接入互联网，并达到对其进行智能化控制与管理的目的。

物联网传感器技术的发展呈现出以下多个重要趋势。这些趋势将共同塑造未来物联网传感器技术的发展方向，使其在各种应用领域中都能够发挥更大的作用，并推动物联网的进一步发展。

（1）小型化和集成化：传感器正朝着更小、更轻、更紧凑的方向发展，以便更容易嵌入到各种设备和环境中，实现更广泛的数据采集。智能手表集成了多种传感器，如加速度计、陀螺仪、心率传感器等，可用于监测用户的运动、健康状态等。这些传感器在一个小型设备中实现了高度集成。

（2）低功耗技术：节能是物联网传感器设计中的一个关键因素，低功耗技术的发展将有助于延长传感器的电池寿命，从而减少维护和更换频率。例如，蓝牙低功耗（bluetooth low energy, BLE）技术广泛用于连接物联网设备，如健康监测设备、家居自动化产品等，以延长电池寿命。

（3）无线通信和网络连接：物联网传感器需要无线通信能力，以实现数据传输和远程监控。随着新兴通信技术的发展，传感器之间的通信将更加高速和稳定。例如，智能路灯配备了传感器，可以感知交通流量、环境亮度等信息，并通过无线通信将数据发送到中心服务器，实现智能照明和交通管理。

（4）多模态和多功能：传感器不仅仅单一感知，多模态传感器可以同时测量多个参数，从而提供更全面的信息。例如，智能汽车中的驾驶员辅助系统使用多模态传感器，如摄像头、雷达、超声波传感器等，以实现车辆周围环境的感知和自动驾驶功能。

（5）自主学习和智能化：传感器技术正朝着更智能、自适应的方向发展。自主学习、机器学习和人工智能算法将使传感器能够自动优化性能，做出更准确的决策。例如，智能家居中的智能音箱通过自然语言处理和机器学习技术，能够理解用户的指令、习惯，并根据用户的需求做出智能化的响应。

（6）环境适应性：传感器将更好地适应不同的环境条件，包括温度、湿度、高海拔等极端条件。例如，土壤湿度传感器能够适应不同的气候和土壤条件，根据实时测量数据优化灌溉，提高作物产量。

（7）安全和隐私保护：随着物联网应用的增加，安全和隐私问题变得更加重要。传感器技术将加强数据加密、认证和访问控制等安全机制。例如，智能摄像头通过数据加密、身份验证等手段保护用户隐私，确保传感器数据不被未授权访问。

（8）新型材料和制造技术：新型材料和制造技术的发展将改进传感器的性能、耐用性和成本效益。例如，纳米颗粒因其独特的物理、化学特性被用于气体传感器，其表面积增加了气体吸附能力，提高了传感器的灵敏度和响应速度。

视频

传感网概述

3.3 传感网概述

传感器是物联网中获得环境动态变化信息的唯一手段和途径。通过对部署在检测区域内大量传感器节点的信息采集，传感器通过自组织的方式构成网络进行信息处理和数据传输，为物联网应用系统提供可供分析处理和应用的实时数据。要构建物联网，就应当首先构建传感网络，特别是需要构建由部署在监测区域内大量的微型传感器节点组成的无线传感网络。

3.3.1 传感网的概念

传感网是在一定范围内，许多集成有传感器、数据处理单位和通信单元的微小节点通过一定的组织方式构成网络。通过大量的多种类别的传感器不断测量周围环境的物质现象信息，如光、热、位置等信息，并将信息发送至互联网、移动通信网等网络中，让事物与网络连接在一起，实现了物与人、物与物之间的信息交换。

现有的传统网络是以传输数据为目的的，而传感器网络的设计有所不同，它需要将数据采集、数据处理、数据管理、网络传输等多种技术紧密结合起来，实现一个以数据为中心的高性能的网络体系。

物联网中的传感网发展历程经历了几个关键阶段，逐步实现了技术的进步和应用的扩展。以下是物联网传感网发展的几个主要阶段：

早期研究阶段（1980—1999年）：早期的传感网研究主要集中在军事和科研领域，以军事侦察和环境监测为主要应用。在这个阶段，研究人员开始探索传感器节点的自组织、自适应和通信能力。

标准化和协议发展阶段（2000—2009年）：该阶段初期，各种无线通信标准和传感网协议得到了广泛应用，为传感网的发展奠定了基础。IEEE 802.15.4标准的制定推动了低功耗无线传感网络的发展，逐渐使传感节点的成本和功耗降低。

大规模部署和应用拓展阶段（2010年至今）：随着物联网概念的兴起，传感网开始进入大规模部署和商业应用阶段。智能城市、农业、工业自动化、环境监测等领域开始广泛采用传感网技术。同时，新型通信技术的发展也为传感网提供了更快速、更可靠的通信连接。

边缘计算和智能化阶段（近期趋势）：近年来，随着边缘计算和人工智能技术的快速发展，传感网正逐渐朝着智能化方向发展。传感器节点不仅仅是数据的来源，还可以在本地进行数据处理和分析，减少对中心服务器的依赖。

新型材料和能源收集技术应用阶段（近期趋势）：新型材料技术，如柔性电子材料和纳米材料，以及能量收集技术的发展，使传感节点的设计更加灵活多样，能够适应更多的应用场景，同时实现更长时间的自持续工作。

总的来说，物联网中的传感网经历了从早期研究到大规模部署的演变过程，不断吸收新技术和应用需求，推动其不断发展和进步。未来，随着技术的不断创新和应用领域的拓展，传感网将继续在物联网中发挥关键作用。传感网以采集和处理现实世界信息为目的，集中了传感器、通信等多方面技术，对各种环境下的感知对象进行检测。如图3.13所示，传感网包含在感知区域内的传感器节点、通信网络，以及远程用户访问等部分。

传感网所感知的信息既包括采用自动生成方式的RFID、传感器、GPS等，也包括采用人工生成方式的各种智能设备，如智能手机、个人数字助理、多媒体播放器等。大量传感器节点监测到的信息通过各种现有的网络（5G通信网络、互联网络、电视网络等）连接起来，再由处理器进行分析和处理，最终传送给应用域的用户，实现对被监测量和现实世界的感知。同时，应用域的用户也可以通过网络对传感器节点进行远程控制和管理。

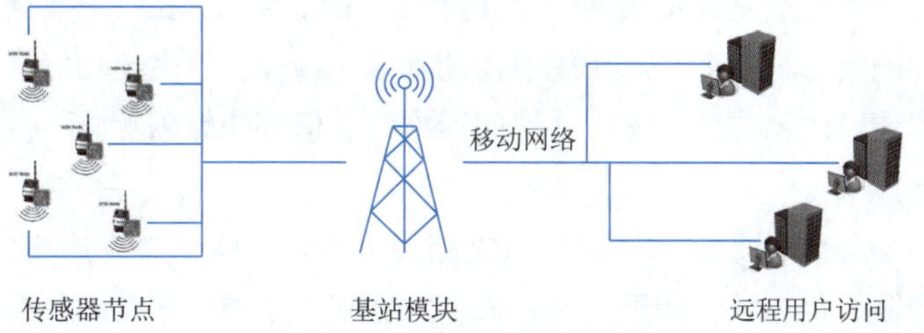

图 3.13　传感网络结构图

3.3.2　传感网协议体系结构

网络协议为不同的工作站、服务器和系统之间提供了共同的用于通信的环节，是为网络数据交换而制定的规则和标准。其中语法、语义和时序为网络协议的三大要素：

语法：用于规定数据与控制信息的结构和格式，以及数据出现的顺序的意义。

语义：用于解释数据信息中每一部分的意义。

时序：用于说明事件的先后顺序。

网络协议体系结构是网络的协议分层，以及网络协议的集合，是对网络及其组成部分的功能的描述。传统通信网络和互联网络技术中已成熟的协议可以借鉴到传感网技术中来，但是由于传感网是能量受限制的自组织网络，此外，其工作环境、工作条件和设计目的与传统的互联网和通信网等网络存在差异，其体系结构也不同于传统的网络。

图3.14所示为传感器网络体系结构框架图，该网络体系结构由网络通信协议模块、传感器网络管理模块，以及应用支持服务模块三个部分组成。

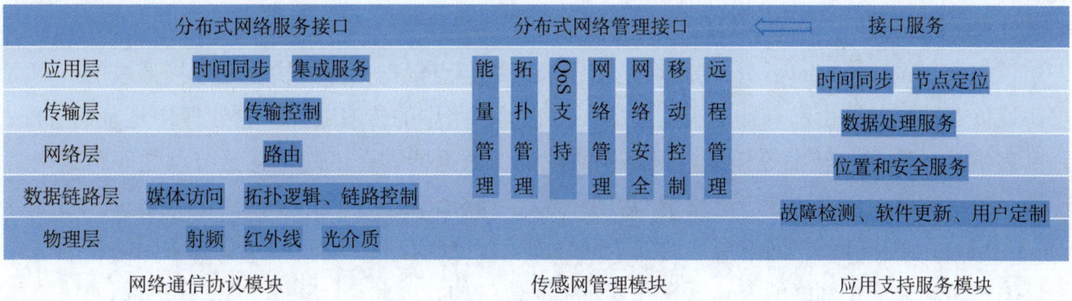

图 3.14　无线传感器网络系统结构

1. 分层的网络通信协议模块

分层的网络通信协议模块（layered network protocols）是一种类似于互联网的TCP/IP协议体系结构。传感器协议体系将数据与网络协议综合在一起，支持各传感器节点相互协作。传感器的协议由物理层、数据链路层、网络层、传输层和应用层组成。每个层级都负责不同的功能，协同工作以实现数据的有效传输和处理。以下是这些层级的详细说明：

物理层（physical layer）：物理层协议定义了传感器节点之间实际的信号传输方式和电气特性。它涉及传输介质、数据编码、调制解调、频率范围、传输速率等方面，确保了数据能够在传感器节点之间可靠传输。在无线传感网络中，物理层协议可能涉及射频技术、功耗管理，以及无线信号传播等。物理层是计算机网络OSI模型的最底层，主要负责数据传输所需的物理连接的创建、维护和删除，是整个开放系统通信的基础。物理层的主要功能有提供数据传输的物理路径、维护数据传输的稳定性、电子特性的标准化、信号的编码解码、机械和功能特性的标准化以及管理功能。

（1）提供数据设备传输数据的路径。数据路径可以是物理媒体连接或多个物理媒体连接。一个完整的数据传输，包括激活物理连接、传输数据和终止物理连接。所谓的激活，无论多少物理媒体的参与，都必须在两个数据终端设备之间连接起来形成一条路径。

（2）传输数据。为了传输数据，物理层必须形成一个适合数据传输需要和服务数据传输的实体。一种是确保数据能够正确地通过，另一种是提供足够的带宽（带宽是指每秒可以通过的比特数），以减少信道的拥塞。数据传输方法可以满足点对点、一对多、串行或并行、半双工或全双工、同步或异步传输的需要。

数据链路层（data link layer）：数据链路层是OSI参考模型中的第二层，位于物理层和网络层之间。数据链路层基于物理层提供的服务，向网络层提供服务，其最基本的服务是可靠地将来自网络层的数据传输到邻近节点的目标网络层。为了实现这一目标，数据链必须具有一系列相应的功能，主要包括：如何将数据组合到数据块中，在数据链路层中，该数据块被称为框架，框架是一个数据链路层传输单位；如何在物理信道上控制帧的传输，包括如何处理传输错误，如何调整传输速率以便与接收机匹配，并提供建立和维护两个网络实体之间的数据链路访问和发布管理。数据链路层最基本的功能是为用户提供透明可靠的数据传输基本服务。透明性意味着在该层上传输数据的内容、格式和编码不受限制，不需要解释信息结构的含义；可靠的数据传输避免用户担心丢失信息、干扰信息和不正确的序列。数据链路层的功能是增强物理层传输原始比特流，为容易出错的物理层提供物理连接，转换成逻辑上无差错的数据连接。简单来说数据链路层就是“框架和媒体访问控制”。

网络层（network layer）：网络层是由多个网络节点根据拓扑结构相互连接形成的。网络层协议负责数据的路由和寻址，决定数据在传感器网络中的传输路径。它处理IP地址的分配、路由表维护、数据包转发等任务。网络层协议确保数据能够在不同传感器节点之间跨越网络传输。在物联网中，IPv6被广泛用于网络层协议，如6LoWPAN（IPv6 over low-power wireless personal area networks）。网络层与通信子网络的运行控制有关，它反映了资源子网络在网络应用环境中访问通信子网络的方式。它在逻辑上是复杂的，因此是OSI模型下三层数据通信（即通信子网）中最复杂和最关键的一层。

传输层（transport layer）：传输层协议负责在网络节点之间建立数据传输连接，确保数据的可靠传输和有序交付。它处理数据分割、序号管理、流量控制和错误检测等功能。传输层协议通常在数据链路层之上，提供端到端的通信服务。常见的传输层协议包括TCP（传输控制协议）和UDP（用户数据报协议）。传输层是OSI中最重要和最关键的层，是唯一负责整体数据传输和数据控制的层。传输层提供了交换数据的端到端机制，提供可靠的传输服务，并为网络层提供可靠的目标站点信息。

应用层（application layer）：应用层协议负责处理应用程序之间的通信和数据交换。它定义了数据的格式、语义和交互方式，以确保数据在应用之间的正确传递。应用层协议可以适应不同的应用场景，如HTTP、CoAP（constrained application protocol）、MQTT（message queuing telemetry transport）等。它是物联网和用户（包括个人、组织或者其他系统）的接口，与行业发展、应用需求相结合，实现物联网的智能化服务应用。

2. 传感器网络管理模块

传感器网络管理模块是一组功能和策略，用于监控、控制和优化传感器网络的各个方面，以确保网络的高效运行、充分利用资源，以及延长传感器节点的寿命。以下是物联网传感器网络管理模块的内容：

能量管理（energy management）：能量管理旨在优化传感器节点的能量消耗，以延长电池寿命或减少能源成本。传感器节点通常由电池供电，因此能量管理是至关重要的。能量管理模块涉及节点的休眠和唤醒策略、能量预测和监控、能源分配等。为了使传感器网络的使用时间尽可能地长，必须合理有效地利用能量。目前考虑的功耗因素主要有：节点工作模式、操作模式转换时间及功耗、无线调制解调器的接收灵敏度和最大输出功率等。例如，在农业物联网中，使用太阳能电池板为农田中的土壤湿度传感器节点提供能源，通过优化唤醒策略，根据天气情况调整数据采集频率，实现能量的有效利用。

拓扑管理（topology management）：为了节约能量，在传感器网络中，某些节点在某些时刻会进入休眠状态，从而导致网络的拓扑结构处于不断变化中。为了使网络能够正常运行，必须进行拓扑管理。拓扑管理包括节点发现、路由选择、邻居关系维护等。例如，在智能城市中，使用传感器网络监控交通流量，网络拓扑管理确保数据从路口传感器快速到达中央服务器，以支持实时交通管理。

QoS（quality of service）支持：是网络与用户之间，以及网络上互相通信的用户之间关于信息传输与共享质量的约定。在解决网络延迟和阻塞等问题的基础上，传感器网络必须以用户可以接收的性能指标工作。

网络管理（network management）：是对网络上的设备及传输系统进行有效的监视、控制、诊断和测试所采用的技术和方法。主要功能包括故障管理、计费管理、配置管理、性能管理和安全管理。

网络安全（security）：安全性是传感网重要的研究内容。由于其网络中存在着传感器节点随机部署，以及网络拓扑动态性和信道不稳定性等多种因素的制约，传统的安全机制无法应用于传感器网络中。需要新型的网络安全机制。可借鉴数据水印、数据加密等技术。例如，在医疗物联网中，传感器网络可能用于监测患者的健康数据。安全与隐私管理确保患者数据受到保护，同时医疗专业人员可以安全访问必要的信息。

移动控制（mobility control）：负责检测和控制节点的移动，维护到汇聚点的路由等任务。

远程管理（remote management）：对于某些应用环境，由于传感器节点处于人不易访问的位置，采用远程管理对传感器网络进行控制是十分必要的。

3. 应用支持服务模块

物联网中的传感网应用支持服务模块（application support technology）包括一系列功能和服务，旨在为传感器网络中的应用程序提供支持，包括时间同步、节点定位等。以下是物联网传感网应用支持服务模块中的内容：

时间同步（time synchronization）：传感网的通信协议和应用要求各传感器节点的时钟必须

保持同步。但由于传感网中的每个节点都有各自的时钟，由于误差的存在和环境的干扰，各个传感器节点的时钟存在偏差。所以时间同步机制是传感网的关键机制。时间同步服务的实现要考虑节点之间的时延、通信延迟和时钟精度等因素。在物联网应用中，时间同步服务可以使传感器数据更准确地与其他时间相关的事件进行关联，从而实现更精确的数据分析和决策。

节点定位（location finding）：节点定位是指确定传感器网络中各个节点的位置信息，以便实现位置相关的应用，如定位服务、环境监测等。节点定位服务的实现要考虑信号传播、多径效应、干扰等因素，以获得准确和可靠的节点位置信息。节点定位服务可以为物联网应用提供实时位置数据，支持各种位置相关的应用和服务。

分布式协同应用服务接口（distributed network service interface）：传感器网络的应用领域广泛，为了适用不同的应用环境而提出的各种应用层的协议，如任务安排和数据分发协议（task assignment and data advertisement protocol, TADAP）、传感器查询和数据分发协议（sensor query and data dissemination protocol, SQDDP）等。例如，智能家居系统中多个传感器节点负责监测温度、湿度、光照等环境参数，分布式协同应用服务接口可以让这些节点协同工作，根据环境变化自动调整空调和照明设备，以实现舒适和节能的居家体验。

分布式网络管理接口（distributed network management interface）：主要指传感器管理协议（sensor management protocol, SMP），由SMP把数据传输到应用层。分布式网络管理接口允许网络管理员对多个传感器节点进行集中管理和配置，实现网络的监控、故障诊断和性能优化。

3.3.3 传感网拓扑结构

在传感器网络中，大量传感器节点随机部署在检测区域内。传感器节点以自组织形式构成网络，其组网技术即是传感网的网络拓扑结构。传感器节点将信息多跳转发，通过各种方式（基站或汇聚节点或网关）接入网络，在网络的任务管理节点再对感应的信息进行分类和处理，最后把感应信息送给用户。

按照传感器网络的组网形态和方式来分类，有集中式、分布式和混合式。传感器网络的集中式结构，类似移动通信的蜂窝结构，将节点进行集中管理；无线传感器网络的分布式结构，类似Ad Hoc（多跳的、无中心的、自组织的点对点网络）网络结构，可自组织网络接入连接，分布管理；无线传感器网络的混合式结构，是集中式和分布式结构的组合，类似Mesh（无线多跳网络）网络结构，网状分布连接和管理。

按照节点功能及结构层次来分，无线传感器网络通常可分为平面网络结构、分级网络结构、混合网络结构，以及Mesh网络结构。在传感器网络实际应用中，通常根据应用需求来灵活地选择合适的网络拓扑结构。

1. 平面网络结构

平面网络结构是一种基于平面几何的传感器网络拓扑，其设计灵感来源于在一个平面上部署传感器节点，以尽可能地减少能量消耗和数据传输延迟。如图3.15所示，所有节点为对等结构，具有完全一致的功能特性（相同的MAC、路由、管理和安全等协议）。平面网络拓扑类似Ad Hoc网络结构

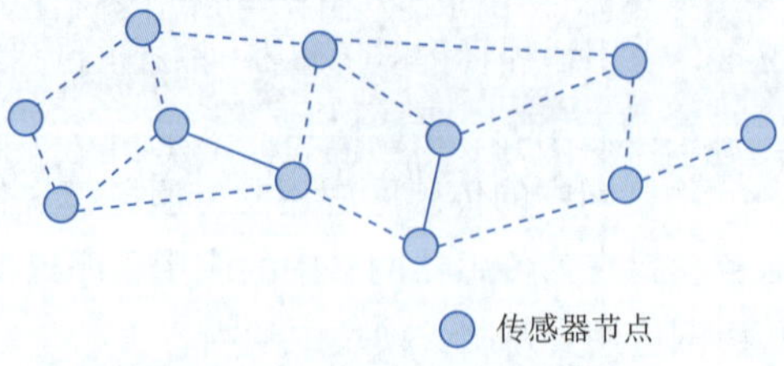

图 3.15 传感网平面网络结构

形式，结构简单，易维护，具有较好的健壮性。但由于没有中心管理节点，而采用的是自组织协同算法形成网络，其组网算法比较复杂。

2. 分级网络结构

分级网络结构是传感网平面网络结构的一种扩展拓扑结构。网络分上下两层：网络上层为骨干节点，网络下层为一般传感器节点。在网络中可以存在一个或者多个骨干节点，骨干节点之间，以及一般传感器节点之间采用的依然是平面网络结构。而具有汇聚功能的骨干节点和一般传感器节点之间采用的是分级网络结构。所有骨干节点是对等结构，具有完全一致的功能特性（相同的MAC、路由、管理和安全等协议）。但一般传感器节点可能没有完全一致的功能特性，如没有路由、管理及汇聚处理等功能。具有汇聚功能的骨干节点被称为簇首（cluster head），一般传感器节点被称为成员节点，如图3.16所示。

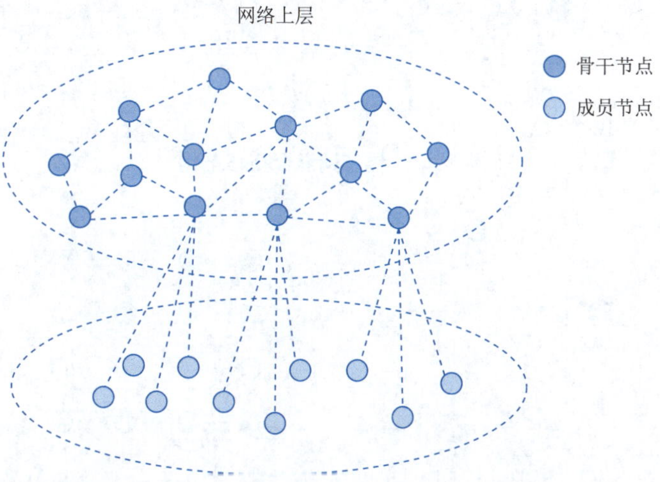

图 3.16　传感网分级网络结构

网络拓扑结构扩展性好，便于集中管理，降低系统建设成本，提高网络覆盖率和可靠性，但集中管理开销大，硬件投入成本高，并且一般传感器节点之间存在可能无法直接通信的问题。

3. 混合网络结构

如图3.17所示，混合网络结构是一种由传感器网络平面网络结构和分级网络结构混合组成的拓扑结构。它和分级网络结构不同之处在于一般传感节点间可以通信。混合网络结构中，骨干节点之间，以及一般传感器节点之间都采用平面网络结构，而网络骨干节点和一般传感器节点之间采用分级网络结构。该类网络拓扑结构的一般传感器节点之间可以直接通信。此类结构同分级网络结构相比较，支持的功能更加强大，但所需硬件投入成本更高。

4. Mesh 网络结构

Mesh网络结构也被称为对等网，网络内部的节点一般是相同的，而且是规则分布的网络，通常指允许和节点最近的邻居通信，如图3.18所示。由于通常Mesh网络结构节点之间存在多条路由路径，传感网络对于单个节点或单个链路故障具有较强的容错能力。其网络结构最大优点就是尽管所有节点都是对等的地位，且具有相同的功能，但某个节点可被指定为簇首节点，而且可执行额外的功能。一旦簇首节点失效，另外一个节点可以立刻补充并继续实行原簇首节点额外执行的功能。

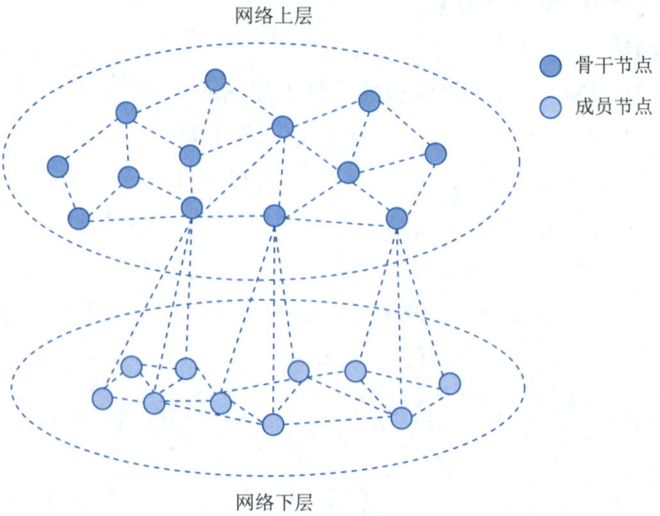

图 3.17 传感网混合拓扑结构

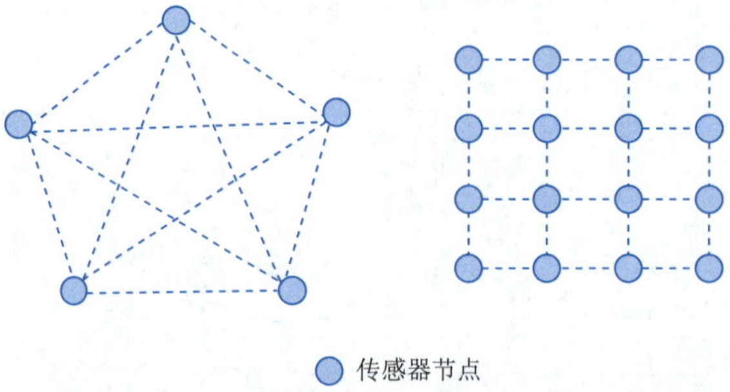

图 3.18 完全连通的网络结构和传感网 Mesh 网络结构

3.4 传感网关键技术

视 频

传感网关键技术

3.4.1 传感网的关键技术

无线传感器网络由大量廉价的微传感器节点组成，布置于监测范围内。这些节点通过无线通信建立多跳自组织网络，协同感知、搜集并处理网络覆盖区域的信息，感知目标物体的数据，并将其传输至观察者。无线传感器网络具备成本低、容错性高、快速部署、独立于固定网络支持、能持久执行监测任务等优势，广泛应用于环境监测、医疗、军事、救援和商业领域，前景十分广阔。

1. 网络拓扑控制技术

网络拓扑控制技术涉及设计、规划和管理传感网的物理结构和节点连接方式。选择适当的拓扑结构对于传感网性能至关重要。例如，星形拓扑适用于数据汇聚和集中管理，网状拓扑则适用于自组织通信和冗余传输。通过有效的网络拓扑控制，可以实现更好的能耗分布、数据传输效率和网络稳定性。对于无线传感器网络，良好的拓扑结构有利于节省节点的能量，延长网络寿命，提高路由协议和MAC协议的效率。因此，拓扑控制也是无线传感器网络的核心技术之一。

拓扑控制可以分为节点功率控制和层次性拓扑控制两个方面。

节点功率控制网络中，每一个节点会尽可能在满足网络连通度的条件下减少其发射功率，均衡节点单跳可达的邻居数目。

层次性拓扑控制由簇头节点形成一个处理并转发数据的骨干网，其他非骨干网节点暂时关闭通信功能并可以进入休眠状态，以节省能量。

通过拓扑控制技术，可以使得传感网在满足网络覆盖度和连通度的前提下，通过对功率控制和骨干网节点的选择，剔除节点之间不必要的无线通信链路，生成一个高效的拓扑结构。在节能技术、保证覆盖质量和连通质量、降低通信干扰、提高MAC协议和路由协议的效率，以及提高网络可靠性、可扩展性等方面起到十分重要的作用，也可以为数据融合、时间同步和节点定位等奠定基础。

2. 网络协议

网络协议是实现节点之间通信的规则和约定。在传感网中，由于资源有限，通信协议需要具备低功耗、高效率、可靠性和实时性。传感器节点的计算能力、存储能力、通信能力，以及携带的能量均十分有限，每个节点只能获取局部网络的拓扑信息，所以其运行的网络协议不能过于复杂。同时，由于网络资源在不断变化，以及传感器拓扑结构的动态变化，对网络协议提出了更高的要求。

网络协议重点研究路由协议和MAC协议。路由传感器设计的主要目标是降低能量消耗，提高网络的生命周期。同时，传感网的MAC协议首先考虑的是节能和可扩展性，其次是公平性、利用率和实时性等。

由于传感网针对不同的应用领域，其网络协议往往需要根据实际应用类型或者应用目标环境特征制定不同的网络协议，所以没有任何一个协议能够高效适应所有不同的应用。

3. 网络安全技术

网络安全技术是保护传感网免受未经授权访问、数据泄露和攻击的关键。身份认证确保节点的合法性，数据加密保护传输数据的机密性，访问控制限制未经授权的访问，入侵检测监测异常活动。网络安全技术的实施可确保传感数据的安全性和完整性。由于无线传感器网络受到能耗、数据处理和通信能力的限制，使得无线传感器网络容易受到安全威胁，现有的网络安全机制不适合无线传感器网络，需要开发专用协议。利用防止攻击的安全协议，使节点能够更安全地收集数据和存储节点，将数据发送到汇聚节点。

为了保证网络的机密性、数据产生的可靠性、数据融合的高效性以及数据传输的安全性，传感网需要实现一些基本的安全机制：机密性、点到点消息认证、完全性鉴别、认证广播和安全管理等。除此之外，由于传感网的信息来自各传感器节点的融合，为了确保数据源信息的保留，水印技术也成为传感网的研究内容。

4. 数据融合技术

数据融合技术用于将来自多个传感器节点的数据进行整合，以获得更准确、全面和有用的信息。融合方法可以包括加权平均、信号处理算法、机器学习等，以减少噪声、提高精度，从而得出更可靠的结论。相邻节点所报告的信息具有极大的相似性和冗余性。每个节点分别传输数据以浪费通信带宽，缩短网络生命周期，加速节点能耗。数据融合技术有助于提高数据的准确性和数据采集效率。

数据融合技术在目标跟踪、目标识别等领域得到广泛运用。在应用层，可借助分布式数据管理技术逐渐对采集到的数据进行筛选，从而实现数据的融合。在网络层，可将数据融合技术纳入路由协议，以减少数据传输量。然而，这也可能在一定程度上增加网络的平均延时，降低网络的鲁棒性。因此，在传感网的设计过程中，需结合具体实际需求，开发针对性的数据融合算法。

5. 数据管理技术

传感器网络数据管理包括对感知数据的获取、存储、查询等任务。数据管理研究内容主要包括数据获取技术、存储技术、查询处理技术、分析挖掘技术，以及数据管理系统的研究。云计算和边缘计算技术可以用于数据存储和分析。数据库系统、数据仓库和分布式计算都是数据管理的关键组成部分。

对于用户来说，所关心的是传感器产生的数据，而并非传感器和传感网络硬件。所以传感器网络数据管理的目的是把传感网络上数据的逻辑视图和网络的物理实现分离开，使得传感器网络的应用层（用户和应用程序）只需要关心所提出的查询的逻辑结构，而不需要关心传感器网络的细节。

6. 定位技术

确定传感器节点的位置和事件的位置是无线传感器网络的基本功能之一，用于被动跟踪等问题。定位技术在无线传感器网络的各种应用中起着重要的作用。

传感器节点通常随机部署在区域中，要详细说明在事件发生的位置，以及数据采集节点的位置，各个节点必须首先明确自身位置才能实现对外部目标的定位和跟踪。传感器网络由于其节点存在资源有限、可靠性差、随机部署、通信易受干扰等特性，定位机制必须满足自组织性、能量高效、分布式计算等要求。在传感网定位过程中，通常会使用三边测量法、三角测量法或极大似然估计法等技术确定节点位置。

7. 时间同步

时间同步技术用于确保传感器节点之间的时钟保持同步，从而实现数据的时间一致性。对于需要时间相关数据协调的应用，如事件记录、协同操作，时间同步是必要的。技术包括全球定位系统同步、网络时间协议等。

传感网内单个节点的能力有限，而传感器节点之间的协同信号处理、节点间通信等方面都对传感网系统提出了物理时间同步要求。在互联网中广泛使用的NTP协议只适用于结构相对稳定、链路较少失败的有限网络系统，而GPS系统需要配置固定的高成本接收机，并无法在室内、水下、森林等有掩体的环境中，所以他们都不适用于传感网。

目前的时间同步机制主要从单广播域内时间同步和多跳范围内的时间同步两个方面进行研究。主要的时间同步算法主要有RBS（reference broadcast synchronization）算法和TPSN（timing-sync protocol for sensor network）算法。

RBS算法是在传感器网络中，选择一个节点作为时间参考节点，该节点将定期广播其本地时钟值，其他节点在接收到这些广播消息后，通过测量接收时间和发送时间的差值，来计算与参考节点的时间偏差，从而实现时间同步。在同一广播域内，一个节点发送广播信息后，其他节点同时接收到广播信息并记录该点的时刻。之后通过不同接收节点的信息交换抵消发送时间和访问时间，从而达到两个接收节点的时间同步，如图3.19所示。RBS可以用于构造局部时间，从而应用对于需要时间同步而不需要绝对时间的传感器网络。但在多跳网络中，误差会随着跳数增加而不断增大。

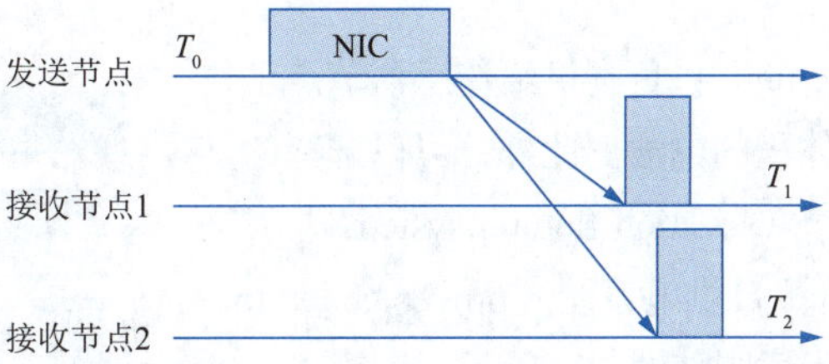

图 3.19　RBS 时间同步算法的基本原理

TPSN算法是通过协调传感器网络中的节点，在网络中建立一个全局的时间轴，使节点之间的时钟保持同步。其采用层次结构，所有节点按照层次结构进行逻辑分级，通过基于发送者-接收者的节点对方式，每个节点能够跟上一级的某个节点进行同步，从而实现全网范围内节点间的时间同步。图3.20所示为TPSN时间同步算法的基本原理。

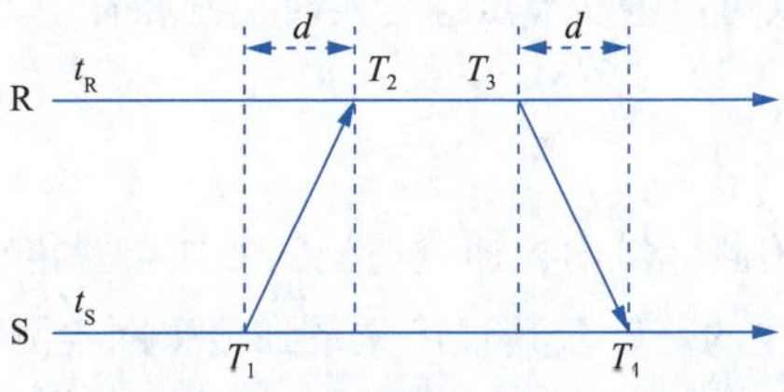

图 3.20　TPSN 算法中相邻级别节点间同步的消息交换

假设双向信息交互的路径是对称的，并且每个节点和它的上一级节点通过两路信息交换进行时间同步。节点S可以根据应答分组中包含的信息计算出时间偏差$\varDelta$，从而修正自己的时钟以达到时间同步。

$$\varDelta=\frac{(T_2-T_1)-(T_4-T_3)}{2}$$

TPSN算法的误差比RBS算法的精度高，而且能方便地支持与外部时钟源的同步，但是开销大，基于层次模型的情况不利于网络的动态变化。

除了RBS算法和TPSN算法以外，延时测量时间同步（delay measurement time synchronization, DMTS）、泛洪时间同步协议（flooding time synchronization protocol, FTSP）等技术都是RBS算法的演进，从而应用在不同的环境中。

3.4.2　传感网的节点技术

传感器节点是一个微型化的嵌入型系统，它构成了传感网的基础层支持平台。其基本组成包括以下四个基本单元：

（1）传感单元（sensing unit）：由传感器（sensor）和模数转换功能模块（ADC）组成。负责采集监控对象的信息；

（2）处理单元（processing unit）：包括处理器（CPU）、存储器（storage）、嵌入式操作系统等。负责控制整个传感节点的操作，储存和处理自身采集的数据，以及其他节点发送的数据；

（3）通信单元（communication unit）：由无线通信模块（transceiver）组成。负责节点间的交互通信任务；

（4）电源部分（power unit）：负责供给传感器节点工作所消耗的能量，一般为小体积的电池。此外，可以选择的其他功能单元包括：定位系统（location finding system）、移动系统（mobilizer），以及电源自供电系统（power generator）等。传感器节点基本组成示意图如图3.21所示。

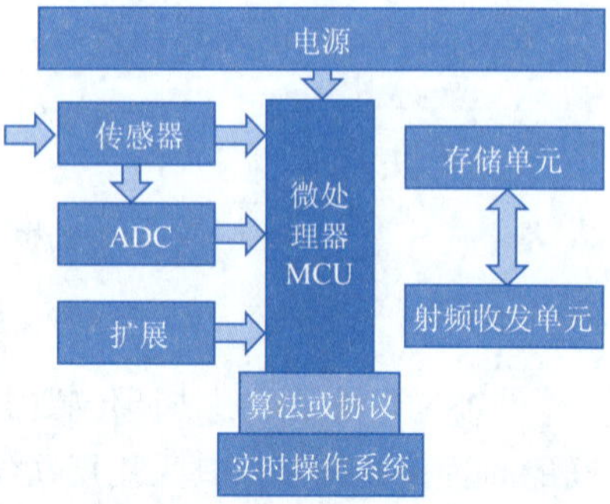

图 3.21 传感器节点基本组成示意图

在传感器网络中，节点可以通过飞机布撒、火箭弹发射或人工布置等方式，大量部署在被感知对象内部或者附近。这些节点通过自组织的方式构成网络，每一个节点都可以发送和接收其他节点的信息，并可以将整个区域内的信息经过信息整合和处理后发送给远程控制管理中心。同时，远程控制管理中心也可以对传感器节点进行实时控制和管理。

3.4.3 传感网的节点部署

节点部署就是在指定的检测区域内，通过适当的方式布置传感网节点以满足设计要求。传感网络节点部署是传感网工作的基础，其直接关系到传感网检测的准确性、完整性和时效性。传感网的节点部署主要涉及覆盖、连接和节能等方面的技术。其网络感知的覆盖率主要依赖于传感器节点的部署。

目前，节点部署方式主要有确定性布设和随机性布设两种方式。在一般情况下，不可能人为地在目标区域精心部署节点，同时传感器节点只能随机分布在所期望的区域。通常采用空中抛撒等随机部署方式，部署区域广泛，但节点较分散。在设计传感网的节点部署方案时一般需要考虑：网络的连通性；如何尽可能减少系统能量消耗以便最大化延长网络寿命；如何在网络中部分节点失效时对网络重新部署等方面的问题。根据传感器节点是否可以移动可以把节点部署分为移动节点部署算法、静态节点部署算法和异构/混合节点算法三大类。

3.4.4 传感网覆盖

传感网覆盖是指传感器网络中传感节点的部署方式和布局，以确保目标区域内的有效监测和数据采集。传感网的覆盖涉及节点的位置选择、密度分布、通信范围等因素，旨在实现对目标区域的全面覆盖。其应用环境通常是由价格便宜的传感器节点组成的，每个节点都能够采集、存储和处理环境信息，并且能和邻居节点通过无线链路保持通信。

覆盖问题是无线传感器网络配置首先面临的基本问题，因为传感器节点可能任意分布在配置区域，它反映了一个无线传感器网络某区域被监测和跟踪的状况。随着无线传感器网络应用的普及，更多的研究工作深入到其网络配置的基本理论方面，其中覆盖问题就是无线传感器网络设计和规划需要面临的一个基本问题之一。

传感器节点如何分布决定了传感网覆盖区域的覆盖程度。覆盖问题不仅反映网络所能提供的感知信息量的大小，而且通过合理的覆盖控制还可以降低网络的成本和功耗，延长网络寿命。由于传感网针对不同的应用环境，其网络结构与特性都不尽相同。因此，传感网的覆盖也有多种方式。按照传感器节点不同配置方式，可以将传感网的覆盖分为确定性覆盖、随机覆盖两大类。按照传感网对覆盖区域的不同要求和不同应用，分为区域覆盖（average coverage）、点覆盖（point coverage）、栅栏覆盖（barrier coverage）三种形式。

3.4.5　连接与节能

连接问题（connectivity problem）考察的是传感器节点之间的连接状况能否保证采集到的信息能够准确传递给汇聚节点。所以，一般从纯连接（pure connectivity）和路由连接（routing algorithm based connectivity）两个方面来考虑。纯连接指的是无论网络是否运行，都需要保证网络任意两个节点是连通的。路由连接指的是在网络运行时，按照设计的算法实现任意两节点间的连接，是对纯连接的优化。但不同的路由算法对连接效果有很大的影响。主要的连接策略有：

（1）网络拓扑：传感网的网络拓扑结构会影响节点之间的连接性。选择适当的拓扑结构，如星形、网状或树状，可以优化节点之间的通信效率。

（2）信号传播和干扰：考虑信号传播特性，以及可能的干扰源，以确保节点能够稳定地进行通信并避免信号冲突。

（3）路由协议：选择适当的路由协议可以帮助优化数据的传输路径，减少通信的跳数和能耗。

（4）通信协议选择：选择适当的通信协议对传感器节点之间的连接至关重要。不同的通信协议具有不同的传输范围、速率和能耗特性，需要根据应用需求来选择。

节能问题（energy efficiency problem）主要考虑的是网络部署时传感器节点的耗能，以及传感器网络在使用过程中尽可能降低能量消耗等方面的问题。

在传感网中，由于传感器节点体积限制，每个节点携带的能量十分有限。在许多工作环境中，更换电源并不现实，传感器节点能量消耗殆尽也就意味着该节点失效。所以要求传感器网络尽可能地节省能耗。主要的节能策略有：

（1）低功耗设计：传感器节点的硬件和软件设计应该以低功耗为目标。优化电路设计、选择低功耗的处理器、采用睡眠模式等技术可以降低节点的能耗。

（2）能量收集：利用能量收集技术，如太阳能板、振动能收集器等，从环境中收集能量以延长节点的运行时间。

（3）休眠和唤醒：节点可以周期性地进入休眠状态来降低能耗，在需要时唤醒以执行任务。

（4）自适应采样：传感器节点可以根据监测需求和环境变化自适应地调整采样频率，以减少不必要的数据采集。

（5）数据压缩：在传输数据之前，对数据进行压缩可以减少通信开销，降低能耗。

（6）节能协议：使用特定的节能协议，如低功耗蓝牙协议，在传感器节点之间进行通信，以减少能耗。

如图3.22所示，传感器网络中事件具有偶发性，节点上所有的工作单元没有必要时刻保持在正常的工作状态。休眠机制使得传感器节点处于沉寂状态，甚至完全关闭，必要时加以唤醒，以达到降低能耗的目的。在传感网中，连接性和节能性是两个关键的方面，影响着传感器网络的性能和可持续运行。

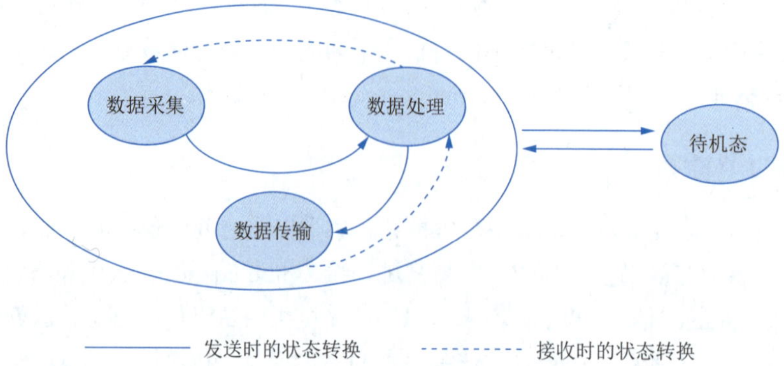

图 3.22　传感器节点状态切换示意图

3.5　无线传感网

视频

无线传感网

3.5.1　无线传感器网络概述

无线传感器网络（wireless sensor network, WSN）是一种随机分布的集成有传感器、数据处理单元和通信模块的微小节点，通过自组织的方式构成网络，借助于节点内置的形式多样的传感器测量所在位置周围环境的热、红外、声呐等信号，其目的是协作地感知、采集和处理网络覆盖区域内对象的信息，并发送给观察者，主要侧重于对目标、环境和物体状态的监测与控制。

1. 无线传感器网络的节点组成

在不同的应用环境中，传感器网络节点的组成不尽相同，但一般都是由数据采集单元（data acquisition unit）、处理单元（process unit）、数据传输单元（data transfer unit）和电源单元（power unit）四个部分组成，如图3.23所示。传感器的类型由被检测的物理信号决定。传感器检测的模拟信号经过模拟/数字转换器后进入处理器（CPU）处理。处理单元通常选用包含有存储器（memory）的嵌入式系统。数据传输单元（data transfer unit）主要由低功耗、短距离的无线通信模块组成。

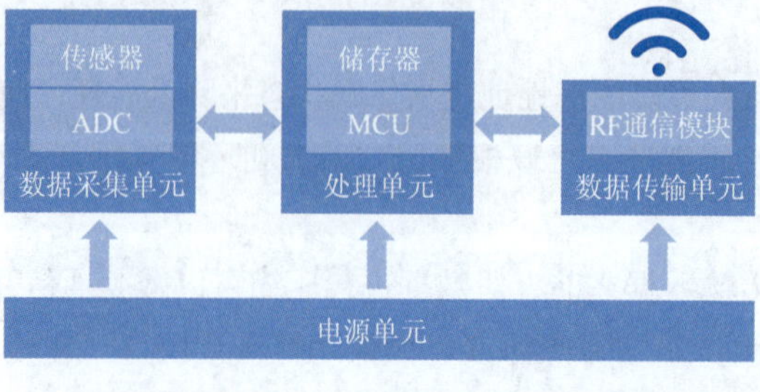

图 3.23　无线传感器网络节点示意图

2. 无线传感器网络的网络体系结构

无线传感器网络的节点（sensor node）通过飞机撒播、人工填埋或火箭弹发射等方式投放在被监测区域内，节点以自组织形式构成网络，通过多跳或中继方式将监测数据传到汇聚节点（sink node），最终借助长距离或临时建立的sink链路，将整个区域内的数据传送到远程中心进行集中处理。其过程如图3.24所示。

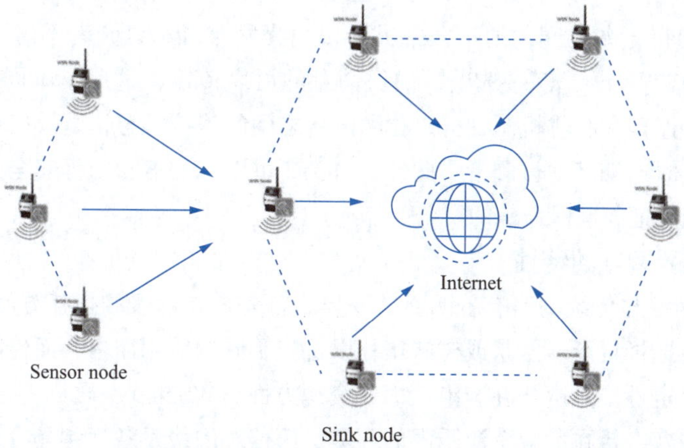

图 3.24　无线传感器网络的体系结构

3. 无线传感器网络的网络通信协议设计

面向不同的应用，网络内部可能由数百甚至上千个节点组成。每个传感器节点通过协议栈以多跳的形式将信息传递给sink节点。就通信而言，协议栈必须能量有效。目前，WSNs 通信协议栈研究的重点集中在数据链路层、网络层和传输层，以及它们之间的跨层交互。数据链路层通过介质访问控制来构建底层基础结构，控制节点的工作模式。网络层的路由协议决定感知信息的传输路径。传输层确保了源节点和目的节点处数据的可靠性和高效性。

（1）IEEE 802.15.4/ZigBee 协议

IEEE 802.15.4是一种低速、低功耗、低数据率的无线通信协议，旨在支持无线传感器网络和低功耗个人局域网（LR-WPAN）应用。ZigBee则是基于IEEE 802.15.4协议的一种高级通信协议，专门用于建立低功耗、自组织的传感器网络。

IEEE 802.15.4/ZigBee 协议的宗旨是在保证数据传输质量的基础上达到较小的功率消耗。虽然协议本身采取了一定的方法来降低能耗，如防碰撞机制、超帧结构、避免冲突的载波检测多路接入技术等，但目前的理论研究成果都已证实现有的协议还没有将其技术的良好性能完全发挥出来，如何尽可能地降低网络能量消耗一直是研究人员追求的目标。

（2）6LoWPAN 协议

6LoWPAN 协议旨在将IPv6协议栈扩展到资源有限、低功耗的传感器节点，使这些节点能够直接与互联网进行通信。IEEE 802.15.4 通信协议是短距离无线通信标准，更适用于物联网底层异构网络设备间的通信，IPv6 是下一代互联网网络层的主导技术，在地址空间、报文格式、安全性方面具有较大的优势。因此，在 IP 协议的基础上，实现物联网底层异构网络与互联网的相互融合是未来无线网络的主要发展方向。

（3）MQTT 协议

MQTT（message queuing telemetry transport）是一种专为物联网和低带宽、不稳定网络环境设计的轻量级消息协议。它采用了发布/订阅（pub/sub）模型，允许设备之间进行高效的通信，同时最小化了网络开销。MQTT的核心特点包括小型协议头、发布/订阅模型、三种质量服务等级选项、保持连接和心跳机制，以及遗嘱消息功能。

在MQTT中，设备可以订阅一个或多个主题（topics），而其他设备可以发布消息到这些主题。这种模型使得设备之间的通信非常灵活，因为发布者和订阅者不需要直接知道对方的存在。此外，MQTT提供了QoS选项，确保消息的可靠传输，适应了不同应用场景的需求。MQTT还具有保持连接和心跳机制，可以检测设备之间的连接状态，以及遗嘱消息功能，可在设备异常断开连接时通知其他订阅者。此外，MQTT可以与TLS/SSL等安全协议结合使用，提供数据加密和身份验证，确保通信的安全性。

4. 无线传感器网络的特性

无线传感器网络与传统网络有着明显的差异。首先，在部署和拓扑方面，WSN中的节点分布广泛，可灵活选择星形、网状或树状拓扑以适应不同的应用需求，而传统网络更注重点对点通信和连接的稳定性。其次，在节点能力和资源方面，WSN节点通常具有有限的计算能力、存储容量和通信带宽，旨在适应资源受限的环境，而传统网络设备通常具有更高的性能，用于处理更复杂的任务。此外，在通信范围和距离、能耗和电源管理、网络拓扑控制、应用场景和安全性等方面，WSN与传统网络也存在诸多差异。综上所述，WSN的特性使其更适用于环境监测、健康医疗、智能农业等领域，而传统网络则更广泛应用于数据传输、信息共享等多种通信和信息处理场景。

3.5.2 无线传感器网络的应用领域

随着微机电系统（micro-electro-mechanism system, MEMS）、传感器技术、嵌入式系统的发展，以及无线通信能力的不断提高为无线传感器网络赋予了广阔的应用前景，使得其网络向着微型化、智能化、信息化、网络化的方向不断发展。

它不仅在军事、环境、医疗、工业、农业等传统领域有着巨大的运用价值，在未来还将在许多新兴领域体现其优越性，如家用、保健、交通等涉及人类生活和社会生活的诸多领域。

1. 军事应用

无线传感器网络在军事领域具有广泛的应用，为军事作战和军事装备提供了多种增强功能和支持。例如，战场监测和情报收集、目标跟踪和识别、边界和区域监控、弹药和物资监测、环境感知、通信和联络、战术情报支持、无人系统支持、伤员监护和电子战支持等方面。

此外，传感器网络将会成为C4ISRT（command, control, communication, computing, intelligence, surveillance, reconnaissance and targeting）系统不可或缺的一部。C4ISRT系统的目标是利用先进的高科技技术，为未来的现代化战争设计一个集命令、控制、通信、计算、智能、监视、侦察和定位于一体的战场指挥系统。因为传感器网络是由密集型、低成本、随机分布的节点组成的，自组织性和容错能力使其不会因为某些节点在恶意攻击中的损坏而导致整个系统的崩溃，使得传感器网络非常适合应用于恶劣的战场环境中。无线传感器网络在军事领域的应用具有重要的战术和战略价值，可以提升军事作战的效能、情报收集和安全性。然而，由于其应用在敏感领域，安全性和抗干扰能力都是关键考虑因素。

2. 环境科学

无线传感器网络可以用于监测、研究和保护自然环境，帮助科学家和决策者更好地理解和管理地球上的各种生态系统，促进环境保护和可持续发展。例如，气象和气候监测、水质和水文监测、生态系统监测、自然灾害监测、土壤监测、空气质量监测、能源管理、地质和地球物理监测、海洋科学和城市环境监测等方面。

传感器网络为野外随机性的研究数据获取提供了方便，比如，跟踪候鸟和昆虫的迁移，研究环境变化对农作物的影响等。也可以通过传感器检测降雨量、河水水位和土壤水分等信息，预测山洪暴发的可能性。此外在精细农业中，也可以利用传感器网络监测农作物中的灌溉情况、土壤空气情况、害虫、土壤的酸碱度和施肥状况等。

3. 医疗保健

无线传感器网络在医疗保健领域的应用正在不断拓展，为医疗诊断、监护、治疗和健康管理提供了创新的解决方案。传感器网络可以用于检测病人的生理信号，如血压、脉搏、血氧饱和度、心电图等，并将数据通过网络传给医生，并能在病人处于危险状态时，及时地发出预警信号。也可以传感器网络进行长时间的人体生理数据的采集，而不会给被检查对象的正常生活带来太多的不便。总之，传感器网络为今后的远程医疗、连续性生理信号检测等方面的发展提供了技术支持。

4. 智能家居

无线传感器网络在智能家居领域的应用可以实现家居设备的自动化控制、能源管理、安全监测和居住舒适性的提升。家电和家具中植入传感器节点，通过无线网络与互联网连接在一起，实现用户对家中环境的监控。实现人性化的家居环境。例如，智能门锁可以实现远程开锁和密码管理等功能，家电控制系统可以控制家电，如电视、音箱、冰箱等。这些功能实现智能家居的自动化和便利性。

5. 其他应用

无线传感器网络在民用方面，涉及城市公共安全、公共卫生和智能交通等多个领域。在商用方面，涉及物流和供应链管理、资产追踪和仓库管理等方面。这说明无线传感器网络不仅在人们的日常生活中发挥着越来越重要的作用，为人们提供了更智能、便捷和舒适的生活方式，而且还为企业提供了创新的解决方案，提升了生产效率、资源管理和客户体验。

3.5.3　无线传感器网络节点设计主要原则

1. 小型化和低成本

无线传感器网络节点数量众多，因此实现小型化和低成本节点是实现大规模传感网部署和应用的前提。实现节点的小型化和低成本需要考虑硬件和软件因素，关键是要在芯片上开发专用的系统。由于传感器节点硬件配置的局限性，节点的操作系统和应用软件的设计和软件编程必须注意节约计算资源，不能超出节点硬件支持的范围。

2. 低功耗

传感器节点通常由电池供电，因此功耗优化是节点设计的关键原则。选择低功耗的组件、优化通信协议、采用睡眠模式等方式可以延长节点的使用寿命。在实际应用中，通常需要大量的传感器节点，但每个节点的大小都很小，所携带的电池能量非常有限。同时，由于无线传感器网络中节点数量多、成本低、部署环境复杂，一些领域甚至可能无法通过人员实现。因此，传感器节点通过更换电池来补充能量是不现实的。

3. 灵活性和可扩展性

无线传感器网络节点的灵活性和可扩展性表现为适应不同的应用系统或部署在不同的应用场景中。例如，传感器节点可用于森林防火的无线传感器网络，也可用于天然气管道安全监测的无线传感器网络；它们可以用来监测沙漠干旱环境中的天然气管道，以及湿地的潮湿环境。可应用于单个声音传感器的精确位置测量，也可应用于温度、湿度、声音等多种传感器；节点可以根据不同的应用需求，自由地配置不同的功能模块到系统中。

新的传感器节点需要重新设计；节点的硬件设计必须考虑到所提供的外部接口，并且新的传感器可以很容易地直接连接到现有的节点。软件设计必须考虑到它可以被裁剪，它可以很容易地扩展，并且应用程序可以通过网络自动更新。

4. 鲁棒性

鲁棒性是确保网络在面对各种不利因素和异常情况下能够保持稳定运行和可靠传输的关键因素。普通计算机和智能手机可以通过普通的人机交互来保证系统的正常运行。无线传感器节点和传统信息设备之间最大的区别在于无人值守。一旦大量的无线传感器节点被抛出或手动安装，它们就需要独立操作。即使是医疗保健的可穿戴节点也需要独立工作，用户无法与之交互。对于普通计算机来说，如果出现问题，人们可以重新启动系统以恢复系统的工作状态。在无线传感器网络的设计中，如果一个节点崩溃，剩余的节点将根据一个临时网络的想法重新配置具有新的拓扑的Ad Hoc网络。当剩余的节点不能形成新的网络时，无线传感器网络就会运行失败。因此，传感器节点的鲁棒性是无线传感器网络长期运行的重要保证。

本章小结

本章详细探讨了传感器技术在物联网中的关键作用和应用。首先介绍了传感器的基本概念，涵盖类型、工作原理及分类。随后，深入分析了构成传感网络的不同元素如何组织成网络，并在物联网中的应用。特别强调了传感网络的核心技术，包括数据采集、处理、传输和存储。进一步，本章通过实例详述传感网络在多个行业中的应用，展示了它在促进自动化和智能化方面的重要性。最后，对传感网的未来发展趋势和潜在挑战进行了讨论。这一章节旨在为读者提供全面的理论知识和实践指导，以便更好地理解和设计物联网系统。

习　题

1. 什么是传感器？它与人体的感官有什么异同点？
2. 请简要描述传感器在三个发展阶段的主要变化。
3. 传感器组成是什么？请举一实例与本章提到的组成部件进行对应。
4. 根据工作原理，传感器可以分为哪几类？请在每一类中举一个实物例子，并选择一个描述该传感器是如何工作和发挥作用的。

5. 你认为传感器和传感技术未来的发展方向是什么样的？
6. 什么是传感网？它与传感器有什么关系？
7. 传感网都有哪些关键技术？你认为哪个最重要？
8. WSN是什么？它与传统网络相比有什么优点？

第 4 章 物联网感知技术

学习目标

◎ 了解：智能感知技术的分类、定义，以及各类技术的框架原理及各自在物联网中的作用和应用情况。

◎ 理解：智能视觉感知技术、智能语音识别技术，以及智能环境感知技术的原理及其应用。

◎ 掌握：传感器感知技术原理，以及在不同感知技术领域中的实现。

◎ 分析：通过不同场景应用举例分析，不同的感知技术的应用方式及今后的发展。

4.1 物联网感知技术概述

视频

物联网感知技术概述

物联网感知技术是指通过各种传感器和设备获取环境中的信息，并利用人工智能等技术进行处理和分析，从而实现对环境、活动、对象等的自动识别、分类、定位、跟踪等功能的技术。物联网感知技术的历史可以追溯到20世纪90年代，网络可乐售卖机，被认为是物联网最早的实践。在经历了从数字化到智能化的转变，物联网感知技术实现了从传统的有线连接到无线连接，从单一的传感器到多种传感器的融合，从简单的数据采集到复杂的数据分析和决策。物联网感知技术在智慧城市、工业物联网、车联网、医疗健康、农业环境等领域有广泛的应用和前景。

智能感知技术是指将物理世界的信号通过摄像头、麦克风或者其他传感器的硬件设备，借助语音识别、图像识别等前沿技术，映射到数字世界，再将这些数字信息进一步提升至可认知的层次，如记忆、理解、规划、决策等。智能感知技术最核心的技术是人工智能技术。人工智能技术可以通过大量的数据和算法训练，实现自动化的信息处理和决策，从而实现对环境、活动、对象等的自动识别、分类、定位、跟踪等功能。具体来说，人工智能技术包括机器学习、深度学习、神经网络等技术。这些技术可以对复杂的数据进行分析和挖掘，从而实现对环境中各种目标的识别和跟踪，提高感知的精度和准确性。

除了人工智能技术，传感器技术和数据处理技术也是智能感知技术的重要组成部分。传感器技术可以获取环境中的信息，如光线、温度、声音、图像等，数据处理技术则可以对这些信息进行预处理、特征提取和分类等操作，为人工智能技术提供支持和保障。

人工智能、物联网技术、云计算和大数据技术的不断发展，极大促进了智能感知技术不断创新发展。物联网感知技术的应用架构如图 4.1 所示，主要分为三层：传感器层、网络层和应用层。

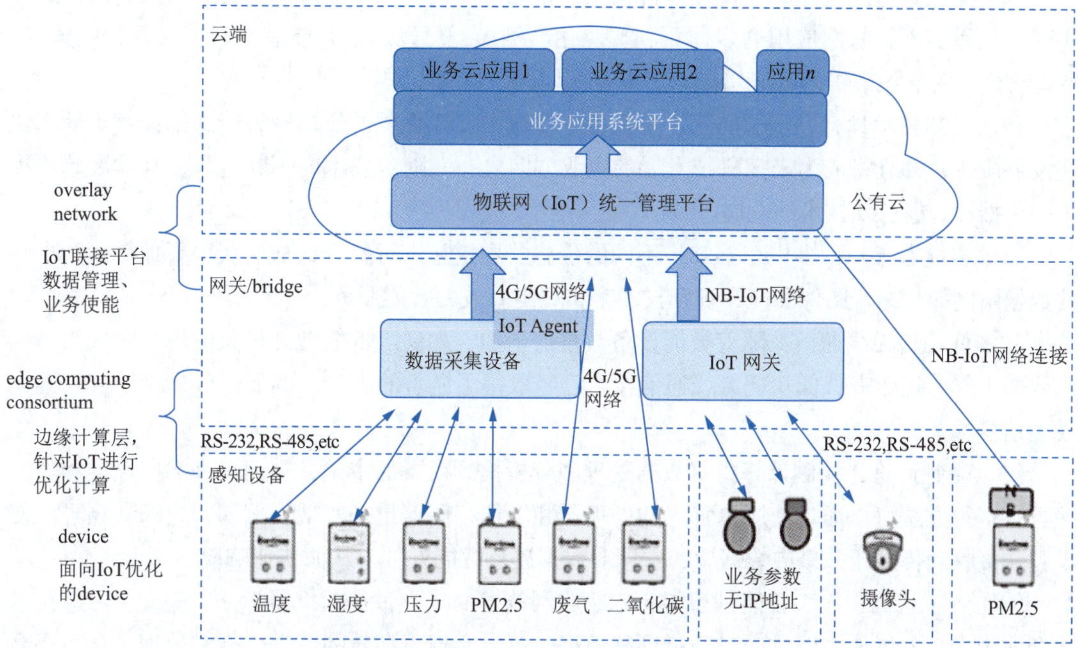

图 4.1　物联网感知技术应用架构

（1）传感器层：这是智能感知体系结构的最基本层，作为数据采集的第一道防线，将周围环境中的各种信号转化为数字化的数据。人们利用各种传感器（如温度传感器、光线传感器、压力传感器、声音传感器等）来测量物理量和化学量等各种信息，实现对环境的感知。

（2）网络层：这是智能感知体系结构中的核心部分，主要负责数据传输和连接。通过网络层（包括有线网络、无线网络和蜂窝网络等），将传感器采集到的数据传输到上层的数据处理层。

（3）应用层：这一层面向实际应用对象，包括安防监控、环境监测、智能制造、智慧城市等各种被测的物理环境对象。基于传感网与物联网，应用层对物理环境对象进行信息感知，涵盖了数据融合的基础理论，采用了协作感知、自适应融合、统计与估计、特征推理的理论和方法。应用层基于设备感知的数据，采用神经网络、深度学习、进化计算、粒群智能、模糊逻辑、支持向量机等人工智能的理论和方法，实现智能感知。

智能感知技术是物联网感知层的重要技术之一，其重要性体现在以下几个方面：

（1）实现数据的自动采集和处理：物联网中各种设备和物品都可以通过传感器等手段采集各种数据，但这些数据数量庞大，而且需要进行处理和分析。智能感知技术可以实现数据的自动采集和处理，减轻人工干预的负担，提高数据的精确度和可靠性。

（2）提高设备的智能化水平：智能感知技术可以对设备和物品进行智能化改造，使其变得更加智能化、自动化和智能化。例如，智能感知技术可以实现自动控制和管理，使设备能够自动识别、判断和执行任务，提高设备的智能化水平。

（3）实现物联网的智能化管理：智能感知技术可以对物联网的设备、物品和资源进行智能化管理，从而实现物联网的智能化管理。例如，可以进行设备的远程监控和控制，实现智能化的设备管理和维护。

（4）支持物联网应用的多样化和普及化：智能感知技术可以支持多种物联网应用的开发和实现，从而实现物联网应用的多样化和普及化。例如，可以通过智能感知技术实现智能家居、智能交通、智慧城市等多种应用场景，丰富人们的生活和工作。

智能感知技术具有广阔的前景，将在各个领域中发挥重要的作用。智能感知技术正处于快速发展阶段，并且将成为未来科技发展的主要方向之一。随着技术的不断进步，其发展趋势将进一步推动智能感知技术的发展。

（1）多模态感知：多模态感知将不同的传感器和信息进行整合，从而获得更加全面和准确的数据。例如，结合图像和声音识别技术来实现更高效的智能服务。

（2）低功耗无线通信：随着智能设备数量的增加，如何降低能耗并延长电池寿命成为一项重要的工作。近年来，低功耗无线通信技术已经取得了显著的进步，例如，LoRa、Sigfox等无线通信技术。

（3）端侧计算：端侧计算指将数据处理和分析推到设备的本地，从而提高响应速度和隐私保护。这种方法可以通过使用更强大的处理器和增加存储容量来实现。例如，边缘计算可以使设备在接收到传感器采集的数据后，立即对数据进行智能处理，从而快速响应。

（4）人工智能：人工智能是智能感知物联网技术的核心，包括机器学习、深度学习等技术将会成为未来发展的主要方向。通过训练模型，可以实现更高效的数据分析和处理，从而提高智能感知物联网系统的性能。

（5）自适应感知：自适应感知是指系统可以自主地调整其感知策略，以适应环境变化或任务需求变化。这使得系统在不同应用场景下表现得更加灵活和智能。例如，智能路灯可以根据不同时段、天气等因素自动调节亮度。

（6）安全保护：安全保护是智能感知物联网技术发展中必须考虑的问题之一。随着设备和传感器数量的增加，如何保证数据的安全性成了一个紧迫的问题。因此，研究新的安全保护方案将会是未来工作的重点。

4.2 智能视觉感知技术

视频

智能视觉感知技术

4.2.1 智能视觉跟踪

随着科技的发展，计算机技术的不断提升，智能视觉技术应运而生，可以有效地解决传统视频监控行业的问题，为安防行业提供了更为广阔的应用方向。它和以往的监控技术有本质的区别，其主要特征是采用计算机视觉的方法，在几乎不需要人为干预的情况下，通过对摄像机拍录的图像序列进行自动分析，对动态场景中的目标进行定位、识别和跟踪，并在此基础上分析和判断目标的行为，从而做到既能完成日常管理又能在异常情况发生的时候及时做出反应。也就是说，人们不但可以通过智能视觉监控系统查看监控场景正在发生的一切，还可以通过智能视觉分析技术分析场景中目标物体的行为，并通过行为分析结果，判断目标的下一步可能动作，最后将判断结果以自然语言的形式呈现出来。因此智能视觉监控系统取代人完成了监控任务中的大部分工作，是新一代的具有高度智能的监控技术应用。

智能视觉跟踪技术是指利用计算机视觉技术，对视频帧序列中的目标进行自动化跟踪和识别。智能视觉跟踪技术主要应用于监控、安防、交通、医疗等领域，通过实时监测目标的位置、速度、轨迹等信息，为人们提供更加高效、精准的服务。

智能视觉跟踪技术的核心是目标检测和跟踪。目标检测是指在图像或视频中自动地检测出目标的位置和大小，并确定目标的类别。目标跟踪是指在不同的时间段内，自动地追踪目标的位置、速度和方向等信息。

当前的智能视觉跟踪技术主要分为两大类：基于特征点的方法和基于区域的方法。基于特征点的方法通过寻找图像中的局部特征点，并将其与模板匹配来跟踪目标。这种方法可以适用于光照变化较小、物体运动速度较慢的场景。而基于区域的方法则是直接对目标区域进行建模，然后利用相邻帧之间的关系来跟踪目标。这种方法适用于快速运动的场景，但需要更为复杂的模型。

近年来，随着深度学习技术的不断发展，智能视觉跟踪技术也在不断创新和发展。利用卷积神经网络（convolutional neural networks,CNN）等深度学习算法，可以对目标进行更加准确、精细的检测和跟踪。同时，结合循环神经网络（recurrent neural network, RNN）和长短时记忆网络（long short-term memory, LSTM）等技术，还可以在动态场景中实现目标的长期跟踪和预测。

（1）智能视觉跟踪技术的原理

在计算机视觉领域中并没有对视觉目标跟踪（简称跟踪）的唯一定义。通常来说，跟踪的目标是视频帧或图像中的某个区域或物体，不需要其语义信息（类别等），此概念被形象地描述为“万物跟踪”。同时，也存在一些特例，通常被应用在一些特定场景中对已知类型物体的跟踪，例如，工厂流水线监控中对某些特定产品的跟踪（如零部件等）。

跟踪是在一个视频的后续帧中找到在当前帧中定义的感兴趣物体（object of interest）的过程。主要关注跟踪的三方面问题，即“找到”、“感兴趣物体”和“后续帧”。注意，这里的当前帧可以是视频中的任意一帧。通常来说，跟踪是从视频的第二帧开始的，第一帧用来标记目标的初始位置（ground truth）。下面，利用图 4.2 所示的博尔特参加男子百米短跑的例子来解释这三方面问题。

图 4.2　智能视觉跟踪在运动赛场的应用

①“找到”：如何定位博尔特？假设在视频上一帧找到了博尔特所在的位置，我们要做的是

在当前帧中继续找到博尔特所在的位置。如前所述，视觉是跟踪（视觉目标跟踪）问题的限定条件，其带来了可以利用的性质。这里可以默认的原则是：在同一段视频中，相同的物体在前后两帧中的尺寸和空间位置不会发生巨大的变化。比如可以做出如下判断：博尔特在当前帧中的空间位置大概率会在跑道中，而几乎不可能在旁边的草坪内。也就是说，如果想知道博尔特在当前帧中的空间位置，只需要在跑道中生成一些候选位置，然后在其中进行寻找即可。上述过程引出了跟踪中一个重要的子问题，即 candidate generation，通常被表述为候选框生成。

②“感兴趣物体”：如何描述博尔特？博尔特就是图像中个子最高，并且穿着黄色和绿色比赛服的人。但这里忽略了一个问题，就是对于博尔特的“定义”其实已经包含了很多高度抽象的信息，例如，个子最高，还有黄色和绿色的比赛服。在计算机视觉领域中，通常将这些高度抽象的信息称之为特征。对于计算机而言，如果没有特征，博尔特和草坪、跑道，或者图像中其他对于人类有意义的物体没有任何区别。因此，想让计算机对博尔特进行跟踪，特征表达/提取（feature representation/extraction）是非常重要的一环，也是跟踪中第二个重要的子问题。

③“后续帧”：如何将博尔特与其他事物区分？这里将“后续帧”关注的问题定义为如何利用前一帧中的信息在当前帧中鉴别目标。不仅需要在“后续帧”中的每一帧都能完成对目标的跟踪，还强调连续帧之间的上下文关系对于跟踪的意义。直观理解，该问题的答案非常简单：在当前帧中找到最像上一帧中的跟踪结果的物体即可。这就引出了跟踪中第三个重要的子问题：决策。决策是跟踪中最重要的一个子问题，也是绝大多数研究人员最为关注的问题。通常来说，决策主要解决匹配问题，即将当前帧中可能是目标的物体和上一帧的跟踪结果进行匹配，然后选择相似度最大的物体作为当前帧的跟踪结果。

跟踪基本原理中主要的三个子问题：候选框生成、特征表达/提取、决策。需要注意的是，这三个子问题并非彼此独立。有时候，决策问题的解决方案会包含更为精确的候选框生成和/或更为抽象的特征提取，利用端到端（end-to-end）的思想解决跟踪问题，来提高跟踪系统和算法的性能。这在近几年流行的基于深度学习的跟踪算法中非常常见。

（2）智能视觉跟踪的主要方法

智能视觉跟踪技术是指通过计算机视觉和模式识别等相关技术，实现对视频中目标的自动化追踪。主要方法如下：

① 基于颜色特征的跟踪方法：该方法通常选取图像中目标区域的颜色作为特征，使用颜色直方图等方式进行建模，并使用距离度量计算当前帧与目标模型的相似度，从而实现目标的跟踪。

② 基于运动分析的跟踪方法：该方法利用目标在连续帧之间的运动变化，通过光流法、卡尔曼滤波等手段对目标的运动轨迹进行预测和估计，进而实现目标的跟踪。

③ 基于特征点匹配的跟踪方法：该方法首先从目标区域提取关键点，再对其进行描述子的计算，将其与之前帧中提取的关键点描述子进行匹配，从而得到目标在新帧中的位置及其姿态信息。

④ 基于深度学习的跟踪方法：近年来，深度学习技术已经开始应用于目标跟踪中。该方法通常基于卷积神经网络（CNN）等深度学习模型，利用大量标注的图像序列进行训练，实现对目标的自动化跟踪。

（3）智能视觉跟踪流程

智能视觉跟踪实质上是人工智能的一部分，是通过模仿人类的工作过程来实现的。人类通过眼睛这个“传感器”实现视频的采集、预处理、处理，然后将真实图像传送给大脑，大脑并不是对所有传送过来的图像进行整体的分析处理，而是采用多层分级，将背景、缓慢移动及远处的目标分辨率最低化，忽略一些细节；并对前景感兴趣的区域进行二次聚焦（人们常说的眼前一亮就是这个意思），获得更多细节，然后对该区域进行判定。

如图 4.3 所示，在某个地铁站，一位穿红色衣服、拎着手提包的女子进入了监控画面，该女子将手提包放到站台中的一个空地上，之后迅速离开。针对该视频场景，值班人员很容易迅速地从场景提取出特征描述来，即“一个红衣女子将一个黑色包放在站台上后迅速离开”，而对这个简单的信息，智能视觉分析系统利用摄像机采集到信息，首先是场景（站台），之后分离出感兴趣的前景目标（红衣女），然后对其跟踪，之后形成结论（丢下一个包），最后将整个过程的完整信息传给智能信息处理模块按规则判定，形成告警。

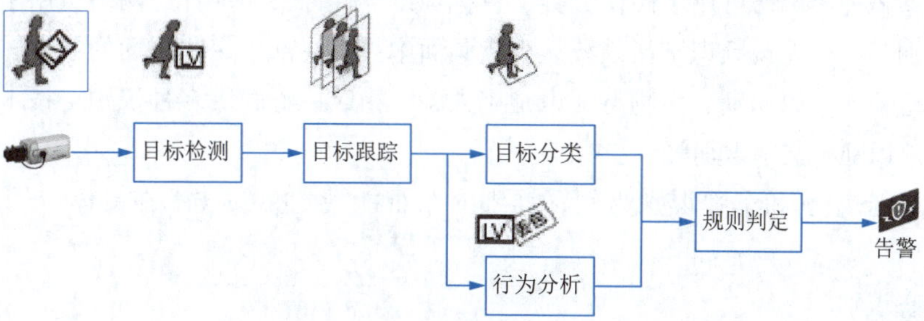

图 4.3　智能视觉跟踪基本流程

① 目标检测。将输入视频图像中变化剧烈的图像区域从图像背景中分离出来是智能视频行为分析的基础，其检测效果直接决定整个智能视频监控系统的性能。目标检测的算法主要包括光流法、相邻帧差法和背景差等诸多方法。

② 目标跟踪。依据目标及其所在的环境，选择能唯一表述目标的特征，并在后续帧中搜索与该特征最匹配的目标位置。常用的跟踪算法包括基于特征的跟踪算法、基于3D模型的跟踪，基于主动轮廓模型的跟踪，以及基于运动估计的跟踪等。

③ 目标分类。利用图像特征值实现目标类型（一般是人和车）的甄别。用于目标分类的特征有空间特征，包括目标轮廓、目标尺寸、目标纹理，以及目标的时间特征（比如目标大小的变化、运动的速度等）。

④ 行为分析。位于智能视频监控的高级阶段，是实现视频监控智能化的关键，内容涉及视频监控对象的多种不同行为，如目标检测和分类、目标动态跟踪、目标识别和理解、统计计数，另外还包括非法入侵、人物分离、逗留游荡、群体定向移动等异常行为。

（4）智能视觉跟踪的主要应用场景

智能视觉跟踪的主要应用涉及监控对象的多种不同行为，主要包含越线检测、周界入侵、物品移走、物品遗留、方向检测、徘徊检测、人员聚集检测、人车流量检测、速度检测、轨迹跟踪、烟雾、火焰检测、云台跟踪等，其场景模型模拟了实际应用中的多种情况。

4.2.2　基于深度学习的智能视觉感知技术

深度学习是一种基于人工神经网络的机器学习方法，其核心思想是通过多层次的神经网络结构来逐层提取输入数据的高层次特征表示。其中，卷积神经网络（CNN）在图像处理任务中得到了广泛应用，它通过卷积操作和池化操作实现了对图像特征的提取和降维。循环神经网络（RNN）则适用于序列数据的处理，能够捕捉到数据的时序信息。生成对抗网络（generative adversarial net, GAN）是一种通过对抗训练的方式，将生成器和判别器相互对抗地进行训练，从而实现数据的生成和伪造。

目前智能视觉感知技术一般采用计算机视觉（computer vision）和深度学习（deep learning）的方式实现。计算机视觉是指让计算机通过数字图像处理技术，对图像和视频进行分析、处理、识别和理解的能力。计算机视觉技术可以将图像或视频转换成数字信号，并利用图像处理算法来提取特征、分类、检测等，并最终实现目标检测、人脸识别、车辆跟踪等功能。深度学习则是一种基于神经网络的机器学习方法，通过多层神经元之间的权重和偏差来模拟人类大脑的工作方式，从而训练出更加准确和高效的模型。深度学习在视觉感知领域中被广泛应用，例如，卷积神经网络可用于图像分类、目标检测等任务，循环神经网络可用于人体姿态估计、手势识别等。智能视频识别指系统从视频画面中找出局部中一些画面的共性，包括目标识别和目标跟踪，如条码识别、生物特征识别（人脸、指纹、虹膜等多种识别）技术、智能交通中的动态对象识别、文字识别等。

以下以步态识别和车牌识别为例，详细介绍智能视觉感知技术在具体应用场景的实现过程。

（1）步态识别

步态识别是一个相当新的发展方向，它旨在从相同的行走行为中寻找和提取个体之间的变化特征，以实现自动的身份识别。它是融合计算机视觉、模式识别、视频、图像序列处理的一门技术。

步态识别，如图4.4所示，使用摄像头采集人体行走过程的图像序列，进行处理后同存储的数据进行比较，来达到身份识别的目的。步态识别作为一种生物识别技术，具有其他生物识别技术所不具有的独特优势，即在远距离或低视频质量情况下的识别潜力，且步态难以隐藏或伪装等。步态识别主要是针对含有人的运动图像序列进行分析处理，通常包括运动检测、特征提取与处理、识别分类三个阶段。

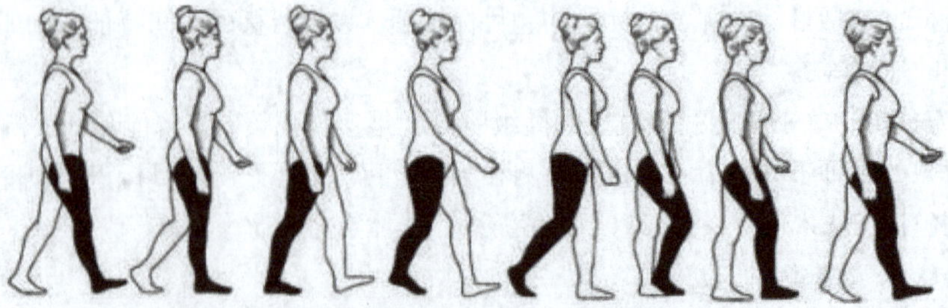

图4.4 步态识别

步态识别与人脸识别的相同点表现在检测方法、人的行为配合、软件难易程度、联网、复制可能性，以及在智能化视频监控系统中的应用方面都是相同的；其不同点在采集装置成本、采集速度、采集距离、伪装、可靠性、使用等方面。

人脸识别优于步态识别有两个方面：一是采集速度快于步态识别，因为摄像头只要捕获到人脸即可，而步态识别则要采集到步态图像的序列才行；二是人脸识别技术比较成熟，而步态识别刚起步，其可靠性不如人脸识别，目前试验的识别率只有80%。

步态识别优于人脸识别有四个方面：一是采集的摄像机用一般的即可，所以采集装置的成本比人脸识别的低；二是采集的距离要比人脸识别的远，只要能看清走路的姿态就行，甚至可以背离摄像机，这是人脸识别所不能够的；三是人脸可伪装，而步态却不易，因为当你看到摄像头想伪装时，你的步态却早已被采集了；四是步态识别使用最方便，它不像人脸识别那样要较好的光照条件来看清人脸。

（2）车牌识别

车牌识别技术是智能交通系统的重要组成部分。首先通过车辆检测获得车辆的位置信息，然后通过摄像头抓拍图片，对图片进行车牌识别。

目前常用的车辆检测方法有地感线圈检测、超声波检测、微波检测和视频检测等。随着视频技术的发展，运用视频技术进行车辆检测是智能交通系统中备受关注的前沿方向，它从视频序列中检测、识别车辆，获取所需的交通参数，然后通过对交通参数的智能分析来解决交通问题。基于视频的车辆检测是未来智能交通的研究重点与热点，对缓解交通拥堵、提高运输效率、减少环境污染都具有非常重要的意义。

目前基于视频的车牌识别技术主要包括车辆检测技术和车辆识别技术。

基于视频的运动车辆检测是整个交通信息检测的基础，后期车辆跟踪、车速的获取和车辆轨迹的获得都是建立在正确、可靠的车辆检测基础之上的。车辆视频检测是指从图像序列中将运动的车辆从背景中提取出来，是运动目标检测的一个实例。然而，由于背景图像的复杂和环境的干扰，如天气变化、光照变化、车辆阴影等的影响，给车辆的检测带来了难度。同时，车辆的快速分割、粘接、相互遮挡等的处理也给车辆视频检测带来了一定的挑战。

基于视频的车辆检测通常分为两种情况：一种是固定摄像头的，即摄像头和场景相对静止，这样背景是固定的。在这种情况下，车辆检测相对简单，利用背景和当前图像进行拆分就能进行车辆检测，但一般很难完整得到车辆的区域；一种是移动摄像头的，即摄像头和场景存在相对运动，这种情况下背景就不是固定的，而是在不断变化的，这个时候车辆检测就比较复杂。为了能采用固定背景下车辆检测算法的思想，需要对全局运动进行补偿，全局运动补偿的重要手段就是背景运动估计。

车牌识别是智能交通系统的重要组成部分，在高速公路管理、城市道路管理和停车场管理等应用中有着无可替代的作用。车牌照识别技术主要分为图像预处理、车牌定位、字符切分、字符识别几个部分，车牌识别流程如图4.5所示。

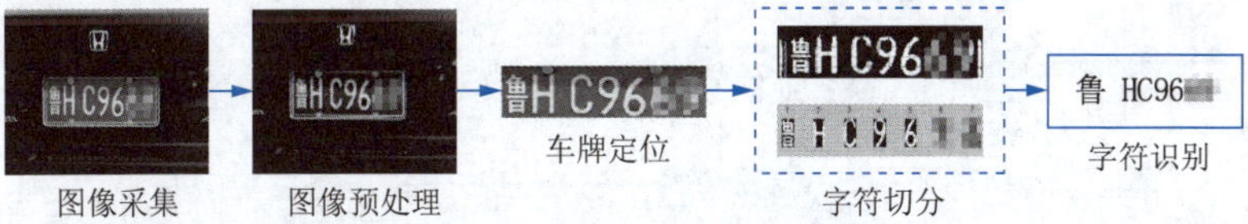

图 4.5 车牌识别流程

车辆牌照自动识别系统的基本工作原理是：当车辆通过监测区域时，传感器发送一个信号给图像采集的控制部分，然后控制摄像机采集该汽车的图像并发送至图像预处理模块，再由预处理模块对输入的图像进行简单的预处理，最后计算机通过图像的预处理、车牌提取、车牌图像二值化、字符切分、字符识别等步骤后将最终的车牌字符提取出来，并且把识别的结果和图像存入到计算机数据库中，以备以后的使用、查询和管理等。

图像预处理：图像预处理的目的是突出车牌的主要特征，以便于更好地从背景中提取车牌区域，图像预处理功能主要是对图像进行灰度化、图像增强、滤波降噪等处理。

车牌定位：车辆在实际的行驶过程中，由于所处的环境多种多样，所以在拍摄车辆牌照时，实际的背景对于车辆牌照的识别有很大的影响，车牌定位在车辆牌照自动识别系统中起着非常重要的作用，定位准确与否会直接影响到最终识别结果的准确性和识别的速度，车牌定位实际上是在对车牌图像进行二值化，然后在二值化图像的基础上再对其相应的特征进行提取。

字符切分：字符切分是从获得的牌照区域切分出单个字符，以便于后续的字符识别的过程。车牌上的字符一般除了一个汉字外其他的都是字母和数字，即在理想状态下每个字符是全连通的并且相互之间会有一定的间距，根据车辆牌照的这个特点可以相应地采取特定的方法对车辆牌照进行字符切分。

车牌识别系统对车辆车牌直接识别而不需要人工的参与，使交通管理的智能化程度上升到了一个新的台阶，在提高交通管理效率、增加管理的客观性方面起到了巨大的推进作用。

4.3 智能语音识别技术

4.3.1 声学模型

语音识别技术就是让智能设备听懂人类的语音。它是一门涉及数字信号处理、人工智能、语言学、数理统计学、声学、情感学及心理学等多学科交叉的科学。这项技术可以提供比如自动客服、自动语音翻译、命令控制、语音验证码等多项应用。近年来，随着人工智能的兴起，语音识别技术在理论和应用方面都取得了很大的突破，开始从实验室走向市场，并已逐渐走进人们的日常生活中。现在语音识别已用于许多领域，主要包括语音识别听写器、语音寻呼和答疑平台、自主广告平台，智能客服等。语音识别的本质是一种基于语音特征参数的模式识别，即通过学习，系统能够把输入的语音按一定模式进行分类，进而依据判定准则找出最佳匹配结果。目前，模式匹配原理已经被应用于大多数语音识别系统中，识别系统流程如图4.6所示。

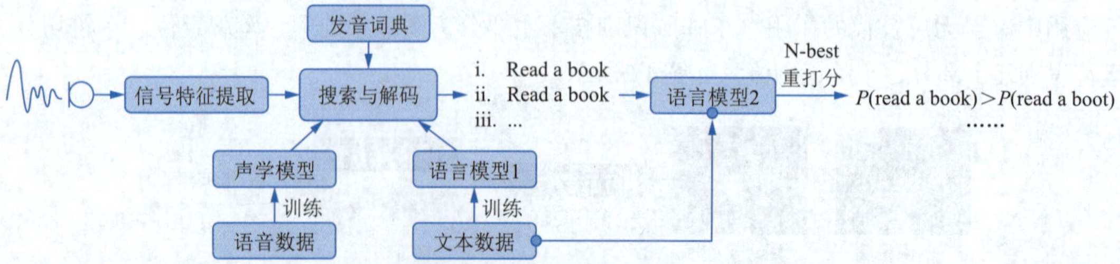

图 4.6 语音识别系统流程

一般的模式识别包括预处理、特征提取、模式匹配等基本模块。首先对输入语音进行预处理，其中预处理包括分帧、加窗、预加重等。其次是特征提取，因此选择合适的特征参数尤为重要，常用的特征参数包括：基音周期、共振峰、短时平均能量或幅度、线性预测系数（linear predict coefficient, LPC）、短时平均过零率、线性预测倒谱系数（linear predict cepstral coefficent, LPCC)、自相关函数、梅尔倒谱系数(mel frequency cepstral coefficient, MFCC)、小波变换系数、经验模态分解系数(empirical mode decomposition, EMD)、伽马通滤波器系数(grammatone filter cepstral coefficient, GFCC)等。在进行实际识别时，要对测试语音按训练过程产生模板，最后根据失真判决准则进行识别。常用的失真判决准则有欧式距离、协方差矩阵与贝叶斯距离等。

语音技术在近年来开始改变人们的生活和工作方式。对于某些嵌入式设备来说，语音成了人机交互的主要方式。出现这种趋势的原因，首先，是计算能力的不断提升，通用GPU等高计算能力设备的发展，使得训练更复杂、更强大的声学模型(acoustic model, AM)变得可能，高性能的嵌入式处理器的出现，使语音识别的终端应用变得可能。其次，借助近乎无处不在的互联网和不断发展的云计算，人们可以得到了海量的语音数据资源，真实场景的数据使得语音识别系统的鲁棒性更强；最后，移动设备、可穿戴设备、智能家居设备、车载信息娱乐系统正变得越来越流行，在这些设备上进行语音交互变成了一个无法避免的交互方式。下面介绍几个经典的声学模型。

(1)隐弥科夫模型

隐弥科夫模型(hidden Markov model, HMM)最早创立于20世纪70年代。80年代得到了传播和发展，成为信号处理的一个重要方向，现已成功地用于语音识别、行为识别、文字识别，以及故障诊断等领域。HMM建模框架如图4.7所示。

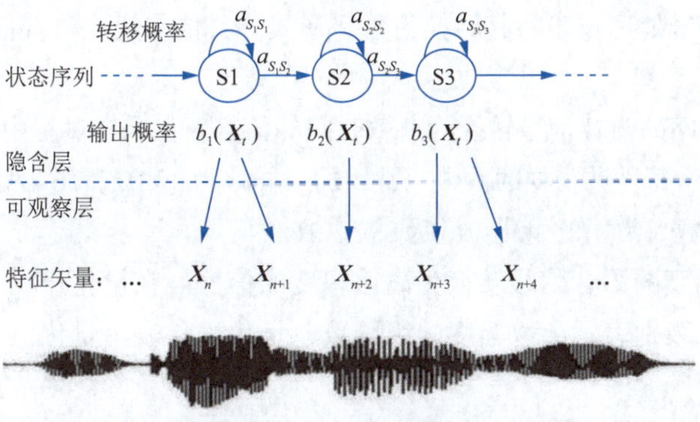

图 4.7　HMM 建模框架

其中，输出概率使用高斯混合模型(gaussian mixture module, GMM)建模，如图4.8所示。

$$b_i(X_t)=p(X_t \mid s_t=i)=\boxed{\sum_{j=1}^{M} c_j * N\left(X_t,\mu_{ij},\sum\nolimits_{ij}\right)}$$

$$N\left(X_t,\mu_{ij},\sum\nolimits_{ij}\right)=\frac{1}{(2\pi)^{P/2}\left|\sum_{ij}\right|^{1/2}}\exp\left\{-\frac{1}{2}\left(X_t-\mu_{ij}\right)\sum\nolimits_{ij}^{-1}\left(X_t-\mu_{ij}\right)^{\mathrm{T}}\right\}$$

图 4.8　GMM 建模

(2)深度神经网络模型。深度神经网络(deep neural network, DNN)是最简单和常见的用于声学模型的神经网络，是全连接的前馈神经网络，模型如图4.9所示。

(3)DNN-HMM混合建模框架。DNN-HMM建模框架中，输入特征使用了在当前帧左右拼帧的方式来实现模型对时序信号长时相关性的建模，中文大词汇量连续语音识别中状态数一般设置在1万左右，如图4.10所示。

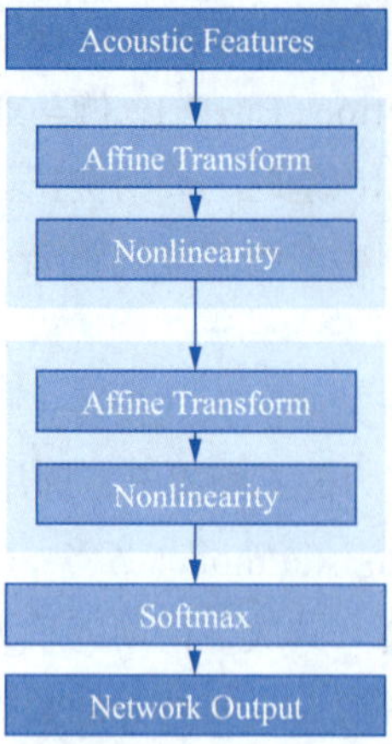

图 4.9 DNN 建模

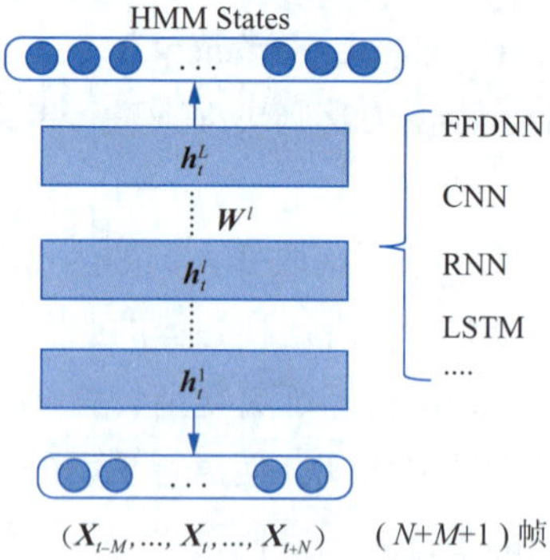

图 4.10 DNN-HMM 混合建模

通过使用声学模型，语音识别系统能够实现高精度的语音识别，并且在自然语言处理等领域有着广泛的应用。

4.3.2 智能语音识别的实现

1. 语音信号的处理

语音识别技术的第一步是对语音信号进行处理。语音信号是一种连续时间和连续幅度的信号，需要通过数字信号处理技术将其转换为数字形式。具体来说，语音信号的处理包括采样、量化、预加重等步骤。

采样是将连续时间的语音信号转换为离散时间的信号。在采样过程中，需要确定采样率和量化位数。采样率表示每秒钟采样的次数，常用的采样率为8 kHz、16 kHz、44.1 kHz等。量化位数表示采样值的位数，常用的量化位数为8位、16位等。

量化是将连续幅度的语音信号转换为离散幅度的信号。在量化过程中，需要确定量化级别和量化误差。量化级别表示离散幅度的级别数，量化误差表示量化值与原始信号值之间的差异。

预加重是在语音信号中增加高频分量，以减小信号的动态范围。预加重可以通过滤波器实现，常用的预加重滤波器为一阶高通滤波器。

2. 特征提取

语音信号的处理之后，需要从中提取有用的特征。语音信号是非常复杂的信号，其中包含了大量的噪声和冗余信息。因此，需要选择合适的特征进行提取，以便于后续的模型训练和分类。

常用的语音特征包括梅尔频率倒谱系数（MFCC）、线性预测系数（LPC）等。

MFCC是一种常用的语音特征，它能够很好地描述语音信号的谱特性。MFCC的提取过程包括预加重、分帧、加窗、傅里叶变换、梅尔滤波器组、离散余弦变换等步骤。

LPC是一种基于线性预测的语音特征，它能够很好地描述语音信号的时域特性。LPC的提取过程包括预加重、分帧、加窗、自相关函数计算、Levinson-Durbin算法等步骤。

3. 模型训练

特征提取之后，需要将提取的特征输入到模型中进行训练。语音识别技术中常用的模型包括隐马尔可夫模型（HMM）、深度神经网络（DNN）等。

HMM是一种常用的语音识别模型，它能够很好地描述语音信号的时序特性。HMM的训练过程包括模型初始化、前向算法、后向算法、Baum-Welch算法等步骤。

DNN是一种基于神经网络的语音识别模型，它能够很好地描述语音信号的特征。DNN的训练过程包括网络初始化、前向传播、反向传播、权重更新等步骤。DNN在语音识别领域取得了很好的效果，成了一种常用的模型。

除了HMM和DNN之外，还有一些其他的语音识别模型，如循环神经网络（RNN）、卷积神经网络（CNN）等。这些模型在不同的场景下都有各自的优势和适用性。

4. 语音识别的应用

语音识别技术的应用越来越广泛，包括语音助手、智能家居、智能客服、语言翻译等。其中，语音助手是应用最为广泛的一种场景，如苹果的Siri、亚马逊的Alexa、谷歌的Google Assistant等。

语音识别技术的发展给我们的生活带来了很多便利。通过语音助手，人们可以通过语音指令来控制家居设备、查询天气、打电话等，无须手动操作，提高了生活的效率和舒适度。在智能客服领域，语音识别技术可以对用户的语音进行分析和理解，提供更为智能的客服服务。

总之，语音识别技术是一种非常重要的人工智能技术，它的应用领域越来越广泛。随着技术的不断发展和进步，语音识别技术的性能和精度也将会不断提高，为人类带来更多的便利和创新。

4.4　智能环境感知技术

4.4.1　环境感知系统

环境感知技术是指通过各种传感器、控制器、计算机等设备获取环境信息并将其实时处理分析，从而使机器设备达到智能化、自动化控制的一项技术。目前的智能环境感知软硬件系统中已经广泛应用了多种智能环境感知技术，包括声音、光线、温度、湿度、气体等环境因素的感知。智能环境感知技术的应用广泛，根据应用场景不同涉及多种基于物联网的传感器设备，这些智能设备在与智能感知技术的结合下，可以实现更加人性化、智能化的控制。

（1）环境感知系统的组成

环境感知系统包括信息采集单元、信息处理单元及信息传输单元三大模块。以自动驾驶智能物联网汽车为例，其系统组成如图4.11所示。

（2）常用的环境感知技术

① 光环境感知技术

光环境感知技术可以通过传感器检测当前的阳光照射情况，并智能调节窗帘或者灯光的亮度，从而起到节能环保的作用。在夜间，光环境感知技术可以通过控制灯光亮度和颜色，实现人性化的光环境照明，让住户更加舒适自在。

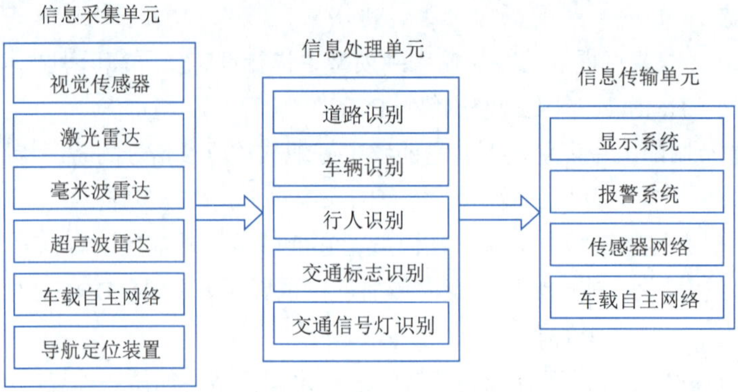

图 4.11 环境感知系统组成

② 温湿度环境感知技术

温湿度环境感知技术可以通过传感器来实时感知温度和湿度的变化情况，自动调节空调和加湿器的档位。这项技术可以自动根据环境温度和湿度的变化，智能调节空调和加湿器的运行状态，从而实现省电和节能的效果。

③ 空气质量环境感知技术

空气质量环境感知技术可以通过气体传感器实时感知室内空气中的PM2.5、CO_2、TVOC等污染物，当室内空气污染严重时，在智能家居系统中，物联网设备就会自动打开空气净化器，同时自动关闭门窗，保证室内空气质量的健康与舒适。

④ 声音环境感知技术

声音环境感知技术可以通过声音传感器感知室内或者车内声音状况，自动调节音箱的音量和音质，让住户可以在不同环境下享受不同音乐。

⑤ 安全环境感知技术

安全环境感知技术可以通过智能门锁等设备感知住户的出入，控制家居设备的开关状态。当不法分子闯入房屋或者打开车门时，智能系统就会自动报警，并向家人和警察发出紧急通知。

4.4.2 智能环境感知系统典型应用场景

智能车辆是一个集环境感知、规划决策、多等级辅助驾驶等功能于一体的综合系统，它集中运用了计算机、现代传感、信息融合、人工智能及自动控制等技术，是典型的高新技术综合体，智能汽车与网络相连便成了智能网联汽车。

智能网联汽车，即ICV（intelligent connected vehicle），是指车联网与智能车的有机联合，是搭载先进的车载传感器、控制器、执行器等装置，并融合现代通信与网络技术，实现车与人、车、路、后台等智能信息交换共享，实现安全、舒适、节能、高效行驶，并最终可替代人来操作的新一代汽车。

智能网联汽车是以车辆为主体和主要节点，融合现代通信和网络技术，使车辆与外部节点实现信息共享和协同控制，以达到车辆安全、有序、高效、节能行驶的新一代多车辆系统。接下来重点来讲一讲其中的环境感知技术。

在智能网联汽车中，环境感知就是利用各种技术获取环境信息，并将获取的信息传输给智能决策中心，为智能决策提供依据。车载传感器技术、V2X通信技术是常用技术。其中需要获取的环境信息包括道路信息、车辆信息、障碍物信息。环境感知的方法就是智能网联汽车获取环境信息的方法，主要包含两个方面，如图4.12所示。

（1）通过车载传感器的环境感知：单一传感器（摄像头、传感器、雷达等）、多个传感器的融合。

（2）通过网联通信技术的环境感知：V2V、V2P、V2I等。

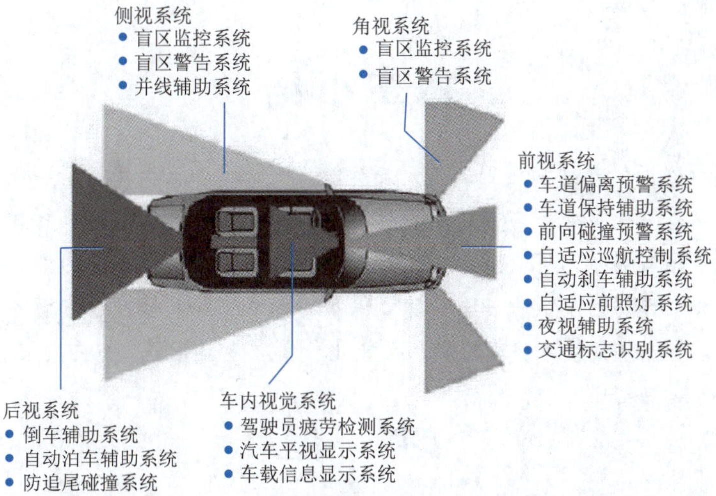

图 4.12　智能环境感知系统在智能网联汽车的应用

环境感知技术的本质是信息的收集、处理和传输，因此智能网联汽车的环境感知系统包含三个部分的内容。

（1）信息收集单元：传感器+网络通信设备。

（2）信息处理单元：将收集的信息通过各种算法进行加工，加工后的信息可以被智能决策系统直接作为决策依据的一系列信号，如通过摄像头拍摄的照片，识别当前交通信号灯状态，处理成智能决策系统可直接使用的信号。

（3）信息传输单元：将处理后的信息实时传输给智能决策系统的单元。

智能网联汽车环境感知传感器属于信息收集单元的重要组成部分，其信息收集能力主要由以下内容决定：车辆所处位置、传感器性能（感知范围、感知精度）、传感器的数量。

智能网联汽车传感器的配置需要结合自动驾驶的级别、进行综合考虑。

具体到不同类型基本的智能网联汽车，环境感知基本上包括车辆本身状态感知、道路感知、行人感知、交通信号感知、交通标识感知、交通状况感知、周围车辆感知等。在复杂的路况交通环境下，单一传感器无法完成环境感知的全部，必须整合各种类型的传感器，利用传感器融合技术，使其为智能网联汽车提供更加真实可靠的路况环境信息。

（1）车辆本身状态感知包括行驶速度、行驶方向、行驶状态、车辆位置等。

（2）道路感知包括道路类型检测、道路标线识别、道路状况判断、是否偏离行驶轨迹等。

（3）行人感知主要判断车辆行驶前方是否有行人，包括白天行人识别、夜晚行人识别、被障碍物遮挡的行人识别等。

（4）交通信号感知主要是自动识别交叉路口的信号灯、如何高效通过交叉路口等。

（5）交通标识感知主要是识别道路两侧的各种交通标志，如限速、弯道等，及时提醒驾驶员注意。

（6）交通状况感知主要是检测道路交通拥堵情况、是否发生交通事故等，以便车辆选择通畅的路线行驶。

（7）周围车辆感知主要检测车辆前方、后方、侧方的车辆情况，避免发生碰撞，也包括交叉路口被障碍物遮挡的车辆。

本章小结

感知技术是物联网的基础和核心，是人工智能、大数据、云计算等新一代信息技术的重要支撑。其通过传感器、数据处理与分析等关键技术，实现对环境的智能感知和理解，在智慧城市、农业、工业等领域展示出巨大潜力。随着各类技术的发展，数据量的增大，以及数据复杂度的增加，感知技术还将面临数据安全、隐私保护、标准化和互操性等方面的挑战。通过解决挑战，优化应用，智能感知技术将朝着更加智能化、精准化、普适化方向发展。

习　题

1. 实现目标识别、定位、导航，应该使用哪类传感器？
2. 智能感知技术的定义是什么？
3. 智能感知技术的特点与关键技术有哪些？
4. 智能感知技术的应用领域有哪些？
5. 基于超声波对用户的触摸行为进行感知时，通过分析超声波信号的多个传播路径，建立传播模型，这属于哪种行为识别技术？
6. 环境感知系统包括几个单元？
7. 环境感知技术的原理。
8. 语音智能感知系统的定义及原理。

第 5 章 物联网通信技术

学习目标

◎ 了解：了解常见的物联网短距离通信技术类型，如Wi-Fi、蓝牙、ZigBee等，并了解它们的基本特点和工作原理。

◎ 理解：物联网短距离通信技术的优势和局限性，以及在各种应用场景下的适用性。

◎ 应用：能够根据实际需求选择合适的物联网短距离通信技术，设计和实施简单的物联网通信系统。

◎ 分析：通过案例学习，分析不同物联网短距离通信技术的应用场景、性能表现和优缺点。

物联网的感知层实现了对物理目标的信息感知，通信技术将实现对象的相互连接，构建信息传输通道，实现信息的畅通流转与交互。为适应不同应用需要，物联网通信面临多种通信技术并存互补的形式。短距离无线通信指在较小范围的区域提供无线通信的技术。移动通信指移动用户之间或者移动用户与固定用户之间的通信方式。低功耗广域网通信技术非常适合于物物相连所需要的小数据量长距离的通信场景，但对功耗和计算能力有近乎苛刻的限制。本章着重介绍几种具有代表性的无线通信技术，包括近距离通信技术、移动通信技术、低功耗广域网通信技术，以及卫星通信技术和光纤通信技术。

视 频

短距离无线通信技术

5.1 短距离无线通信技术

5.1.1 蓝牙技术

1. 蓝牙技术概述

蓝牙技术是一种无线数据和语音通信开放的全球规范，蓝牙使当前的一些移动和便携设备能够不需要电缆就能连接到互联网，并且可以无线接入互联网。它采用低功耗无线连接，支持设备间的互联，如手机、耳机、键盘等。蓝牙通过射频信号在2.4 GHz频段传输数据，具备简便配对和低能耗特性。广泛应用于消费电子、汽车科技、医疗设备等领域，实现设备互联互通。蓝牙图标如图5.1所示。

图 5.1 蓝牙图标

2. 蓝牙技术的原理

蓝牙工作原理图如图5.2所示。首先，由蓝牙主设备利用其专用的射频发射结构，在短程射频连接环境下执行业务发现。在遵循业务发现协议规范的基础上，通过采用召唤体系结构进行查询，以获取需连接的设备信息和服务类型。随后，才能建立蓝牙设备之间的连接，形成蓝牙微网。在连接建立后，蓝牙设备之间可以进行语音和数据传输。对于语音信息的传输，采用电路交换形式，实现同步时分双工（time division duplex, TDD）的全双工传输。

图 5.2 蓝牙工作原理图

3. 蓝牙技术的发展

蓝牙技术最初用于简单的无线音频传输，如耳机和手机连接。蓝牙2.0引入了更高的数据传输速率和增强的安全性。蓝牙3.0引入了高速传输模式，通过Wi-Fi进行数据传输，提高了传输速率。蓝牙4.0引入了蓝牙低功耗（BLE），为物联网设备提供了更长的电池寿命，推动了可穿戴设备和智能家居的发展。蓝牙5.0提供了更大的数据传输速率、更长的覆盖范围和更强大的连接能力，为智能城市和工业物联网奠定了基础。各版本蓝牙技术见表5.1。

表 5.1 各版本蓝牙技术

蓝牙版本	发布时间/年	传输速率	有限范围	主打能力
1.1	2001	748～810 kbit/s	10 m	—
1.2	2003	748～810 kbit/s	10 m	改善抗干扰调频
2.0	2004	1.8～2.1 Mbit/s	10 m	双工，Stereo译码
2.1	2007	1.8～2.1 Mbit/s	10 m	改善设备配对
3.0	2009	0～24 Mbit/s	10 m	协同802.11Wi-Fi
4.0	2010	0～24 Mbit/s	100 m	BLE省电
4.1	2013	0～24 Mbit/s	100 m	IoT改善通讯功能
4.2	2014	0～24 Mbit/s	100 m	省电
5.0	2016	0～24 Mbit/s	300 m	物联网应用
5.1	2019	0～24 Mbit/s	300 m	省电

4. 蓝牙技术的应用

蓝牙技术在音频、智能家居、可穿戴设备、数据传输、医疗、物联网、定位导航等领域广泛应用，连接各类设备，实现无线通信和设备互联，展现了多样性和广泛应用。图5.3所示为日常生活中常见的带有蓝牙的电子设备，包括蓝牙有线耳机、蓝牙无线耳机、蓝牙游戏机、蓝牙音响等电子设备。

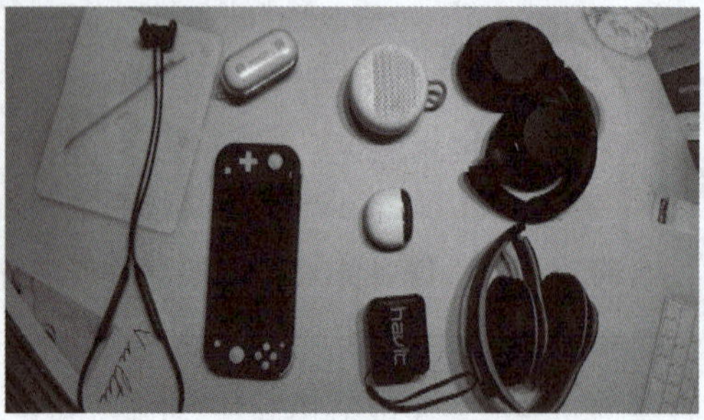

图 5.3 蓝牙电子设备

5.1.2　Wi-Fi 技术

1. Wi-Fi 技术概述

Wi-Fi技术是一种无线通信技术，通过无线信号实现设备间的高速数据传输。基于IEEE 802.11标准，Wi-Fi提供了可靠的无线互联，广泛用于家庭、企业和公共场所。其主要特点包括高速数据传输、稳定的连接、广覆盖范围和支持多设备同时连接。Wi-Fi技术在互联网接入、文件共享、流媒体等方面发挥关键作用，成为现代生活中不可或缺的无线通信基础设施，图5.4所示为Wi-Fi图标。

2. Wi-Fi 技术的网络结构

Wi-Fi技术的网络体系结构主要有两种，即自组织网络（也称对等网络）和基础结构网络。

（1）自组织网络

Wi-Fi无中心网络是指不需要中央接入点（access point, AP）的一种Wi-Fi网络配置。这种网络模式通常称为Ad-Hoc网络或自组织网络。在Wi-Fi无中心网络中，设备之间可以直接通信，而不需要一个中央的路由器或接入点来管理连接，其结构如图5.5所示。

图 5.4　Wi-Fi 图标

（2）基础结构网络

在基础结构网络中，通信通过一个中心设备，即Wi-Fi接入点（AP）或Wi-Fi路由器进行，结构如图5.6所示。这个中心设备负责管理网络流量、提供互联网接入，并协调连接到网络的所有设备。基础结构网络通常用于固定的、长期的网络部署，例如，在家庭、办公室或公共场所。

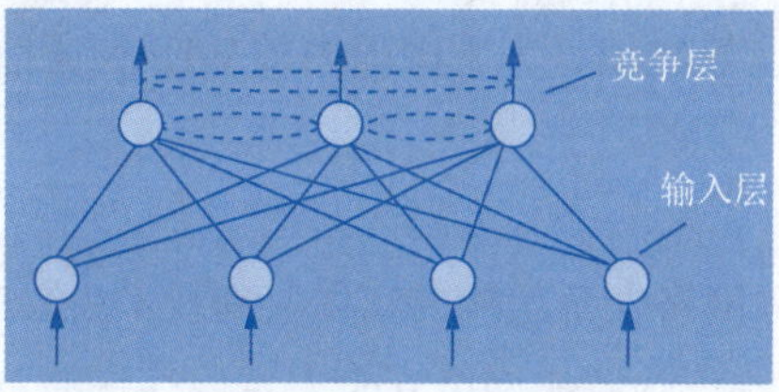

图 5.5　自组织网络

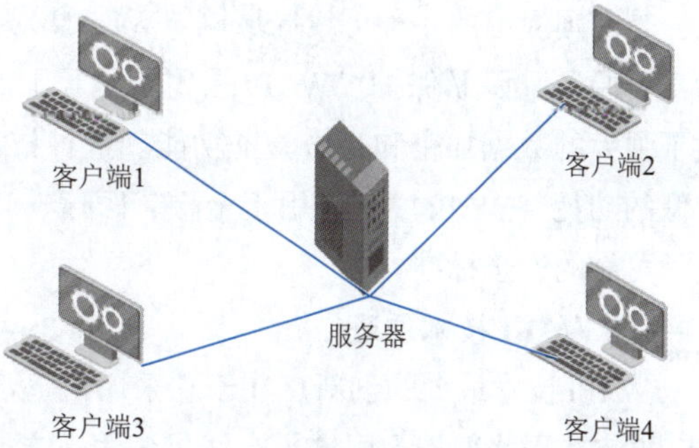

图 5.6　基础结构网络

3. Wi-Fi 技术的应用

Wi-Fi技术广泛应用于现代生活和商业领域。在家庭中，Wi Fi用于实现无线网络接入，支持各种智能设备、计算机和娱乐系统的互联。在企业和公共场所，Wi-Fi提供了便捷的互联网接入，促进了移动办公和数字化服务。在教育和医疗领域，Wi-Fi支持在线学习和远程医疗服务。物联网设备、智能城市基础设施、工业自动化等领域也广泛采用Wi-Fi实现设备互联，Wi-Fi技术的灵活性和高效性使其成为现代通信和互联的重要基石。图5.7所示为Wi-Fi智能家庭安全系统示意图。

4. IEEE 802.11 协议

IEEE 802.11是一组由IEEE定义的无线局域网标准，包括物理层和介质访问控制层规范。其规定了在2.4 GHz和5 GHz频段的无线通信标准，如802.11a、802.11b、802.11g、802.11n、802.11ac和802.11ax。基础设施BSS和自组织网络BSS构成了网络的基本单元，通过SSID进行标识。安全性方面包括WEP、WPA和WPA2。不断演进的协议家族提供了更高速、更可靠的无线连接，适应了不同的应用需求。上文中的Wi-Fi就是一种基于IEEE 802.11系列标准的无线局域网技术。

图5.7 Wi-Fi智能家庭安全系统示意图

5.1.3 WAPI技术

1. WAPI技术概述

WAPI（wireless lan authentication and privacy infrastructure）即无线身份验证及隐私保护协议，是中国提出的一种无线局域网（WLAN）安全标准。它旨在加强WLAN的数据安全性，包括身份验证和隐私保护。WAPI采用了国际上广泛使用的对称加密算法和非对称加密算法，提供了强大的数据加密和身份验证功能。这种技术的主要特点包括高度的安全性、稳定的连接和较低的功耗。WAPI广泛应用于金融、医疗、政府和企业等领域，为中国国内的WLAN通信提供了可靠的安全标准。

2. WAPI技术原理

WAPI技术最大的创新点在于它采用了基于三元对等网络安全架构的实体鉴别技术（TePA-EA），它在网络架构上引入了在线可信第三方（TTP），不仅为解决网络安全中普遍存在的访问控制和安全接入问题提供了先进的技术支撑，而且它还确保了网络身份鉴别的无线场景实施。WAPI实现了用户、接入点、网络三者之间真正的双向身份鉴别，使其在防范非法接入、中间人攻击、防钓鱼、防假热点/伪基站等方面具有明显的对比优势，弥补了WLAN技术标准中的严重安全缺陷。图5.8所示为三元对等实体鉴别机制图。

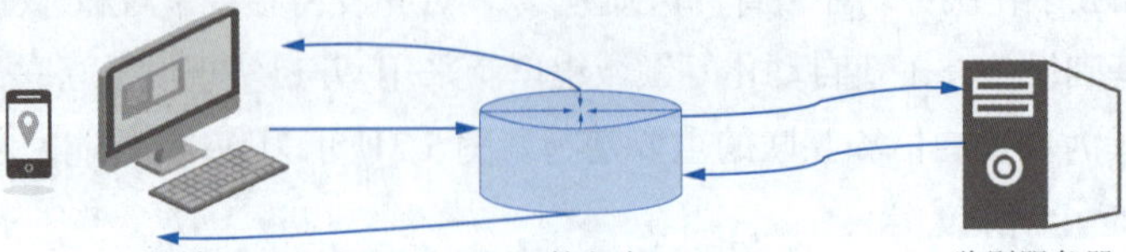

图5.8 三元对等实体鉴别机制图

3. WAPI 技术应用

WAPI技术在实际应用中主要体现在无线局域网的安全通信中。它被广泛运用于金融、医疗、政府和企业等领域，以保障WLAN通信的安全性和隐私。其采用的强大数据加密和身份验证功能使其成为国内网络通信领域的关键安全标准。2019年9月25日，随着北京大兴国际机场正式投运，由WAPI产业联盟组织成员开展的北京大兴国际机场WAPI无线网络也同步投入使用，WAPI技术产品成熟，在安全可控、高效运营管理等方面优势显著，为北京大兴国际机场开展无线业务提供了安全保障和管理便利。下图为融合WAPI技术的部分设备展示。

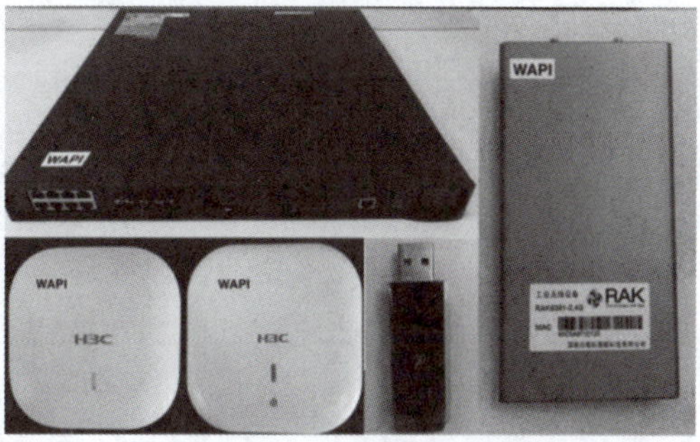

图 5.9　WAPI 技术设备

视频
ZigBee技术

5.1.4　ZigBee 技术

1. ZigBee 技术概述

ZigBee技术是一种应用于短距离和低速率下的无线通信技术，ZigBee过去又称为HomeRF Lite和FireFly技术，统一称为ZigBee技术。这个名字的灵感来源于蜂群的交流方式：蜜蜂通过Z字形飞行来通知发现的食物的位置、距离和方向等信息。ZigBee联盟便以此作为这个新一代无线通信技术的名称。图5.10所示为ZigBee技术历史发展时间线。

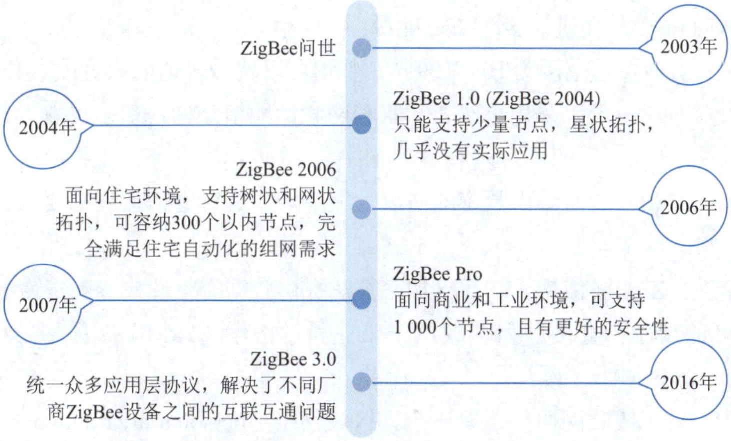

图 5.10　ZigBee 技术历史发展时间线

该技术是一种近距离、低功耗、低成本、低传输速率的具有统一技术标准的短距离无线通信技术，符合 IEEE 802.15.4标准，主要适用于工业、家庭自动控制，以及远程控制领域，目的是满足小型廉价设备的无线联网和控制。ZigBee点对多通信拓扑图如图5.11所示。

ZigBee是一个由可多到65 535个无线数传模块组成的一个无线数传网络平台，在整个网络范围内，每一个ZigBee网络数传模块之间可以相互通信，每个网络节点间的距离可以从标准的75 m无限扩展。ZigBee无线通信的范围可能会有所不同，具体取决于设备的功率输出、设备运行环境，以及所使用的特定 ZigBee 协议等因素。

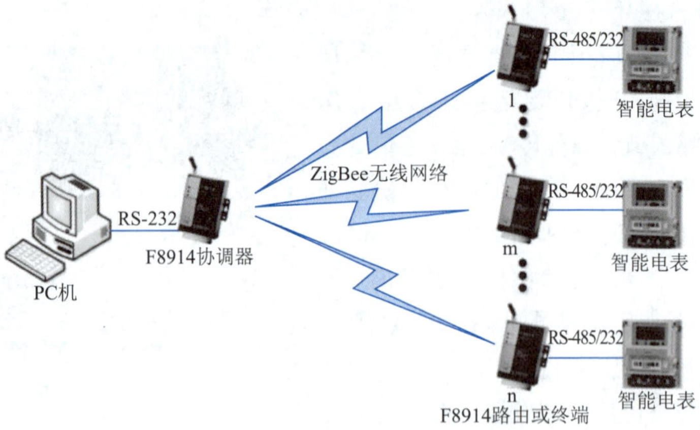

图 5.11 ZigBee 点对多通信拓扑图

2. ZigBee 技术特点

ZigBee技术是一种近距离、低复杂度、低功耗、低速率、低成本的双向无线通信技术。ZigBee的目标是建立一个无所不在的传感器网络，主要适用于自动控制和远程控制领域，可以嵌入到各种设备中，同时支持地理定位等功能，其主要特点如下：

（1）低功耗：在低功耗待机状态下，两节5号干电池可以使用6～24个月，从而消除了充电或频繁更换电池的麻烦。

（2）低速率：ZigBee以20～250 kbit/s的较低速率工作，满足低速率数据传输的要求。

（3）延迟短：ZigBee的响应速度快，从睡眠状态切换到工作状态通常仅需要15 ms，节点访问网络仅需要30 ms，从而进一步节省了能源。

（4）近距离：有效覆盖范围为10～100 m，基本可以覆盖普通的家庭或办公环境。

（5）容量大：ZigBee可以采用星状，片状和网状的网络结构，最多可以形成65 000个节点的大型网络。

（6）低成本：ZigBee的简单而紧凑的协议大大降低了其对通信控制的要求，并且ZigBee免收协议专利费。

（7）高安全性：ZigBee使用AES-128加密算法提供数据完整性检查和身份验证功能。

（8）免许可证频段：直接序列扩频用于工业科学医学（ISM）频段，2.4 GHz（全球），915 MHz（美国），868 MHz（欧洲）。

ZigBee作为一种无线联网协议，属于个人区域网络（personal area network, PAN）的范畴，有别于GSM、GPRS等广域无线通信技术和IEEE 802.11a、IEEE 802.11b等无线局域网技术，参数及性能比较见表5.2。

表 5.2 各种无线联网技术性能对比表

市 场 名	GPRS/GSM	Wi-Fi	Bluetooth	ZigBee
系统资源	16 MB+	1 MB+	250 KB+	4～32 KB
网络大小	1	32	7	225/65 000
带宽（kbit/s）	64～128+	11 000+	720	20～250
传输距离（米）	1 000+	1～100	1～10+	1～100+

续表

市　场　名	GPRS/GSM	Wi-Fi	Bluetooth	ZigBee
电池寿命（天）	1～7	0.5～5	1～7	100～1 000+
特点	覆盖面大、质量高	速度快、灵活性强	价格便宜、方便	可靠、低功耗、价格便宜
应用重点	广阔范围的声音和数据	Web、E-mail、图像	电缆替代品	监测和控制

3. ZigBee 网络的拓扑结构

ZigBee网络根据应用的需要可以组成星形网络、树形网络和网状网络三种拓扑结构，如图5.12所示。

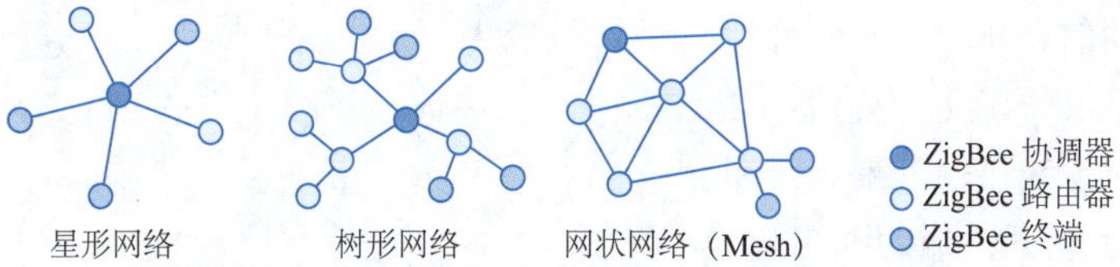

图 5.12　ZigBee 网络拓扑结构

星形拓扑是其三种拓扑结构中最为简单的一个拓扑形式，它包含一个协调器节点和多个终端节点。每一个终端节点只能和协调器节点进行连接通信，不能再连接其他终端节点。如果需要在两个终端节点之间进行互相的通信必须得通过连接协调器节点才能进行信息的接收、转发。这种拓扑形式具有一个缺点：节点之间的数据传输途径有且只有一条唯一的路由。协调器节点的状态有可能成为整个网络的影响点。星形网络拓扑实现的组网不需要使用 ZigBee 的网络层协议，因为本身IEEE 802.15.4的协议层就已经是在星形拓扑形式的基础上实现的，但是这增加开发者在应用层更多的工作，包括需要自己进行处理信息的接收、转发等工作。

树形拓扑包括一个协调器节点，以及多个的路由器和终端节点。协调器连接多个路由和终端节点，其子节点的路由也可以连接多个路由和终端节点，通过这样进行重复地叠加多个层级形成树状网。每一个路由节点都只能和他的父节点和子节点之间进行通信。信息有且只有唯一的一条路由通道。而且信息的传递路由是通过协议栈层进行处理的，整个的通信路由过程对于应用层来说是相对完全透明的。

Mesh拓扑包含一个协调器节点，以及多个路由器节点和终端节点。Mesh网络拓扑形式和树形拓扑大致相同，但是基于树状结构来说，网状网络拓扑是具有更灵活的通信路由规则的拓扑形式，在可能的情况下，路由节点之间是可以进行直接通信的。这种路由机制使得节点间的信息通信变得更加有效率，而且这也意味当通信时一个路由路径中出现了问题，信息也可以沿着其他的路由自动进行传输。

4. ZigBee 的应用

图 5.13　ZigBee 技术的广泛应用

现如今，ZigBee技术的应用领域非常广泛（见图5.13），包括智能家居、工业自动化、医疗保健、智能交通等。在智能家居领域，ZigBee技术可以实现家庭自动化系统，如智能照明、智能安防、智能空调等；在工业自动化领域，ZigBee技术可以实现远程监控和控制，提高生产效率和安全性；在医疗保健领域，ZigBee技术可以实现远程医疗监护和健康管理系统；在智能交通领域，ZigBee技术可以实现车辆追踪和交通管理。

但是，由于ZigBee传输速率低，并不适合于视频业务。此外，由于ZigBee采用随机接入媒质接入（media access control, MAC）层，且不支持时分复用的信道接入方式，因此也不能很好地支持一些实时的业务。

下面列举ZigBee在工业生产的典型应用：

数字油田指的是油田企业在生产、管理的过程中，运用物联网技术、传感器技术实现油田的信息化、平台化管理。在油田的运行过程中，通过传感器采集的各类信息，经过无线传输汇聚到云端，在云计算服务的赋能下，帮助油田的高效、稳定地运转。在油田中，物联网技术主要作用是传输传感器采集到的数据。传感器将对油田作业的全过程进行监测，如图5.14所示，同时会把采集到的数据利用无线网络上传到控制中心，由控制中心完成数据的处理和分析，最终对被测对象进行实时控制和回馈。ZigBee物联网技术在数字油田中的应用主要体现在对油水井生产信息的采集、传输，以及监测管理上，如图5.15所示。

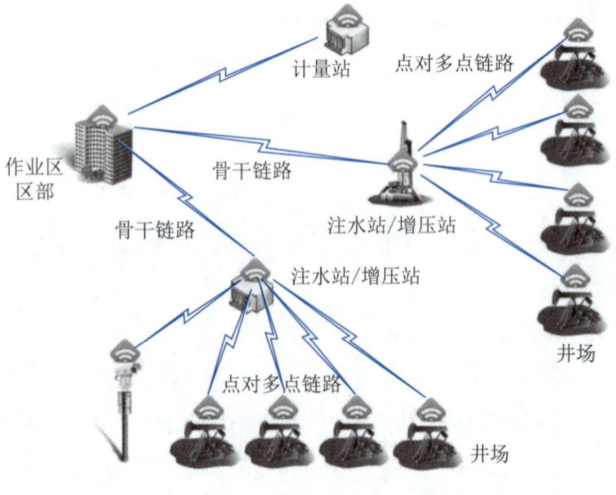

图5.14 基于ZigBee网络的数字油田监测系统

ZigBee物联网技术在数字油田中的应用，不仅提高了油田生产的自动化和智能化水平，而且降低了生产成本，提高了生产效率，对于推动油田的数字化转型和智能化升级具有重要意义。

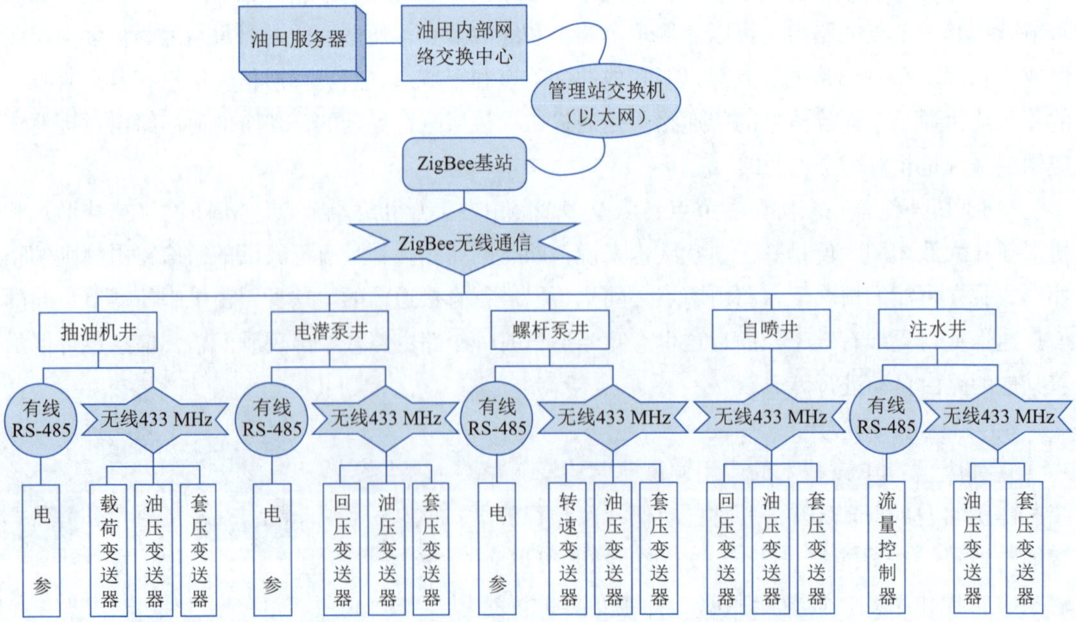

图5.15 基于ZigBee通信技术油水井生产信息采集系统

5.1.5　其他短距离无线技术

1. 超宽带技术概述

超宽带（ultra wideband, UWB）是一种新型的无线通信技术，它通过对具有很陡上升和下降时间的冲激脉冲进行直接调制，使信号具有吉赫（GHz）量级的带宽。UWB技术具有抗干扰性能强、传输速率高、带宽极宽等优点，可以用于高速、近距离的无线个人通信。UWB在早期被用来应用在近距离高速数据传输，近年来国外开始利用其亚纳秒级超窄脉冲来做近距离精确室内定位。

UWB是一种“特立独行”的无线通信技术，它将会为无线局域网LAN和个人局域网PAN的接口卡和接入技术带来低功耗、高带宽并且相对简单的无线通信技术。UWB具有抗干扰性强、传输速率高、带宽极宽、系统容量大、发射功率低、保密性好、通信距离短等特点。

该技术在家居安全、工业制造、汽车工业、机器人、运动行业有广泛的应用。全球领先的物联网和车联网解决方案供应商移远通信宣布，正式推出支持超宽带连接技术的车规级模组，如图5.16所示，可用于实时室内和室外运动检测，以及安全可靠的无线通信。Qorvo芯片本身是符合IEEE 802.12.4z 标准的收发器，支持6.5 GHz和 8 GHz通道，数据传输速度分别为 850 kbps和 6.8 Mbps。模组内置一根天线，可提供更优的位置定位能力、增强的安全性，以及可靠的数据传输，因此特别适用于智能汽车门禁应用，例如，无钥匙进入、车内乘客检测、人员接近检测、非接触后备箱开启、电动汽车无线充电及汽车换电等。

图 5.16　汽车级超宽带模块应用

2. 红外通信技术概述

红外通信技术利用红外线来传递数据，是无线通信技术的一种。红外通信技术不需要实体连线，简单易用且实现成本较低，因而广泛应用于小型移动设备互换数据和电器设备的控制中，例如，笔记本计算机、个人数码助理、移动电话之间或与计算机之间进行数据交换（个人网），电视机、空调的遥控器等。

由于红外线的直射特性，红外通信技术不适合传输障碍较多的地方，这种场合下一般选用无线电通信技术或蓝牙技术。红外通信技术多数情况下传输距离短、传输速率不高。

为解决多种设备之间的互联互通问题，1993年成立了红外数据协会（infrared data association, IrDA）以建立统一的红外数据通信标准，1994年发表了IrDA 1.0规范。

红外线通信技术包含下列规格：IrPHY、IrLAP、IrLMP、IrCOMM、Tiny TP、OBEX、

IrLAN、IrSimple及IrSimpleSlot。该技术有易于安装、无须维护和供电、安全无害、精准定位、无须共享带宽、频率高、传输数据能力强等优点。

红外线遥控器是一种广泛应用于家电控制和其他无线设备的遥控器，如图5.17所示，其工作原理基于红外线通信技术。红外线遥控器的工作原理主要涉及红外线的发射和接收过程。遥控器由发射器和接收器两部分组成，通过发射器发射特定编码的红外线信号，接收器接收并解析这个信号，将其转化为相应的控制指令发送给被控设备。

图 5.17　手机红外遥控器

3. NFC 技术概述

NFC（near field communication）是一种短距离无线通信技术，是基于RFID技术的一种变种，NFC标识如图5.18所示。它通过在13.56 MHz的无线电频率上进行通信，并采用ISO/IEC 18092标准作为通信协议。

NFC的通信距离通常在几厘米范围内，这是为了确保通信的安全性和稳定性。NFC主要由两个设备组成：读取器和标签。读取器可以是使用NFC功能的智能手机、计算机等设备，而标签可以是被动式或主动式的NFC芯片。

NFC的通信过程分为三种工作模式：读取器/写入器模式、卡模式和点对点模式。

图 5.18　NFC 标识

NFC技术主要有以下应用：支付应用、安防应用、标签应用、门禁管理、快速传输、电子名片、智慧生活等，如图5.19所示。其中NFC在移动支付中应用广泛，通过将手机靠近POS终端，用户可以快速完成支付，无须使用实体信用卡或者现金。此外，NFC还可以实现公交卡、会员卡等功能，方便出行与生活。

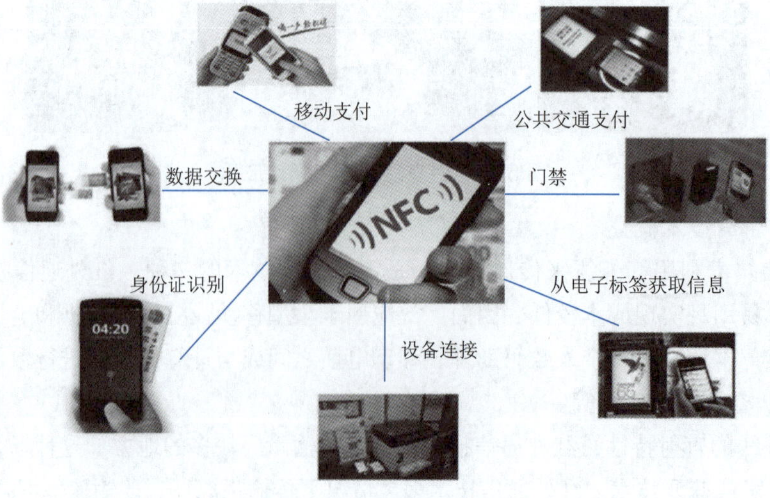

图 5.19　NFC 技术应用

4. 轨道交通无线通信技术概述

由于地铁系统通常位于地下，传统的移动通信网络信号在地铁隧道内无法覆盖，导致乘客在地铁车厢内难以进行电话通话、发送短信或使用移动数据网络。轨道无线通信原理主要涉及无线网络技术在轨道交通中的应用。

目前，应用于轨道交通通信、信号的主流无线通信技术主要有基于802.11ac的WLAN和LTE两种。其中，802.11ac是一个802.11无线局域网（WLAN）通信标准，经历了从1997年第一代标准颁布以来的发展过程。

此外，轨道交通专用无线通信系统是以TETRA数字集群系统为平台，综合轨道交通信号系统的列车位置信息、车次号信息而开发的一套自动化调度通信系统。这个系统由交换控制中心、基站设备、调度设备、网管设备、用户终端设备等组成。然而，相对于有线网络技术，无线通信在地铁乘客信息系统应用的可靠性更需要去研究并加强。图5.20展示了轨道交通无线通信组网图。

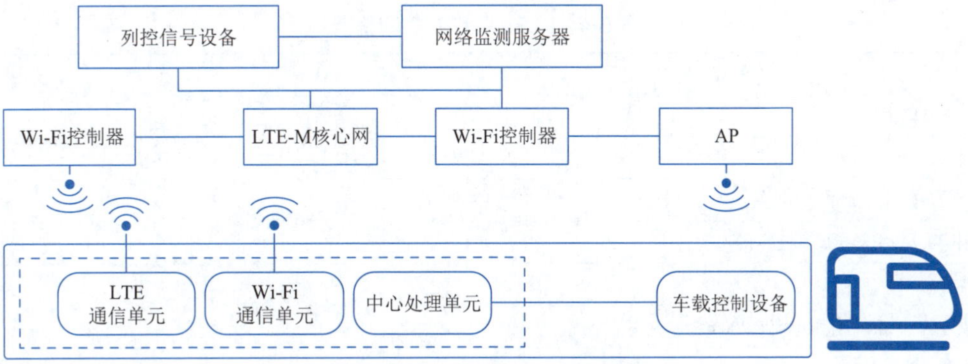

图 5.20 轨道交通通信组网图

5.2 低功耗广域网技术

随着智慧城市、大数据和物联网时代的到来，无线通信正在迈向实现一切事物的互联。目前，已经存在许多物与物之间的连接，主要通过蓝牙、Wi-Fi等短距离技术或移动蜂窝网络实现。为了满足不断增长的对远距离物联网设备的需求，低功耗广域网（low power wide area network, LPWAN）迅速崭露头角。LPWAN具有低带宽、低功耗、远距离和大容量等诸多优势。目前，LPWA技术主要分为两大类：基于非授权频谱的专利技术，例如，LoRa、Siafox、RPMA，以及基于授权频谱的蜂窝技术，如NB-IoT、EC-GSM、eMTC等。

5.2.1 LoRa 技术

视 频

LoRa技术

1. LoRa 技术概述

LoRa（long range radio，远距离无线电）是semtech公司开发的一种低功耗局域网无线标准，是利用无线方式进行远距离传播的技术，它最大特点就是在同样的功耗条件下比其他无线方式传播的距离更远，实现了低功耗和远距离的统一，它在同样的功耗下比传统的无线射频通信距离扩大3～5倍。LoRa 技术是随着时代发展而出现的新的科技产物，除此之外，无线电通信技术大致还包括蓝牙、Wi-Fi、GPRS（无线分组业务）、ZigBee等，可以适应多种不同需求，各技术性能参数对比见表5.3。

表 5.3 无线通信技术性能参数对比

技术名称	调制技术	工作频段	最大速率	通信距离	使用功耗	接入节点
Bluetooth	GFSK	2.4 GHz	1 Mbit/s	10 m	中等	127
Wi-Fi	QPSK	2.4 GHz	54 Mbit/s	100 m	高	50
ZigBee	BPSK	868 MHz/915 MHz	0.2 Mbit/s	75 m	极低	255
LoRa	GFSK/LoRa	0.137～1.02 GHz	0.05 Mbit/s	3 000 m	极低	>1 000

LoRa技术在远距离传输、百万节点规模，以及0.3～50 kbit/s的数据传输速率等方面具有优势。其信号穿透建筑物的能力极强，使其特别适用于大规模远距离物联网部署，例如，智能农业和智能交通等场景。特殊的扩频技术使得LoRa通信链路的路程能够达到约15 km，同时接收电流仅为10 mA，这大大延长了电池的使用寿命。LoRa的关键特性和优势见表5.4。

表 5.4 LoRa 关键特性和优势

关键特性	优势
157 dB链路预算	远距离
距离>15 km	
最小的基础设施成本	易于建设和部署
使用网关/集中器扩展系统容量	
电池寿命>10年	延长电池寿命
接收电流10 mA，休眠电流<200 nA	
免牌照的频段	低成本
基础设施成本低	
节点/终端成本低	

2. LoRa 技术特征

LoRa技术是由一组组件和协议组成的，这些组成部分共同构成了LoRa网络。LoRa网络主要由终端（内置LoRa模块）、网关（或称基站）、服务器和云四部分组成，应用数据可双向传输。LoRa在通用的物联网架构中的位置如图5.21所示。

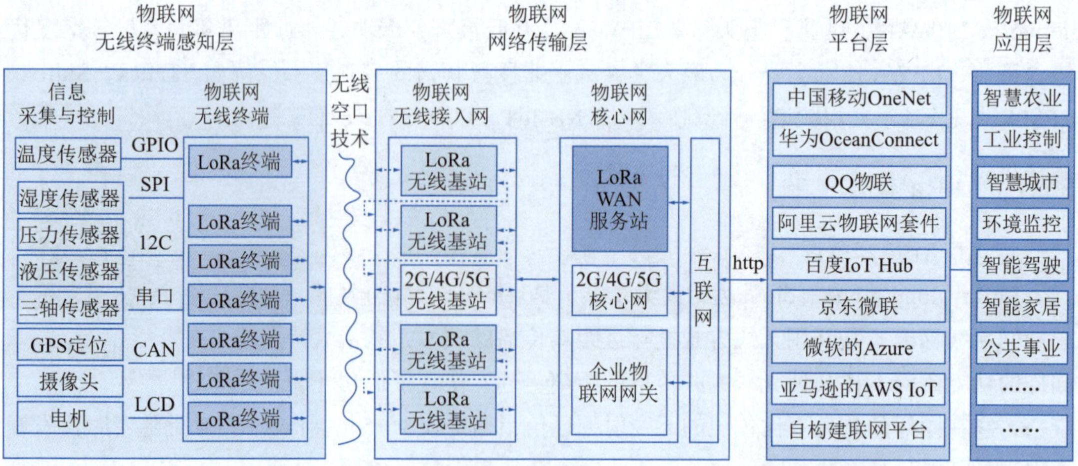

图 5.21 LoRa 在物联网架构中的位置

3. LoRa 技术应用

LoRa技术在物联网和其他领域有广泛的应用，其主要特点包括长距离传输、低功耗和能够支持大量连接设备。

下面主要介绍一下LoRa技术在智慧农业中的应用。

智慧农业体系的构建引入了物联网技术，该技术能够通过传感器和软件等，利用移动智能终端实现对农业生产全流程或特殊环节的监测和控制。物联网技术的加入改变了传统农业"靠天吃饭"的现状，从数据和可视化角度为人们提供了清晰可控的控制系统。

例如，针对山地果园占地面积大、土地贫瘠干旱的实际情况，为实现果园土壤墒情实时监测和节水灌溉，有学者设计了一种基于LoRa技术的果园自动监测系统，该系统以STM32H743XI处理器为核心，给出了土壤湿度信号调理电路、环境温湿度和LoRa模块接口电路，以及LoRa模块配置和收发程序设计，采集节点定时发送采样数据，汇聚节点利用循环队列异步解析接收数据，并发送至上位机进行统计分析。实验结果表明，该果园土壤墒情监测系统具有通信可靠性高、采集实时性高、系统稳定性好及易于扩展等优势，能够有效满足山地果园远程监控的实际应用需求，相关应用模型如图5.22所示。

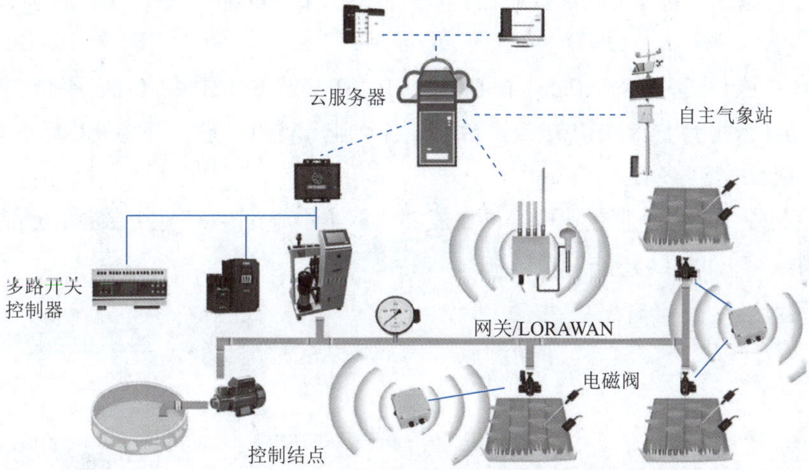

图 5.22　果园自动检测系统模型图

5.2.2 NB-IoT 技术

1. NB-IoT 技术概述

NB-IoT技术是一种低功耗、广覆盖、海量连接的物联网技术，它可以利用现有的蜂窝网络基础设施，为各种低速率、低频率、低成本的物联网应用提供可靠的数据传输服务。NB-IoT技术是3GPP（第三代合作伙伴计划）在2016年发布的LTE（长期演进）标准的一部分，也是5G（第五代移动通信）标准的重要组成之一。

NB-IoT技术具有以下优势：

（1）低功耗设计。NB-IoT技术专注于降低设备的功耗，使得连接到NB-IoT网络的设备能够长时间运行，通常是数年，而无须频繁更换电池。这使其非常适用于需要长时间运行的传感器和其他低功耗设备。

（2）广域覆盖。NB-IoT设计用于提供广泛的覆盖范围，包括城市、农村和室内环境。其覆盖能力较强，可穿透建筑物和其他物体，从而保持连接的稳定性，即使在遥远或较为偏远的区域也能提供可靠的连接。

（3）支持大规模连接。NB-IoT可以支持大规模连接，可达到数以百万计的连接数，这种能力使得NB-IoT非常适用于城市智能化、工业自动化和其他大规模物联网应用。

（4）蜂窝网络基础设施。NB-IoT技术建立在蜂窝网络基础设施之上，这意味着它利用了现有的通信网络设备和基站，这样的基础设施使得NB-IoT能够在全球范围内进行快速、可靠地部署。

（5）窄带通信。NB-IoT使用窄带通信技术，即用较窄的频带来传输数据。这种窄带通信使得NB-IoT适用于连接大量设备，每个设备的数据需求相对于较小的场景，如传感器网络。

2. NB-IoT 技术特征

NB-IoT组网框图的示意如图5.23所示，主要划分为以下五个部分：

（1）NB-IoT终端。支持各行业的IoT设备接入，只需安装相应的SIM卡即可连接到NB-IoT网络。

（2）NB-IoT基站。主要指已部署的LTE基站，根据不同的部署方式，可采用前文介绍的三种方式之一。

（3）NB-IoT核心网。通过NB-IoT核心网，NB-IoT基站可以与NB-IoT云平台实现连接。

（4）NB-IoT云平台。在NB-IoT云平台上，各类业务得以处理，并将处理后的结果传递至垂直行业中心或NB-IoT终端。

（5）垂直行业中心。垂直行业中心不仅能够获取本中心NB-IoT业务数据，还能对NB-IoT终端进行控制。

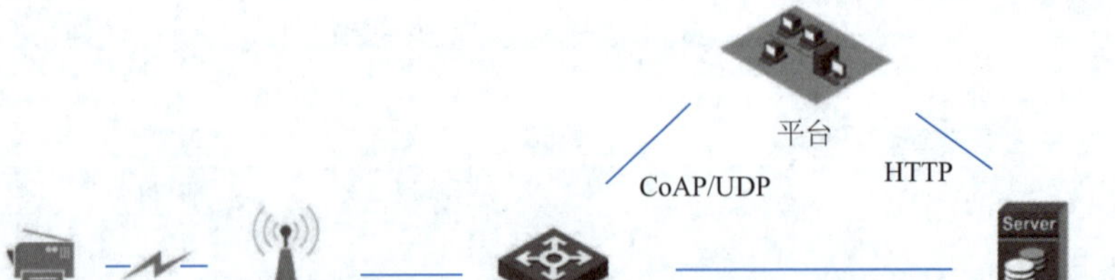

图 5.23　NB-IoT 网络架构

3. NB-IoT 技术应用

烟雾传感器是消防系统的哨兵，可实时检测烟雾，传感器检测到烟雾浓度超标，会发送信息到后台服务器，并启动警铃，广播喇叭等相关设备，服务器会自动推送信息到相关人员及部门，实现消防安全智能化。在实际应用中按照消防要求，烟感器的安装分布密集，不方便走线且成本大。使用NB-IoT无线烟感器可避免走线困难的问题，大大节约了安装成本；NB-IoT拥有海量的连接数，同时接入的烟感器可高达十万个以上，可满足海量的烟感器同时接入；NB-IoT拥有超低功耗，在待机状态下可工作十年，极大程度地降低了安装后的维护成本；NB-IoT拥有超强信号覆盖，可覆盖至室内和地下室；NB-IoT具有超低的成本。

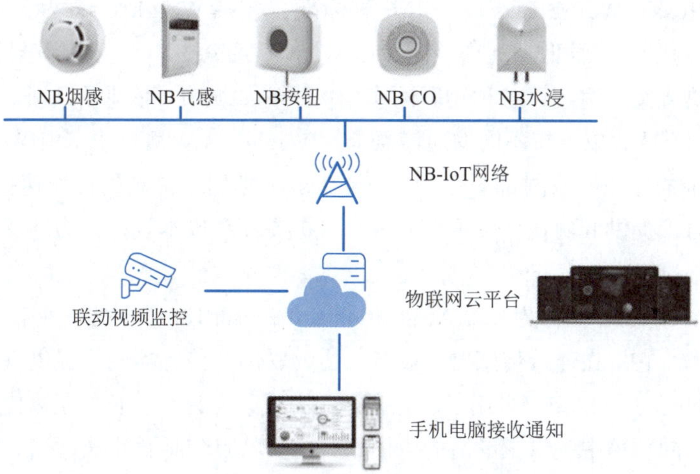

图 5.24　NB-IoT 技术在智慧消防系统中的应用

4. NB-IoT 技术与 LoRa 技术的对比

（1）网络架构：LoRa网络主要由终端（可内置LoRa模块）、网关（或称基站）、Server和云四部分组成，应用数据可双向传输。NB-IoT的网络结构与LoRa类似，也包括终端、网关、Server和云，但也有一些区别。例如，NB-IoT的网关与LoRa的网关不同，它不需要进行信号的放大和过滤，因为NB-IoT信号的传输距离更远。

（2）频段：NB-IoT使用了授权频段，有三种部署方式：独立部署、保护带部署和带内部署。全球大多数运营商使用900 MHz频段来部署NB-IoT，有些运营商部署在800 MHz频段。而LoRa使用的是免授权ISM频段，但各地区的ISM频段使用情况是不同的。在中国市场，由中兴主导的中国LoRa应用联盟（CLAA）推荐使用了470～518 MHz。

（3）信号传输距离：LoRa的信号传输距离更远，可以达到15 km，而NB-IoT的信号传输距离通常在1～3 km。

（4）优势：LoRa的优势在于其网络架构简单、运营成本低，并且由于其工作在免授权频段，无须申请即可进行网络的建设。同时，LoRa联盟在全球大力推进标准化的LoRaWAN协议，使得符合LoRaWAN规范的设备可以互联互通。而NB-IoT的优势在于其使用了电信级网络的标准，可以提供更好的信号服务质量、安全性和认证等。此外，NB-IoT可与现有的蜂窝网络基站融合，运营商有成熟的电信网络产业生态链和经验，可以更好地运营NB-IoT网络。

5.2.3　其他低功耗物联网技术

除了LoRa和NB-IoT之外，还有许多其他低功耗物联网（LPWAN）技术，每种技术都有其独特的特性和应用场景。以下是一些其他常见的低功耗物联网技术：

（1）Sigfox：Sigfox是一种建立在超窄带（Ultra Narrowband,UNB）技术基础上的LPWAN技术。它使用非常窄的带宽来进行通信，从而实现长距离的覆盖，但其数据传输速率相对较低。Sigfox专注于低功耗、低成本和简单的连接，适用于需要定期发送小量数据的应用。Sigfox的网络架构简单，终端设备只需配备相应的硬件和接入Sigfox网络即可实现远距离、低功耗的物联网连接。

（2）Weightless：Weightless是一组开放标准，包括Weightless-W、Weightless-N和Weightless-P，并构成了一种低功耗广域网（LPWAN）通信技术。这些标准旨在提供灵活的、低成本的连接解决方案，适用于各种物联网应用场景，如城市、农业和工业。Weightless技术采用了不同的调制方式，以支持不同的通信需求。Weightless-W侧重于室内应用，Weightless-N则专注于较大范围的城市和农村部署，而Weightless-P则用于更高的传输速率和短距离通信。这些标准共同致力于提供低功耗、长距离覆盖、可扩展性和成本效益，为广泛部署物联网设备提供了一种多样化的解决方案。

（3）DASH7：DASH7全称为Data Acquisition and Sensor Hub 7，是一种基于ISO 18000-7标准的无线通信技术。它旨在连接传感器和设备，为物联网和传感器网络提供低功耗、长距离通信和自组织网络的能力。DASH7采用了超宽频调制方式，允许在较长的距离内进行可靠的数据传输。该技术在不同环境中提供了灵活的应用，其主要特点包括长距离通信、低功耗设计、自组织网络能力以及支持多种传感器和设备的连接。

（4）LTE-M（LTE for Machines）：LTE-M是一种专门设计用于连接物联网设备的通信技术，它利用现有LTE网络基础设施，提供高数据速率、广泛覆盖和低功耗的特性。LTE-M支持移动设备，适用于静态和移动性场景，同时具有较低的通信时延，使其适用于对时延敏感的应用。

这些低功耗物联网技术在不同的应用场景中发挥着重要的作用，选择合适的技术取决于特定应用的需求，包括通信范围、功耗要求、数据速率等。

5.3 光纤通信技术

视频

光纤通信技术

光纤通信技术是一种利用光纤作为传输介质传送信息的通信技术，它通过光纤发送红外或可见光脉冲将信息从一个地方传输到另一个地方的方法。光是载波的一种形式，经过调制以携带信息。当需要高带宽、长距离或抗电磁干扰时，光纤优于电缆。这种类型的通信可以通过局域网或远距离传输语音、视频和遥测数据。

5.3.1 光纤通信技术发展历程

利用光进行信息传输的方式可以说历史悠久，古时的“烽火台”就已经让人们体验了通过光来传输信息的便捷性，这种原始的光通信方式比较落后，受限于肉眼可见的传输距离，可靠性并不高。随着社会信息传递的发展需求，进一步促进了现代光纤通信的诞生。光纤通信技术起源于1966年，英籍华人高锟提出了光纤传输理论，奠定了光纤通信基础。光纤通信技术的发展历程可分为五个阶段，如图5.25所示。第一代光纤通信，仅使用光纤作为传输介质。第二代，波分复用技术（wavelength division multiplexing, WDM）使得光纤多波长传输信号。第三代进入了智能光网络时代，IP数据可以在光网上传输，同步数字系列（synchronous digital hierarchy, SDH）/同步光网络（synchronous optical network, SONET）渐被PTN设备取代，骨干层WDM向光传送网络（optical transport network, OTN）演进，智能光网络中自动交换光网络（automatically switched optical network, ASON）技术的引入使得网络更加灵活和自动化。第四代进入了软定义的光网络时代（software-defined optical networking, SDON），全光网成为主流，实现了全光交换。第五代光纤通信涌现了光计算、光芯片和光存储等创新技术。这一阶段的发展标志着光纤通信技术的深度融合和创新，为未来通信领域的进一步突破提供了可能性。

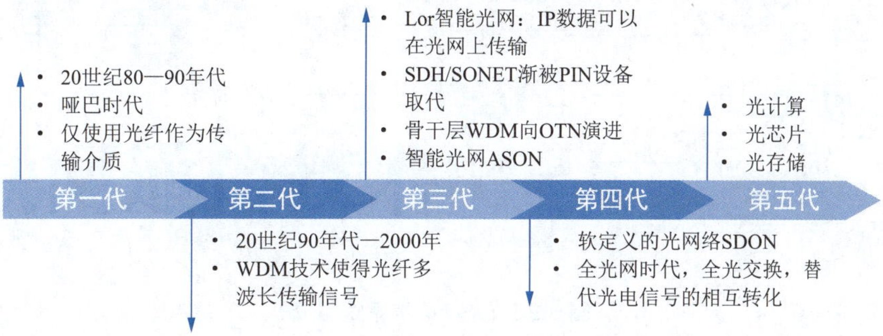

图 5.25　光纤通信五代发展历程

5.3.2　光纤通信技术概述

1. 光纤

光纤是光导纤维的简称，包括纤芯、包层、涂敷层和外套等多层介质结构，形成一个对称圆柱体，如图5.26所示。纤芯主体为二氧化硅，微量掺杂其他物质以提高光折射率。包层与纤芯有不同的光折射率，保证光信号主要在纤芯内传输。外部涂敷层增加光纤机械强度，外套作为最外层提供保护。光纤在通信光缆中被广泛应用，主要用于传输光信号，光纤通信以光波为信息载体，以光纤为传输媒介，根据传输模式不同可分为多模光纤和单模光纤。多模光纤传输多个光波，而单模光纤仅用于单一光波模式传输，不会出现模间时延差，适用于大容量、长距离通信。在应用中，光纤可根据用途分为通信用光纤和传感用光纤。功能器件光纤指完成光波放大、整形、分频、倍频、调制和光振荡等功能的光纤，通常以某种功能器件形式出现。

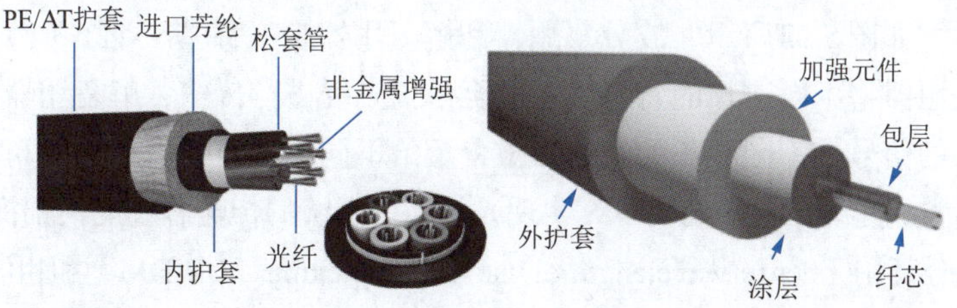

图 5.26　通信光缆和光纤结构

2. 光纤通信系统的组成和原理

现代光纤通信系统主要由光发送机、光接收机、光纤、光中继器和光纤连接器、耦合器等无源器件组成。如图5.27所示，光发送机实现电/光转换，将电信号转换为光信号并调制后发送至光纤，在接收端，光解调器用于将光信号转换回电信号。常见的光解调技术包括光电探测和光电二极管等。光接收机实现光/电转换，将光信号转换为电信号并放大后传输至接收端设备。光纤通信系统常使用光纤放大器（erbium-doped fiber amplifier, EDFA）来增强信号的强度；光纤作为光信号的传输通路；光中继器补偿光信号在传输过程中的衰减和对波形失真的脉冲进整形；光纤连接器、耦合器等无源器件用于连接和耦合光纤，保证光信号的传输质量。

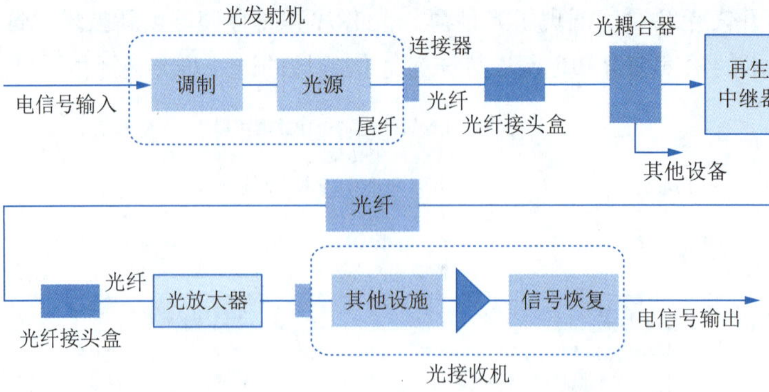

图 5.27 光纤通信系统组成

光纤通信系统为实现大容量传输，发展出了半导体激光高速调制、高速半导体探测、外调制、波分复用、密集波分复用及光相位调制与解调等技术，并通过超低损耗光纤、大功率半导体激光器、高灵敏度半导体探测器、光放大器、相干光通信及光孤子通信等技术的应用实现长距离信息通信。如今，光纤以其传输频带宽、抗干扰性高和信号衰减小，而远优于电缆、微波通信的传输，已成为世界通信中主要传输方式。

3. 常用的光纤通信技术

对比传统的通信技术，光纤有着更多的优势，随着科技的不断发展，光纤通信技术也在不断创新和进步，如光纤接入技术、波分复用技术、光纤传感技术、空分复用技术等的应用，使得光纤通信系统的性能得到了进一步提升。

光纤接入技术。该技术有助于促进信息更快地传播，应用此技术的过程中，因光纤宽带在接入时有着光纤不固定以及到达位置不一致的问题，所以把光纤宽带连接的形式定为光纤到户，也就是 FTTH。通过该形式全光接入，能够使宽带不再被限制，能够稳定通信并满足接入需要。

光波分复用技术。该技术是一种利用光波的不同波长来在光纤通信系统中传输多个独立的光信号的技术。如图 5.28 所示，波分复用器和解复用器是一种基于 TFF（薄膜滤波器）的波分复用产品，复用器将不同波长的光信号复用至单根光纤进行传输，解复用器将光纤中的信号分解为不同波长的信号，不同波长的光信号被分配给不同的频道，每个频道可以传输独立的数据流。可以在不增加光纤数量的情况下，实现光纤通信系统的传输容量的大幅提升。WDM 技术通常分为密集波分复用（dense wavelength division multiplexing，DWDM）和粗波分复用（coarse wavelength division multiplexing，CWDM）两种类型，它们分别用于长距离和短距离的光纤通信系统。

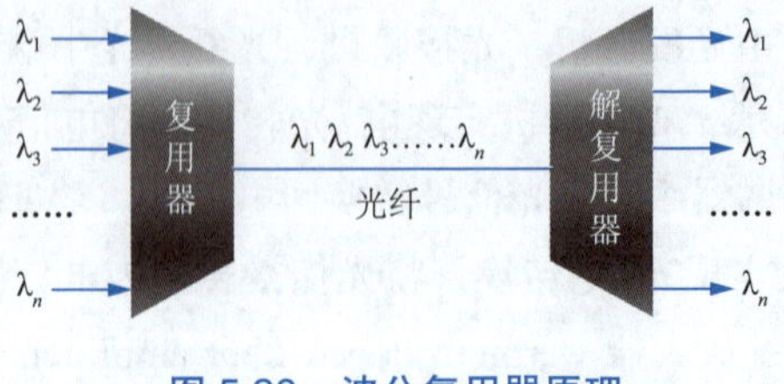

图 5.28 波分复用器原理

光纤传感技术。应用该技术时，一般是利用光纤传感器来传输光信号。当前，一般来说可以分成功能型传感器和非功能性传感器。这两种广信有着体积不大、重量轻、耗电低以及宽频带等一系列的优势，同样也是此技术在当前通信领域中得到普及应用的一个主要方面。

空分复用（space division multiplexing, SDM）技术。该技术是一种利用多个传输通道在同一光纤或传输介质中传输数据的新技术。它通过在空间维度上复用多个传输通道，实现了光纤通信系统的高容量传输。空分复用技术有两种主要形式：一是多核光纤，在同一根光纤中使用多个不同的光纤芯来传输数据，每个光纤芯相当于一个独立的传输通道，可以实现多通道传输；二是空间模式复用，利用光纤中的不同传播模式来传输数据，每个传播模式相当于一个独立的传输通道，可以实现多通道传输。

4. 光纤通信技术特点

光纤通信是现代通信领域中应用广泛的一种通信技术。光纤通信容量大，传输距离长，一根细细的光纤可以承载很多个光信息，而且以光速传播，并且损耗非常小；光纤较细，质量轻，便于铺设和传输，这在飞机中特别重要；光纤通信具有抗电磁干扰能力，传输信息不易丢失和失真；光纤通信用材少，而且不污染环境；光缆适应性强，寿命比较长；即使跨越长距离的数条光纤并行，也不会产生串扰的干扰；在某些低带宽的场合，光纤通信能抵抗电磁干扰（electromagnetic interference, EMI），包括核子造成的电磁脉冲，不过光纤可能会毁于α或β射线，对电信号的阻抗极高，所以能在高电压或是地面电势不同的状况下安全工作；不会产生火花，在某些易燃的环境中显得重要；没有电磁辐射、不易被窃听，对于需要高度安全的系统而言十分重要。

5.3.3 光纤通信技术的应用及发展趋势

1. 光纤通信技术的应用

光纤通信技术广泛应用于电信、互联网、广播电视、数据中心等领域。在光纤通信领域，量子通信备受关注，提供更安全的通信方式，防范量子计算机对传统加密算法的威胁。在医疗保健领域，通过光纤传输，医疗机构可以实现高清晰度的医学图像和视频传输，支持远程医疗诊断和手术指导。在5G和未来网络领域，光纤通信扮演着关键的角色，满足了对高速、低延迟通信的需求，例如，移动基站的接入，光纤通信作为移动基站的主要接入方式，提供了高速稳定的接入网络。在数据安全领域，光纤通信的安全性得益于其难以被破解的特性，光纤在物联网中的应用可以有效地保护数据，并以高速进行可靠传输，为整个物联网生态系统提供了可信赖的通信基础。

光纤通信技术在海底光纤电缆中也有广泛的应用，图5.29所示为海底光纤电缆，这是一种通过将光纤电缆沉入海底，将不同地区之间连接起来的通信光缆，由多根光纤组成，能够承载大量的数据流量，是全球互联网和通信网络的重要基础设施之一。

图 5.29　海底光纤电缆

2. 光纤通信技术的发展趋势

未来，随着技术发展，实现单纤传输容量的突破变得困难，空分复用成为解决传输容量问题的关键方向。空分复用技术通过单根光纤内集成多个纤芯，包括单模多芯光纤（multi-core fiber, MCF）和少模多芯光纤（ few-mode multi-core fiber, MC-FMF），其中弱耦合MCF系统最接近传统单模光纤（single-mode fiber, SMF），光纤行业头部厂家已开始布局多芯光纤，中国运营商也在研究空分复用技术。中国、美国、欧盟、日本和韩国等国的研究机构已启动6G技术概念设计，主要聚焦信息理论、网络架构、太赫兹通信、信号传输处理、智能信息技术和一体化通信技术。太赫兹无线通信被认为是6G核心技术，首创的光子太赫兹光纤一体融合的实时传输架构可与现有光纤网络融合，构成100～1 000 Gbit/s室外室内超高速无线接入，代替现有移动网络光纤实现快速部署。

新型光纤不断优化，长距传输优势凸显，新型光纤将极大释放400 G传输系统潜力。超低损G.654.E光纤对400 Gbit/s及以上超高速长距传输性能提升明显，空心光纤、多模光纤等新技术不断涌现，持续提升光通信传输性能。总体而言，光纤通信技术将朝着超大容量、智能化、集成化的方向不断演进，未来期望可以实现智能化网络参数监测和超长距离、超大容量信息传输，推动整个光纤通信行业的高能、低成本发展。

5.4 移动通信

移动通信是远距离通信的一种，它已经成为现代综合业务通信网不可缺少的一环。自1980年第一代移动电信标准（1G）诞生于美国芝加哥并成为最早的移动商用通信系统以来，人们一直在不断努力提高最终用户可用的数据速率。

5.4.1 2G、3G 技术

在移动通信的发展历程中，2G和3G技术的出现无疑是一个巨大的飞跃。这些技术不仅提高了移动设备的通信能力，还开启了移动数据传输的新纪元。

2G即第二代移动通信系统，引入了数字通信技术，实现了从模拟信号到数字信号的转变。2G技术的主要代表包括欧洲的全球移动通信系统（global system for mobile communications）和北美的码分多址（code division multiple access）。这些技术采用频分多址（frequency division multiple access）和时分多址（time division multiple access）的方式，使得多个用户可以在同一频率上同时通信，大大提高了频谱利用率。

3G技术的主要代表包括WCDMA、CDMA2000和TD-SCDMA等。这些技术通过使用更高的频率和更宽的信道，实现了更高的数据传输速度。此外，3G技术还引入了更多的业务类型，如视频通话、在线游戏、流媒体等。

5.4.2 4G 技术

4G技术提供了更快的传输速度、更好的网络覆盖和更丰富的业务类型，为用户带来了全新的移动通信体验。4G技术采用了更加先进的无线通信技术，包括正交频分复用（orthogonal frequency division multiplexing, OFDM）和多输入多输出（multiple input multiple output, MIMO）等。这些技术使得4G网络能够提供更高的数据传输速度和更大的网络容量。根据国际电信联盟的评估标准，4G网络的传输速率应达到100 Mbit/s，是3G网络速度的数倍。

4G技术的代表包括长期演进技术（long term evolution, LTE）和WiMax（world interoperability for microwave access，全球微波接入互操作性）等。这些技术采用了频分双工（frequency division duplex, FDD）和时分双工（TDD）两种模式，实现了更高效的频谱利用率。同时，4G技术还支持多种业务类型，包括语音、数据和多媒体业务。这使得用户可以在移动设备上流畅地观看高清视频、进行在线游戏和远程会议等。图5.30所示为4G LTE的网络模型示意图。

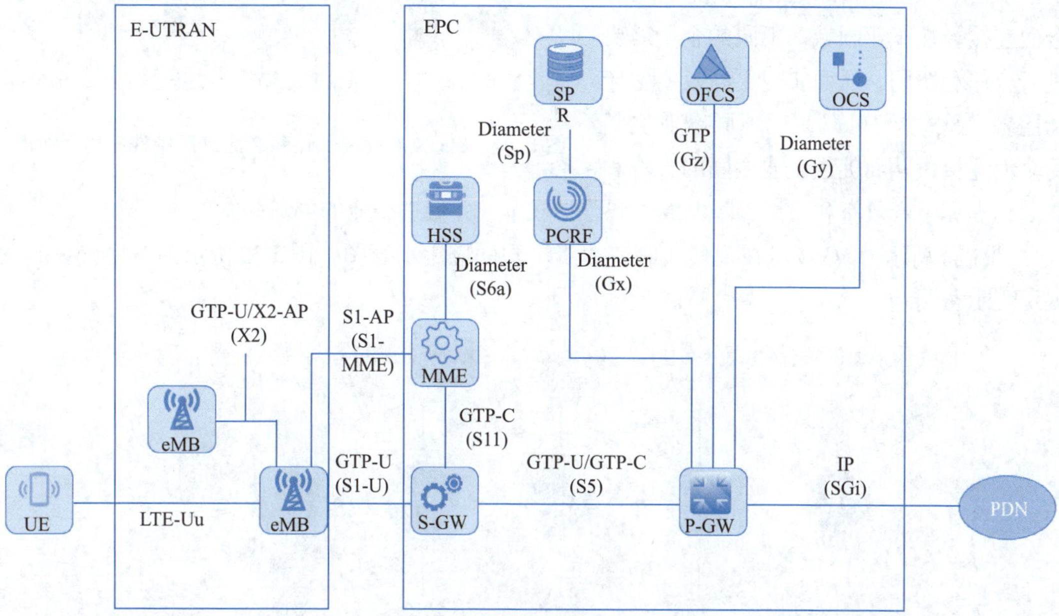

图 5.30　4G LTE 的网络模型示意图

除了更快的传输速度和更丰富的业务类型，4G技术还具有更好的网络覆盖和更低的延迟。这意味着用户可以在更广阔的区域内使用移动通信服务，而且信息传输的延迟更短，提高了通信的实时性和效率。

4G技术的应用非常广泛，涉及商业、教育、医疗、娱乐等多个领域。它为人们提供了更快、更便捷的通信方式，推动了社会的信息化和数字化进程。同时，4G技术还为物联网、智能家居、自动驾驶等新兴领域提供了强大的技术支持。

5.4.3　5G 技术

5G技术的出现可以说开启移动通信的新纪元，5G技术旨在提供更快的数据传输速度、更低的延迟、更高的可靠性和更多的连接数，从而为用户带来全新的移动通信体验。

5G技术采用了毫米波频段和Sub-6 GHz频段，实现了更高的频率带宽和传输速度。毫米波频段具有高速传输和低延迟的特性，而Sub-6 GHz频段则具有更好的覆盖范围和更多的可用频谱。这些频段的支持使得5G网络能够提供高达10 Gbit/s的传输速度，比4G技术的传输速度提高了数倍。其次，5G技术具有更低的延迟和更高的可靠性。另外，5G技术还支持更多的连接数和更高的连接密度。通过使用大规模天线输入和输出和有源天线等技术，5G网络可以同时支持更多的用户连接，并且可以在高密度环境下提供更好的信号覆盖。这使得5G技术在支持物联网、智能城市、工业自动化等领域时具有更大的优势。

5G技术可以实现人与物的全面连接。在工业领域，人需要与各种设备和系统进行交互和操作，而5G技术可以实现人与物的全面连接，从而提高生产效率和质量。5G技术还可以实现不同企业之间的全面连接。在工业领域，不同的企业需要进行合作和协同，从而实现更高效的生产和服务。5G技术可以实现不同企业之间的全面连接，从而促进企业之间的合作和协同，提高生产效率和质量，降低成本和维护成本，并促进企业的创新和发展。

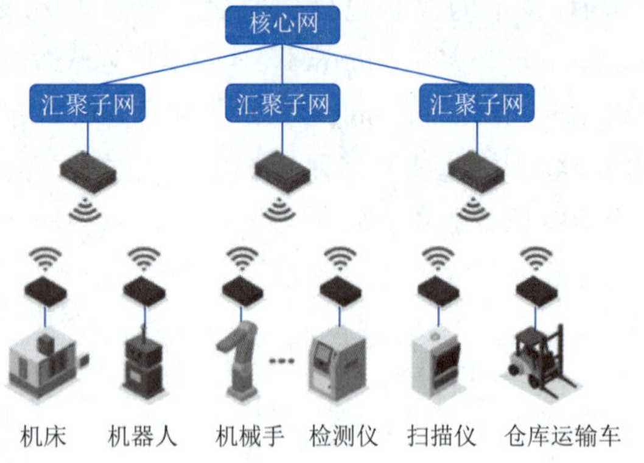

图 5.31　5G 技术在现代化制造业工厂中的应用示意图

图5.31所示为5G技术在现代化制造业工厂中的应用示意图，图5.32所示为1G到5G的发展历程示意图。

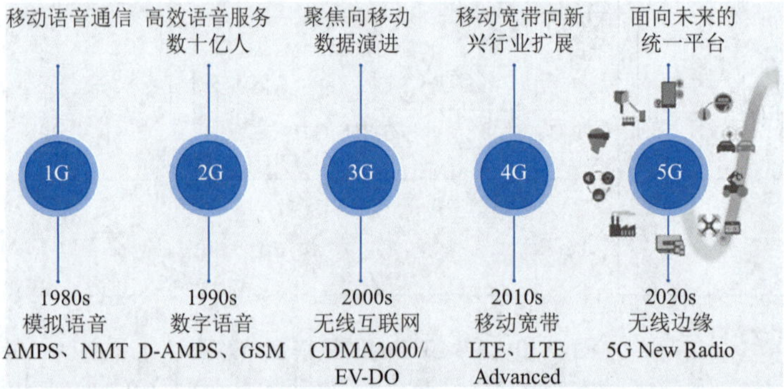

图 5.32　1G 到 5G 的发展历程示意图

5.4.4　6G 技术

与5G相比，6G的速度将提升一个数量级，达到每秒100 Gbit/s，这将使实时数据传输成为可能，为远程工作、高清视频会议等应用提供便利。此外，6G的延迟将低于1 ms，这使得自动驾驶汽车、远程手术等需要实时反馈的应用成为可能。同时，6G的容量将是5G的十倍，这将使物联网、大数据处理等应用更为流畅。另外，6G将采用人工智能技术进行网络优化，能够自动适应各种应用场景，提供更个性化的服务。

目前，全球的通信行业正在积极研发6G技术。各国政府和企业都已经开始投资6G的研究和开发。例如，美国、中国和日本都已经设立了专门的研发团队，开展6G技术的研究。同时，一些国际组织也在积极推动6G技术的发展，例如，国际电信联盟已经开始制定6G的技术标准。

6G将会更加深入地应用人工智能技术，使得网络能够更好地适应各种应用场景，提供更个性化的服务。例如，网络可以根据用户的行为习惯和偏好，自动推荐最合适的内容和服务。超级无线宽带、超大规模连接、极其可靠通信、普惠智能服务、通信感知融合是6G通信五大应用场景。其中，超级无线宽带将满足沉浸式XR、通感互联、全息通信等需求；超大规模连接将应用在智慧城市、智慧生活、智慧交通、智慧农业、智慧制造等场景内的各种设备上；极其可靠通信的典型应用包括机器人协作、无人机群实时交互、全功能自动驾驶与远程医疗手术。

随着网络速度的提升和应用的复杂化，网络安全问题也将变得更加严重。因此，6G需要提供更高级别的网络安全保障，包括数据加密、防黑客攻击等。除此之外，6G技术的设计也需要考虑降低能源消耗、减少环境污染等问题。图5.33所示为6G网络系统架构图，1G到6G技术的重要指标对比见表5.5。

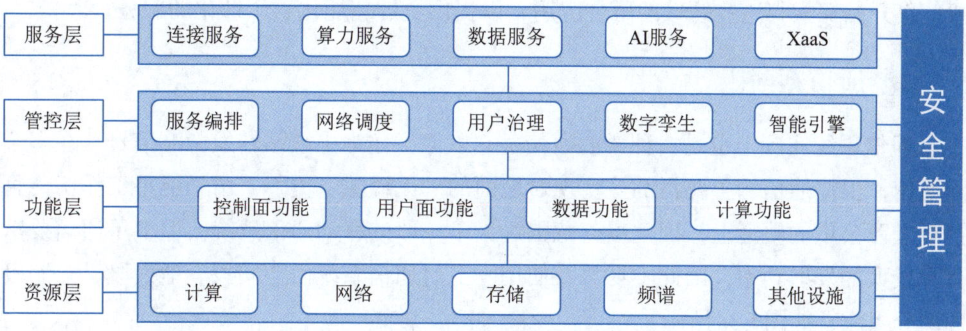

图 5.33 6G 网络系统架构图

表 5.5 1G 到 6G 技术的重要指标对比

通信技术	典型频段	传输速率	关键技术	技术标准	提供服务
1G	800/900 MHz	约2.4 kbit/s	FDMA、蜂窝结构组网等	NMT、APMS等	模拟语音业务
2G	900/1 800 MHz	约64 kbit/s	CDMA、TDMA等	GSM、CDMA	数字语言传输
2.5G	—	115 kbit/s(GPRS) 384 kbit/s(EDGE)	—	GPRS HSCSD EDGE	
3G	上行：1 940～1 955 MHz 下行：2 130～2 145 MHz	125 kbit/s ～2 Mbit/s	多址技术、Rake接收技术等	CDMA2000（电信） TD-CDMA（移动）	同时传声音及数据信息
4G	TD-LTE 上行：2 555～2 575 MHz 下行：2 300～2 320 MHz FDD-LT 上行：1 755～1 765 MHz 下行：1 850～1 860 MHz	2 Mbit/s ～1 Gbit/s	OFDM、SC-FDMA、MIMO等	LTE、LTE-A、NiMax等	快速传递数据、音频、视频、图像
5G	3 300～3 600 MHz、 4 800～5 000 MHz（我国）	理论1 Gbit/s ～1.5 Gbit/s	毫米波、大规模MIMO、NOMA、FBMC、全双工技术等	IMT-2020	快速传输、高清视频、智能家居等
6G	6 425～7 125 MHz	100 Gbit/s	ML与AI加强THz通信与Sub-THz等		智能化、自动化生产，远程医疗等

5.5 卫星通信技术

自20世纪90年代以来，卫星移动通信技术取得了显著的进步。卫星通信因其覆盖范围广泛、通信容量大、传输质量优良、组网方便迅速，以及能实现全球无缝链接等显著优点，逐渐成了现代通信的重要支柱。近年来，新一代的卫星移动通信系统正在逐步实现更高的数据传输速率、更低的延迟和更好的服务质量。同时，随着人工智能、大数据等新兴技术的发展，卫星移动通信也开始探索与这些领域的融合应用，以提供更加智能化、个性化的服务。

5.5.1 卫星通信系统

卫星通信系统实际上也是一种微波通信，它以卫星作为中继站转发微波信号，在多个地面站之间通信，卫星通信的主要目的是实现对地面的“无缝隙”覆盖，由于卫星工作于几百、几千，甚至上万公里的轨道上，因此覆盖范围远大于一般的移动通信系统。但卫星通信要求地面设备具有较大的发射功率，因此不易普及使用。卫星通信系统由空间段、地面段、控制段、通信段四部分组成，如图5.34所示。

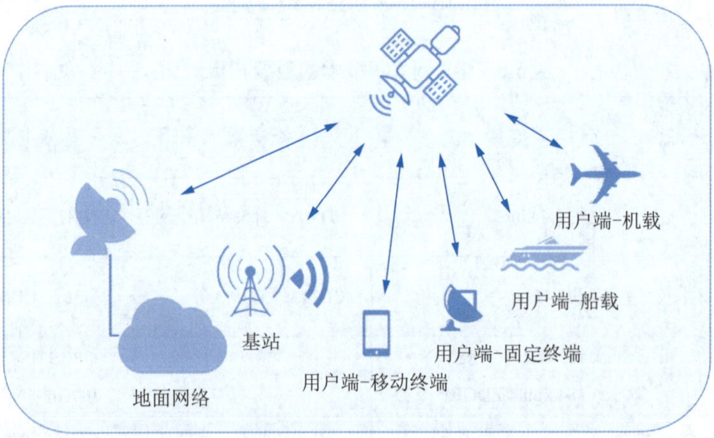

图 5.34　卫星通信系统组成

视频

卫星移动通信技术

5.5.2 卫星移动通信技术

卫星移动通信技术是一种利用卫星通信系统实现大范围、远距离的移动通信技术。它利用卫星作为中继站，在移动用户之间实现通信，具有覆盖范围广、通信容量大、传输质量好、组网方便迅速等优点。典型的卫星移动通信技术包含卫星通信系统、地面站和移动用户终端三部分组成。

卫星移动通信系统的主要特点包括：覆盖范围广，无论用户身处何地，只要在卫星的覆盖范围内，都可以进行通信；通信容量大。卫星移动通信系统可以利用卫星通信的多址传输方式，同时为大量用户提供通信服务；可靠性高。卫星移动通信系统中的卫星和地面站都采用了高可靠性的设计和备份机制，以确保系统的可靠性和稳定性；成本低。随着技术的发展和规模经济的实现，卫星移动通信系统的成本不断降低，同时也可以采用一些优化技术，如频谱共享、功率控制等，进一步提高系统的性能和成本效益。

1. 北斗系统

北斗系统是中国自主研发的全球卫星导航系统，旨在为全球用户提供高精度、高可靠性的定位、导航和授时服务。北斗系统由空间段、地面段和用户段三部分组成，空间段包括卫星和卫星轨道，地面段包括主控站、注入站和监测站，用户段包括北斗用户终端和地面应用系统。目前北斗导航系统主要应用在智能交通、监测道路安全、保障电力畅通、监测农田保墒、海洋渔业安全、自动测报气象、监测煤矿安全生产、灾害监测与救援等方面。在陆地交通领域，北斗系统为车辆提供了高精度的定位和导航服务。通过将北斗接收器集成到车辆导航系统中，驾驶员可以获得更加准确和实时的交通信息，避免了拥堵和事故的发生。

在通信上，将卫星通信同电子产品结合，如华为Mate60手机，它的卫星通话功能是该手机的一大亮点，它利用了北斗卫星通信系统，可以实现全球范围内的通信和数据传输。它采用了先进的调制解调技术，可以在恶劣的信号环境下也能保证通信的稳定性。图5.35所示为华为卫星电话功能示意图。

2. 星链计划

星链计划是美国太空探索技术公司（SpaceX）的一个项目，计划在2019年至2024年间在太空搭建由约1.2万颗卫星组成的“星链”网络提供互联网服务。其中，1 584颗卫星将部署在地球上空550千米处的近地轨道，并从2020年开始工作。

星链系统是一个全球覆盖、大容量、低时延的天基通信系统，旨在在全球范围内提供高速互联网服务。该计划拟用4.2万颗卫星来取代地面上的传统通信设施，从而在全球范围内提供价格低廉、高速且稳定的卫星宽带服务。目前，星链系统已经在美国与欧洲部分地区提供通信服务，可实现视频通话、在线游戏、流媒体和其他高数据速率等活动。大多数位置的Starlink实际下载网速在100 Mbit/s和200 Mbit/s之间。星链系统的空间段由卫星组成，地面段由主控站、监控站和信息注入站组成，用户段由用户终端和天线组成。其定位原理是基于卫星和用户之间的信号传输时间差来计算的。

图 5.35　华为卫星电话功能

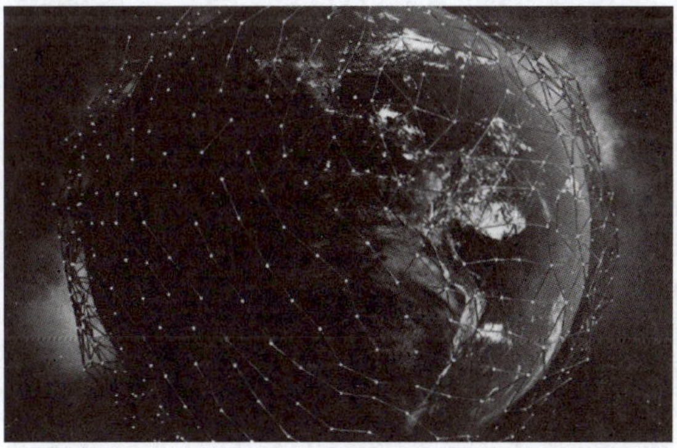

图 5.36　星链示意图

本章小结

本章详细阐述了物联网通信技术在万物互联中的桥梁地位。无线通信技术的发展极大地促进了物联网的普及和应用，而物联网的迅猛增长也反过来推动了通信技术的持续创新。本章也探讨了近距离通信技术，这些技术包括蓝牙、Wi-Fi和ZigBee等，它们以其独特的优势在智能家居、工业自动化等场景中发挥着至关重要的作用。同时，本章也关注了低功耗广域网通信技术，如LoRa和NB-IoT等，这些技术通过降低功耗和优化网络结构，实现了在广阔区域内对大量设备的有效连接和数据传输，为物联网在智能农业、环境监测等领域的应用提供了重要支持。在移动通信技术方面，本章聚焦了5G技术，并展望了6G技术。5G技术的高速度、低延迟和大连接数特性，极大地推动了物联网在智慧城市、远程医疗等领域的广泛应用。而6G技术作为下一代通信技术，有望进一步提升物联网的性能和体验，拓展其应用边界。此外，卫星通信技术和光纤通信技术也为物联网的发展提供了有力支撑。

习　题

1. 为什么蓝牙技术在物联网设备中被广泛应用？
2. 请简述ZigBee技术的特点，并举例说明ZigBee技术在物联网中的一个应用实例。
3. 请简述LoRa技术的特点，并讨论LoRa技术在物联网应用中的优势，以及面临的挑战。
4. 简述光纤通信系统的主要组成部分及其功能。
5. 在5G通信技术中，eMBB、mMTC、URLLC分别代表什么？它们各自对应的关键应用场景有哪些？
6. 请描述物联网中常见的几种短距离通信技术，并比较它们之间的主要优缺点。同时，给出一个使用短距离通信技术的物联网应用实例。

第 6 章 物联网安全技术

学习目标

◎ 了解：了解物联网安全特征和需求。

◎ 理解：深入理解物联网安全体系结构，分别从感知层、传输层、应用层分析工作原理、安全缺陷、实际问题。

◎ 应用：能够运用本章介绍的物联网安全技术，分析物联网应用中面临的安全挑战，并解决实际安全问题。

◎ 分析：通过物联网安全关键技术学习，掌握加密技术、身份认证技术及传感器网络安全技术的原理。

6.1 物联网安全问题概述

物联网设备由于资源受限等天然缺陷，面临众多安全挑战。首先，设备的软件漏洞和弱密码可能导致易受攻击；其次，数据隐私问题突出，敏感数据容易被黑客窃取；此外，身份认证缺陷和网络威胁可能允许黑客控制或干扰设备运作。设备还缺少必要的安全更新和物理保护，使其更易遭受攻击。供应链攻击、不安全的通信协议、缺乏网络隔离和安全培训也增加了安全风险。不当的数据存储和处理、监管不足，以及设备的复杂性和互联性问题进一步加剧了安全挑战。此外，缺乏有效的安全审计和监控机制使得攻击者可能长时间隐藏未被发现。因此，保护物联网设备的安全需全面考虑和解决这些问题。物联网面临的典型安全问题见表6.1。

表 6.1 物联网面临的典型安全问题

安全问题	描述
设备漏洞	物联网设备可能存在硬件或软件漏洞，这些漏洞可能使设备容易受到攻击，例如，未修补的软件漏洞、弱密码、默认凭证等
数据隐私	物联网设备收集和传输大量的个人和敏感数据，包括位置信息、健康数据、家庭生活模式等。如果这些数据未能妥善保护，可能被黑客或未授权的第三方获取并滥用
身份认证	物联网设备通常需要进行身份认证以确保只有授权用户可以访问和控制它们。如果身份认证机制不安全或被绕过，黑客可能获得相关控制权
缺乏更新机制	许多物联网设备缺乏安全更新机制，需要不定期地发布安全补丁或固件更新。如果已知的漏洞和安全问题无法得到及时修复，设备将面临被易被攻击的状态

续表

安全问题	描　述
物理安全	物联网设备通常暴露在不同环境中，容易受到物理攻击，例如，设备被窃取、损坏或篡改。物理安全措施的缺乏会增加设备遭受攻击的风险
供应链攻击	物联网设备的生产和交付过程涉及多个环节和多个供应商。供应链攻击可能通过某环节植入恶意软件或硬件来破坏物联网设备的安全性
不安全的通信协议	物联网设备使用各种通信协议进行数据传输，包括Wi-Fi、蓝牙、ZigBee等。部分协议没有适当的安全性保护措施，攻击者可以截获、篡改或重播通信数据
监管和合规性问题	物联网设备的制造商和运营商可能不遵守合适的安全标准和监管要求。缺乏监管和合规性的严格要求会降低设备的安全性，使设备和用户面临更大的风险

为确保物联网的安全性，需要制定全面的安全策略和标准，并采取有效的技术和措施来保护物联网设备和数据的安全。

6.1.1 物联网安全特征

物联网安全特征需要考虑设备的多样化和规模、存在的弱点、数据隐私和保护、身份验证和访问控制、安全实时监测、更新和漏洞修补、数据完整性和认证，以及法律和合规性等方面。通过综合考虑这些特征，可以建立更加安全和稳定的物联网环境，确保人们能够放心地使用物联网技术并防范潜在的安全威胁，物联网安全特征见表6.2。

表 6.2　物联网安全特征

物联网安全特征	描　述
多样性和规模	物联网的网络规模庞大且多样化。它涉及不同类型和规模的设备，如传感器、智能家电、工业控制系统等。每种设备都有其特殊的安全需求，因此物联网安全要求考虑到这些多样性和规模
弱点的存在	物联网设备通常由许多供应商和制造商提供，其设计和实施水平有差异。这导致一些设备可能存在安全弱点，如不安全的默认配置、易受攻击的身份验证机制、缺乏更新机制等。物联网安全特征需要考虑到这些弱点，并采取相应的防护措施
身份验证和访问控制	物联网设备需要具备有效的身份验证和访问控制机制，以确保只有授权用户可以访问和控制设备。物联网安全特征需要包括强大的身份验证方法、访问控制策略和权限管理
安全实时监测	物联网网络中的设备和传感器都需要实时监测其安全状态和异常活动。对于入侵或攻击行为，及时发现并采取应对措施至关重要。物联网安全特征应该提供实时监测和警报功能，以便及时防范和响应安全事件
安全更新和漏洞修补	物联网设备应具备更新和漏洞修补的机制，以及及时发布的安全补丁。由于物联网设备的寿命周期较长，定期的安全更新至关重要，以纠正已被发现的漏洞和弱点
数据完整性和认证	物联网设备传输的数据需要具备完整性和认证性，以确保数据的真实性和可信度。物联网安全特征需要考虑提供数据完整性和认证机制，以防止数据被篡改或冒充
法律和合规性	物联网数据的使用和隐私保护需要符合相关的法律和合规性要求，如个人数据保护法律、行业标准等。物联网安全特征需要考虑并保证合规性，并确保数据处理和存储符合法律和道德准则

物联网的多样性和规模为安全带来了巨大挑战。物联网系统包括从小型家用设备到大型工业系统的各种设备，每种设备都可能具有不同的安全需求和挑战。

6.1.2　物联网安全需求

随着物联网的快速发展，越来越多的设备和传感器被连接到互联网上，形成了一个庞大的网络生态系统。然而，由于物联网的开放性和复杂性，它也面临着日益严峻的安全威胁。为了确保物联网系统的安全性，还需要满足一系列的物联网安全需求。本小节将探讨物联网安全的主要需求及其重要性。

（1）设备安全需求：物联网设备应具备安全的身份认证机制，防止非法设备接入。此外，必须支持数据加密和传输安全，以及定期更新补丁以修补安全漏洞。

（2）数据安全需求：关键数据需进行端到端加密，防止在传输过程中被窃取或篡改。在云端或边缘服务器存储数据时，应实行严格的访问控制和权限管理，并部署数据备份及灾难恢复策略以保障数据完整性和可用性。

（3）网络安全需求：物联网系统应部署网络防火墙和入侵检测系统来防止恶意攻击，同时使用安全协议加强通信安全，并定期更新网络设备的固件和软件以防范安全威胁。

（4）个人隐私需求：物联网系统需遵循隐私法规，明确数据收集和使用目的，获得用户同意，并确保数据收集和存储的安全性和合法性。

（5）安全管理需求：建立安全管理团队，制定安全策略和标准。进行定期安全评估和漏洞扫描，及时修复安全漏洞。同时，实施安全培训，提高用户和管理员的安全意识。

（6）供应链安全需求：物联网供应链安全核心在于严格的身份验证机制、供应商安全审核、数据加密保护及软件代码安全。定期的安全更新和补丁应用也至关重要。

（7）物理安全需求：物联网设备需采用坚固的机体设计和防篡改技术以防止物理入侵。安装高质量监控摄像头和报警系统，实时监控设备并快速响应安全事件，同时定期进行设备审查和环境适应性测试以确保设备的长期安全运行。

6.2　物联网安全体系结构

视频

物联网安全体系结构

物联网安全体系结构涵盖了从设备到网络再到应用层的多层防护策略，确保整个物联网生态系统的安全与稳定。随着物联网设备数量的激增以及应用场景的多样化，建立一个全面且有效的安全体系结构变得尤为重要。这一结构不仅需要处理传统的网络安全挑战，如数据保护和访问控制，还必须解决物联网特有的问题，例如设备异构性和大规模设备管理。本节将介绍物联网安全整体结构，其中包括三个部分：感知部分、网络传输部分、应用部分。

6.2.1　物联网的安全架构

物联网应具备三个特征：全面感知、可靠传递和智能处理。尽管对物联网概念还有其他一些不同的描述，但内涵基本相同。因此在分析物联网的安全性时，也相应地将其分为三个逻辑层，即感知层、网络层和应用层。除此之外，在物联网的综合应用方面还应该有一个应用层，它是对智能处理后的信息的利用。在某些框架中，尽管智能处理与应用层都可能被作为同一逻辑层进行处理，但从信息安全的角度考虑，将应用层独立出来更容易建立安全架构。物联网的安全架构如图 6.1 所示。

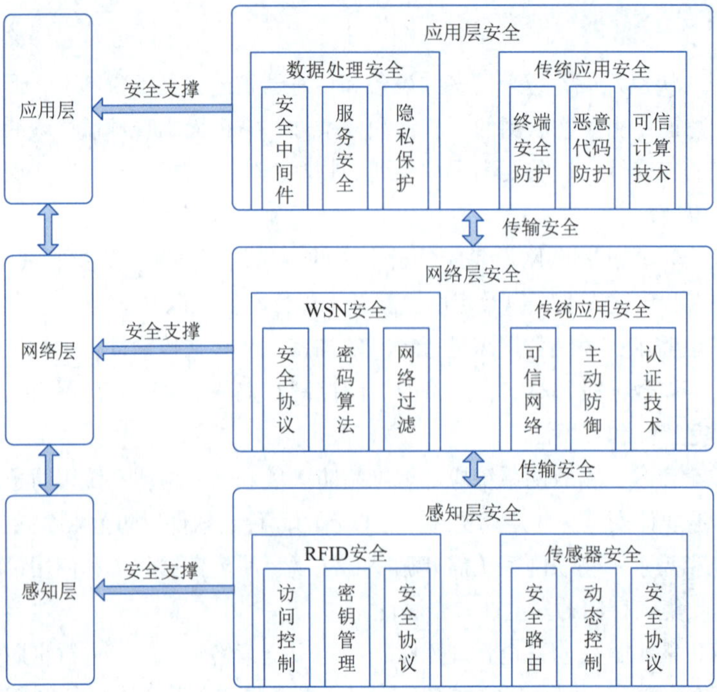

图 6.1 物联网安全体系结构

1. 感知层的安全架构

在感知层内部，为保证通信安全和网络节点间的数据机密性，防止非法窃听和非法节点接入，必须建立密钥管理和数据机密性认证机制。此外，关键传感网络应评估可能被控制的节点，减少人为干扰，并采用多种安全路由技术。

2. 网络层的安全构架

网络层位于感知层和应用层中间，主要功能是负责将感知层获取的信息安全可靠地传输到应用层，并根据不同的应用需求进行信息处理。这一层由各种私有网络、互联网、有线和无线通信网等组成。由于骨干网络的封闭性较强，所以网络层主要存在的安全威胁是路由攻击，如对路径拓扑和转发数据的恶意行为，以及拒绝服务攻击等。由于主要是有线或终端-基站无线传输，所以与感知层的路由攻击方式有所不同。

3. 应用层的安全架构

物联网应用层结合了信息技术和专业行业技术，主要涉及业务管理、中间件和数据挖掘。这一层面对跨行业和领域的广泛数据处理和业务控制，因此在安全性和可靠性上面临重大挑战，尤其是在业务控制、管理认证、中间件和隐私保护方面的安全问题格外显著。

物联网的安全架构涉及复杂的多层次防护机制，从感知层的终端设备到数据中心的处理层，每一环节都需要精心设计的安全措施来保护数据和设备免受攻击。

6.2.2 感知层安全体系结构

感知层是物联网架构的基础，主要负责解决物理世界和人类世界的数据获取问题。

1. 感知层工作原理

物联网的感知层是三层架构的基础，直接负责数据采集和短距离传输，通过部署如温度、湿度传感器及音视频设备等广泛的传感网络，实现数据的实时捕捉和安全传输。主要传输技术包括Wi-Fi、蓝牙和ZigBee。在智能家居和工业生产中，感知层通过无线技术提升操作效率和自动化水平。由于传感器精度和传输技术的局限，持续优化系统硬件和软件、强化数据保护和安全措施是保障系统稳定性和安全性的关键。

2. 安全缺陷

（1）信息传输方式：在物联网感知层采集数据时，主要使用无线网络传输。这种信息传输方式暴露在公共场所中的信号，如果缺乏有效保护措施，容易受到非法监听、窃取和干扰。

（2）高风险环境：物联网应用中，大量使用传感器来标识物品设备，通过人或计算机远程控制完成复杂、危险或高精度的操作。这些物品设备通常部署在无人监控的地点，使得攻击者更容易接触到这些设备。这可能导致对设备或其承载的传感器进行破坏，甚至通过破解传感器通信协议进行非法操控。

（3）保护措施的必要性：为防范这些安全威胁，物联网感知层需要采取有效的保护措施，包括但不限于加密通信、身份认证、数据完整性验证等措施，以确保数据的安全传输和设备的安全运行。

（4）设备间的协同攻击风险：随着物联网设备数量的增加，设备间协同工作变得复杂，这增加了协同攻击的风险，如多个设备被同时入侵用于发起更大规模的攻击。为此，建议引入集中式安全管理系统，对所有设备的安全状态进行监控和管理，以及实施跨设备的异常行为检测技术。

（5）智能化与AI的安全挑战：随着人工智能在感知层的应用增多，如自动识别和决策制定，这引入了新的安全挑战，如AI模型的操纵和偏差问题。应对策略包括采用强健的AI安全协议，对AI决策进行监控，确保决策过程的透明度和可追溯性。

3. 实际问题

感知层通过网关节点连接到外部网络，这些节点是信息传输的关键环节但也引入了多重安全挑战。大量的网络节点可能导致数据流量过载，增加了遭受拒绝服务攻击（DoS）的风险。如果网关节点被侵占，整个网络的安全性将崩溃，使得其他节点易受攻击。此外，对于大规模的传感节点，确保其标识、识别、认证和控制的安全性和可靠性对系统稳定运行至关重要。

4. 感知层的安全策略

（1）密钥管理：密钥管理系统是实现感知信息保护的基础手段之一。通过有效的密钥生成、分发、更新和撤销，确保传感网中的通信在安全的加密通道中进行。这不仅有助于防范未经授权的数据访问，还能有效应对潜在的数据泄露风险。

（2）鉴别机制：物联网感知层的鉴权技术涵盖了网络内部节点之间的鉴别和消息鉴别。通过强化身份验证和消息完整性验证，确保只有授权的节点能够相互通信，从而抵御身份伪造和消息篡改的威胁。

（3）安全路由机制：安全路由机制致力于在网络受到威胁和攻击时，依然能够进行正确的路由发现、构建和维护。通过动态调整网络拓扑结构、识别异常路由，并实施有效的数据流量监控，确保网络通信的可靠性和安全性。

（4）访问控制机制：为了控制用户对物联网感知层的访问，访问控制机制被设计为一个关键组成部分。它能够限制未经授权的用户对感知层节点和数据的访问，有效地防止潜在的恶意入侵和信息泄露。

（5）安全数据融合机制：为确保信息保密性、信息传输安全和信息聚合的准确性，安全数据融合机制被引入。通过加密技术、安全传输协议和数据验证手段，保障感知信息在传输和融合过程中的完整性和保密性。

（6）容侵容错机制：容侵框架涵盖了判定疑似恶意节点、针对疑似恶意节点的容侵机制，以及通过节点协作对恶意节点做出处理决定。这包括实时监测网络行为、快速检测异常节点、采取容错措施，并通过协同机制阻止或隔离潜在的攻击，从而提高整个系统的抗攻击性和鲁棒性。

（7）设备级加密措施：对于在物联网感知层中的数据传输，单纯依靠网络层面的加密不足以提供充分的保护。设备级加密意味着在数据离开传感器之前即已加密，确保数据在其传输路径上的任何点都无法被未授权的第三方读取。采用最先进的加密算法，如AES-256位加密，可以有效地保护数据不受中间人攻击的威胁。

5. 感知层安全威胁

基于物联网本身的特点及物联网感知层在安全方面存在的问题，需要采取一系列有效的防护对策，以确保系统的完整性和用户数据的安全。以下是具体的建议和措施：

（1）强化节点认证：对传感数据共享的传感网，采用对称或非对称密码方案以确保只有授权节点接入。对称密码适用于资源有限环境，非对称密码则适用于计算能力强、安全需求高的环境。

（2）增强入侵监测：对关键传感网进行节点行为评估，以减少入侵危害。在敏感场合，考虑设置节点的封锁或自毁程序，防止被攻击者分析和利用。

（3）完善监管体系：国家层面需构建和完善信息安全监管体系，明确责任分工和标准，特别是传感网的监管政策应考虑其独立性并制定差异化管理要求，从根本上加强对重要信息系统的管控。

（4）物理安全漏洞：物联网感知层的物理组件，如传感器和执行器，常部署在易受攻击的地区，可能遭窃或破坏。加强物理安全措施，例如，加固设备、安装监控摄像头和警报系统，是保护设备免受物理攻击的关键。

（5）网络切片安全风险：感知层设备在多租户环境中依靠网络切片技术确保通信资源的隔离和优化。虽然网络切片提供了虚拟化网络环境，但也可能引入如数据泄露等新的安全风险。因此，应加强隔离措施和实施端到端加密，确保各切片数据的隔离与安全。

物联网感知层直接与物理世界交互，面临从网络攻击到物理安全威胁及高级持续性威胁等多种安全挑战。通过实施网络安全措施、增强物理安全、采用高级监控技术，并遵守相关法律，可以有效保护感知层免受威胁，确保整个物联网系统的安全性和用户数据保护。这要求技术创新与政策、法律的共同支持，形成全面的安全防护体系。

6.2.3 网络层安全体系结构

物联网的网络层负责实现设备间的通信和数据传输，确保各种物联网设备能够互相连接并有效地交换信息。

1. 网络层工作原理

物联网的网络层通过有效管理设备连接、地址分配、路由选择、安全保护和服务质量管理，实现各种物联网设备之间的高效通信和数据交换。

（1）设备连接管理：网络层负责管理物联网中各种设备的连接。这包括设备的注册、身份验证和接入控制，确保只有授权的设备可以加入网络。

（2）地址分配和路由：网络层通过分配唯一的设备地址（例如IPv6地址）来识别和定位物联网中的每个设备。它还负责确定数据从源设备到目标设备的最佳路径，即路由管理。

（3）数据传输和转发：网络层通过各种通信协议（如IPv6、6LoWPAN等）实现数据的传输和转发。它确保数据能够在物联网中的不同设备之间进行可靠的传递和交换。

（4）安全和隐私保护：网络层通过加密、认证和访问控制等手段保护物联网中的数据安全和用户隐私，防止未经授权的访问和攻击。

（5）服务质量管理：网络层可以管理和优化数据传输的质量和效率，确保各种物联网应用（如实时监控、远程控制等）能够得到满意的服务质量。

2. 网络层安全缺陷

（1）路由安全性：物联网网络层负责数据包的路由和转发，如果路由表或路由选择算法不安全，攻击者可能通过篡改路由信息来劫持或阻断数据流量。

（2）地址管理和欺骗：地址管理涉及设备的唯一标识和定位。如果地址分配不受保护或者地址欺骗攻击成功，攻击者可以冒充合法设备或者混淆网络中的设备标识。

（3）拒绝服务攻击（DoS攻击）：攻击者可以通过洪泛网络、消耗资源或者发送无效数据包来使物联网网络层不堪重负，导致正常通信无法进行，这会影响物联网服务的可用性。

（4）数据包窃听和篡改：物联网网络层传输的数据包可能未经加密或者使用弱加密方法，使得攻击者能够窃听或篡改数据包内容，泄露隐私信息或者干扰正常通信。

（5）协议漏洞：物联网网络层使用的通信协议（如IPv6、6LoWPAN等）可能存在安全漏洞，攻击者可以利用这些漏洞来绕过安全措施或进行攻击。

（6）无线通信安全性：物联网设备通常使用无线通信技术，如Wi-Fi、蓝牙或ZigBee。这些技术可能受到中间人攻击、重播攻击或者干扰攻击，从而影响通信的安全性和可靠性。

（7）认证和授权问题：物联网网络层需要有效的认证和授权机制，以确保只有合法设备和用户能够访问网络资源和数据，否则可能遭受未经授权访问的风险。

3. 网络层实际问题

物联网网络层在实际应用中面临多重挑战。这些包括设备兼容性和标准化的问题，导致设备之间的互操作性和管理复杂性增加。安全性方面存在设备认证、数据隐私保护、通信加密等挑战，缺乏安全措施可能导致数据泄露和网络入侵。此外，数据管理、能源效率、服务质量管理以及法律合规性也是物联网网络层必须应对的重要问题。

4. 网络层安全策略

物联网网络层的安全策略包括多种措施，旨在保护设备、数据和整个网络的安全性。

（1）设备认证和身份验证：实施严格的设备认证机制，确保只有经过授权的设备可以接入网络。这可以通过使用加密密钥、数字证书或者其他安全协议来实现。

（2）数据加密和隐私保护：在数据传输和存储过程中采用强大的加密算法，确保数据在传输过程中不被窃听或篡改。同时，设备和用户的隐私应得到保护，避免敏感信息泄露。

（3）安全的通信协议选择：选择和实施安全性高的通信协议，如SPINS，以保障通信的安全性。这些协议提供数据完整性、认证和加密功能，防止中间人攻击和数据篡改。

网络流量监控和入侵检测：部署流量监控和入侵检测系统（IDS/IPS），及时发现并响应网络中的异常活动和潜在攻击，保护网络免受恶意攻击。

6.2.4 应用层安全体系结构

1. 物联网应用层的工作原理

物联网应用层是整个物联网架构中的最顶层，负责处理感知和传输层传来的信息，进行分析、处理、控制和决策，从而实现智能化管理和服务。这一层的主要功能不仅涵盖了数据的接收和分析，还扩展到了更多复杂的操作，以满足不同行业和用户的具体需求。以下是对这一层功能的具体扩充：

（1）信息处理与分析：应用层通过各类信息系统对传输来的数据进行处理和分析，从中提取有用的信息以支持决策和控制。

（2）人机交互界面：提供人机交互的界面，使用户能够与物联网系统进行沟通、控制和反馈。

（3）跨行业、跨应用、跨系统协同：实现不同行业、应用和系统之间的信息共享、协同和互通，促进物联网生态系统的发展和应用的扩展。

（4）数据聚合与分析：应用层不仅负责数据的收集，还涉及对来自多个源的数据进行聚合和分析。这一过程包括数据清洗、转换和加载（ETL），通过高级分析和机器学习模型，转化原始数据为有价值的洞察，支持智能决策和业务流程自动化。

2. 物联网应用层的安全缺陷

物联网应用层的智能处理特性使其容易受到各种安全威胁的影响。主要的安全缺陷包括：

（1）系统漏洞：物联网应用层的系统常常存在设计缺陷或逻辑错误，这些漏洞可能被恶意攻击者利用。攻击者可以利用系统漏洞进行拒绝服务攻击、分布式拒绝服务攻击、木马程序、间谍软件、垃圾邮件，以及网络钓鱼等攻击行为，从而危害系统的安全性和稳定性。

（2）恶意信息过滤：应用层需要能够识别和过滤网络中传输的信息，以防止恶意信息的传播和影响。然而，恶意攻击者常常会利用各种技术手段来隐藏其恶意行为，使得识别和过滤变得更加困难。

（3）数据隐私保护：应用层处理的信息往往涉及用户的隐私数据，如个人身份信息、地理位置等敏感数据。因此，保护用户数据的安全和隐私成为应用层面临的重要挑战。

（4）设备固件漏洞：物联网应用层中的许多设备运行着可能存在漏洞的固件。这些漏洞可以被攻击者利用来执行远程代码，获取设备控制权或窃取数据。设备固件应定期更新以修补已知漏洞，同时应采用安全的引导和代码签名技术确保固件的完整性和真实性。

3. 物联网应用层安全威胁

物联网的应用层是各种具体应用业务的实现层面，但同时也是安全威胁的一个重要攻击面。它所涉及的安全问题主要有以下几个方面：

（1）用户隐私信息保护与身份认证：物联网设备和应用往往涉及大量用户数据的收集和处

理。如何确保用户隐私信息的安全性成为一个重要问题。同时，有效的身份认证机制也是必不可少的，以防止未经授权的访问和使用。

（2）数据库内容的访问权限控制：物联网系统中可能存在多个用户或设备对同一数据库内容的访问需求，如何对这些不同权限的用户进行有效的数据筛选和控制成为挑战。必须确保只有授权用户可以访问到他们需要的数据，而不会触及敏感信息或越权访问。

（3）信息泄露追踪与防范：在物联网环境中，信息泄露可能会造成严重的后果。因此，及时追踪信息泄露的来源并采取相应措施是至关重要的。同时，建立有效的防范机制，包括数据加密、安全传输协议等，也是必要的措施。

（4）恶意代码与系统漏洞：物联网应用系统面临着来自恶意代码、软件漏洞，以及可能的设计缺陷等多种安全威胁。黑客利用这些漏洞可能实施远程攻击、信息窃取或设备控制等恶意行为，因此必须及时修补漏洞、更新软件版本，以及采取其他安全措施。

（5）数据信息处理与业务控制策略的安全性和可靠性：物联网系统涉及海量数据的处理和业务控制，这需要高效且安全可靠的技术手段来保障数据的完整性、机密性和可用性。当前仍存在着数据泄露、数据篡改、拒绝服务等安全问题，因此需要不断完善和加强技术手段和管理措施。

4. 物联网应用层安全技术需求

应用层不仅是数据的接收和存储点，更是进行智能化处理和分析的关键场所。在这里，数据通过先进的分析技术和机器学习算法转化为实用信息，支持智能决策和操作。例如，实时数据分析可以预测并维护设备故障，行为分析可优化能源使用，健康监测有助于早期疾病识别和干预。此外，应用层中的智能化决策支持系统是实现物联网智慧特性的核心，能自动控制物理设备，如智能家居系统根据居住者习惯自动调节环境，智能农业系统根据气候自动调整灌溉。

（1）安全的通信协议选择：选择和实施安全性高的通信协议，以确保数据传输的安全。常见的安全通信协议包括HTTPS、MQTT with TLS等，它们提供了数据加密、认证和完整性保护的功能。

（2）增强的数据加密技术：在物联网应用层，实施端到端加密技术（E2EE）至关重要，确保数据在传输全程加密，保护数据即便在被截获时也无法被解读。针对云或边缘服务器存储的数据，采用强加密算法和严格的密钥管理策略，定期更新密钥，以抵御先进的密码攻击。

（3）多层次访问控制系统：物联网应用层需实施细粒度的访问控制，采用基于角色的访问控制（RBAC）和基于属性的访问控制（ABAC）管理用户和设备权限，确保只有授权人员可以访问敏感数据和关键功能。此外，支持实时监控和审计功能，记录所有访问行为，便于安全分析和责任追踪。

（4）安全审计和监控：定期进行安全审计和监控，识别和响应潜在的安全事件或攻击行为。这有助于实时掌握系统的安全状态并及时采取应对措施。

6.3　物联网安全威胁

6.3.1　物联网安全挑战

物联网面临的安全挑战主要涉及多个方面，包括互联网脆弱性、复杂的网络环境、无线信道的开放性、物联网终端的局限性、无线网络攻击升级、经济利益诱惑，以及国家和社会的安全。

（1）互联网的脆弱性。物联网建设在互联网基础之上，而互联网在设计初期主要用于研究和军事目的，相对封闭，没有充分考虑安全问题。当前互联网安全问题日益严重，物联网同样受到其安全脆弱性的影响。互联网的安全性问题成为物联网安全的根源之一。

（2）复杂的网络环境。物联网将网络概念延伸到现实生活中的物品，导致物联网构成非常复杂。这种复杂性引入了不确定性，难以确定物联网信息传输的各个环节是否被未知的攻击者控制。复杂性是物联网安全的主要障碍之一。

（3）无线信道的开放性。物联网边缘通常采用无线组网，以满足终端自由移动的需求。然而，无线信道的开放性使其容易受到外部信号干扰和攻击。由于无线信道缺乏明显边界，外部观察者可以轻松监听到无线信号，增加了物联网的安全威胁。

（4）物联网终端的局限性。无线组网方式使物联网面临更严峻的安全形势，对安全性提出更高要求。然而，物联网终端通常是微型传感器，其处理、存储和能源能力有限，导致一些对计算、存储、功耗要求较高的安全措施难以实施。

（5）无线网络攻击升级。无线网络相比有线网络更易受攻击，因为不需要物理连接即可入侵。攻击者可以在无线路由器的有效范围内进入网络，劫持和控制移动设备如智能手机，其攻击技术日益完善，提升了通过移动设备发起攻击的能力。

（6）物联网因其庞大的信息存储和实体影响力，具有高经济价值，吸引了恶意攻击者。常见攻击包括远程控制设备、身份窃取、非授权数据访问等，这些行为威胁到个人隐私和公共安全。随着物联网的扩展，对基础设施的依赖增强，安全漏洞可能导致重要信息泄露，对国家发展和社会稳定构成了严重挑战。

视频

物联网安全风险案例分析

6.3.2 物联网安全风险案例分析

物联网难以避免遭黑客攻击。黑客可以通过渗透并利用成千上万个不安全的设备来发起DDoS攻击。它们可能破坏基础设施，让网络瘫痪，并且随着物联网进入人们的日常生活，这些攻击很可能使真实的人类生命处于危险之中。即使黑客并没有直接威胁生命，他们也可能会破坏网关和更深层次的IoT网络，以泄露和利用敏感的个人和公司信息。

专家预测，到2025年，将有750亿个联网的IoT设备。这些设备上运行的许多嵌入式固件都是不安全且高度脆弱的，从而使全世界不确定数量的关键系统和数据面临风险。

1. Mirai僵尸网络（又名Dyn攻击）

早在2016年10月，有史以来最大的DDoS攻击是使用IoT僵尸网络在服务提供商Dyn上发起的。这导致了互联网很大一部分瘫痪，包括Twitter、Guardian、Netflix、Reddit和CNN。

这种物联网僵尸网络是由名为Mirai的恶意软件实现的。一旦感染了Mirai，计算机就会不断地在互联网上搜索易受攻击的物联网设备，然后使用已知的默认用户名和密码登录，从而用恶意软件感染它们，包括像数码相机和DVR播放器等设备。

根据《PC Magazine》，这是企业可以从此次事件中汲取的四个IoT安全教训：

- 永远不能实施无法更新其软件、密码或固件的设备。
- 对于Internet上的任何设备安装，更改默认的用户名和密码应该是强制性的。
- IoT设备的密码在每个设备上应该是唯一的，尤其是当它们连接到互联网上时。
- 始终使用最新的软件和固件为IoT设备打补丁，以修补漏洞。

2. 美国 83% 联网医疗成像设备存在安全隐患

2020年3月，美国安全公司派拓网络旗下Unit 42 Threat安全团队发布《2020年物联网威胁报告》，报告指出多达83%的联网医疗成像设备，如乳房X光造影机、MRI核磁共振成像机等都存在安全隐患，这一比例明显高于2018年的56%。

派拓网络研究人员称，美国一家医院因其中一台乳腺X线机出现了异常流量。在短短几天的时间里，IT团队确定是Conficker蠕虫感染了医院网络上的医疗设备，包括另一台乳腺X线机、一台放射机、一台数字成像设备，以及其他的设备。最终，该医院不得不让设备下线，给它们安装重要的安全补丁，然后慢慢将它们一个接一个地重新上线，导致该医院主要业务停摆长达一个星期之久。如果说企业的系统宕机意味着金钱损失，那么医院的系统宕机则意味着可能会有人因此而失去生命，因而更加令人不安。

不难发现，黑客近年来正在将医疗行业列入网络攻击的目标之一，全球的医疗行业的网络攻击事件也在逐年递增。医疗行业的数据库存在大量的个人隐私信息，但因为医疗行业的网络防护技术普遍不够成熟，因而容易受到各种网络攻击，配合2020年下半年全球的部分医院频繁遭遇勒索事件，这些都说明了医疗行业信息安全的防护亟须进一步优化。

3. 福特、大众被曝网络安全漏洞，黑客可窃取隐私、操控车辆

2020年4月，*Which*杂志联合网络安全公司Context Information Security发布报告称，安全研究人员能够随意进入大众Polo的信息娱乐系统，通过该系统不仅可以修改汽车的牵引力控制功能，还能获取车主的个人敏感信息，如电话、地理位置记录等，大众Polo的雷达模块也未能幸免，黑客可以通过入侵来进一步篡改车辆碰撞预警系统。

无独有偶，在对福特福克斯的测试中发现，安全研究人员使用最为常规的工具就可以拦截其胎压监测系统的信息，可以利用这个漏洞发送虚假信息，即使轮胎没气仍显示充气正常，因此而产生的安全风险在某些情况下足以致命！除此之外，福特的Pass应用程序还可以随时分享汽车的地理位置和行驶方向，以及汽车传感器（警示灯、液位、耗油量等）的一些数据，App甚至可以跟踪“驾驶特性”，例如，速度、加速度、制动和转向，要知道这些数据一旦进入某些不法分子手中，就意味着可以做很多事情，令人不寒而栗。

在万物互联时代，车辆的智能联网只是其中的一个微小的、具体的场景。联网设备带来的便捷让人们的生活有了更多的可能性，但是网络层的风险同样也会引入到设备中，会大幅扩大设备的受攻击面。

6.4　物联网安全关键技术

6.4.1　加密技术

随着信息技术的发展和互联网的普及，各行各业都在不断增加对数据的依赖和使用。在现

代社会中，大量敏感数据的传输变得越来越频繁和重要。同时，如何确保数据的安全也成了一个迫切的问题。

加密技术是数据安全传输的核心。通过使用加密算法，可以将敏感数据转化为密文，只有授权的接收方才能解密并获取原始数据。对称加密和非对称加密是常用的加密方式。对称加密使用相同的密钥进行加密和解密，而非对称加密则使用公钥和私钥配对进行加密和解密。它主要涉及使用密码体系进行保密通信、数据加密、身份认证和数据完整性验证等。下面将详细介绍一些常见的密码技术。

（1）对称密钥加密

对称密钥加密（symmetric key encryption）也称为私钥加密。在这种加密算法中，发送方和接收方使用相同的密钥来加密和解密数据。对称密钥加密算法的优点是速度快，适用于大量数据的加密和解密。常见的对称密钥加密算法有DES（data encryption standard）、AES（advanced encryption standard）和IDEA（international data encryption algorithm）。

（2）公钥加密

公钥加密（public key encryption）也称为非对称密钥加密。它使用一对密钥，包括公钥（用于加密）和私钥（用于解密）。发送方使用接收方的公钥来加密数据，只有接收方持有与其公钥相对应的私钥才能解密数据。公钥加密算法的优点是能够实现安全的密钥交换和数字签名。常见的公钥加密算法有RSA（rivest-shamir-adleman）、ElGamal和ECC（elliptic curve cryptography）。

（3）哈希函数

哈希函数（Hash function）将任意长度的数据转换为固定长度的散列值（哈希值）。一个好的哈希函数应具备两个特性：一致性和抗碰撞性。一致性表示相同的输入始终产生相同的输出；抗碰撞性表示很难找到两个不同的输入产生相同的输出。

（4）数字签名

数字签名（digital signature）是一种用于验证消息完整性和身份认证的密码技术。发送方使用私钥对消息进行数字签名，接收方可以使用发送方的公钥验证签名的有效性。

（5）密码协议

密码协议（cryptographic protocols）是一系列用于实现安全通信的算法和规则的集合。它们用于确保通信过程中的机密性、身份验证和数据完整性。常见的密码协议包括SSL/TLS（secure sockets layer/transport layer security）协议、SSH（secure shell）协议和IPsec（IP security）协议。

（6）密码学协议

密码学协议是一种用于在分布式系统中实现安全通信的技术。它包括一系列的算法和规则来实现身份验证、数据机密性、数据完整性和可靠性。常见的密码学协议有Diffie-Hellman密钥交换协议、Kerberos身份认证协议和OAuth身份验证授权协议。

（7）量子密钥分发

量子密钥分发（quantum key distribution, QKD）是一种基于量子力学原理的密钥交换技术，理论上提供无法破解的安全性。QKD的核心优势在于，任何尝试测量量子系统的行为都会改变系统状态，使得合法通信双方能及时发现潜在的窃听行为。

（8）属性基加密

属性基加密（attribute-based encryption, ABE）是一种灵活的加密方案，通过基于用户属性（如角色、部门等）而非单一身份来分发密钥，适用于需要细粒度访问控制的大规模分布式系统。在ABE中，只有属性与加密数据相匹配的用户才能解密，从而实现敏感数据的安全共享。由于其在多用户环境中能精确控制对加密数据的访问，ABE已被广泛研究和应用。然而，密码技术的有效性不仅依赖于算法，还取决于其正确实施和使用。不当的密钥管理或配置错误都可能削弱其效果。因此，确保加密技术的正确应用和执行，以及进行持续的安全审计和合规性检查，是确保数据安全和防止信息泄露的关键。通过这些措施，密码技术可以有效地保护信息安全。

6.4.2　身份认证技术

身份认证技术是验证用户身份的关键方法，以确保其真实性和安全性。在数字化时代，随着网络服务普及，有效的身份认证尤为重要，它通过密码、安全令牌、生物识别（如指纹、面部识别）和多因素认证确保只有授权用户访问敏感信息，从而保护用户隐私和数据安全。随着技术的进步，身份认证利用人工智能和机器学习，提高了验证精度和用户便利性。在网络安全领域，它是防止非法访问和数据泄露的首要防线，对于减少网络攻击和提升服务可信度至关重要。以下是关于身份认证技术的一些内容：

（1）密码认证

密码认证是最常见和基础的身份认证技术之一。用户通过输入正确的用户名和密码来验证其身份。密码应该是足够复杂和难以猜测的，以防止未经授权的访问。为了增加安全性，推荐使用多因素身份验证，例如，结合密码和手机验证码。

（2）生物特征认证

生物特征认证使用个体独有的生物信息进行身份验证。常见的生物特征包括指纹、视网膜、声纹、面部识别等。生物特征认证通常更安全，因为这些特征不容易被仿冒。

（3）令牌认证

令牌认证通过使用安全令牌来验证用户身份。常见的安全令牌包括硬件令牌（如USB密钥），软件令牌（如手机应用程序生成的动态验证码）和动态密码卡。令牌认证增加了额外的安全层级，因为攻击者需要同时获取令牌和用户密码才能通过验证。

（4）单点登录

单点登录是一种身份认证技术，允许用户在一次登录后访问多个关联的应用和服务，而无需每次都输入用户名和密码。用户只需通过一次身份验证即可获得对所有授权应用的访问权限，提高了用户的便利性和工作效率。

（5）OAuth 和 OpenID Connect

OAuth和OpenID Connect是一种身份验证和授权的开放标准。OAuth用于授权，允许用户授权应用程序代表其访问受保护的资源。OpenID Connect建立在OAuth之上，提供了认证框架，允许用户使用他们的身份在不同的应用程序之间进行身份验证。

（6）基于角色的访问控制

基于角色的访问控制是一种基于用户角色和权限进行身份认证和授权的方法。用户通过分配的角色和权限来访问资源。这种方法简化了权限管理，并确保用户只能访问他们所需的资源。

（7）零信任架构

零信任安全模型是基于“永不信任，总是验证”的原则。在这一模型中，只有在通过多重验证后，用户或设备才能获得访问权限。这种模型强调在任何时候、任何请求都必须验证所有必要的安全准则，无论请求来源内部还是外部。零信任架构通过限制广泛的数据访问权限，大大减少了内部威胁和数据泄露的风险。

零信任架构分为策略执行层和策略控制层，如图6.2所示。

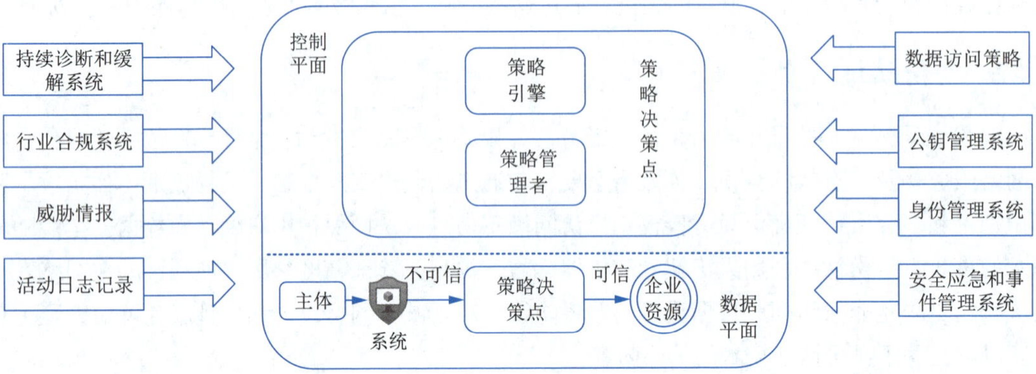

图6.2 零信任架构

在策略执行层部署安全接入代理和环境感知代理。安全接入代理作为终端用户访问企业内网的控制设备，能够与策略控制层的身份引擎联动完成用户的持续认证。环境感知代理能够接收终端违规信息，并向终端下发控制策略。同时对终端环境状态和变化进行实时感知和度量，向安全管理层上报终端评分。

在策略控制层部署身份引擎、控制引擎。身份引擎负责统一人员身份管理和身份认证，包括用户管理、组织机构管理、用户身份核验、用户令牌管理、应用令牌管理等。控制引擎负责对访问数据业务的请求进行动态和精细化鉴权，当用户安全等级变更时，及时更新用户拥有的访问权限。

6.4.3 传感器网络安全技术

视频

传感器网络安全技术

1. 传感器网络安全威胁

无线传感器网络应用的实际环境十分复杂，一般配置在恶劣环境、无人区域或敌方阵地中，加之无线网络本身固有的脆弱性，传感器节点在计算能力、通信能力和存储能力等方面的限制，使得无线传感器网络容易遭受侦听、入侵等多方面的安全威胁。

从传感器网络的系统结构来看，传感器网络所受的安全威胁如图6.3所示。

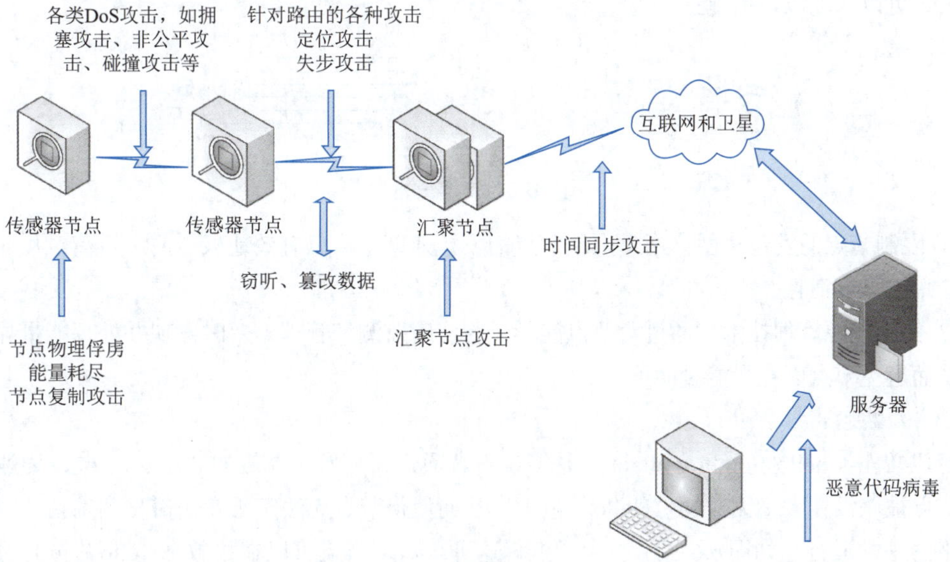

图 6.3　传感器网络的安全威胁

传感网安全面临多种威胁和攻击，这些攻击在不同的层面上会破坏系统完整性。在物理层，信号干扰、窃听、篡改、物理破坏，以及仿冒节点攻击是主要威胁。在链路层，碰撞攻击、资源消耗攻击和非公平竞争可能会破坏网络的安全性。而在网络层，虚假路由攻击、选择性转发、Sinkhole 槽洞攻击、DoS 拒绝服务攻击、Sybil 女巫攻击、Wormholes 虫洞攻击、Hello 洪泛攻击、确认欺骗和被动窃听都是常见的攻击手段。传输层也可能受到洪泛攻击和重放攻击的威胁。传感网需要全面应对这些安全威胁，以确保数据传输的完整性和保密性。

（1）拥塞攻击

拥塞攻击（jamming）是一种比较常见的网络攻击方式，目的是让整个网络系统陷入瘫痪状态。攻击者会在网络中放置干扰节点，通过发射无线电波的方式来干扰正常节点之间的通信，从而使整个网络瘫痪。如图 6.4 所示。

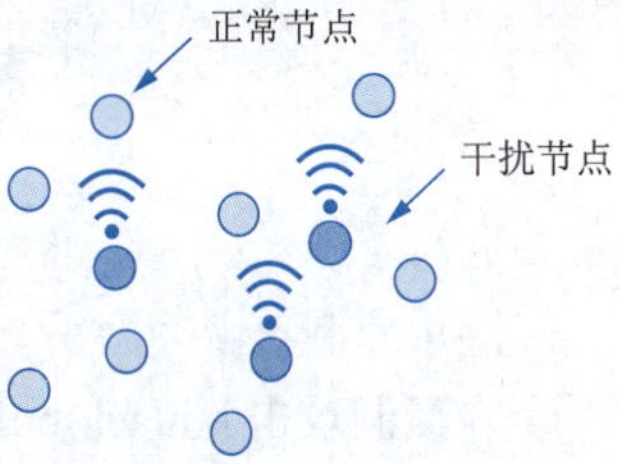

图 6.4　拥塞攻击

为了防范拥塞攻击，可以采取以下措施：

① 使用扩频通信：扩频通信技术可以将原本占用较小带宽的信号，通过扩大带宽的方式进行传输，避免了单点过载，从而可以有效地防范拥塞攻击。

② 节点觉察到拥塞后自动进入睡眠状态：当节点检测到网络出现拥塞情况时，可以自动进入睡眠状态，从而避免对网络负荷的进一步增加，从而缓解拥塞攻击的影响。

（2）耗尽攻击

耗尽攻击（exhaustion）是一种比较常见的网络攻击方式，其目的是通过消耗某个节点的能量来达到使其死亡的效果。攻击者通常会在受害者节点附近布置恶意节点，对受害者节点进行干扰，从而导致其发送的报文丢失，如图 6.5 所示。为了使报文能够成功传输，受害者不得不大量地重传报文，最终导致自身能量耗尽。除此之外，还有一种方法是攻击者利用自杀节点向受害节点持续发送请求，使得受害节点必须进行应答，从而造成两方能量耗尽。为了防范耗尽攻击，可以采取以下措施：

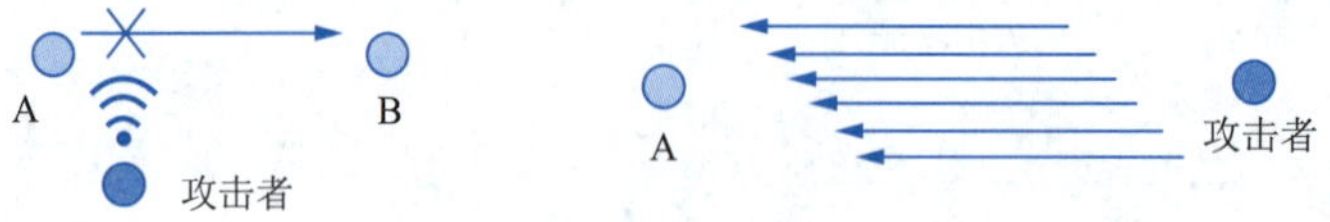

图 6.5 耗尽攻击

① 限制节点的发包速度：通过限制节点的发包速度，可以有效地减缓网络负荷，从而防止节点能量被过度消耗。

② 使用能源管理技术：通过对节点能量进行实时监测和管理，及时发现并处理能量异常情况，从而避免节点因耗尽能量而死亡。

（3）泛洪攻击

泛洪攻击（hello flooding attack）是指攻击者通过大量发送虚假的“Hello”包，导致网络中的节点被淹没在大量无效的“Hello”包中，从而使得节点无法正常发送信息到基站，影响整个网络的正常运行，如图6.6所示。为了抵御这种攻击，节点可以在接收“Hello”包时对信息来源进行身份验证，以过滤掉虚假包，确保网络安全运行。此外，限制节点处理速度和建立连接数量等措施也有助于减轻泛洪攻击带来的影响。

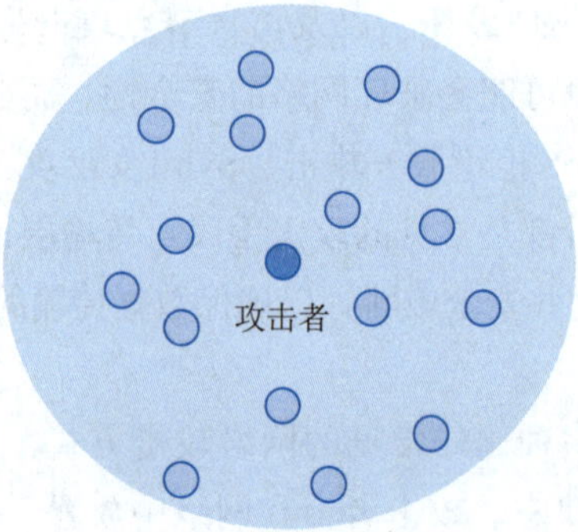

图 6.6 泛洪攻击

（4）黑洞攻击

在黑洞攻击（black holes）中，攻击者利用虚假的路由信息吸引周围节点的数据流量，并将数据丢弃或篡改，从而使得数据无法正常传输到目的地。攻击者通常会欺骗其他节点，声称自己有最短的路径或最佳的路由，从而吸引数据流量，如图6.7所示。一旦数据被传送到黑洞节点，攻击者可以选择丢弃数据，篡改数据内容或者将数据延迟传输，造成网络拥塞和数据丢失。基于地理位置的路由协议是一种可以有效抵御黑洞攻击的防御方法。这种协议是根据节点的实际地理位置进行寻址，节点只能选择距离自己比较近的其他节点作为相邻节点，而离自己较远的节点无法成为自己的邻居。

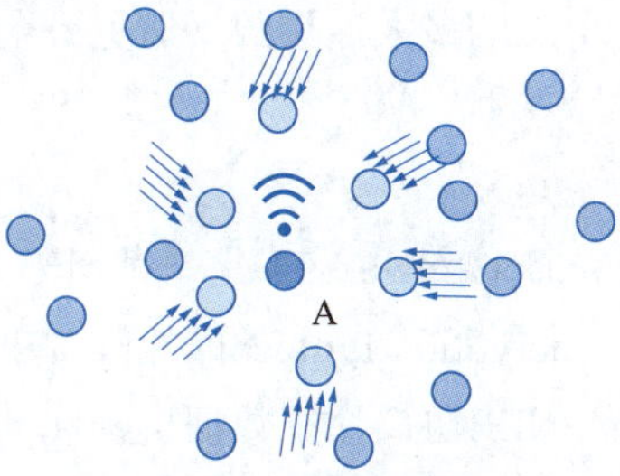

图 6.7　黑洞攻击

（5）虫洞攻击

虫洞攻击（wormholes）是指攻击者利用物理层或链路层的漏洞，创建一个虚拟的短暂通道，以快速传输数据到网络的另一端。这会导致网络中的节点错误地认为远距离节点直接相邻，导致异常的数据传输路径、数据丢失或篡改。虫洞攻击很难检测，其中，地理位置验证方法是一种有效的检测技术：通过验证节点的地理位置，限制节点之间的通信距离，以防止攻击者快速传输数据，如图 6.8 所示。

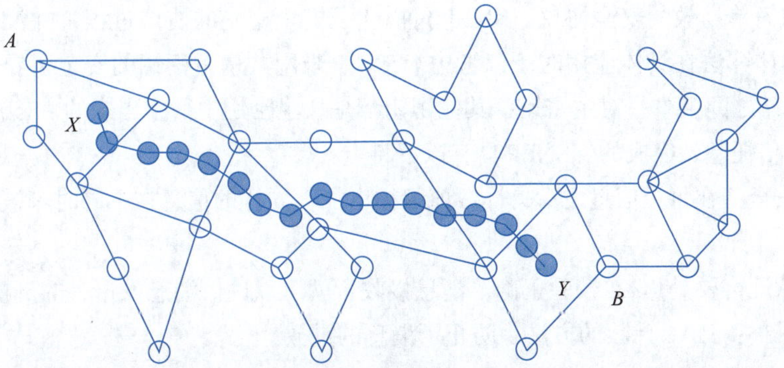

图 6.8　虫洞攻击

（6）女巫攻击

女巫攻击（sybil attack）是一种通过伪造多个虚假身份来控制网络节点，如削弱数据冗余、破坏正常路由、干扰投票等行为，如图 6.9 所示。防范女巫攻击的方法包括：

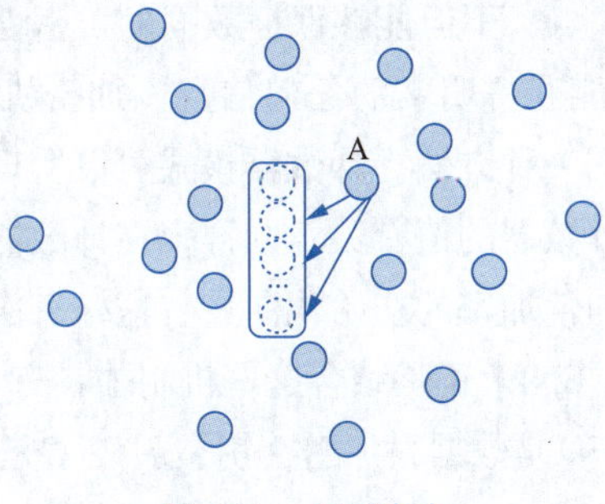

图 6.9　女巫攻击

① 认证机制：对节点进行身份认证，如密码或数字证书认证，避免伪造身份。

② 探测机制：定期监测网络节点，及时发现和处理异常节点。

③ 限制节点数量：限制每个节点的最大连接数，避免一个节点连接多个虚假身份，减轻女巫攻击的影响。

2. 传感器网络的安全协议

SPINS（security protocol for sensor networks）是一种用于无线传感器网络的安全协议框架，其中包括SNEP（security network encryption Protocol）和 μ TESLA（micro timed efficient stream loss-tolerant authentication）协议。SNEP协议注重数据机密性、数据鉴别和数据新鲜度，每个节点与基站共享一对主密钥，其他密钥则通过主密钥生成。其优点在于通信开销较低（每条信息仅8字节），并且采用计数器来避免重放攻击。

μTESLA协议旨在解决资源受限情况下的广播认证问题。它包括单播认证（接收方对发送方进行认证，双方共享密钥）和广播认证（全网节点对基站进行认证，全网共享一个密钥）。然而，广播认证存在较高的风险，因为任何一个节点被攻破，都会泄露全网密钥。同时，使用公钥认证方法会导致过高的能耗，因此需要采用轻量级认证方法来解决这一问题。

1）SNEP 协议

SNEP是为传感器网络量身打造的，具有低通信开销的，能够实现数据机密性、完整性、保证新鲜度的简单高效的安全协议。SNEP只描述了安全实施的协议过程，并没有规定实际使用的算法，具体算法在具体应用时予以考虑。SNEP采用共享主密钥的安全引导模型，假设每个节点都和基站之间共享一对主密钥，其他密钥都是从主密钥中衍生出来的。SNEP的各种安全机制都是通过信任基站完成的。SNEP具有以下特点：

① 语义安全：在每个信息之后，计数值都被增加，同样的信息在不同时刻被加密后产生的密文不同。

② 数据认证：要是MAC校验正确，消息接收者就可以确信消息发送者的身份。

③ 重放保护：MAC计数的方法，防止了消息的重放。

④ 新鲜度保证：要是信息验证无误，接收者便知道该信息一定是在计数值较小的信息之后发送的信息。

⑤ 低通信开销：计数器的状态保持在每一个节点上，不需要在节点间发送，降低了通信的开销。

（1）SNEP 的完整性和点到点的认证

语义安全是SNEP的一个优点，不但能够保证数据的机密性，还能保证即便是攻击者知道一些明文密文对的情况下也不能获得明文的任何信息。加密机制中实现语义安全的有多种模式，其中计数器模式就是重要的一种方法。计数器模式可以实现语义安全的主要原因就在于每个数据包的密文与其加密时的计数器的值有关。同样，在计数器模式中，通信双方也共享一个计数器，计数器的值作为每次通信加密的初始化向量。这样每次通信时的计时器值不同，相同的明文也必定产生不同的密文。SNEP正是结合这些机制才具有了语义安全的特性。SNEP中的加密数据遵循以下格式，其中，D是数据，加密密钥是k_{enc}，C是计数器的值。

$$E=\{D\}_{(k_{\text{enc}},C)}$$

SNEP的消息完整性和点到点认证是通过消息认证码（MAC）协议实现的。消息认证码协议的认证公式如下（其中$C\|E$为计数器的值C和密文E的串联）：

$$M = \mathrm{MAC}_{k_{\mathrm{mac}}}(C \| E)$$

节点A发给节点B的完整信息为（其中k_{mac}表示消息认证码算法密钥）：

$$\mathrm{A} \to \mathrm{B}: \{D\}_{(k_{\mathrm{enc}}, C)}, \mathrm{MAC}_{k_{\mathrm{mac}}}\left(C \| \{D\}_{(k_{\mathrm{enc}}, C)}\right)$$

消息认证的内容可以是明文也可以是密文，SNEP采用密文的方法，这样可以加快接收节点对消息的认证速度，降低系统对DoS攻击的敏感性。另外，WSN是多跳网络，而采用逐跳认证方式只能选择密文认证，因为中间节点没有端到端的通信密钥，所以不能对加密的数据进行解密。

k_{mac}和k_{enc}是从主密钥k_{master}按照相同的计算方法推导出来的。SNEP没有定义推导算法，在实现时，按照一定的规则生成。例如，可以直接用单向生成函数H来生成k_{mac}和k_{enc}。

$$k_{\mathrm{enc}} = H^{(1)}(k_{\mathrm{master}})$$
$$k_{\mathrm{mac}} = H^{(2)}(k_{\mathrm{master}})$$

（2）SNEP的新鲜性验证

SNEP通过计数器模式支持数据通信的弱新鲜性，弱新鲜性是指一种单向的新鲜性认证。假设节点A给节点B连续发送10个请求数据包：

$$\mathrm{A} \to \mathrm{B}: \{R_{\mathrm{A1}}\}_{(k_{\mathrm{enc}}, C_1)}, \mathrm{MAC}_{k_{\mathrm{mac}}}(C_1 \| \{R_{\mathrm{A1}}\}_{(k_{\mathrm{enc}}, C_1)})$$
$$\mathrm{A} \to \mathrm{B}: \{R_{\mathrm{A2}}\}_{(k_{\mathrm{enc}}, C_2)}, \mathrm{MAC}_{k_{\mathrm{mac}}}(C_2 \| \{R_{\mathrm{A2}}\}_{(k_{\mathrm{enc}}, C_2)})$$

......

$$\mathrm{A} \to \mathrm{B}: \{R_{\mathrm{A10}}\}_{(k_{\mathrm{enc}}, C_{10})}, \mathrm{MAC}_{k_{\mathrm{mac}}}(C_{10} \| \{R_{\mathrm{A10}}\}_{(k_{\mathrm{enc}}, C_{10})})$$

通过B的计数器值能够知道这10个请求是从A顺序发过来的，得到这10个请求后，B将其交给上层进行处理，并回复给A10个应答消息RSP：

$$\mathrm{B} \to \mathrm{A}: \{\mathrm{RSP}_{\mathrm{A1}}\}_{(k_{\mathrm{enc}}, C_1')}, \mathrm{MAC}_{k_{\mathrm{mac}}}(C_1' \| \{\mathrm{RSP}_{\mathrm{A1}}\}_{(k_{\mathrm{enc}}, C_1')})$$
$$\mathrm{B} \to \mathrm{A}: \{\mathrm{RSP}_{\mathrm{A2}}\}_{(k_{\mathrm{enc}}, C_2')}, \mathrm{MAC}_{k_{\mathrm{mac}}}(C_2' \| \{\mathrm{RSP}_{\mathrm{A2}}\}_{(k_{\mathrm{enc}}, C_2')})$$

......

$$\mathrm{B} \to \mathrm{A}: \{\mathrm{RSP}_{\mathrm{A10}}\}_{(k_{\mathrm{enc}}, C_1')}, \mathrm{MAC}_{k_{\mathrm{mac}}}(C_{10}' \| \{\mathrm{RSP}_{\mathrm{A10}}\}_{(k_{\mathrm{enc}}, C_{10}')})$$

A同样可以通过计数器的值判断这10个响应是从B顺序发过来的，而且对响应的重放攻击都能够被有效抑制，实现认证的弱新鲜性。这种认证有一个缺点就是不能够判断它收到的响应包RSP_{A1}是不是针对它发出的请求包的回应。如果A收到的回复消息不是按照其请求包发送的顺序给出的，那么它将无法为每个应答做出正确的响应。为此SNEP定义了强新鲜性认证方法。

（3）SNEP完成节点之间的通信

节点A与B需要进行通信，由于初始时两个节点没有任何共享密码，所以他们可以以彼此都信任的基站来协商建立安全通道。假设节点A、B与基站S分别共享密钥k_{AS}和k_{BS}。安全通道建立过程如下：

$$A \rightarrow B: N_A, A$$

$$S \rightarrow S: N_A, N_B, A, B, MAC_{k_{BS}}(N_A \| N_B \| A \| B)$$

$$S \rightarrow A: \{SK_{AB}\}_{k_{AS}}, MAC_{k_{AS}}(N_A \| B \| \{SK_{AB}\}_{k_{AS}})$$

$$S \rightarrow S: \{SK_{AB}\}_{k_{BS}}, MAC_{k_{BS}}(N_B \| A \| \{SK_{AB}\}_{k_{BS}})$$

2）μTESLA 协议

物联网中，用户往往关注的是事件，而不是具体的某个设备。因此在WSN中，用户经常会广播查询命令，来对感兴趣的事件进行查询。针对这种广播数据包，节点必须能够对其进行来源认证，否则很容易受到DoS广播攻击。广播包的认证方法和单播包的认证有着非常大的区别，单播包的认证只需要收发节点之间共享一个密钥就可以完成：而广播包的认证则通常需要使用全网共享的公共密钥来完成，但这种方法的安全性很差，当某一个节点泄露了密钥信息后，整个网络都会受到安全威胁。如果网络频繁地更新公共密钥，则会带来非常大的网络开销，也不现实。传统解决广播数据包认证的方法是采用非对称数字签名的机制来实现，但非对称的加解密算法对于传感器节点而言无疑是难以完成的。

μTESLA协议提供了一个高效的广播认证方法，但由于此协议并不是针对资源受限的网络提出的，因此也难以在传感器网络中应用。Adrian Perrig等人在TESLA基础上设计了针对传感器网络的μTESLA广播认证协议。其主要思想是先广播一个通过密钥k_{mac}认证的数据包，然后公布密钥k_{mac}，这样就保证了在密钥k_{mac}公布之前，没有人能得到认证密钥的任何信息，也就没有办法在广播数据包正确认证之前伪造出正确的广播数据包。

（1）μTESLA 协议解决的主要问题

① 共享秘密问题。认证广播协议的密钥和数据包都通过广播方式发送给所有的传感器节点，因此必须防止恶意节点同时伪造密钥和数据包，为此节点必须能够首先认证公布的密钥，进而利用密钥认证数据包。μTESLA采用的是全网共享密钥生成算法的方法，而不是共享密钥池（如TESLA）。

② 密钥生成算法的单向性问题。由于密钥发布包是明文广播，且全网节点共享密钥生成算法、因此μTESLA协议为了防止恶意节点根据已知密钥明文和密钥生成算法推测出新的认证密钥，使用单向散列函数来解决密钥生成问题。这样即使恶意节点拥有了算法和已经公开的密钥，仍然无法推算出下一个要公布的密钥。

③ 密钥发布包丢失问题。μTESLA要求基站密钥池中存放的密钥不是相互独立的，而是经过单向密钥生成算法迭代运算产生出来的一串密钥。已知祖先密钥，可以利用单向生成函数获得所有的子孙密钥。这样即使个别密钥发布包丢失，节点仍然可以根据最新的密钥把它们推算出来。

④ 时间同步和密钥公布延迟问题。μTESLA使用周期性公布密钥的方式，一段时间内使用相同的密钥。周期性地更新密钥要求基站与传感器节点之间要维持一个简单的同步，这样节点就可以根据当前的时间来判断公布的密钥是哪个时间段使用的密钥，然后对该时间段接收的广播数据包进行认证。当然，密钥的周期及密钥广播的延迟时间需要权衡，时间太短则网络通信开销大，时间太长则节点容易存储过多的数据包。

⑤ 密钥认证和初始化问题。节点对每个收到的密钥首先要确定其来自基站，而不是攻击

者伪造的。密钥生成算法的单向特性为密钥的确认提供了很好的手段。因为密钥是单向可推导的，所以已知前面获得的密钥合法，则可以验证新的密钥是否合法。这个认证过程要求初始第一密钥必须确认合法。这个初始确认是通过协议的初始化完成的。μTESLA 使用 SNEP 来进行初始认证密钥$F^{(0)}(K_N),F^{(1)}(K_N),F^{(2)}(K_N),\ldots,F^{(N)}(K_N)$，其中$F^{(N)}(K_N)$对应$K_0$和同步时间的协商。

（2）μTESLA 协议的过程描述

μTESLA 协议过程如图 6.10 所示，包含基站安全初始化、网络节点加入安全体系、节点完成数据包的广播认证三部分的过程。

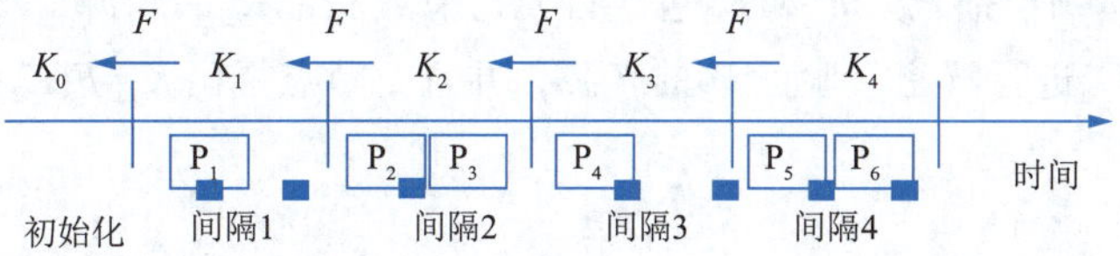

图 6.10 μ TESLA 协议过程

① 基站安全初始化。

基站一旦在目标区域内开始工作，首先生成密钥池，确定密钥同步时钟。密钥池的大小N和密钥同步周期T一般根据实际情况来确定。一旦密钥池中的密钥消耗完，则需要重新实施网络初始化和时间同步。

假设$F(x)$是单向密钥生成函数，N为密钥池的大小，K_N为基站确定的初始密钥，对于任意的密钥K_{i+1}，运用$K_i=F(K_i+1)$得到其子密钥。运行N次密钥生成过程，得到大小为N的密钥池：

基站生成广播认证的密钥后需要定义两个变量：同步间隔T_{int}和密钥发布延迟时间间隔$d*T_{\text{int}}$，同步间隔表示一个广播密钥的生存期，在一个同步周期内$(i*T_{\text{int}},(i+1)*T_{\text{int}})$，基站发布的广播包使用相同的密钥$K_i$。密钥发布延迟定义为同步周期的一个整倍数，并且要求至少大于基站和最远节点之间的一次包交换的时间，这样以保证最远节点收到一个广播数据包时，该数据包的认证密钥还没有公布出来。

② 网络节点加入安全体系。

基站完成广播安全初始化后，就开始接受节点的加入。每个节点通过 SNEP 与基站之间建立同步。假设节点 A 在$(i*T_{\text{int}},(i+1)*T_{\text{int}})$时间段内向基站 S 要求加入网络，则其加入的具体过程如下：

$$\mathrm{A}\rightarrow\mathrm{S}: N_M \parallel R_{\mathrm{A}}$$
$$\mathrm{S}\rightarrow\mathrm{A}: (T_{\mathrm{S}} \parallel K_i \parallel T_i \parallel T_{\text{int}} \parallel d), \mathrm{MAC}_{K_{\mathrm{AS}}}(T_{\mathrm{S}} \parallel K_i \parallel T_i \parallel T_{\text{int}} \parallel d)$$

其中N_M是一个随机数 Nonce；使用强新鲜性认证；R_{A}为请求加入网络数据包；K_{AS}是节点 A 与基站之间的认证密钥，通过预共享主密钥产生；T_{S}为当前时间；K_i为初始化密钥；T_i是当前同步间隔的起始时间；T_{int}是同步间隔；d是密钥发布的延迟时间尺寸，单位为T_{int}。

③ 节点完成数据包的广播认证。

原理：在每个时间间隔中，基站使用不同的密钥。

- 初始化：时间同步，商量时间间隔，所有节点预存K_0。
- 基站使用单向函数生成密钥链：$K_i=F(K_i+1)$。
- 基站发出广播包，但不会马上透露密钥，而是在若干个（比如：2个）时间间隔之后，广播密钥透露包。

- 在间隔1，基站广播P_1、P_2，以及用K_1制作的消息验证码MAC_1和MAC_2
- 在间隔2，基站广播P_3，以及用K_2制作的MAC_3，此时，节点不能对P_1，P_2进行验证，因为基站还未透露K_1
- 在间隔3，基站广播P_4、P_5和MAC_4、MAC_5，同时，基站广播K_1。首先，节点验证K_1的来源，$K_0=F(K_1)$？节点使用K_1对MAC_1、MAC_1进行解密，验证P_1、P_2的来源，（攻击者在基站广播K_1之前，无法伪装成基站向节点发包，同时他也无法根据K_1推出后续的K_2、K_3、K_4）。
- 在间隔4，基站广播P_6、P_7和K_2包。首先，节点验证K_2的来源，$K_0=F(F(K_2))$？然后，节点使用K_2对MAC_3进行解密，验证P_3的来源，并且，节点推出$K_1=F(K_2)$，可验证P_1、P_2的来源。

本章小结

本章介绍了物联网安全的重要性及其所面临的挑战。物联网设备安全问题包括设备漏洞、数据隐私泄露、身份认证缺陷和网络安全威胁等，而缺乏安全更新机制和物理安全措施增加了设备易受攻击的风险。为了解决这些问题，需要建立完善的物联网安全体系结构，并采取相应的安全防护措施来应对设备入侵、数据泄露、拒绝服务攻击等威胁。此外，掌握物联网安全关键技术，如加密技术、身份认证、传感器网络安全技术，是确保物联网安全的关键。通过深入了解这些内容，能够更好地保护物联网设备、网络和数据的安全。

习　题

1. 简述物联网的安全特征和安全需求。
2. 物联网安全架构包括哪三个？其中感知层涉及哪些安全问题？
3. 列举一个实际的物联网安全案例，并分析发生的原因，以及提出解决的办法。
4. 加密技术有哪些？举一个例子说明一个物联网应用使用了哪些加密技术？
5. 身份认证有哪些方式？
6. 传感器网络层有哪些安全问题？
7. μTESLA协议解决的主要问题是什么？

第二篇 应用篇

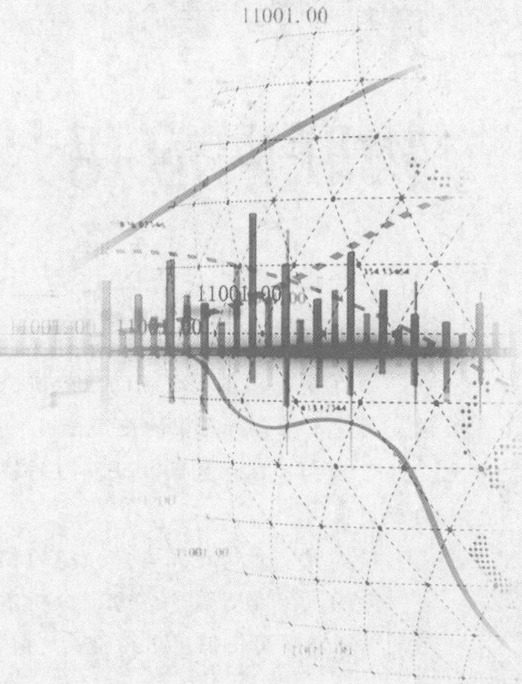

第 7 章

物联网应用技术

学习目标

◎ 了解：了解大数据的基本概念及相关技术，了解云计算及相关技术。熟悉当前物联网应用技术在各行业中的应用情况。

◎ 理解：深入理解物联网应用技术如何在物联网中发挥作用，以及它们在实际场景中的应用案例。

◎ 应用：能够运用本章介绍的相关技术，解决实际问题。

◎ 分析：通过案例学习，分析不同行业中物联网应用技术的设计、实施和效果，为今后的物联网项目提供应用经验。

视频

大数据及其相关技术

7.1 大数据及其相关技术

7.1.1 大数据概述

1. 大数据的概念

大数据或称巨量资料，指的是所涉及的资料量规模巨大到无法通过主流软件工具，在合理时间内达到撷取、管理、处理，并整理成为帮助企业经营决策更积极目的的资讯。大数据是一种大规模的数据集合，在过去的存储和管理分析中远远超过传统软件，因此称为大数据。简单来说，大数据就是规模很大的数据。

麦肯锡全球研究所给出的定义是：一种规模大到在获取、存储、管理、分析方面大大超出了传统数据库软件工具能力范围的数据集合，具有海量的数据规模、快速的数据流转、多样的数据类型和价值密度低四大特征。大数据技术的战略意义不在于掌握庞大的数据信息，而在于对这些含有意义的数据进行专业化处理。如果把大数据比作一种产业，那么这种产业实现盈利的关键，在于提高对数据的“加工能力”，通过“加工”实现数据的“增值”。

2. 大数据的关键技术

从大数据的生命周期来看，大数据的关键技术分为四个方面：大数据采集、大数据预处理、大数据存储和大数据分析，共同组成了大数据生命周期里最核心的技术。处理框架如图 7.1 所示。

（1）大数据采集

大数据采集，即对各种来源的结构化和非结构化海量数据所进行的采集。数据库采集流行的有 Sqoop、ETL 和 OceanBase，传统的关系型数据库 MySQL、Oracle 和 TDSQL 也依然充当着许多企业的数据存储方式；网络数据采集是一种借助网络爬虫或网站公开API，从网页获取非结构化或半结构化数据，并将其统一结构化为本地数据的数据采集方式；文件采集：包括实时文件采集和处理技术Flume、基于ELK的日志采集和增量采集等。数据采集生命周期如图7.2所示。

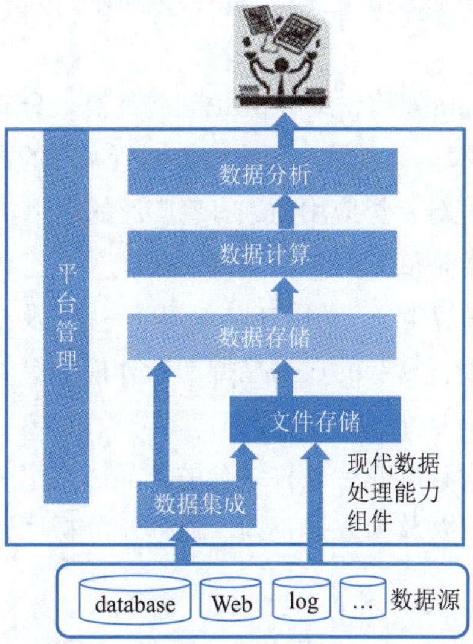

图7.1　现代数据处理框架

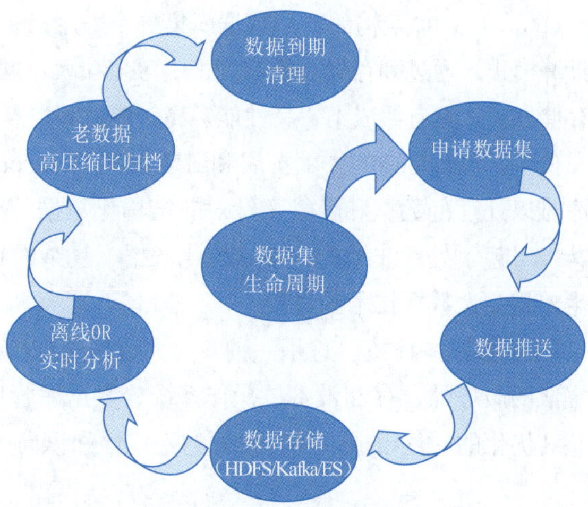

图7.2　数据采集生命周期

（2）大数据预处理

大数据预处理，指的是在进行数据分析之前，先对采集到的原始数据所进行的诸如“清洗、填补、平滑、合并、规格化、一致性检验”等一系列操作，主要包括四个部分：数据清理、数据集成、数据转换、数据规约，如图7.3所示。

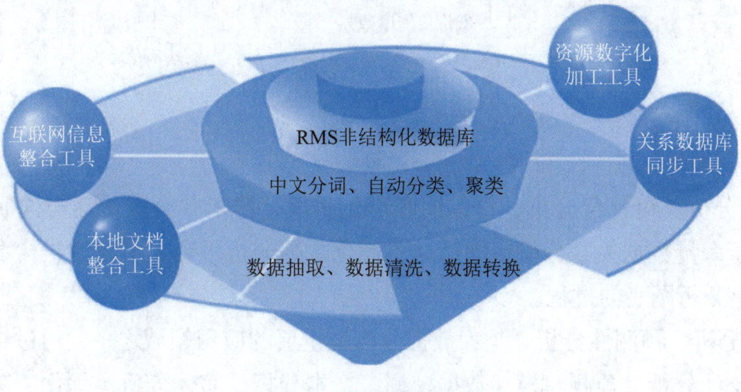

图7.3　大数据预处理

数据清理：指利用ETL等清洗工具，对有遗漏数据（缺少感兴趣的属性）、噪声数据（数据中存在着错误或偏离期望值的数据）、不一致数据进行处理。

数据集成：是指将不同数据源中的数据，合并存放到统一数据库的存储方法，着重解决三个问题：模式匹配、数据冗余、数据值冲突检测与处理。

数据转换：是指对所抽取出来的数据中存在的不一致进行处理的过程。它同时包含了数据清洗的工作，即根据业务规则对异常数据进行清洗，以保证后续分析结果的准确性。

数据规约：是指在最大限度保持数据原貌的基础上，最大限度精简数据量，以得到较小数据集的操作，包括：数据方聚集、维规约、数据压缩、数值规约、概念分层等。

（3）大数据存储

大数据存储，指用存储器以数据库的形式存储采集到的数据的过程，如图7.4所示，包含三种典型路线：

① 基于MPP架构的新型数据库集群。采用Shared Nothing架构，结合MPP架构的高效分布式计算模式，通过列存储、粗粒度索引等多项大数据处理技术，重点面向行业大数据所展开的数据存储方式。具有低成本、高性能、高扩展性等特点，在企业分析类应用领域有着广泛的应用。

② 基于Hadoop的技术扩展和封装。基于Hadoop的技术扩展和封装，是针对传统关系型数据库难以处理的数据和场景（针对非结构化数据的存储和计算等），利用Hadoop开源优势及相关特性（善于处理非结构、半结构化数据、复杂的ETL流程、复杂的数据挖掘和计算模型等），衍生出相关大数据技术的过程。

③ 大数据一体机。这是一种专为大数据的分析处理而设计的软、硬件结合的产品。它由一组集成的服务器、存储设备、操作系统、数据库管理系统，以及为数据查询、处理、分析而预安装和优化的软件组成，具有良好的稳定性和纵向扩展性。

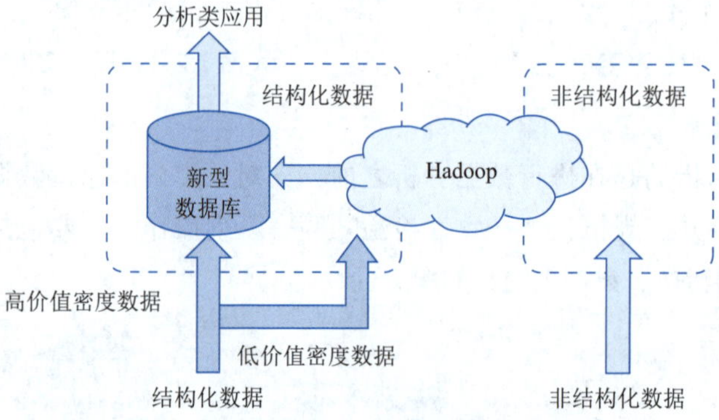

图 7.4　大数据存储

（4）大数据分析

① 可视化分析。可视化分析，指借助图形化手段，清晰并有效传达与沟通信息的分析手段。主要应用于海量数据关联分析，即借助可视化数据分析平台，对分散异构数据进行关联分析，并做出完整分析图表的过程。

② 预测性分析。预测性分析，是大数据分析最重要的应用领域之一，通过结合多种高级分析功能（特别统计分析、预测建模、数据挖掘、文本分析、实体分析、优化、实时评分、机器学习等），达到预测不确定事件的目的。帮助用户分析结构化和非结构化数据中的趋势、模式和关系，并运用这些指标来预测将来事件，为采取措施提供依据。

③ 语义引擎。语义引擎，指通过为已有数据添加语义的操作，提高用户互联网搜索体验。

7.1.2 数据仓库

1. 数据仓库的定义与特征

数据仓库（data warehouse）是一个面向主题的（subject oriented）、集成的（integrate）、相

对稳定的（non-volatile）、反映历史变化（time variant）的数据集合，用于支持管理决策。

对于数据仓库的概念可以从两个层次予以理解。一方面，数据仓库用于支持决策，面向分析型数据处理，它不同于企业现有的操作型数据库；另一方面，数据仓库是对多个异构的数据源有效集成，集成后按照主题进行了重组，并包含历史数据，而且存放在数据仓库中的数据一般不再修改。

面向主题中的“主题”是一个抽象的概念，是指用户使用数据仓库进行决策时所关心的重点方面，一个主题通常与多个操作型信息系统相关。数据仓库中的数据是在对原有分散的数据库数据抽取、清理的基础上经过系统加工、汇总和整理得到的，必须消除源数据中的不一致性，以保证数据仓库内的信息是关于整个企业的一致的全局信息。数据仓库的数据主要供企业决策分析之用，所涉及的数据操作主要是数据查询，一旦某个数据进入数据仓库以后，一般情况下将被长期保留，也就是数据仓库中一般有大量的查询操作，但修改和删除操作很少，通常只需要定期地加载、刷新。数据仓库中的数据通常包含历史信息，系统记录了企业从过去某一时点（如开始应用数据仓库的时点）到目前的各个阶段的信息，通过这些信息，可以对企业的发展历程和未来趋势做出定量分析和预测。数据仓库硬件架构如图 7.5 所示。

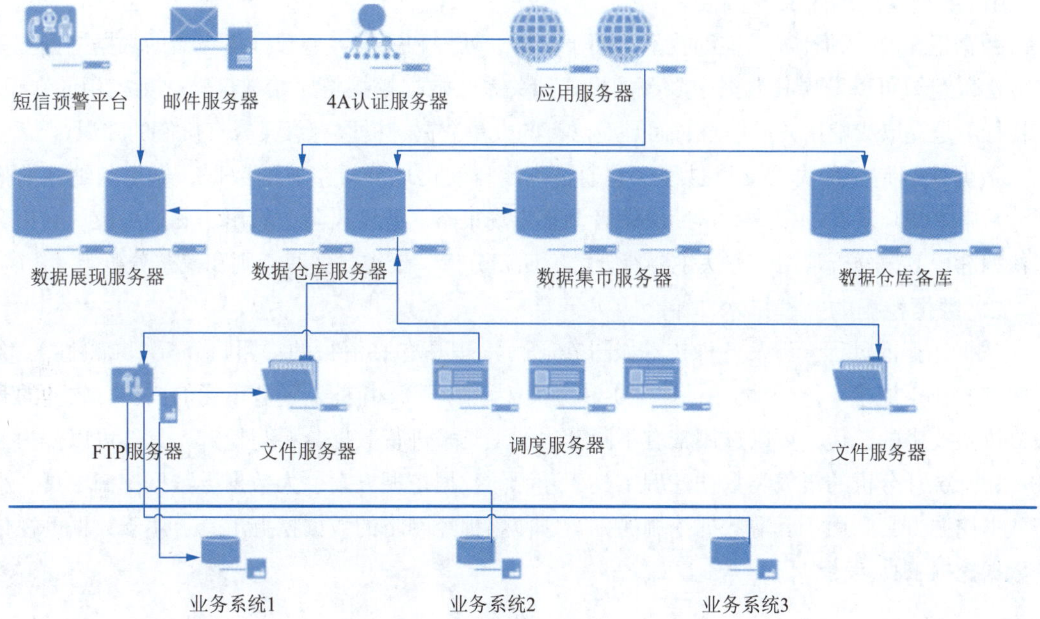

图 7.5　数据仓库硬件架构图

2. 数据仓库的作用

① 支持决策制定：数据仓库提供了准确、及时、全面的数据，帮助企业和组织制定科学的决策。

② 优化业务运营：数据仓库可以帮助企业和组织更好地了解市场和用户需求，从而优化业务运营，提高效率和效益。

③ 竞争分析：数据仓库可以帮助企业和组织了解竞争对手的情况，从而制定更有针对性的竞争策略。

④ 风险评估：数据仓库可以帮助企业和组织进行风险评估，从而更好地控制风险。

3. 数据仓库的关键技术

分布式数据处理技术是数据仓库中最核心的技术之一。它通过并行处理技术，将数据分散存储在多个节点上，实现高速计算和数据处理。在数据仓库中，分布式数据处理技术主要用于数据抽取、转换和加载过程，以及数据查询和数据分析。

数据挖掘技术是数据仓库中的另一个关键技术。它通过对数据的分析和挖掘，发现数据中的规律和模式，为企业提供决策支持。主要用于数据分类、关联分析和聚类分析等。

数据存储技术是数据仓库中的另一个关键技术。它通过对数据的备份、恢复和分布式存储等手段，保证数据的安全和可靠性。主要用于数据备份、恢复、分布式存储和云存储等方面。

4. 数据仓库的应用

数据仓库在客户服务方面同互联网、电子商务、多媒体技术专家系统和智能呼叫中心等信息技术结合，为CRM（customer relationship management，客户关系管理）提供技术基础，实现企业识别、保留及挽回最具价值客户。

7.1.3 数据挖掘

1. 数据挖掘的定义与内涵

数据挖掘是一种计算机辅助技术，用于分析、处理和探索大型数据集。借助数据挖掘工具和方法，组织可以发现其数据中隐藏的模式和关系。数据挖掘将原始数据转化为实用的知识。其目标不是提取或挖掘数据本身，而是对已有的大量数据，提取有意义或有价值的知识。

数据挖掘是一种决策支持过程，它通过高度自动化地分析企业的数据，做出归纳性的推理，从中挖掘出潜在的模式，帮助决策者调整市场策略，减少风险，做出正确的决策。利用数据挖掘进行数据分析常用的方法主要有分类、回归分析、聚类、关联规则和偏差分析等。

2. 数据挖掘的关键技术

数据挖掘的过程会涉及各种技术如图7.6所示，其中包括流行的：回归分析（预测性）、关联规则发现（描述性）、聚类（描述性）和分类（预测性）。目前，随着市场的成熟、软件的升级，以及技术的迭代，可以选用带有不同算法的工具来进行数据分析与挖掘，具体可以分为七类：用于统计分析的集成类数据挖掘工具、开源的数据挖掘方案、大数据类数据挖掘工具、小型数据挖掘方案、用于云端数据挖掘的方案、使用神经网络的数据挖掘工具、用于数据可视化的数据挖掘工具。

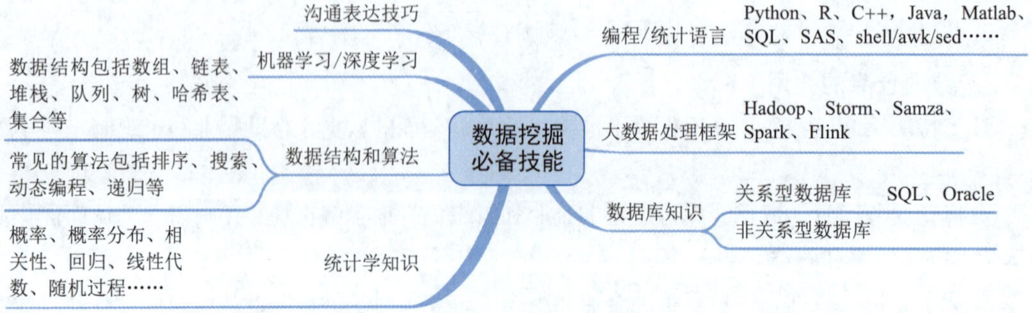

图 7.6 数据挖掘技术

3. 数据挖掘的应用

数据挖掘在商业智能中的应用包括顾客分析、市场分析、销售预测、库存管理等方面，能够有效地帮助企业优化业务流程、降低成本、提高效率。

7.1.4 数据管理和隐私保护

1. 数据可视化

数据可视化是使用图表、图形或地图等可视元素来表示数据的过程。该过程将难以理解和运用的数据转化为更易于处理的可视化表示。数据可视化工具可自动提高视觉交流过程的准确性并提供详细信息，以便决策者可以确定数据之间的关系并发现隐藏的模式或趋势。

2. 数据隐私

几乎所有行业都会面对数据隐私的问题，特别是电商、健康医疗、教育、通信等领域，这些行业企业直接面对C端人群，对于个人隐私和数据安全等问题的处理更加敏感。很多企业正在通过技术手段实现对数据安全和隐私的保护。

以中国某电信运营商为例，为应对大数据应用服务过程中数据滥用和个人隐私安全风险，其大数据安全保障体系涉及安全策略、安全管理、安全运营、安全技术、合规评测、服务支撑等六大体系，在对用户个人信息的各个处理环节进行严格规定与落实，同时通过大数据安全管理平台，实现数据的统一认证、集中细粒度授权、审计监控、数据脱敏，以及异常行为检测告警，可对数据进行全方位安全管控，做到事前可管、事中可控、事后可查。

尽管很多企业在技术平台和数据应用上都面临着许多实现难题，如传统安全措施难以适配、平台安全机制亟待改进、应用访问控制愈加复杂，或是数据安全保护难度加大、个人信息泄漏风险加剧、数据真实性保障更加困难、数据所有者权益难以保障等问题，但目前，这些以科技为先的企业，不仅对数据的规范使用愈加重视，对网络安全的潜在威胁的反应也越来越敏捷。随着国内《网络安全法》《信息安全技术个人信息安全规范》等法律规范的正式颁布和实施，将催生不断扩大的网络安全市场空间，产业投入和建设也将进入持续稳定的发展轨道。

3. 数据治理

数据治理是组织中涉及数据使用的一整套管理行为。由企业数据治理部门发起并推行，关于如何制定和实施针对整个企业内部数据的商业应用和技术管理的一系列政策和流程，如图 7.7 所示。

从范围来讲，数据治理涵盖了从前端事务处理系统、后端业务数据库到终端的数据分析，从源头到终端再回到源头形成一个闭环负反馈系统（控制理论中趋稳的系统）。从目的来讲，数据治理就是要对数据的获取、处理、使用进行监管（监管就是在执行层面对信息系统的负反馈），而监管的职能主要通过以下五个方面的执行力来保证——发现、监督、控制、沟通、整合。从技术实施角度看，数据治理包含“理”“采”“存”“管”“用”这五个步骤，即业务和数据资源梳理、数据采集清洗、数据库设计和存储、数据管理、数据使用。

业务和数据资源梳理：它是从业务的视角厘清组织的数据资源环境和数据资源清单，包含组织机构、业务事项、信息系统，以及以数据库、网页、文件和 API 接口形式存在的数据项资源，本步骤的输出为分门别类的数据资源清单。

数据采集清洗：通过可视化的ETL工具（如阿里的DataX、Pentaho Data Integration）将数据从来源端经过抽取（extract）、转换（transform）、加载（load）至目的端的过程，目的是将散落和零乱的数据集中存储起来。

元数据管理：它是对基础库和主题库中的数据项属性的管理，同时，将数据项的业务含义与数据项进行了关联，便于业务人员也能够理解数据库中的数据字段含义，元数据也是自动化数据共享、数据交换和商业智能的基础。

血缘追踪：数据被业务场景使用时，发现数据错误，数据治理团队需要快速定位数据来源，修复数据错误。此时需要知道业务团队的数据来自哪个核心库，核心库的数据又来自于哪个数据源头。

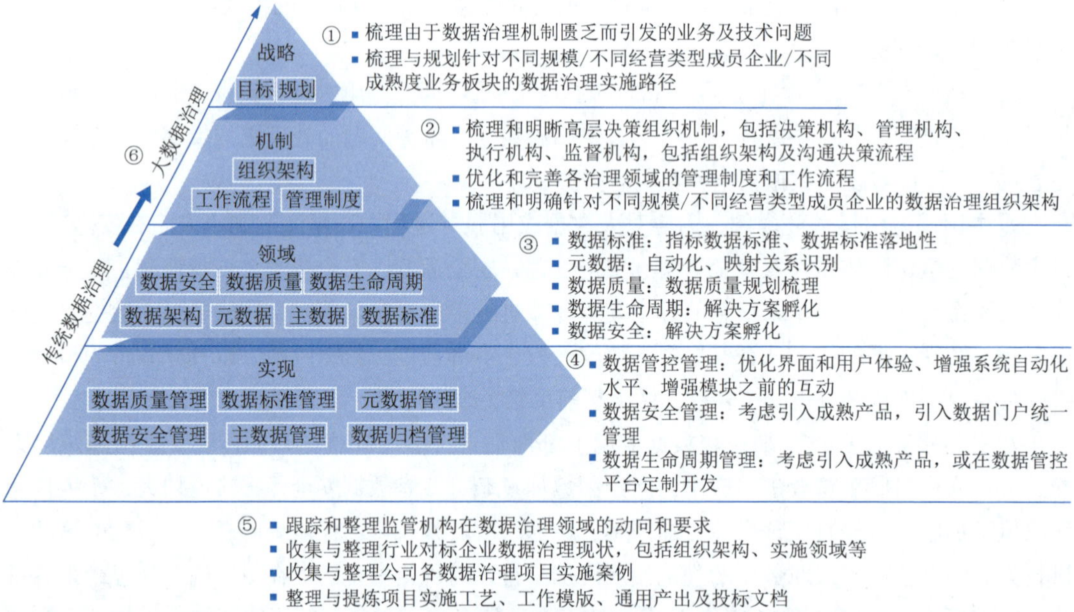

图 7.7 数据管控治理体系

7.2 云计算及相关技术

7.2.1 IaaS、PaaS 和 SaaS

云计算产业作为战略性新兴产业，近些年得到了迅速发展，形成了成熟的产业链结构，产业涵盖硬件与设备制造、基础设施运营、软件与解决方案供应商、基础设施即服务（IaaS）、平台即服务（PaaS）、软件即服务（SaaS）、终端设备、云安全、云计算交付/咨询/认证等环节。

IaaS层为基础设施运维人员服务，提供计算、存储、网络及其他基础资源，云平台使用者可以在上面部署和运行包括操作系统和应用程序在内的任意软件，无须再为基础设施的管理而分心。PaaS层为应用开发人员服务，提供支撑应用运行所需的软件运行时环境、相关工具与服务，如数据库服务、日志服务、监控服务等，让应用开发者可以专注于核心业务的开发。SaaS层为一般用户服务，提供了一套完整可用的软件系统，让一般用户无须关注技术细节，只需通过浏览器、应用客户端等方式就能使用部署在云上的应用服务。

7.2.2　计算机虚拟化技术

虚拟化技术已成为企业应用的重点技术。虚拟化（virtualization）是一种资源管理技术，是将计算机的各种实体资源：服务器、网络、内存及存储等，予以抽象、转换后呈现出来。虚拟化技术分为CPU虚拟化、网络虚拟化、服务器虚拟化、存储虚拟化、应用虚拟化、桌面虚拟化等，下面讲解前三个虚拟化技术：

1. CPU 虚拟化

虚拟化在计算机方面通常是指计算元件在虚拟的基础上而不是真实的基础上运行。虚拟化技术可以扩大硬件的容量，简化软件的重新配置过程。简单说来，CPU的虚拟化技术就是单CPU模拟多CPU并行，允许一个平台同时运行多个操作系统，并且应用程序都可以在相互独立的空间内运行而互不影响，从而显著提高计算机的工作效率。

2. 网络虚拟化

网络虚拟化是目前业界关于虚拟化细分领域界定最不明确，存在争议较多的一个概念。微软眼中的"网络虚拟化"是指虚拟专用网络（virtual private network, VPN）。VPN对网络连接的概念进行了抽象，允许远程用户访问组织的内部网络，就像物理上连接到该网络一样。网络虚拟化可以帮助保护IT环境，防止来自互联网的威胁，同时使用户能够快速安全地访问应用程序和数据。

3. 服务器虚拟化

与网络虚拟化不同，服务器虚拟化却是虚拟化技术最早细分出来的子领域。根据2006年2月Forester Research的调查，全球范围的企业对服务器虚拟化的认知率达到了75%。三分之一的企业已经在使用或者准备部署虚拟化服务器。这个产生于20世纪60年代的技术日益显示出其重要价值。由于服务器虚拟化发展时间长，应用广泛，所以很多时候人们几乎把服务器虚拟化等同于虚拟化。

7.2.3　云端物联网平台技术

通常所说的云服务或云平台广义上是一个概念，但其实内部是两个部分，一是支撑云服务运行的硬件和软件系统环境称为云架构平台；二是实现业务逻辑，支持客户应用，对外提供服务的应用服务平台称为云服务平台。

云平台可以理解为存在于互联网中，能够扩展、向其他用户提供基础服务、数据、中间件、数据服务、软件的提供商。云平台也称云计算平台。云计算，顾名思义，就是将计算在云上运行。云：通俗的理解就是远程计算机，并且是一组一堆，这些远程计算机协同工作构建出一个平台，对用户提供服务。计算：这是一个概念很大的名词，小了说可以认为是对业务数据进行计算分析的算力，不过通俗意义上，计算是指构建业务系统的各种需求平台，将云（远程硬件资源）和计算（远程软件资源）组合在一起，就形成了一个平台，对用户提供各种各样的服务。可以理解为云平台就是一个云上的平台，为用户提供各种各样的远程服务。

7.2.4　多租户技术

"多租户技术"（或称多重租赁技术）是一种软件架构技术，是实现如何在多组织环境下共用相同的系统或程序组件，并且可确保各租户间数据的隔离性。在当下云计算时代，多租户技术在共用的数据中心以单一系统架构与服务提供多数客户端相同甚至可定制化的服务，并且仍可以保障客户的数据隔离。目前各种各样的云计算服务就是这类技术范畴。

多租户技术增强了云的规模效应。多租户将云服务所提供的业务与基础设施、应用平台和业务应用实例的部署和管理解耦，支持资源的按需配备，统一部署实例并进行中心化的管理，提升了资源利用率，发挥云的规模效应优势。同时多租户能够降低云服务的维护成本。云服务提供者可以采取复杂但有效的架构为用户提供服务，在同时为多个租户提供服务时，由于采用了同样的部署架构，云服务提供者只需对同一套技术栈进行维护，因而降低了总体运维的成本，同时也为用户提供了更好的服务。例如，Pulsar作为目前最先进的消息队列，可以为用户提供低延时、高可用的消息服务，支持跨地域的复制、批流一体等高级特性，但对于单个实例的部署极为复杂，单一业务系统使用的维护成本过高。在云平台中，云服务提供者可以部署一套Pulsar实例，以多租户的方式同时为多个用户提供服务，其维护成本要远低于为每个用户提供独立的消息队列实例。

7.2.5 政务云、教育云、医疗云

政务云上可以部署公共安全管理、容灾备份、城市管理、应急管理、智能交通、社会保障等应用，通过集约化建设、管理和运行，可以实现信息资源整合和政务资源共享，推动政务管理创新，加快向服务型政府转型。

教育云可以有效整合幼儿教育、中小学教育、高等教育以及继续教育等优质教育资源，逐步实现教育信息共享、教育资源共享及教育资源深度挖掘等目标。

医疗云可以推动医院与医院、医院与社区、医院与急救中心、医院与家庭之间的服务共享，并形成一套全新的医疗健康服务系统，从而有效地提高医疗保健的质量。

通过对政务、教育、医疗的云应用，中小企业云能够让企业以低廉的成本建立财务、供应链、客户关系等管理应用系统，大大降低企业信息化门槛，迅速提升企业信息化水平，增强企业市场竞争力。

7.3 物联网定位技术

视频 物联网定位技术

在物联网技术的应用结构体系中，位置感知能够为整个体系提供位置信息。位置服务已经渗透到众多物联网应用场景中，提供多元化及精准服务。智能终端定位设备收集信息，传输到云，云接收信息，向终端设备发送反馈信息，设备完成相应指令。

在移动世界中，人们逐渐认识到定位功能是大多数设备的必备功能。某些应用已经得到广泛使用：如手机和车载导航应用，可用来查找车辆的停放位置或追踪孩子的行动轨迹。而对于整个物联网行业，定位服务的发展速度甚至更快，现已在无人机、物流跟踪、农业静态设备定位和城市自动化中迅速普及。根据Globe Newswire的数据，预计全球导航卫星系统（global navigation satellite system, GNSS）市场到2025年将以17%的复

合年增长率（CAGR）实现增长。市场研究公司Markets and Markets预测，物联网定位市场的复合年增长率截至2022年底达到38%。但目前还没有一套理想的解决方案可满足所有的定位需求。

7.3.1　定位技术的演变

1. 早期定位方式

早在15世纪，人类开始探索海洋的时候，定位技术也随之催生。主要的定位方法是运用当时的航海图和星象图，确定自己的位置。

随着社会和科技的不断发展，对导航定位的需求已不仅仅局限于传统的航海、航空、航天和测绘领域。GPS作为常见的导航定位系统已经逐渐进入社会的各个角落。尤其在军事领域，对导航定位提出了更高的要求。导航定位的方法从早期的陆基无线电导航系统到现在常用的卫星导航系统，经历了80多年的发展，从少数的几种精度差、设备较庞大的陆基系统，到现在多种导航定位手段共存，设备日趋小型化的发展阶段，在技术手段、导航定位精度、可用性等方面均取得质的飞越。

2. 卫星指引

早在20世纪90年代末和21世纪初，全球定位系统（GPS）就已经成为主流。图7.8所示为GPS工作原理示意图，GPS是定位技术的一大进步，为人们的生活带来了更多便利，从而在许多方面改变了人们的生活。它允许用户通过电子方式定位最近的加油站，跟踪体能状况，制订旅行计划等。对于企业来说，它不仅可以带来便利性，还可以提高效率，或者构建可持续的业务模式。

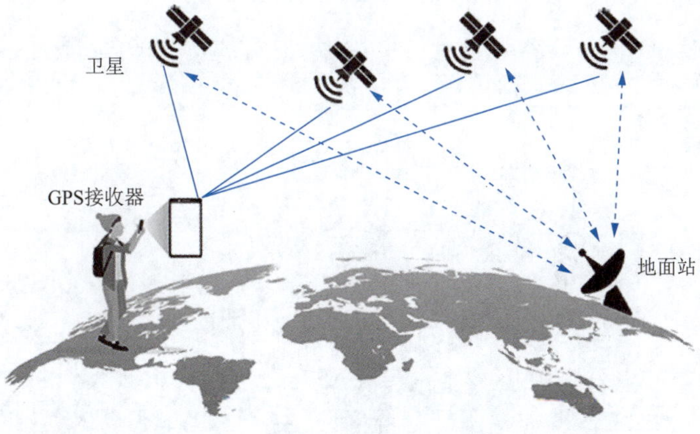

图 7.8　GPS 工作原理示意图

3. 从室外导航到室内导航

室内导航或定位就是人们进行室外导航时所依赖的卫星导航应用程序的室内版本，但它具有一个额外的特点，那就是可用于定位人和物。与GPS相似，室内导航利用传感器和通信技术（Wi-Fi、BLE、ZigBee等）组成的定位系统来定位室内目标，如图7.9所示。

4. 室内导航微型化之路

随着精准微定位系统的不断涌现，人们和企业都希望能够实时定位和发现几乎任何事物，无论其大小如何。比如，您在家里把车钥匙放错地方了，或者在杂货店找不到最喜欢的咖啡品牌等。从微观层面上讲，室内定位适用于以上所有情况，因为它可以定位物品并引导您找到它们。为了实现足够的准确性、可靠性和实时性能，底层技术需要具备精准的定位功能，如图7.10所示。

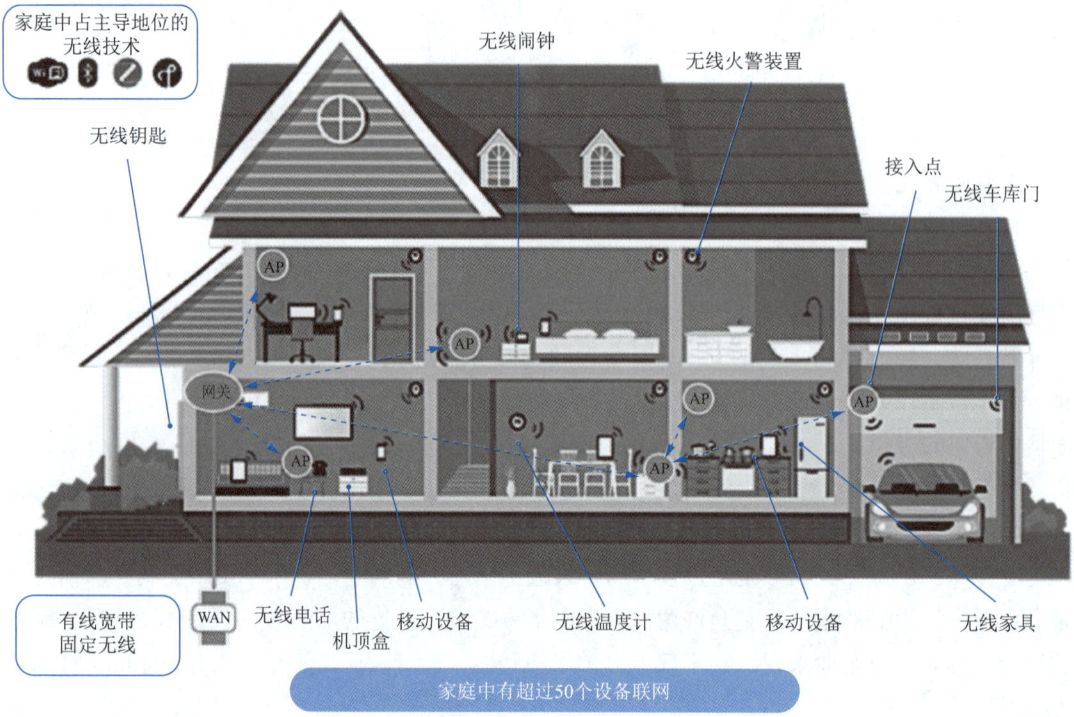

图7.9 室内定位技术

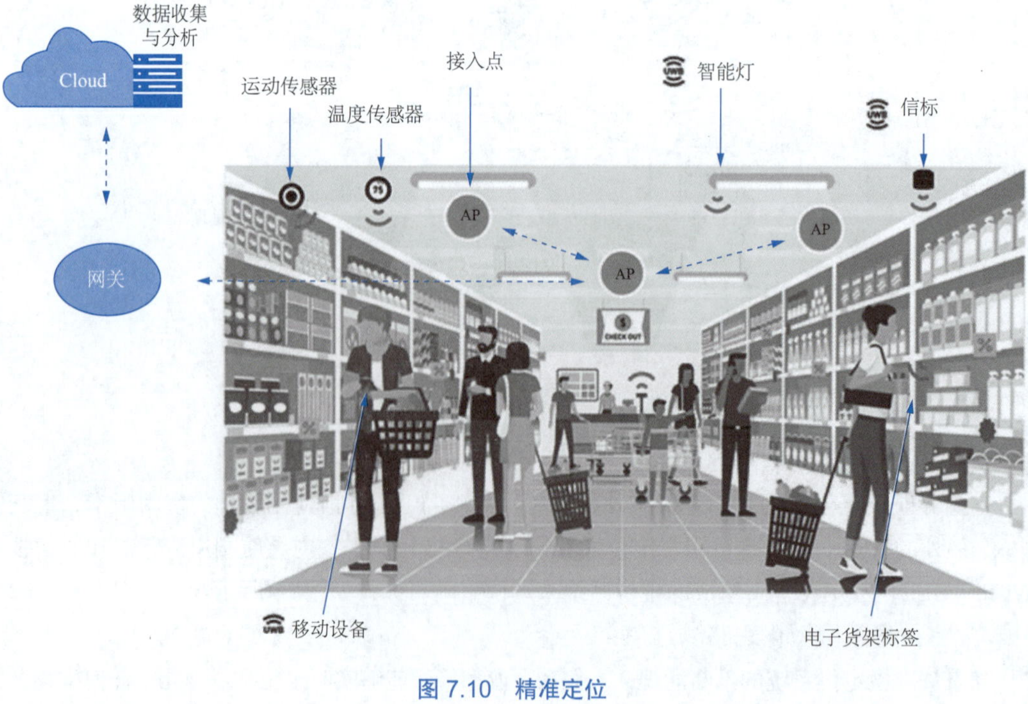

图7.10 精准定位

7.3.2 位置服务及应用场景

基于位置的服务（location-based service, LBS）又称实地性服务、行动定位服务、位置服务，是通过移动运营商的无线电通信网络（如GSM网、LTE网）或外部定位方式（如GPS）获取移动终端用户的位置消息（地理坐标）。在GIS平台的支持下，它是为用户提供相应服务的一种增值业务。

位置服务可以应用于不同的领域，如健康、工作、个人生活等。此服务可以用来辨认一个人或物的位置，例如，发现最近的提款机或朋友同事的目前的位置，也能透过客户目前所在的位置提供直接的手机广告。

在物联网时代，大多数的应用或多或少都与位置服务相关联，尤其是对于移动物体而言，定位需求更为明显，因此，定位技术受到了广泛的关注。在这样的背景之下，也涌现了大量的定位技术，比较常见的定位技术有GPS、北斗等卫星定位技术，Wi-Fi/蓝牙/RFID/UWB（ultra-wide band，超宽带）小范围定位技术，以及基站定位技术。

位置服务的应用场景几乎无处不在（见图7.11），在不同的位置服务场景中，涌现出各种各样的需求，而满足这些需求又需要采用不同的技术手段。这里将详细列举不同定位技术下的位置服务场景，以便读者能够初步了解定位技术的多样性和应用范围。通过深入探讨这些场景，读者将更好地理解不同技术在实现定位功能方面的独特之处。

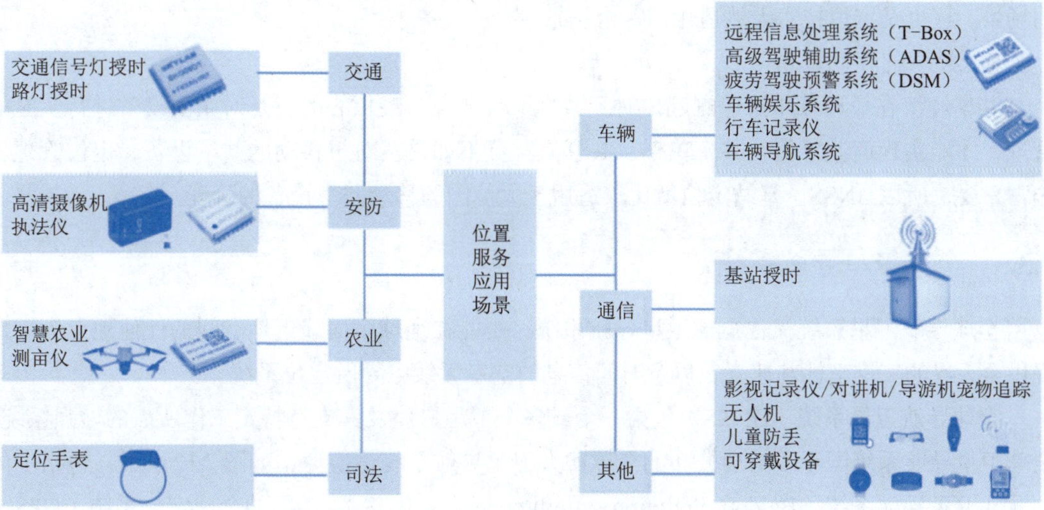

图 7.11 位置服务的应用场景

1. 老人、小孩及宠物看护

这类应用的特点是人与宠物都有自主意识，其行动有很高的偶然性，无法事先预估，所以需要实时地对他们的位置信息进行采集。全球导航卫星系统（GNSS）及蓝牙定位比较适用于这类应用场景。GNSS定位解决方案适合室外环境，而蓝牙定位则能够满足养老院、托儿所、宠物托管所/宠物医院等适合布局蓝牙网关的蓝牙室内定位解决方案。

2. 车联网/无人机

目前卫星定位早已是汽车的标配，而无人机及自动驾驶等新型技术也都需要非常精准的位置信息才能实现，汽车是定位技术最成熟的一个应用，而近些年，车联网的定位需求已经从室外延伸到了室内，比如，进入地下停车场就需要室内外定位场景进行切换，所以高精度GNSS再结合蓝牙室内定位方案结合比较适合这类应用场景。对于精度要求比较高的车联网/无人机，普通的GNSS模块并不能满足其位置服务需求，其需要支持RTK（real time kinematic, 实时动态）这种厘米级定位的高精度GNSS室外定位解决方案，如地下停车场这类接收不到卫星信号的复杂环境就需要对定位环境适应度高的蓝牙室内定位解决方案来提供位置服务。

3. 人员/资产管理

这类应用场景涵盖内容比较广泛，比如工厂与实验室里面的人员进出、医院病人监护以及医疗设备管理、监狱里的人员看管等。虽然从大类上来讲，都是人员或者资产的管理，但不同的应用场景具体的需求也不同，想要的技术也有差异。蓝牙/超宽带定位比较适用于这类应用场景。比如一般的资产管理，采用RFID/蓝牙室内定位方案便可以实现；而精度要求高的监狱看管场景很多则采用UWB；精度需求不是很高的商场或者办公楼里面采用蓝牙也比较合适。

4. 高危环境的人员与设备管理

此类应用场景虽然范围不大，但是因为环境的特殊性，所以对于定位技术的需求比较强烈，比如矿井和隧道里的施工、高温环境作业、电力巡检等等。UWB定位比较适用于这类应用场景。这也是定位技术天然适用的一个场景。

5. 共享的移动设备

共享经济在最近几年快速崛起，对于共享平台来说，最核心的就是对旗下设备进行实时的管理，才能实现商业价值，共享单车、共享汽车莫不如是。对于移动的共享设备，定位管理就非常重要，所以GNSS、基站定位就比较适用于大范围的移动共享设备的管理。

7.3.3 全球卫星导航系统

全球导航卫星系统又称全球卫星导航系统，是能在地球表面或近地空间的任何地点为用户提供全天候的三维坐标和速度，以及时间信息的空基无线电导航定位系统。

全球导航卫星系统（GNSS）包括一个或多个卫星星座及其支持特定工作所需的增强系统。全球卫星导航系统国际委员会公布的全球四大卫星导航系统供应商，如图7.12所示，包括中国的北斗卫星导航系统（Beidou navigtion statellite system, BDS）、美国的全球定位系统（GPS）、俄罗斯的格洛纳斯卫星导航系统（GLONASS）和欧盟的伽利略卫星导航系统（GALILEO）。其中GPS是世界上第一个建立并用于导航定位的全球系统，GLONASS经历快速复苏后已成为全球第二大卫星导航系统，二者正处现代化的更新进程中；GALILEO是第一个完全民用的卫星导航系统，正在试验阶段；BDS是中国自主建设运行的全球卫星导航系统，为全球用户提供全天候、全天时、高精度的定位、导航和授时服务。

7.3.3.1 全球定位系统

1. GPS简介

全球定位系统是一种可以授时和测距的空间交会定点的导航系统，可向全球用户提供连续、实时、高精度的三维位置、三维速度和时间信息。全球定位系统是由美国国防部将24颗卫星送入轨道的网络组成。GPS最初是用于军事应用，但在20世纪80年代，政府将该系统提供给民用。GPS可在世界任何地方、一年365天、每天24小时的任何天气条件下工作。GPS卫星由太阳能供电。它们船上有备用电池，可以在日食、没有太阳能的情况下保持运行。每颗卫星上的小型火箭助推器使它们沿着正确的路径飞行。每颗卫星重约2 000磅，使用寿命约十年。

	BDS（北斗）	GPS	GLONASS（格洛纳斯）	GALILEO（伽利略）
所属国家	中国	美国	俄罗斯	欧洲
卫星数量	55	33	28	26
首次发射年份	2000年	1978年	1982年	2005年
轨道类别	MEO（47颗）+GEO（5颗）+IGEO（3颗）	MEO	MEO	MEO（24颗）+Elliptical（2颗）
主要功能	定时、导航、授时、短报文通信、国际搜救	定时、导航、授时	定时、导航、测量、授时	定时、导航、搜救、授时
抗干扰性	强	弱	强	强
优势	安全性强、短报文通信	发展成熟，民用市场占有率高	北极附近定位性能强	非军方控制、实时高精度定位
定位精度	10米（三代可达2.5～5米）	10米（非民用可达厘米）	3～10米	1米
平均寿命	5～8年	10～15年	7～10年	12年

图 7.12　全球四大卫星导航系统

2. GPS 的产生与发展——由 TRANSIT 到 GPS

美国国防部（United States department of defense, DOD）于1973年决定成立GPS计划联合办公室，由军方联合开发全球测时与测距导航定位系统（navigation system with time and ranging，NAVSTAR）。如图7.13所示，整个系统的建设分三个阶段实施：第一阶段（1973—1979年），系统原理方案可行性验证阶段（含设备研制）；第二阶段（1979—1983年），系统试验研究（对系统设备进行试验）与系统设备研制阶段；第三阶段（1983—1988年），工程发展和完成阶段。从1978年发射第一颗GPS卫星，到1994年3月10日完成21颗工作卫星加3颗备用卫星的卫星星座配置，1995年4月，美国国防部正式宣布GPS具备完全工作能力。1957年10月第一颗人造地球卫星上天，天基电子导航应运而生。

- 美国1964年建成子午卫星导航定位系统（TRANSIT）。
- 美国从1973年开始筹建全球定位系统，1994年全部建成，投入使用。
- 建设第1阶段（1973—1979年），系统原理方案可行性验证阶段（含设备研制）。
- 建设第2阶段（1979—1983年），系统试验研究与系统设备研制阶段。
- 建设第3阶段（1983—1988年），工程发展和完成阶段。

3. GPS 的三个组成部分

如图7.14所示，GPS全球卫星定位系统由三部分组成：空间部分、地面控制部分、用户设备部分。

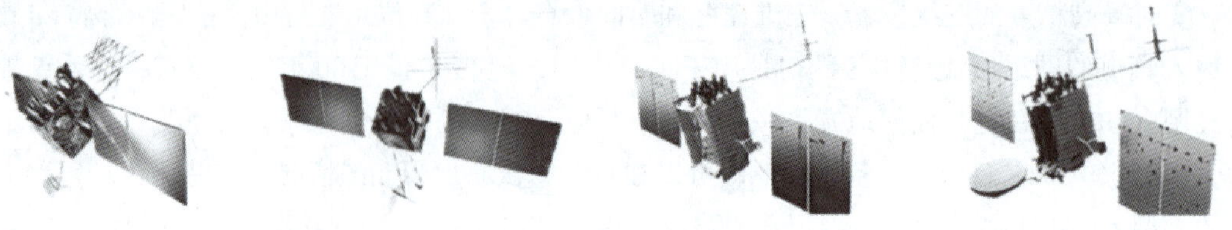

图 7.13 GPS 的发展

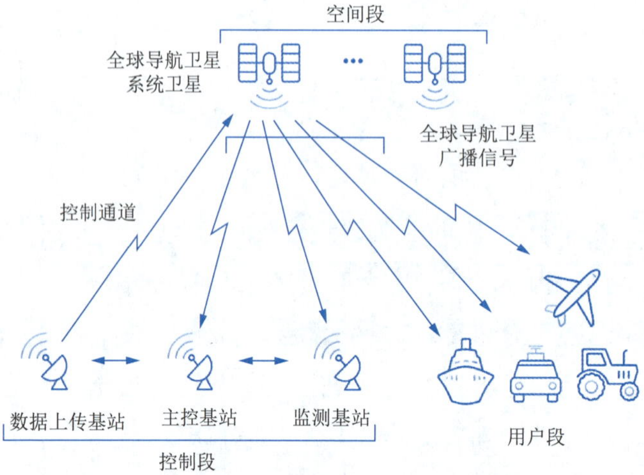

图 7.14 GPS 的三大组成部分

空间部分：GPS的空间部分由24颗工作卫星组成，位于地面以上20～200 km，均匀分布在六个轨道平面上（每个轨道平面四颗），轨道倾角为55°。此外，在轨还有四颗现役备份卫星。卫星的分布使得在世界上任何地方、任何时间观测四颗以上卫星成为可能，并具有良好定位精度的几何图像，从而提供了及时连续的全球导航能力。

地面控制部分：地面控制部分由一个主控站、五个全球监测站和三个地面控制站组成。监测站配备了精确的铯原子钟和接收器，可以连续测量所有可见的卫星。监测站获得的卫星观测数据，包括电离层和气象数据，经过初步处理后，将传输到主控站。主控站收集各监测站的跟踪数据，计算卫星的轨道和时钟参数，然后将结果发送给三个地面控制站。

用户设备部分：该部分是GPS信号接收器。它的主要功能是捕获按照一定的卫星截止角选取的待测卫星，并跟踪这些卫星的运行情况。当接收机捕获到被跟踪的卫星信号时，可以测量接收天线到卫星的伪距和距离变化率，解调出卫星轨道参数等数据。根据这些数据，接收机中的微处理器可以根据位置解算方法计算位置，计算出用户地理位置的经纬度、高度、速度、时间等信息。

7.3.3.2 北斗卫星导航系统

1. BDS 简介

北斗卫星导航系统（BDS）是中国自行研制的全球卫星导航系统，也是继GPS、GLONASS之后的第三个成熟的卫星导航系统。北斗卫星导航系统（BDS）和美国的GPS、俄罗斯的GLONASS、欧盟的GALILEO是联合国卫星导航委员会已认定的供应商。

北斗卫星导航系统由空间段、地面段和用户段三部分组成，可在全球范围内全天候、全天时为各类用户提供高精度、高可靠定位、导航、授时服务，并且具备短报文通信能力，已经初步具备区域导航、定位和授时能力，定位精度为分米、厘米级别，测速精度0.2 m/s，授时精度10纳秒。

全球范围内已经有137个国家与北斗卫星导航系统签下了合作协议。随着全球组网的成功，北斗卫星导航系统未来的国际应用空间将会不断扩展。

2. BDS 发展历程

中国高度重视北斗系统建设发展，如图7.15所示，自20世纪80年代开始探索适合国情的卫星导航系统发展道路，形成了“三步走”发展战略：2000年年底建成北斗一号系统，向中国提供服务；2012年年底，建成北斗二号系统，向亚太地区提供服务；2020年，建成北斗三号系统，向全球提供服务。

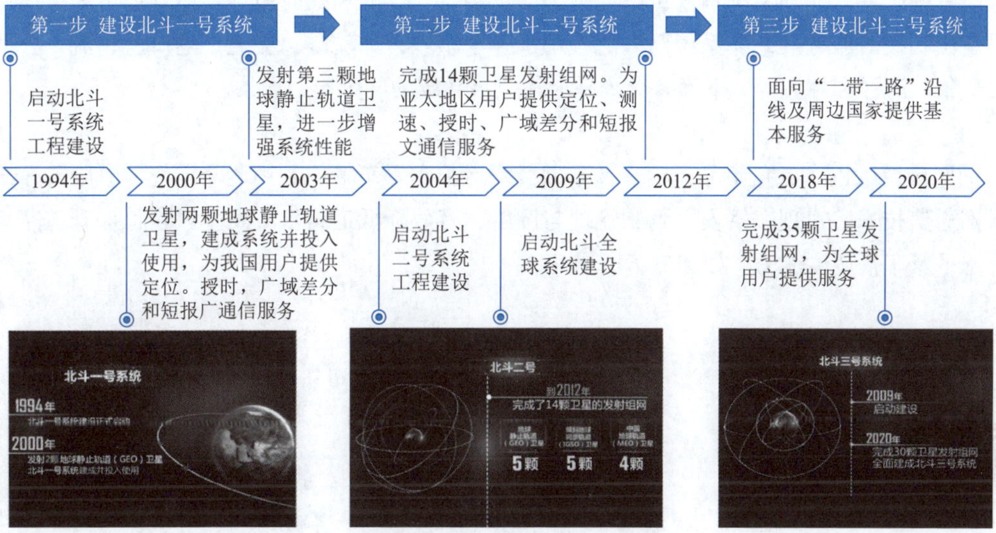

图 7.15　BDS 发展历程

第一步，建设北斗一号系统。1994年，启动北斗一号系统工程建设；2000年，发射两颗地球静止轨道卫星，建成系统并投入使用，采用有源定位体制，为中国用户提供定位、授时、广域差分和短报文通信服务；2003年发射第三颗地球静止轨道卫星，进一步增强系统性能。

第二步，建设北斗二号系统。2004年，启动北斗二号系统工程建设；2012年年底，完成14颗卫星（5颗地球静止轨道卫星、5颗倾斜地球同步轨道卫星和4颗中圆地球轨道卫星）发射组网。北斗二号系统在兼容北斗一号系统技术体制基础上，增加无源定位体制，为亚太地区用户提供定位、测速、授时和短报文通信服务。

第三步，建设北斗三号系统。2009年，启动北斗三号系统建设；2018年年底，完成19颗卫星发射组网，完成基本系统建设，向全球提供服务；计划2020年年底前，完成30颗卫星发射组网，全面建成北斗三号系统。北斗三号系统继承北斗有源服务和无源服务两种技术体制，能够为全球用户提供基本导航（定位、测速、授时）、全球短报文通信、国际搜救服务，中国及周边地区用户还可享有区域短报文通信、星基增强、精密单点定位等服务。

3. BDS 系统的特点

北斗系统的建设实践，实现了在区域快速形成服务能力、逐步扩展为全球服务的发展路径，丰富了世界卫星导航事业的发展模式。

北斗系统具有以下特点：

- 北斗系统空间段采用三种轨道卫星组成的混合星座，与其他卫星导航系统相比高轨卫星更多，抗遮挡能力强，尤其低纬度地区性能特点更为明显。
- 北斗系统提供多个频点的导航信号，能够通过多频信号组合使用等方式提高服务精度。
- 北斗系统创新融合了导航与通信能力，具有实时导航、快速定位、精确授时、位置报告和短报文通信服务五大功能。

4. 北斗卫星系统在各行业的应用

北斗卫星导航系统是中国自主研发的全球卫星导航系统，被世界认证机构评定为四大卫星导航系统之一。北斗系统不仅可以为中国提供定位、导航和授时服务，而且还可为全球用户提供定位和授时服务。北斗系统已广泛应用于各个领域，如航空、交通、港口、物流、公共安全、气象、海洋和林业等。下面将会列举北斗卫星系统的两个应用场景。

（1）交通运输领域

面向旅游大巴车、危险品运输车及重型载货运输车等车辆，利用北斗定位导航服务，结合互联网通信技术，实现车辆安全驾驶管理与调度，有效降低道路事故发生风险，提升道路运输管理水平及车辆调度能力，如图7.16所示。

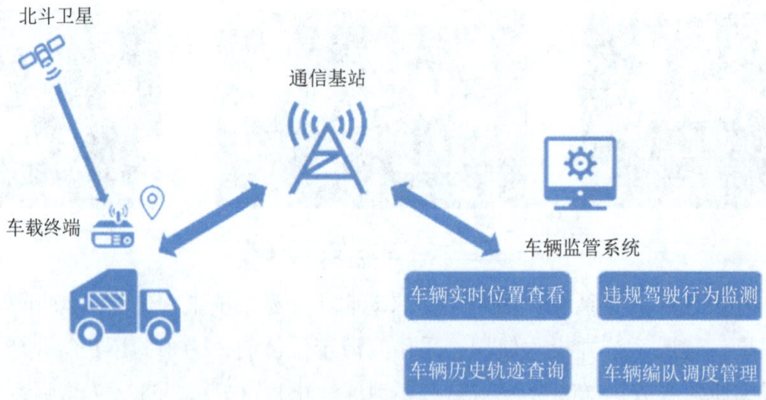

图 7.16　BDS 在交通运输领域的应用

2018年，中俄开展了中俄国际道路运输试运行活动。在国际道路运输客车及货车上安装北斗/GLONASS 车载终端，实现了试运行车队调度管理和有序运行。赞比亚 Wideway 是一家专业从事硫酸运输的公司。针对客户严控危险品运输风险的需求，采用了以北斗高精度定位技术为基础，扩展远程拍照、违规驾驶语音提示等功能的监控系统，对运输车辆、驾驶员及危险品三者的状态进行实时跟踪和监控，结合安全管理制度，有效地防控了车队危险品运输的风险。

（2）国际搜救领域

全球卫星搜救系统是全球范围的公益性卫星遇险报警系统，旨在提供准确、及时和可靠的遇险报警和定位服务，帮助搜救机构获取遇险信息，提高遇险船只、航空器和人员的搜救成功率。北斗国际搜救系统具备提供符合全球卫星搜救系统要求的卫星搜救服务能力，并具备北斗特色反向链路服务能力。

自北斗国际搜救服务于2020年7月 31 日开通以来，北斗搜救载荷运行稳定，国际搜救服务和北斗特色反向链路服务运行正常，截至2021年10月共收到1 352个信标报警测试信号67 085条，并成功应用于2021年9月中国首次海上无脚本搜救演习。

7.3.4　蜂窝网络定位技术

蜂窝网络如今已经“随时随地地存在”，运营商广覆盖、深覆盖的要求使得在蜂窝网络中应用定位技术有了得天独厚的应用优势。

20世纪90年代，蜂窝系统标准就已经开始有定位的一席之地，随着4G到5G的不断演进，定位在空口可用、可控制的资源也逐步扩展，定位精度得到了逐步提升。

1. 基站定位的原理和方法

基站定位（location based service, LBS）也称为移动定位服务，是通过电信移动运营商的网络（如GSM网）获取移动终端用户的位置信息（经纬度坐标），在电子地图平台的支持下，为用户提供相应服务的一种增值业务。

如图7.17所示，基站定位的大致原理为：移动电话测量不同基站的下行导频信号，得到不同基站下行导频的TOA（time of arrival，到达时刻）或TDOA（time difference of arrival，到达时间差），根据该测量结果并结合基站的坐标，一般采用三角公式估计算法，就能够计算出移动电话的位置。实际的位置估计算法需要考虑多基站（三个以上）定位的情况，因此算法要复杂很多。一般而言，移动台测量的基站数目越多，测量精度越高，定位性能改善越明显。

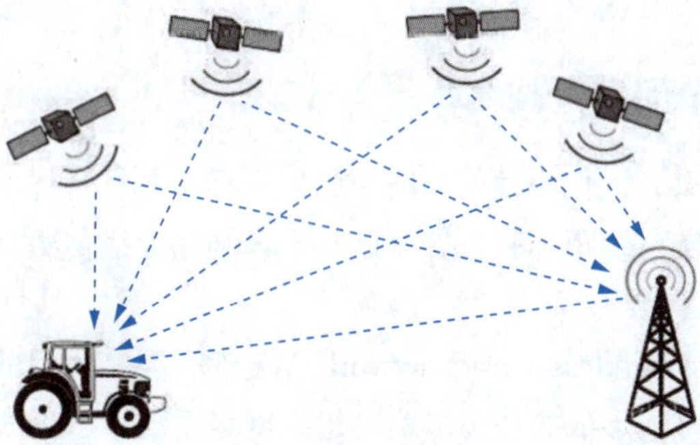

图 7.17　基站定位结构

移动通信网络是由许多按照一定规则布局的基站构成的，每个基站覆盖一个正六边形区域，每个正六边形区域称为一个小区，每个小区（基站）都有一个固定的ID（编号），这样形成的网络酷似蜂窝，其主要特征是终端的可移动性，并具有越区切换和跨本地网自动漫游功能。

2. 基站定位的特点

如图7.18所示，基站定位的特点一方面要求覆盖的范围足够大，另一方面要求覆盖的范围包括室内。用户大部分时间是在室内使用该功能，从高层建筑和地下设施必须保证覆盖到每个角落。手机定位覆盖率的范围可以分为三种覆盖率的定位服务：在整个本地网、覆盖部分本地网和提供漫游网络服务类型。除了考虑覆盖率外，网络结构和动态变化的环境因素也可能使一个电信运营商无法保证在本地网络或漫游网络中的服务。

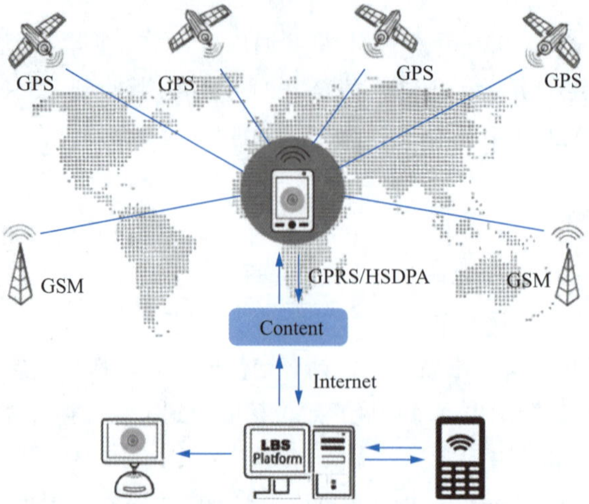

图 7.18 基站定位的覆盖范围

蜂窝网络定位的优势在于其广泛的覆盖范围、相对低廉的成本及提供较为实时的位置信息。这种技术无须额外的硬件支持，可广泛应用于手机等移动设备上，为导航、紧急救援等需要及时位置信息的场景提供了便利。

然而，蜂窝网络定位也存在一些劣势。其主要局限体现在相对较低的精度，尤其在城市高楼密集区域或复杂地理环境中，定位可能受到影响。此外，室内定位困难、信号波动可能导致位置不稳定，而且在涉及用户隐私的情境中需要仔细权衡和保护隐私。这些因素需要在应用蜂窝网络定位时加以考虑和处理。

7.3.5 无线传感网络中的定位技术

随着人类进入信息社会，人们生存的空间里已经充斥了各种各样的电磁波。这些电磁波为人们提供了很多通信、导航、测距等服务。而这其中，利用无线传感器网络对物体进行定位是一个非常重要的应用。

所谓无线传感器网络（wireless sensor network, WSN），是指大量的具有信息感知功能的传感器节点，通过无线通信方式形成的一个多跳自组织网络系统。在无线传感器网络中利用节点发送与接收无线信号确定物体的位置就称为无线传感器网络节点定位。这是近年来新兴的物联网关键技术之一。

1. 基于非测距的定位技术

基于非测距的定位方法不需要已知距离、角度或者信号强度，其优势有硬件开销小、配置简单、系统扩展性较高等。该方法通常将一部分已知位置的节点作为锚节点，根据拓扑关系或者事件的先后顺序来获取其他待测节点的位置。该方法在无线传感器网络使用定位中被广泛应用。非测距定位算法的典型代表有质心算法、距离向量跳（distance vector-hop, DV-hop）算法、多维尺度最大后验概率估计（multidimensional scaling MAP, MDS-MAP）算法、近似三角形内点测量（approximate point-in-triangulation, APIT）算法和凸规划算法等。

2. 基于测距的定位技术

基于距离的定位算法通过测量不同节点到目标信号间的距离或角度信息，利用最大似然估计定位法、三角测量定位法、三边测量定位法估计未知目标节点的位置。常用定位算法：到达角度算法（AOA）、达到时间算法（TOA）、到达时间差算法（TDOA）、接收信号能量算法（RSSI）。

3. 绝对定位与相对定位

绝对定位指定位结果是一个标准的坐标位置，如经纬度等。其可为网络提供唯一的命名空间，节点移动性对定位结果影响较小，绝大多数定位算法都可以实现绝对定位。相对定位则是以网络中部分监测节点作为参考，建立整个网络的相对坐标系统。相对定位的应用上较为方便，可在此基础实现部分路由协议，无须信标节点。

7.3.6 室内定位技术

室内定位技术，顾名思义就是在室内环境中精确地定位和跟踪移动的目标物体或者人员。室内定位技术的出现，可以让人们更加高效地管理室内物品和人员，并在特定的场合下提高安全性和服务质量。

随着互联网的高速发展和城市化进程不断加速，人们对于定位服务的需求越来越大。GPS卫星定位技术虽然成熟，但定位的条件是基于广阔的开放区域，而在封闭的建筑物和矿井内，GPS卫星定位技术就有些力不从心，从而催生了室内定位技术。目前，室内定位技术主要包括Wi-Fi定位、蓝牙定位、红外定位、超宽带定位、声频信号定位等多种技术。

1. 超宽带定位技术

超宽带（UWB）定位技术是一种基于超短脉冲信号的室内定位技术。它利用非常短且宽带的脉冲信号来进行定位，能够提供高精度、低延迟的定位结果。UWB定位技术在实时定位、室内导航、人员跟踪、无人机控制等领域有广泛应用。

传统通信方式使用的是连续波信号，即本地振荡器产生连续的高频载波。对于需要传送的信息通过一定的调制方式（如调幅，调频等）加载于载波之上，通过天线进行发送。现在的无线广播、4G通信、Wi-Fi等都是采用该方式进行无线通信的。如图7.19所示，是一个使用调幅方式传递语音信号的连续波信号产生示意图。

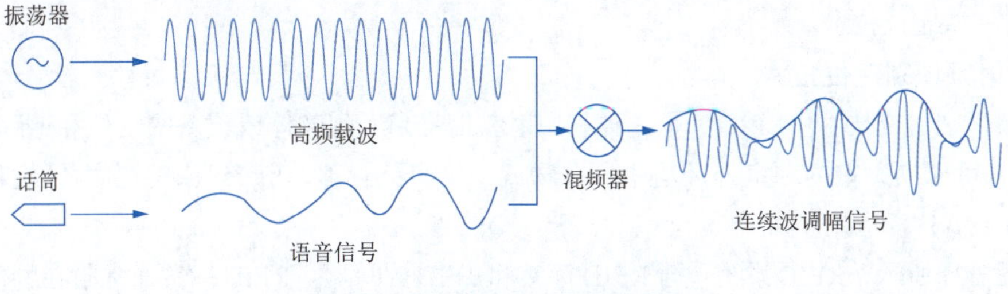

图 7.19　连续波信号产生示意图

而超宽带技术不需要产生连续的高频载波，仅仅需要产生一个时间间隔极短的脉冲便可通过天线进行发送，因此也称作脉冲无线电（impulse radio, IR）。需要传送信息可以通过改变脉冲的幅度、时间、相位进行加载，进而实现信息传输。图7.20所示是使用相位调制方式传输二进制归零码的IR-UWB信号产生示意图。

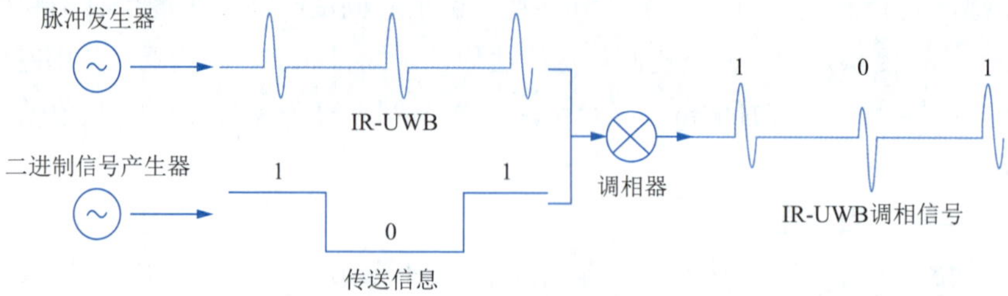

图 7.20 相位调制方式传输二进制归零码的 IR-UWB 信号产生示意图

UWB定位系统通过发送和接收非常短的脉冲信号，利用信号的传播时间和多径效应来确定目标物体的位置。这些脉冲信号的持续时间极短，允许它们在时间上与其他信号分开，从而在多径传播环境下也能准确地识别。

UWB可以通过测量信号从发射器到达接收器的时间差来确定物体的距离。由于超短脉冲信号的宽带性质，它们能够实现非常高的时间分辨率，从而实现极高的距离测量精度。为了获得准确的定位结果，UWB系统通常会使用多个发射器和接收器。通过多个发射器和接收器之间的时差测量，系统可以计算出目标物体相对于这些设备的位置。和其他定位方式类似，UWB的定位算法会分析从不同发射器接收到的信号时间差数据，并使用这些数据来计算物体的位置。这其中也涉及三角测量、多边形法以及校准算法等方法来解决多径传播和误差问题。同时，类似于其他定位技术，UWB定位技术也可以与其他传感器和技术进行融合，如惯性传感器、地标识别、视觉传感等，以提高定位的精度和稳定性。

超宽带（UWB）定位技术有以下优劣势：

UWB定位技术在室内和复杂环境中表现出色，其独特的频谱特性允许它提供高精度的定位信息。由于其超宽的频带，UWB系统能够实现极高的时间分辨率，从而在测距方面表现卓越。与传统的定位技术相比，UWB对多径效应的抗干扰能力强，能够提供更可靠和准确的定位数据。此外，UWB信号穿透能力强，能够在不同环境中实现可靠的定位，包括室内、城市峡谷和深度建筑等复杂场景。

尽管UWB技术在许多方面表现出色，但其在长距离通信和穿透障碍物方面的能力相对较弱。由于UWB信号的高频率特性，其传播距离相对有限，因此在大范围覆盖的场景中可能不如其他的一些定位技术。

2. 射频识别定位技术

射频识别定位技术（RFID）是一种利用射频信号来实现物体或设备的定位和追踪的技术。RFID技术可以用于室内和室外环境中，在物流、供应链管理、资产追踪、室内导航和智能物联网等领域有广泛应用。

如图7.21所示，RFID系统包含RFID标签和RFID读写器。RFID标签通常附在物体或设备上。每个RFID标签都有一个唯一的识别码，可以通过射频信号进行读取。RFID标签分为主动式和被动式两种。主动式标签具有自身的电池，可以主动发射信号，而被动式标签则依靠读写器发送的信号来激活并传输数据。RFID读写器是用于发送射频信号和接收RFID标签响应的设备。读写器可以定期向附近的RFID标签发送信号，激活标签并读取其识别码或存储的数据。

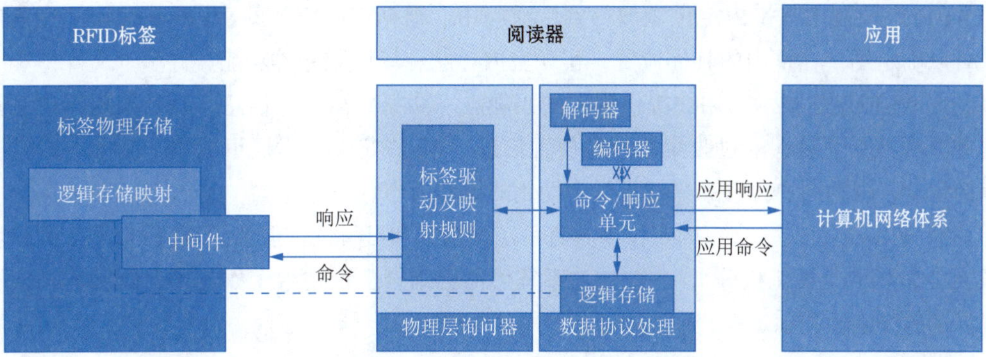

图 7.21　RFID 三大组成部分

RFID定位技术可以通过测量RFID标签与读写器之间的信号强度来确定物体的距离。信号强度会随着距离的增加而减弱，因此可以根据信号强度来估算物体与读写器之间的距离。类似于其他定位技术，使用多个RFID读写器可以实现更准确的定位。通过测量RFID标签与多个读写器之间的信号强度，系统可以计算出标签的位置。

射频识别定位技术（RFID）有以下优劣势：

RFID定位技术的优势在于实时性和易用性。由于RFID标签可以以较低的成本批量制造，并且RFID读写器可以覆盖相对较大的范围，因此，RFID技术可以实现规模化的定位和追踪。

RFID定位技术也有一些限制，如信号受干扰的影响、标签与读写器之间的角度问题以及不适用于高精度定位等。在具体应用中，需要根据实际情况选择合适的技术，并可能与其他定位技术结合使用，以实现更准确的定位结果。

3. Wi-Fi 定位技术

Wi-Fi是指基于IEEE 802.11b标准的无线局域网。Wi-Fi定位技术通过收集和分析Wi-Fi信号的强度、延迟和其他特征来确定设备的位置。

如图7.22所示，Wi-Fi定位系统会扫描周围的Wi-Fi信号，获取到附近可用的Wi-Fi网络信息，然后将采集到的Wi-Fi信息与预先构建的Wi-Fi数据库进行匹配。这个数据库中保存了已知Wi-Fi网络的位置信息，通过比对采集到的信号特征，找到与之匹配的Wi-Fi网络。一旦找到匹配的Wi-Fi网络，定位系统会使用三角测量、指纹定位或机器学习等算法，计算出设备的位置坐标。

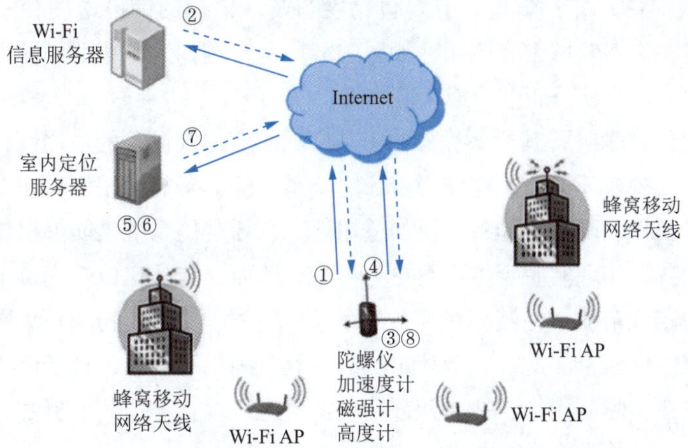

图 7.22　Wi-Fi 定位技术

Wi-Fi定位技术在室内定位领域得到广泛应用。根据室内安装的Wi-Fi基站和信号覆盖范围，可以确定用户在室内的具体位置，实现室内导航、场所服务等功能；许多社交媒体和应用程序利用Wi-Fi定位技术为用户提供附近的兴趣点、商家、活动等信息，以及实现用户之间的位置共享和社交互动；通过收集用户的位置信息，Wi-Fi定位技术还可以用于精准的广告投放和营销活动，根据用户位置和兴趣提供个性化的推荐内容。

尽管Wi-Fi定位技术在室内定位中具有一定的精度和可行性，但由于Wi-Fi信号受到环境影响较大（如墙壁、天花板等），一些定位系统可能会结合多种技术（如蓝牙、磁场等）来提高位置识别的准确性和稳定性。

4. 蓝牙定位技术

类似于Wi-Fi定位，蓝牙定位也适用于室内环境，特别是在需要高精度、实时定位的场景中。蓝牙定位技术通常用于室内导航、物品追踪、定位服务和位置感知应用。

如图7.23所示，蓝牙定位基于RSSI（信号强度）值，通过三角定位原理进行定位。蓝牙定位系统由蓝牙信标（beacons）、网关、蓝牙定位平台等构成。在区域内铺设beacon和蓝牙网关，当终端（手机、Pad等）进入beacon信号覆盖范围，终端就能感应到beacon的广播信号，然后测算出在某beacon下的RSSI值通过蓝牙网关经过Wi-Fi网络传送到后端数据服务器，通过服务器内置的定位算法测算出终端的具体位置。

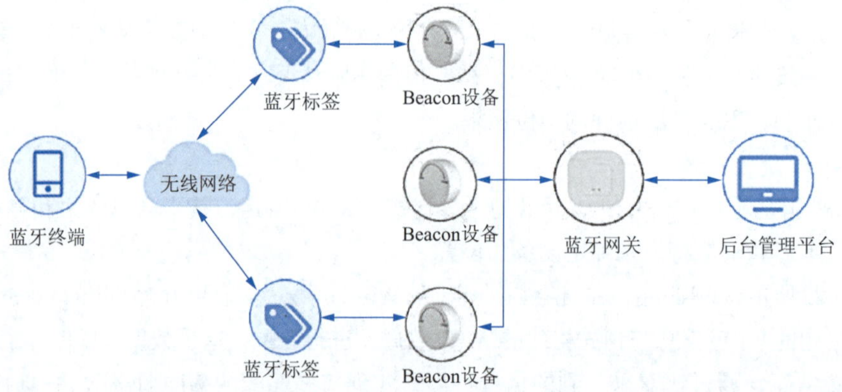

图 7.23 蓝牙定位

蓝牙定位实现简单，非常省电，其定位精度与蓝牙信标的铺设密度和发射功率有密切关系。蓝牙定位技术在许多领域都有应用，如图7.24所示，例如，零售业中的室内导航、智能办公室中的人员定位、物流和仓储中的资产追踪等。

当谈及蓝牙定位技术时，其显著优势在于其广泛的应用及设备的通用性，因为如今几乎所有现代移动设备均支持蓝牙通信。这使得蓝牙定位系统的部署与使用变得相对容易，尤其在零售、室内导航，以及物联网领域具备广泛的适用性。蓝牙定位系统还能够提供相对低功耗的特性，使其在移动设备上实现实时定位方案更为可行。然而，蓝牙定位技术也带来一些挑战，主要表现为其有限的定位精度，尤其是在复杂的多径环境下。受障碍物和环境影响，信号强度波动较大，容易导致定位误差。此外，蓝牙定位的有效范围相对较短，对于广泛的室外应用可能存在一定局限性。在实际应用中，选择蓝牙定位技术时需综合考虑其便捷性、低功耗特性与相对较低的定位精度，以及覆盖范围之间的平衡。

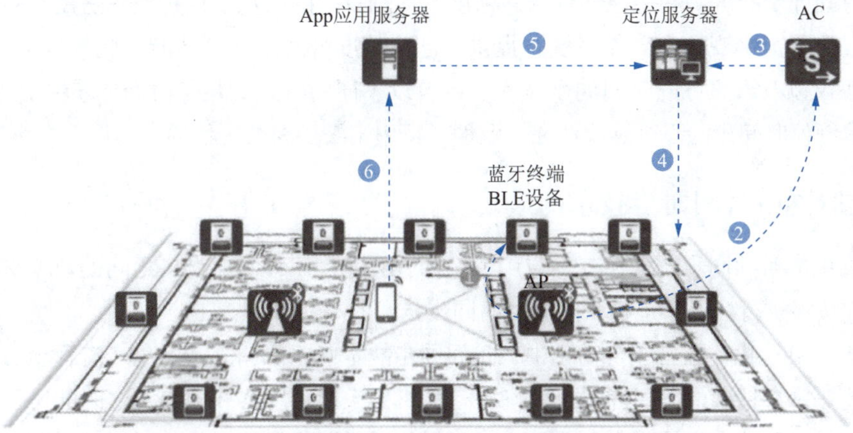

图 7.24　蓝牙定位的应用场景

7.4　时间同步技术

7.4.1　时间同步技术的基本概念

视频

时间同步技术

时间同步技术是指通过各种方法和协议确保计算机系统、网络设备以及其他电子设备在分布式环境中能够准确地保持同步的过程。在互联网和计算机网络中，时间同步技术起着至关重要的作用，因为许多应用和服务都依赖于精确的时间信息来协调各种操作和事件。在时间同步技术中，通常会使用网络时间协议（network time protocol, NTP）来实现。NTP是一种用于同步计算机网络中的时间的协议，它允许计算机通过网络传输和接收时间信息，并根据这些信息调整自身的时间。NTP通常依赖于一组层级结构的时间服务器，这些服务器通过互联网传播时间信息，从而使得网络中的各个节点能够同步其时间。除了NTP之外，还有其他一些时间同步技术，如基于GPS信号的时间同步、基于原子钟的时间同步等。这些技术可以提供更高精度的时间同步，适用于一些对时间要求非常严格的应用场景，如金融交易、科学实验等。时间同步技术在互联网和计算机网络中扮演着至关重要的角色，它确保了网络中各个节点之间的时间一致性，从而保证了各种应用和服务的正常运行。

7.4.2　时间同步技术的分类

时间同步技术在互联网和计算机网络中扮演着至关重要的角色，它是确保网络中各个节点之间时间一致性的关键机制，直接影响到各种应用和服务的正常运行。这些技术根据其实现方式、精度要求以及使用场景等方面进行分类，以满足不同环境下的需求。基于网络协议的时间同步技术是其中一类核心技术。网络时间协议（NTP）和精简网络时间协议（simple network time protocol, SNTP）作为代表，通过在网络中传输时间信息，确保了各个节点间的时间同步。这种技术适用于绝大多数互联网应用，提供了基本的时间同步功能。基于全球卫星定位系统的时间同步技术利用GPS等卫星系统提供的时间信号进行时间同步。由于其高精度特性，通常用于对时间要求较高的领域，如金融交易和科学实验，确保了时间数据的准确性和可靠性。基于原子钟的时间同步技术则利用原子钟的高精度特性进行时间同步。这种技术适用于对时间要求极高的场景，如天文观测和导航系统，提供了超高精度的时间同步功能。此外，基于区块链、时钟同步协议以及云服务的时间同步技术，各自以不同的方式满足了时间同步的需求，例如，区块链技术确保时间戳的不可篡改性和一致性，适用于需要高度可信的时间信息的场景。

7.4.3 物联网中时间同步技术的应用

物联网中的时间同步技术在各种应用中发挥着关键作用，确保设备之间的数据交换和协作能够按时、按序进行。以下是物联网中时间同步技术的一些应用：

（1）工业自动化：在工业自动化中，时间同步技术对于协调复杂的生产流程至关重要。例如，在制造业中，精确的时间同步可以确保各种机器人、传感器和生产线之间的协调运作，从而提高生产效率并减少生产成本。此外，时间同步还可以确保数据采集和记录的准确性，有助于对生产过程进行实时监测和优化。

（2）智能交通系统：在智能交通系统中，时间同步技术可以确保各种交通设备（如交通信号灯、智能路灯、车辆传感器等）之间的协调运作。通过精确的时间同步，智能交通系统可以实现对交通流量的实时监测和优化，减少交通拥堵和交通事故的发生，提高道路使用效率。

（3）农业物联网：在农业物联网中，时间同步技术可以帮助农民实现对农田灌溉和作物生长的精确控制。通过将各种农业传感器（如土壤湿度传感器、温度传感器等）进行时间同步，农业物联网可以实现对农田环境参数的实时监测和管理，从而提高农作物的产量和质量。

（4）环境监测：在环境监测领域，时间同步技术可以确保各种环境传感器（如空气质量传感器、水质传感器等）之间的数据采集和记录的同步性。通过精确的时间同步，环境监测系统可以实现对环境污染和自然灾害的及时监测和预警，为环境保护和资源管理提供重要支持。

（5）智能建筑：在智能建筑系统中，时间同步技术可以确保各种智能设备（如智能照明系统、智能安防系统等）之间的协调运作。通过精确的时间同步，智能建筑系统可以实现对建筑能耗和安全的智能管理，提高建筑的舒适性和节能性，同时提升建筑的整体管理效率。

物联网中的时间同步技术在各种应用场景中都扮演着重要角色，它不仅可以提高系统的可靠性和稳定性，还可以为各种物联网应用提供更加精确和高效的数据处理和控制能力。

7.4.4 物联网中时间同步技术的意义

物联网中时间同步技术的意义不容忽视，它直接关系到物联网系统的可靠性、安全性和效率性。首先，精确的时间同步是确保物联网设备和传感器之间协调运作的基础。在一个物联网系统中，可能涉及数以千计甚至更多的设备，这些设备需要在准确的时间点进行数据采集、信息传输和指令执行，以保证系统的正常运行。若时间同步不准确，将会导致数据错乱、指令混乱甚至系统崩溃，给物联网应用带来严重的影响。其次，时间同步技术对于物联网系统的安全性至关重要，许多物联网应用需要确保数据的完整性、机密性和可用性，而精确的时间同步可以帮助确保数据在传输和处理过程中的时序性和一致性。此外，时间同步技术还可以用于实现对物联网系统的身份认证、访问控制和数据加密，提高系统的安全性和防护能力。因此，时间同步技术不仅仅是物联网系统的一个技术组成部分，更是保障物联网系统稳定、安全运行的基础。

在物联网中，时间同步技术的重要性凸显无遗。物联网作为连接各种智能设备的网络，其运行的可靠性直接关系到人们的生活和工作。由于物联网中涉及的设备和传感器数量庞大，并且分布在不同的地理位置，因此时间同步的准确性显得尤为重要。首先，物联网中的设备和传感器需要协同工作，进行数据采集、传输和控制指令的执行。如果设备之间的时间不同步，可能导致数据不一致，甚至指令冲突，从而影响系统的正常运行，例如，如果一台传感器的时间与其他设备不同步，可能导致其采集的数据与其他设备的数据产生偏差，进而影响决策的准确性。其次，时间同步技术有助于提高物联网系统的实时性和响应性，在许多应用场景下，如智能家居、智能城市等，对实时数据的获取和响应非常敏感。通过时间同步技术，物联网系统可以确保各个节点的数据采集和传输都能够在正确的时间进行，从而提高系统的实时性，减少数据延迟和丢失。时间同步技术还有助于提高物联网系统的安全性。在物联网中，设备之间的通信可能涉及敏感信息和控制指令，因此确保通信的安全性至关重要。通过时间同步技术，可以更容易地识别和追踪数据传输的来源和时间点，从而帮助防范网络攻击和数据泄露的风险。时间同步技术在物联网中扮演着至关重要的角色，它不仅确保了物联网系统中各个节点之间的时间保持一致性，还提高了系统的实时性、响应性和安全性，为物联网应用的稳定运行提供了坚实的基础。

7.5　智能物联网技术

视 频

智能物联网技术

7.5.1　智能物联网定义

智能物联网（artificial-intelligence IoT, AIoT）是指系统通过各种信息传感器实时采集各类信息（一般是在监控、互动、连接情境下的），在终端设备、边缘域或云中心通过机器学习对数据进行智能化分析，包括定位、比对、预测、调度等。在技术层面，人工智能使物联网获取感知与识别能力，物联网为人工智能提供训练算法的数据；在商业层面，二者共同作用于实体经济，促使产业升级、体验优化。从具体类型来看，主要有具备感知/交互能力的智能联网设备、通过机器学习手段进行设备资产管理、拥有联网设备和AI能力的系统性解决方案等三大类。从协同环节来看，主要解决感知智能化、分析智能化与控制/执行智能化的问题，如图7.25所示。

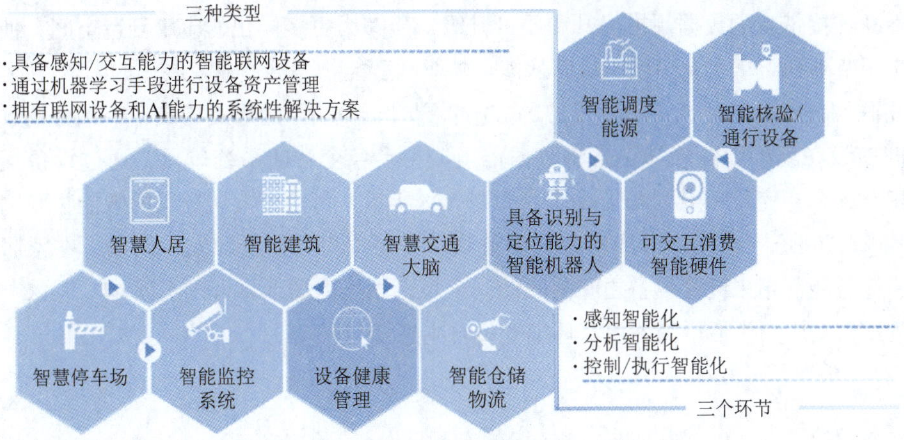

图 7.25　智能物联网

7.5.2 智能物联网整体架构

智能物联网的体系架构中主要包括智能设备及解决方案、操作系统OS层、基础设施三大层级，如图7.26所示，并最终通过集成服务进行交付。智能设备与解决方案是智能物联网的“五官”与“手脚”，可以完成视频、音频、压力、温度等数据收集，并执行抓取、分拣、搬运等行为，通常是物联网设备与解决方案搭配向客户提供，这一层涉及设备形态多样化，玩家众多。操作系统OS层相当于智能物联网的“大脑”，主要能够对设备层进行连接与控制，提供智能分析与数据处理能力，将针对场景的核心应用固化为功能模块等，这层对业务逻辑、统一建模、全链路技术能力、高并发支撑能力等要求较高，通常以PaaS（平台即服务）形态存在。基础设施层是智能物联网的“躯干”，提供服务器、存储、AI训练和部署能力等IT基础设施。

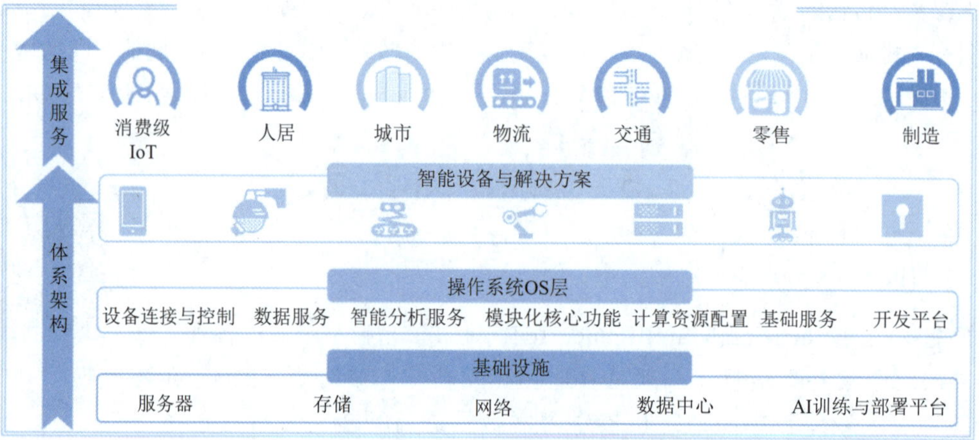

图7.26 智能物联网体系架构

7.5.3 智能物联网的发展趋势

目前，智能物联网的广泛落地得益于供给端技术的快速成熟，硬件、数据平台、AI算法的成本降低大大降低了使用AIoT平台的门槛，使消费者、企业、城市能够在与过去相似的预算水平下实现更智能的应用。从长期来看，在5G商用的大背景下，“连接”的趋势方兴未艾，人和设备的不断连接带来的数据规模提升和质量升级，能够为更多样化的应用创造空间，使智能物联网的应用范围和需求大大拓展，从而从需求端驱动智能物联网产业发展，如图7.27所示。

智能物联网技术落地形成了一套成熟的方案：以“云+端”的形式构成各个细分场景的产品矩阵，即布设在场景中的感知设备将数据传至云平台各个智能系统单元，通过设备互相感知，系统相互配合，完成一系列场景联动，如图7.28所示。目前，人居场景的智能物联网应用主要表现为AI“领班”模式，即场景中的设备联动需要用户的指令触发，例如，在家居场景中，需要通过智能音箱来调度设备之间的联动。未来，人居类场景将可以实现AI“管家”模式应用，设备可根据用户生活行为习惯与环境变化自主感知与联动。

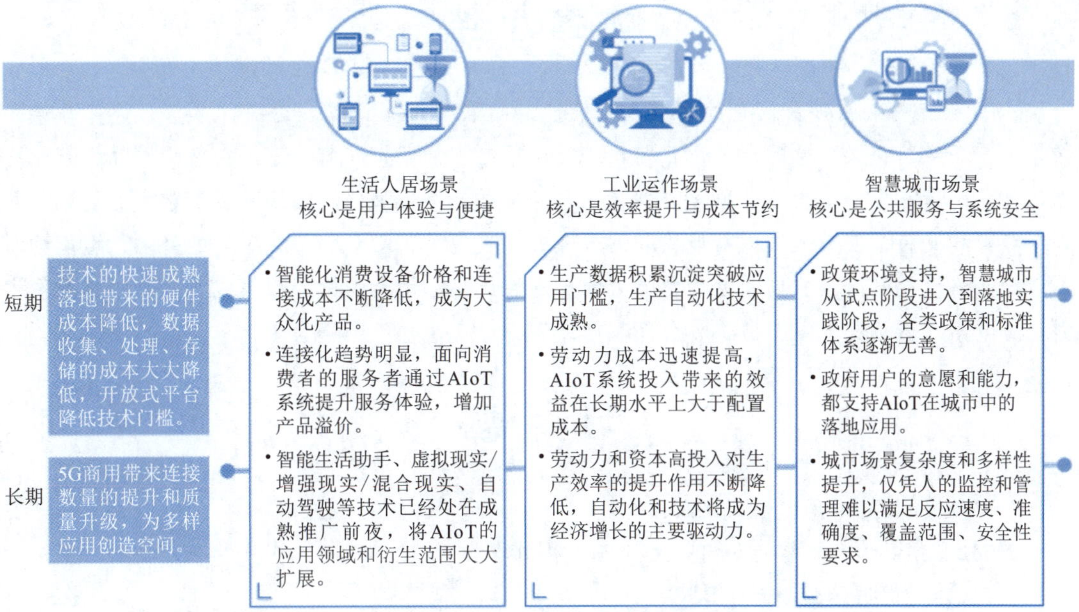

图 7.27　智能物联网的发展潜力

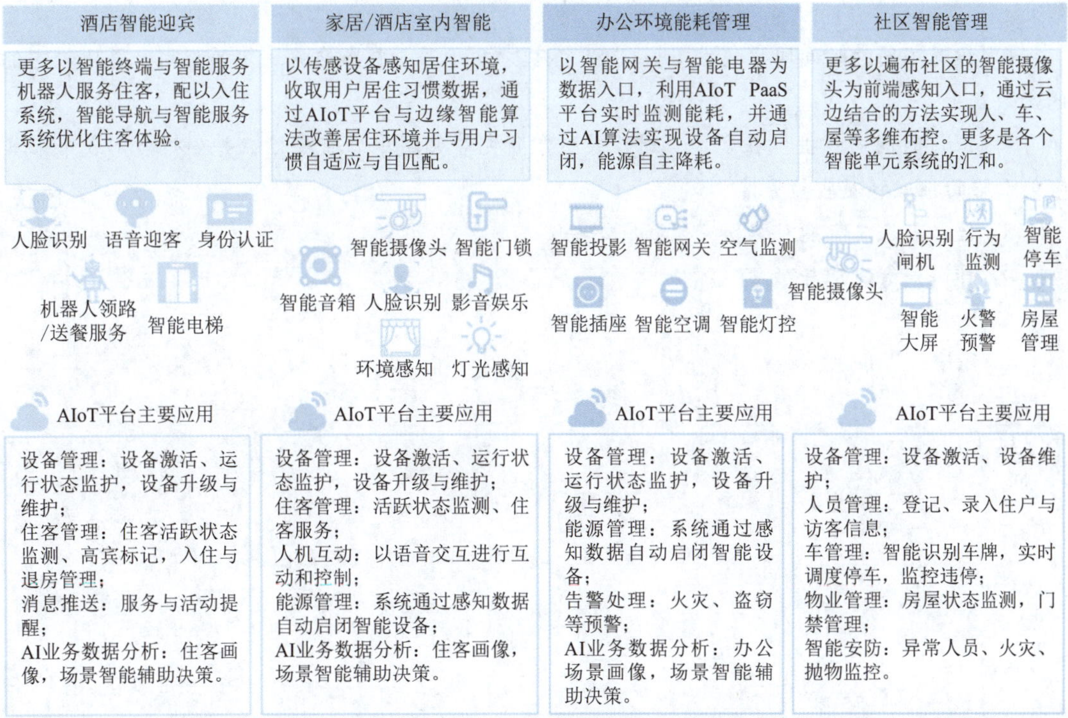

图 7.28　“云 + 端”的智能物联网

综上所述，人工智能与物联网的关系十分密切，相辅相成。两者的结合既促进了智能生活的实现，也优化了工业生产和城市管理的方式。随着科技进步的推动，无疑会有更多的创新和突破涌现，进一步加强了人工智能和物联网在未来发展中的重要性和必然性。

本章小结

人工智能物联网涉及信息处理、人工智能、物联网、雾计算、边缘计算、云计算等诸多技术，是多学科交叉融合的产物，目前已广泛应用在智慧城市、智能家居、智慧医疗、智能交通、智慧制造等多个场景，是IT领域极富应用前景的新兴领域。来自工业界和学术界的广泛关注、参与和支持，使得人们对智能物联网未来的发展充满信心。相信在不远的将来，智能物联网领域必将诞生具有较强创新性和影响力的标志性成果，创新型的应用模式和崭新的相关技术解决方案等，推动人工智能物联网不断走向成熟。

习　题

1. 哪些关键技术用于处理大数据？
2. 机器学习和人工智能如何与大数据技术相结合？
3. 试分析说明什么是云计算？
4. 请描述两种常见的物联网定位技术，并比较它们的优缺点。
5. 物联网定位技术在智慧城市中的应用有哪些？请举例说明其具体应用场景和带来的好处。
6. 解释不同的时间同步技术（如GPS、NTP、PTP等）在各自领域中的应用，并比较它们的优缺点。
7. 探讨时间同步技术在金融、通信或科学研究等领域中的重要性，并分析当下或未来其可能面临的挑战和发展趋势。
8. 什么是人工智能？其研究领域有哪些？
9. 什么是智能家居？

第 8 章

智能交通

学习目标

◎ 了解：了解智能交通技术的构成、历史及发展，了解智能交通技术、无人驾驶技术，以及电动汽车的构成。

◎ 掌握：掌握无人驾驶汽车感知关键技术，以及电动汽车的结构。

智能交通是指利用先进的技术手段来实现交通系统的智能化管理和控制，包括交通信息采集、通信、分析和应用。在城市交通管理和公共交通领域，智能交通用于实现交通系统中各个部件之间的数据传输、通信、共享和交换。交通数据处理和分析，进一步用于交通预测、拥堵检测、路径规划等方面。电动汽车是智能交通领域落地的重要方向，它使用电力驱动而不是传统的内燃机驱动，具有环保、高效和低噪音等优势。无人驾驶汽车是智能交通领域的一个重要应用方向，无人驾驶汽车是基于先进的感知、决策和控制系统构建的。它可以通过感知环境、分析数据、做出决策并控制汽车的行为。

8.1 智能交通系统概述

8.1.1 智能交通定义

视频

智能交通系统概述

智能交通是一种利用信息通信技术、计算机技术和自动控制技术等手段对交通运输系统进行优化管理、提高运行效率和安全性的综合性系统。随着城市化进程的加速和人口增长的不断加剧，城市交通问题日益突出，传统的交通管理模式已经无法满足人们的需求。因此，智能交通系统成为了解决城市交通问题的重要手段之一。

智能交通系统的主要目标是实现交通运输的高效、安全、环保和舒适。为了达到这一目标，智能交通系统需要通过各种手段来提高交通运输系统的运行效率和管理水平。其中，信息通信技术是智能交通系统的核心技术之一。通过信息通信技术，可以实现交通运输系统的信息化、智能化和网络化，从而提高交通运输系统的运行效率和管理水平。

智能交通系统的构成包括基础设施、信息系统和用户三个方面。基础设施主要包括道路、桥梁、隧道、公共交通设施等；信息系统主要包括交通信息采集、传输、处理和应用系统；用户则是指参与交通运输的各种主体，如驾驶员、乘客、行人等。

智能交通系统的主要功能应该包括但不限于图8.1所示的六个模块。

图8.1 智能交通系统

1. 交通信息采集与处理

交通信息采集是指通过各种传感器和设备收集交通数据的过程。这些设备包括但不限于：GPS接收器、雷达、摄像头、红外线传感器等。它们可以实时或定期地收集道路使用情况、车辆速度、行驶方向、交通状况等信息。车辆信息采集方式主要分固定式采集和浮动车式采集两种。固定式采集是通过安装检测器（如地磁、视频、超声波检测）、环形线圈和电子标签阅读器等检测设备，从正面或侧面对道路断面的机动车信息进行检测（见图8.2）。目前在路口等处，视频和环形线圈检测设备被大量采用，视频检测在天气状态不好的情况下效果不好，对车辆具体信息无法感知。浮动车采集技术是通过具备定位和无线通信装置的车辆，将位置和时间数据上传至数据处理中心，并利用模型算法匹配到电子地图上，以实现对路网和车辆的可视化管控，为路网信息采集和状态仿真提供更全面丰富、精准的数据（见图8.3）。

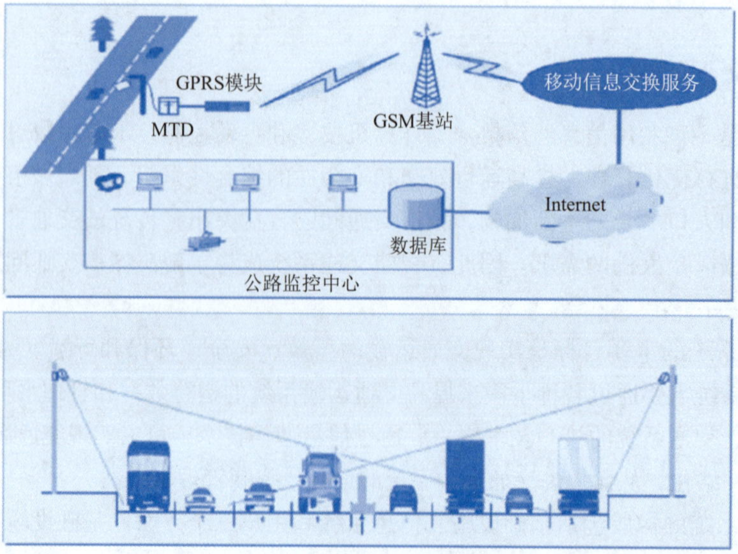

图8.2 固定式交通信息采集

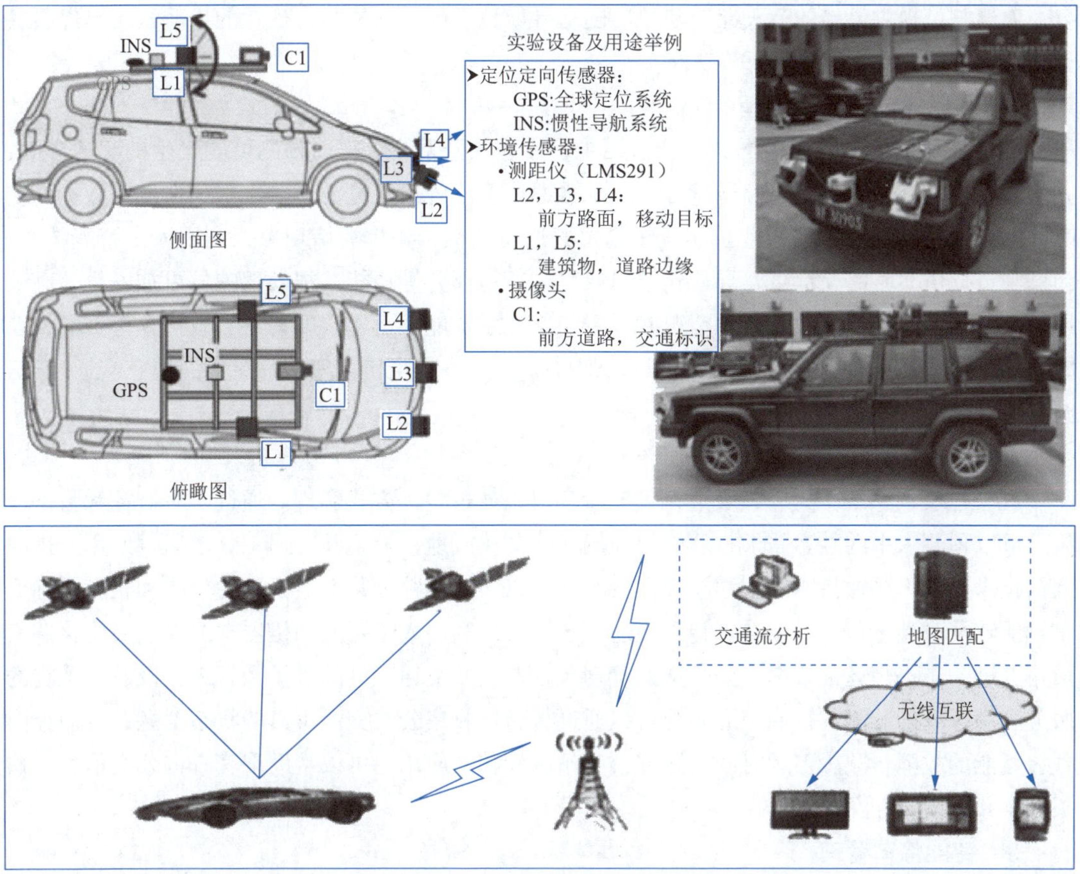

图 8.3　浮动车信息流采集技术

交通信息处理是指对收集到的交通数据进行存储、分析和解读的过程。这通常涉及复杂的算法和技术，如机器学习、人工智能和大数据技术。通过对这些数据的深入分析，可以预测未来的交通状况，发现交通拥堵的原因，评估道路安全，甚至指导交通规划和设计。处理后的交通信息需要以可视化的形式呈现给用户。例如，通过地图应用或交通管理系统，公众可以了解到实时的路况信息，从而更好地规划自己的出行路线。同时，这些信息也为交通管理者提供了重要的决策依据。交通信息采集与处理在智能交通系统中占据了重要地位。通过有效的信息采集和处理，人们可以更好地理解和管理交通系统，提高道路的使用效率，减少交通事故的发生，提升整体的社会运输效率。

2. 路况预测与导航

在智能交通领域，路况预测与导航是两个关键的组成部分。它们通过实时收集和分析各种交通数据，为驾驶员提供准确的路况信息，从而帮助他们选择最佳路线，避免拥堵，提高出行效率。

路况预测是指通过大数据、人工智能等技术手段，对未来一段时间内道路交通状况进行预测，包括预测拥堵程度、事故发生概率、施工区域等。通过对这些信息的实时更新和展示，驾驶员可以提前了解道路状况，从而做出相应的驾驶决策。

导航系统是智能交通的重要组成部分。它可以根据驾驶员输入的目的地，结合实时路况信息，为驾驶员提供最佳的行驶路线建议。随着导航技术的不断发展，现在的导航系统已经具备了高精度定位、实时路况更新等功能。

3. 交通安全监控与管理

交通安全监控与管理根据数据分析结果，建立预警系统，提前预测可能发生的交通事故，并采取相应措施，如调整道路通行方案、加强巡逻执法等；通过对道路流量、速度等数据的实时监测，实现交通信号的智能控制，提高道路通行效率，减少拥堵现象；利用人工智能技术，为驾驶员提供实时路况信息、导航建议以及驾驶行为评分等功能，帮助驾驶员更加安全、高效地行驶；当发生交通事故或紧急情况时，智能交通系统能够迅速调度警力、救护车等资源，及时救援受困人员，降低事故损失；通过对驾驶员行为的监控和管理，确保他们遵守交通法规，减少违章行为，提高道路安全。

4. 公共交通调度与管理

在智能交通系统中，公共交通调度和管理可以通过各种方式实现。通过实时监控和数据分析，可以预测未来的乘客需求，从而提前调度公交车或地铁等公共交通工具。通过使用先进的通信技术，如无线通信网络和移动通信设备，可以实时跟踪公共交通工具的位置和状态，确保车辆能够及时到达预定的站点。智能交通系统还可以利用人工智能和机器学习算法来优化调度策略，进一步提高运营效率。公共交通管理包括对公共交通工具的维护和管理，以及对乘客的服务和满意度的监测。智能交通系统可以通过传感器收集公共交通工具的状态信息，从而提前预警可能的故障，减少停运时间。智能公交站牌和移动应用也可以帮助乘客查询公交信息、购买车票和反馈服务问题。

5. 智能停车管理

智能停车管理是一种基于物联网、云计算和大数据技术，通过自动化设备和系统实现对停车场的智能化管理和服务。它可以帮助解决城市中停车难的问题，提高车位利用率，减少交通拥堵，提升城市交通效率。具体功能如预约停车功能、自动缴费功能、实时监控功能、导航引导功能等。

6. 自动驾驶

自动驾驶是指通过计算机、传感器、控制系统等技术手段实现汽车在不需要人类驾驶员干预的情况下自主行驶的一种交通方式。随着科技的飞速发展，自动驾驶技术逐渐成为现实，并在全球范围内引起了广泛关注。整个体系包括以下几部分：

（1）感知层：通过激光雷达、摄像头、毫米波雷达等传感器设备对车辆周围的环境进行实时感知，获取车辆的位置、速度、方向等信息；利用全球定位系统（GPS）、惯性导航系统（INS）等设备对车辆进行精确定位，同时结合地图数据构建车辆的三维空间模型。

（2）决策层：根据感知层提供的信息和车辆的内部状态，通过算法对车辆的行驶路线、速度等参数进行规划和决策。

（3）控制层：将决策层的指令传递给车辆的执行器（如油门、刹车、转向等），实现车辆的自主行驶。

（4）通信层：通过车载通信设备与其他车辆、基础设施，以及云端平台进行信息交换，实现车辆之间的协同和远程监控。

8.1.2　智能交通历史

1. 全球智能交通历史

全球智能交通行业起步于20世纪60年代。智能交通系统（intelligent traffic system, ITS）起源于美国。世界主要国家的首都、国际化大都市，都是引领和推进智能交通建设的强大引擎，而行政单位和管理部门、科研机构在技术的示范引导方面起到了积极的作用，实验室、企业等也成为具体应用的先行者。美国、日本和欧洲一些国家在智能交通方面推进较早、技术较强，我国周边的东北亚和东南亚国家，也在加紧发展中，近年来发展尤为迅速，发展历程如图8.4所示。

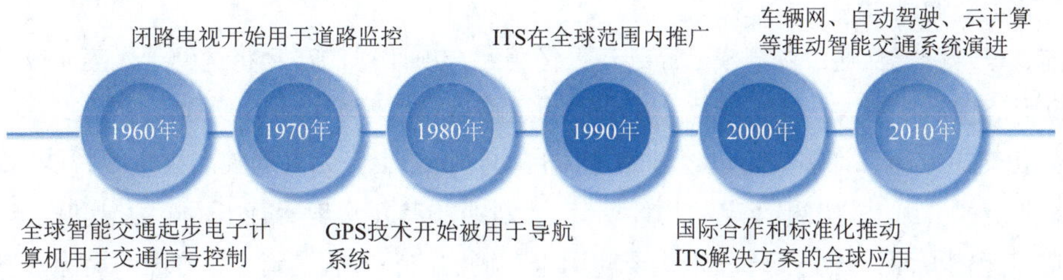

图 8.4　全球智能交通发展历史

20世纪60年代至80年代，美国，欧洲，日本开始利用先进的信息技术探索改善道路交通管理。探索的主要领域有道路监控系统、交通信号自动控制系统、电子诱导系统、汽车定位系统和汽车导航系统等。

20世纪80年代至90年代，美国、欧洲、日本经过20余年的探索后，明确了数字化交通管理的智能化发展方向，纷纷开始制定各项智能化交通发展计划和方案。

20世纪90年代至21世纪10年代，第一届世界智能交通大会在巴黎召开，此次大会召开对世界智能化交通发展起到巨大推动作用，美国、欧洲、日本等各国政府开始投入巨额资金研究开发，智能交通得到突飞猛进的发展。

2010年至今，美国、欧盟、新加坡和日本等国家和组织开始针对ITS进行5至10年的快速发展规划，主要以虚拟现实、无人驾驶和车辆道路自动化为落地方向进行研究。

2. 国内智能交通历史

国内智能交通发展历史如图8.5所示。中国在道路交通运输和管理中关注电子信息技术应用始于1973年，1975年启动“北京市城市交通自动控制项目”，1978年交通部公路科学研究所与北京市公安局合作，首次在中国进行了闭路电视和计算机协调多个路口信号灯的工程试验，试验地点在北京前三门大街，采用的是国产DJS-130通用数字电子计算机。2000年后，我国ITS体系与战略框架被正式提出。2001年后，ITS进入了发展阶段。2018年交通运输部的数据表明，中国在高速铁路、高速公路的总里程，以及港口万吨级泊位的数量等方面均位列全球第一，同时机场数量和管道里程也在全球范围内名列前茅。智能交通是随着信息技术的发展而兴起的一种新型交通方式。它利用现代通信、计算机、控制等技术，对交通运输系统进行全面、高效的管理和控制，以提高交通安全性、效率和舒适度。提高我国智能交通关键技术创新能力，需要结合已有技术和基础，同时在智能交通领域引入物联网、云计算、数据挖掘等技术及应用，发展新一代的智能交通系统。

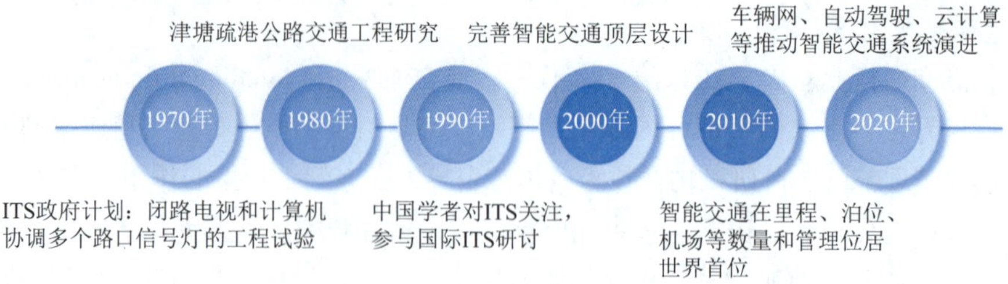

图 8.5　国内智能交通发展历史

3. 智能交通现状

目前，全球智能交通市场规模已经到达百亿美元，预计到2025年将达到千亿美元以上。智能交通的应用范围不断扩大，已经涉及公共交通、道路运输、停车管理、交通安全等多个领域。

在公共交通方面，许多城市已经开始使用自动驾驶巴士、无人驾驶出租车等智能交通工具。中国的深圳市就推出了“出租车电动化计划”，计划到2025年实现所有出租车为电动汽车的目标。

在道路运输方面，智能交通技术主要应用于车辆监控、导航、调度等方面。美国开发了一款名为Velodyne的激光雷达传感器，可以实时监测道路上的车辆和行人，帮助驾驶员避免碰撞事故。

在停车管理方面，智能停车系统已经成为许多城市的标配。这些系统可以通过无线通信技术实时获取停车场的空余车位信息，帮助驾驶员快速找到停车位。

在交通安全方面，智能交通技术可以帮助监测交通事故发生的原因和地点，提高交通安全性。目前许多汽车公司的产品，可以在发生事故时自动刹车并通知相关部门进行处理。

未来几年，5G技术的普及将进一步推动智能交通的发展，可以为智能交通提供更加稳定和可靠的通信基础设施；人工智能技术的广泛应用将进一步提高智能交通的智能化水平。新能源汽车将成为智能交通的重要组成部分。

8.2 智能交通技术

视频

智能交通技术

在数字经济持续发展的大背景下，智能交通已经与5G网络、物联网、云计算、大数据和人工智能等先进的科技成果实现紧密结合，成为社会发展进步的中流砥柱。智能交通技术是指利用先进的信息采集技术和通信技术来提升交通系统的效率、安全性和可持续性的一种技术手段。它涵盖了许多领域，包括交通管理、交通调度、车辆控制和自动驾驶等。智能交通的发展，不仅可解决地面交通的拥堵现象，还能提升通行能力，避免城市中心区域因交通负荷过大而无法正常通行，是推动社会经济发展的重要力量。

8.2.1 智能交通信息采集技术

交通数据可以来自不同部门、机构或公司，包括政府部门、交通运输公司、导航应用等，这些数据可能格式不统一、存储在不同的数据库中，多源异构的交通数据云平台（见图8.6）可以帮助解决交通领域中数据分散、数据孤岛等问题，提升交通管理的效率和水平。通过汇聚多源交通数据，利用大数据分析和人工智能技术，可以更深入地挖掘数据背后的信息，为交通管理决策提供更准确、及时的支持。

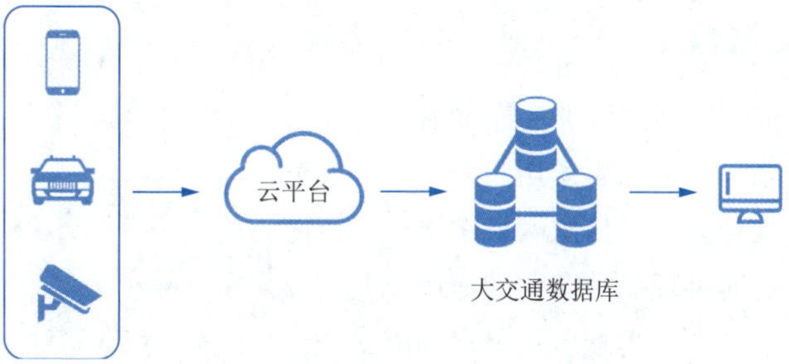

图 8.6　多源异构的交通数据云平台

交通信息采集利用各种先进的技术方式，从现实路网中获得交通管理和控制需求的原始交通数据，形成交通数据库。常用的采集手段有传感器技术、全球卫星导航系统、视频检测技术、无线通信技术、车辆识别技术和互联网应用平台等。

利用传感器进行交通信息采集是智能交通系统中重要的技术手段，传感器能够感知和测量交通流量、车辆速度、道路状况和交通事件等数据，为交通管理、路况监测和决策提供准确的信息。常见的传感器类型分流量传感器、速度传感器和道路状况传感器。流量传感器用于测量道路上车辆的数量和流动情况，它们安装在车道中，通过感知车辆经过时的电磁信号变化或雷达回波来测量交通流量。速度传感器用于测量车辆的速度，这些传感器可以是单点传感器，如雷达或激光传感器，也可以是连续的传感器阵列，如电磁感应线圈或摄像头。它们提供了车辆通过某个位置的速度信息，可以用于计算平均速度和车辆行驶时间等。道路状况传感器用于监测和评估道路表面的状况，例如压力传感器可测量车辆经过时产生的压力变化，从而判断道路的结构健康状况。温度传感器可测量路面温度，对于冰雪预警和道路状况监测非常重要。

无线通信技术可以将交通摄像头捕捉到的视频和图像传输到交通管理中心。这些摄像头通常用于监控交通流量、路况和交通事故。无线通信技术可以用于移动数据采集设备，如移动传感器和移动终端。这些设备可以采集道路上的交通数据，并通过无线网络将数据传输到云端进行实时处理和分析，从而提供更准确的交通信息和决策支持。

GNSS 是一种基于卫星定位的导航系统，这些系统通过在地球轨道上的卫星发送信号，使接收设备利用这些信号来确定其位置。GNSS 接收设备可以安装在车辆上，通过接收卫星信号来确定车辆的精确位置。这种定位信息对交通管理和导航系统非常重要，可以用于实时监控车辆位置、提供交通导航和路线规划，同时还可以利用大数据技术计算出道路上的交通流量和速度。

车辆识别技术在交通数据采集中具有重要的应用，可以提供关于车辆数量、类型、速度和行为等方面的信息。车辆识别技术可以分析车辆的行为，如变道、停车、闯红灯等。通过追踪车辆的运动轨迹和行为模式，可以识别出不良驾驶行为，并为交通管理和执法提供依据。可以应用于路口信号优化，通过识别车辆在路口的数量和流动情况，可以实时调整信号灯的时序和配时，以提高交通效率和减少拥堵。车辆识别技术可以通过跟踪车辆在路段或交叉口的行驶轨迹，重建车辆的运动轨迹。这对于交通仿真、道路规划和交通预测等方面具有重要的应用意义。

百度地图和高德地图是中国两个主要的在线地图和导航服务提供商，它们在交通信息采集方面都有广泛的应用。这两款软件通过用户的位置数据和移动设备上的 GPS 功能来获取实时的交通流量信息，从而分析出用户的出行意图和路线选择，除此之外还可以实时监测道路上的交通状况，并提供实时的交通拥堵信息。

8.2.2 智能交通通信技术

无线通信技术在应用（见图8.7）过程中，先通过发射器进行信号的调制与发射，再运用与发射器同频道的接收器接收和解调信号，实现信息的终端接收。智能交通中的无线通信主要通过现代数字移动通信公共网及其所组成的ITS通信虚拟专网实现，通过利用电磁波信号在空间内自由传输的属性进行信息交换而实现通信。

图8.7 无线电通信技术应用

ZigBee是一种低功耗、近距离、无线通信技术，具有高可靠性，通过使用多路径路由和自动网络恢复机制来提供可靠通信。ZigBee技术在智能交通系统中主要是进行公交车管理，能够对公交车运行进行全面性的检测，检测效果也相对比较好，可以有助于提高公交车的服务能力以及优化公交车调度。在ZigBee技术和数字移动通信技术共同应用于构建无线传输网络的情况下，能够有效监测公交车离到站的时间，及时采集公交车的日常运行信息，然后把采集到的信息统一发送到监控平台，从而进一步优化公交资源的配置情况。

全球移动通信系统（如4G LTE、5G）可以支持车辆之间（vehicle to vehicle, V2V）的实时通信，使车辆能够相互交换信息，如位置、速度和行驶方向等。V2V通信可以提供危险警告、碰撞避免和交通流优化等功能，提高交通安全性和效率。除此之外，还支持车辆与道路基础设施（如交通信号灯、路边传感器）的通信，实现车辆与基础设施之间的交互。这种通信可以提供实时交通信息、导航指引、停车场指示和智能信号控制等功能。

RDT（remote diagnostic tool）技术是一种远程诊断工具技术，用于诊断和监控车辆的性能和故障。它允许汽车制造商、技术人员或车辆维修服务提供商通过远程方式与车辆建立连接，获取车辆的实时数据并进行故障诊断。RDT技术通常使用车辆内置的电子控制单元（ECU）和无线通信模块，通过车载通信网络（如车辆通信系统、蜂窝网络或Wi-Fi）将车辆数据传输到远程的诊断工具或云端服务器。远程操作员可以使用这些数据来分析车辆的性能、监测系统状态和诊断潜在故障。

车路协同技术（vehicle-to-infrastructure cooperation，简称V2I）是指车辆与道路基础设施之间的信息交互和协同操作，旨在提高交通系统的效率、安全性和环境友好性。通过车路协同技术，交通信号可以与车辆进行通信，使信号能够根据交通流量和需求进行动态调整。车辆可以向交通信号发送其位置和行驶意图等信息，从而实现智能信号控制，减少交通拥堵和提高交通效率。

8.2.3 智能交通分析技术

智能交通分析技术是一种应用于交通领域的高级技术，结合计算机视觉、机器学习、模式识别、数据挖掘等先进技术，对交通流量、交通事故、交通信号等进行监测、分析和优化。目标是提高交通系统的效率、安全性和环境友好性。数据挖掘可以分析交通网络的拓扑结构和交通流动性，找出瓶颈路段和交通瓶颈，从而帮助优化道路规划和交通流量调度。通过分析乘客出行数据和公共交通线路数据，优化公共交通系统的线路规划和车辆调度，提高公共交通效率和便利性。数据挖掘也是实现自动驾驶的关键技术之一，通过从大量交通数据中挖掘出交通规律和场景模式，帮助自动驾驶系统智能地感知道路环境，做出正确的决策和规划。

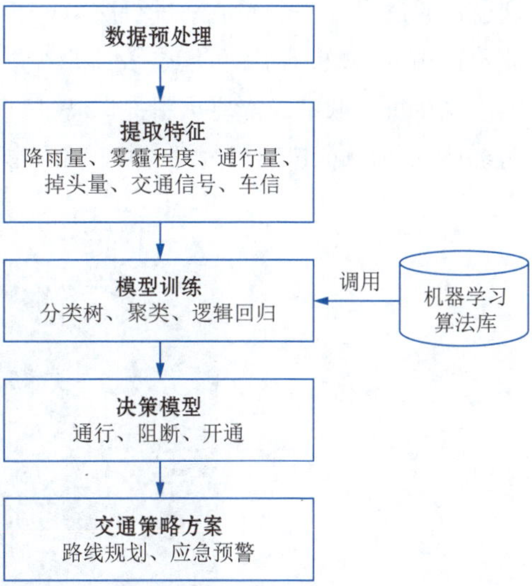

图 8.8　智能交通数据分析

在交通领域，机器学习可以应用于数据挖掘、预测、优化和决策等方面，分析过程如图 8.8 所示。通过分析交通数据和历史事故信息，可以预测交通事故的潜在风险区域，帮助交通管理部门采取相应措施，提高交通安全性。包括拥堵情况和交通流量高峰，以便驾驶员和交通管理部门做出相应调整。通过对驾驶员的驾驶行为进行分析，如车速、加速度、急转弯等，从中发现不安全的驾驶行为，用于驾驶行为评估和驾驶风险预测。基于机器学习的智能交通分析需要收集交通数据，包括交通流量、速度、车辆信息、交通信号数据等；收集到的原始数据可能存在缺失、噪声或异常值，因此需要进行数据预处理，包括数据清洗、去噪、填充缺失值等，以确保数据的质量和完整性。在机器学习算法中，需要将数据转换为可以输入到算法中的特征向量。对于交通数据，可以从原始数据中提取有用的特征，如时间、地点、车流量、交通信号状态等。特征选择也很重要，选择最具代表性和影响力的特征，以减少数据维度和提高算法效率。根据具体的分析任务和数据特点，选择适合的机器学习算法。随着数据的不断积累和场景的变化，机器学习模型需要进行持续改进和优化，以保持其准确性和可靠性。机器学习算法在分析交通数据时可以帮助人们从大量的数据中发现规律和趋势，帮助交通管理部门做出科学合理的决策，提高交通系统的效率和安全性。

计算机视觉在交通领域的应用十分广泛，它是一种利用深度学习算法来模拟人类视觉，分析图像和视频数据的方法，其目标是让计算机能够感知并理解图像或视频数据，从中提取出有用的信息和特征，实现自动化的图像分析和处理。它可以用于识别车辆的类型、颜色、车牌号码等信息，并对车辆进行跟踪，有助于交通管理部门进行车辆追踪和寻找交通违法行为。除此之外，计算机视觉还可以用于自动识别交通违法行为，如闯红灯、超速行驶等，实施自动化的交通违法监测和罚款系统，这在交通事故分析、场景理解等领域非常重要。还可以进行车道线检测、交通信号检测等，帮助交通管理部门和相关机构更好地了解交通状况、优化交通流量、提高交通安全性。物体跟踪常用于交通监控系统与自动驾驶领域，计算机视觉通过连续的图像帧进行目标的定位与追踪，在第一帧中检测到物体后，需要提取物体的特征，这些特征将用于后续的物体跟踪；对于视频的后续帧，需要在图像中搜索与第一帧中物体相似的特征；这通常通过计算待跟踪物体特征与当前帧中各个区域的相似性度量来实现，相似性度量可以使用欧式距离、余弦相似性等方法；找到相似的特征后，需要判断该区域是否是待跟踪物体的位置，这通常通过设置一个阈值来进行决策，若相似性度量高于阈值，则判定该区域为物体的位置；随着视频的播放，物体可能会发生形变、遮挡等情况，因此需要对物体的跟踪进行更新与重定位。在每一帧中，都要重新提取特征并进行相似性度量和匹配，从而实现持续的物体跟踪。图8.9所示为目标识别算法对通行车辆的识别。

图 8.9　目标识别

8.3　无人驾驶

视频

无人驾驶

8.3.1　无人驾驶概述

随着自动化水平的提高，驾驶车辆的方式在不断改进。就驾驶的行为而言，对司机的要求是近乎一样的：感知线路情况、预测驾驶路径、决定驾驶行为。因此，解决汽车带来的交通拥堵和交通事故最好的办法是去掉司机，让汽车进化成为自动控制的机器人。自动驾驶（autonomous driving，AD）和智能车辆（intelligent vehicle，IV）是让汽车自身拥有环境感知、路径规划并自主实现车辆控制的技术，通过人工智能、深度学习“教”搭载了各种类型传感器的车辆学会驾驶，如图8.10所示。

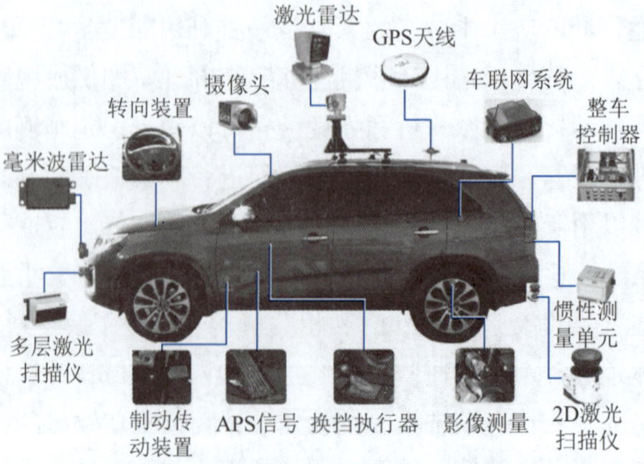

图 8.10　自动驾驶车辆的感知模块

在人少的矿区，无人驾驶车辆能自动地从矿井里面挖出矿石并运送到地面。2019年1月24

日，中国国内首台无人驾驶电动轮矿车下线，进入调试阶段标志着我国成为继美国、日本之后，世界第三个涉足矿用车无人驾驶技术的国家。该110 t NTE120AT无人驾驶电动轮矿车是中国国内首台无人驾驶矿车，车长10 m、宽5.5 m、高5.7 m，载重110 t，采用车辆线控技术，可在矿山现场流畅、精准、平稳地完成倒车入位、停靠、自动倾卸、轨迹运行、自主避障等各个环节，如图8.11所示。

图 8.11　中国国内首台无人驾驶矿车

2022年12月30日，百度“萝卜快跑”首批获准在京开展全无人自动驾驶测试。2023年，百度自动驾驶平台Apollo持续扩大业务规模，在全国范围内陆续投放千余辆全无人驾驶运营车辆，着力打造全球最大无人驾驶运营服务区。萝卜快跑是百度旗下自动驾驶出行服务平台，已在北京、武汉、重庆、深圳、上海开展全无人自动驾驶出行服务测试。截至2024年4月19日，萝卜快跑在开放道路提供的累计单量超过600万，是全球最大的自动驾驶出行服务商。图8.12所示为萝卜快跑无人驾驶出租车。

图 8.12　无人驾驶出租车

在大面积的农场里，无人驾驶收割机和无人驾驶运粮机正在协同作业，如图8.13所示。随着指令的发出，无人驾驶收割机轰隆隆驶进稻田。借助卫星导航定位，收割机匀速直线推进，遇到田埂的尽头便自主转向掉头，一段时间后，机身仓储就显示已经装满。此时，后方无人驾驶的运粮机“闻讯”赶来，两车默契协同作业，收割机准确地将稻谷转移到运粮机上。大约90 s后，运粮机显示已经满仓，很快自主转弯掉头回仓。整个过程全部无人驾驶。

图 8.13　无人驾驶收割机、运粮机完成稻谷转仓

8.3.2　无人驾驶感知技术

无人驾驶汽车是如何感知周围环境的？无人驾驶依靠不同传感器传回的数据流来‘看’‘听’驾驶环境。无人驾驶技术中常用的传感器有四种，在无人驾驶汽车中，通常是多种传感器并用来提高系统的安全性和可靠性。

1. 高清数字地图

在没有GPS的情况下，人们可以通过纸质的二维地图进行路线的辨认和标示，熟练驾驶员的脑海里也有一张高清的“地图”来描述他经常驾驶的路线，并且针对周围环境的变化及时更新“地图”。

无人驾驶的高清地图是通过机器学习算法处理车辆传感器捕捉到的环境特征、摄像头拍摄的信息等形成的精确可靠的视觉流数据。高清数字地图包含的数据信息大到山川河脉，小到街边的花草树木，最关键的是无人驾驶车辆行驶的车道线、交叉口、人行斑马线，道路交通标志等。高清地图制作的核心是通过车辆的激光雷达传感器来定位车辆相对高清地图的位置信息，通过融合不同的传感器信息最大限度地减少地图中每个单元的误差。在实时的高清地图中，通过无人驾驶车辆上粒子滤波器分析距离数据来提取车辆下方的地平面在高清地图中的位置。图8.14所示为带有传感器数据的Here高清地图，不同车辆获取轨迹、图像数据经过处理转化为道路特征数据上传到云端，然后经过精确的比对分析，剔除无效数据，对地图进行更新发送给车辆。通过发射激光束，接收表面反射，测量反射时间，确定距离来制作高清地图、定位和探测障碍物，可用于建图、定位和避障。激光雷达可以很好地获取周围环境的深度数据，通过行驶车辆向周围散射较强的激光脉冲，可以获取周围环境的局部点云，构建三维数字模型。通过多个车辆不同位置的点云对全局环境进行位置估计，可以拼接成高清地图。

图 8.14　Here 高清地图

2. 全球定位系统 / 惯性测量单元

全球定位系统（GPS）最初是军用，现在发展成低成本的消耗品，是一个相对精确的定位传感器，但是它的更新频率很慢，因此无法提供实时更新。惯性测量单元（inertial measurement unit, IMU）是一系列复杂设备的集合，包括里程计、加速计、陀螺仪、指南针等，能够弥补GPS不准确计算，通过融合GPS和IMU，可以提供准确和实时的位置更新。

GPS/IMU定位的工作原理如下：IMU每5 m更新一次车辆定位，GPS每100 ms接收一次更新，用过卡尔曼滤波技术结合GPS和IMU的优点，用GPS的定位信息来纠正IMU的误差，从而产生快速准确的定位，这样的定位精度大约只有1 m，其中GPS受到的干扰，存在一定的误差，此外，GPS无法在隧道中工作。

3. 摄像头

摄像头主要用于目标识别和跟踪，比如车道、交通灯、人脸检测。无人驾驶汽车通常需要安装8个摄像头来探测车辆前方、后方、两侧的物体。

视觉在定位上的应用是这样工作的：通过对立体图像的三角测量来获取每个点深度信息的视图差；通过连续立体图像帧的匹配和特征相关性分析来估计连续两帧之间的运动情况；通过对已知地图的显著特征来推断车辆的当前位置。摄像头定位对光照条件非常敏感，因此单独使用是不可靠的。车辆急速转弯的情况下，图像特征匹配也会出现较大的误差，因此需要结合其他传感数据一起为无人驾驶车辆提供精确的定位和建图。

4. 毫米波雷达和声呐

雷达传感器在现代普通汽车上的应用主要是巡航定速方面，能够根据前车的速度和位置调整刹车和油门，是常见的驾驶辅助系统，当有车辆或者行人靠近司机的视线盲区雷达传感器就会发出警示。声呐是雷达的近亲，就像是车辆的耳朵，发射的是超声波，而雷达是电磁波；声呐是雷达的补充，能够近距离地看清细小的物体。超声波传感器可安装在汽车后部，用于检测后方距离障碍物的距离，辅助驾驶员进行倒车操作，提高倒车安全性。超声波传感器可帮助汽车系统精确探测周围环境，使车辆能够自动执行停车操作，包括并行、垂直泊车等。毫米波雷达和声呐组成避障的最后一道防线，能够感受到车辆前方障碍物的距离和速度，一旦有可能发生碰撞，无人驾驶汽车就应该制动或者转向进行避障，如图 8.15 所示。

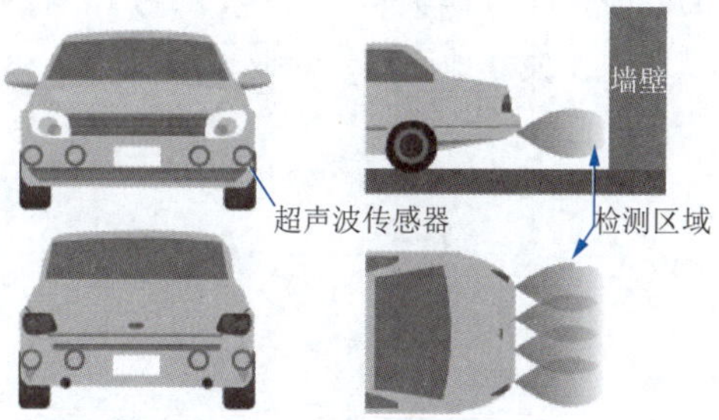

图 8.15　声波传感器

5. 无人驾驶车辆的动态数据组成

无人驾驶的感知系统主要是通过各种传感器，实时获取车辆周围的动态数据。完备的数据集是识别问题和改进解决方案的重要组成。无人驾驶要面对复杂多变的道路环境，为了对无人驾驶感知算法进行公正全面的评估，需要有大量细致的道路信息数据集。

目前已经有专门用于无人驾驶的数据集，如 KITTI 和 Cityscapes；其中，KITTI 数据集由德国卡尔斯鲁厄理工学院和丰田美国技术研究院联合制作，是目前国际上最大的自动驾驶场景下的计算机视觉算法评测数据集。该数据集用于评测立体图像（stereo）、光流（opticalflow）、视觉测距（visual odometry）、3D 物体检测（obiect detection）和 3D 跟踪（tracking）等计算机视觉技术在车载环境下的性能。同时，KITTI 数据采集库拥有：1 套惯性导航系统（GPS/IMU）（OXTS RT 3003）、1 个激光雷达（Velodyne HDL-64E）、2 个 140 万像素灰色摄像头 [Point Grey Flea2 (FL2-14S3M-C)，拍照频率 10 Hz]、2 个彩色摄像头，140 万像素 [Point Grey Flea2 (FL2-14S3C-C)，拍照频率 10 Hz]，图 8.16 为 KITTI 数据采集车。

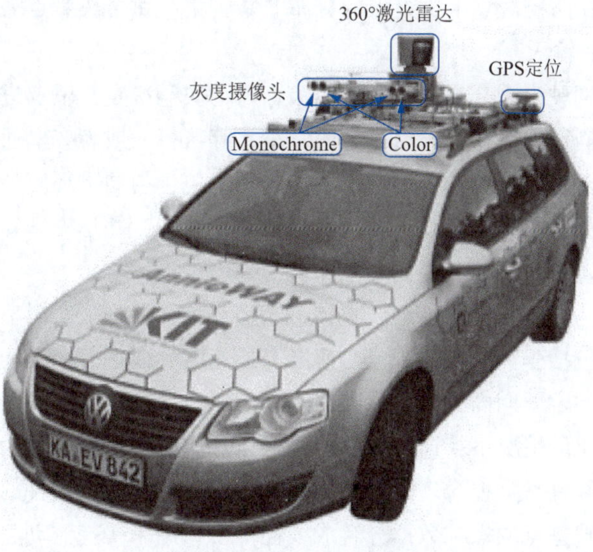

图 8.16　KITTI 数据采集车

8.3.3 无人驾驶规划与控制

如图8.17所示，传感器数据用来刻画客观世界，将客观世界参数化以后，作为预测与控制的输入数据。预测与控制部分常带有主观色彩，主要根据周围环境和可预测变化做出行为决策。无人驾驶系统涉及复杂的软硬件交互控制，需要根据数据流向进行模块划分，解决子问题的同时，注意模块间的协作，图中所有的模块共享一个总的时间帧，在每个时间帧里面，每个模块都在独立地工作，获取下层的输入和上层新发布的数据。

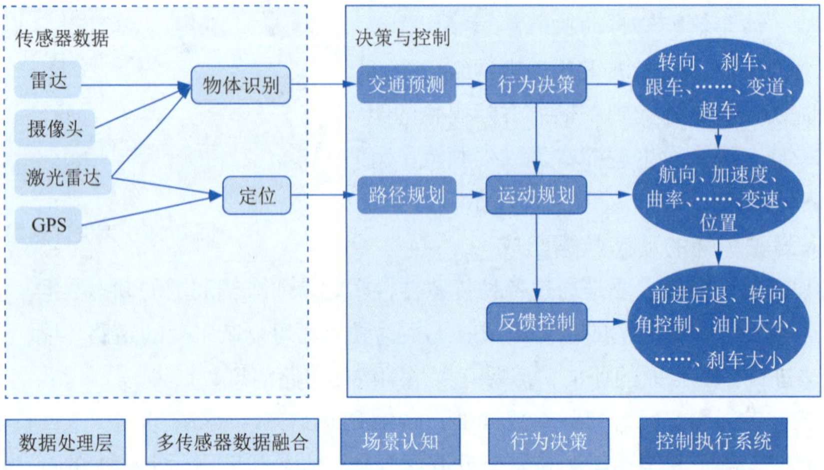

图8.17 无人驾驶的决策控制系统

在预测与控制模块的外围是广义上的交通预测和路径规划。交通预测模块的输入是感知数据，主要是周围物体如行人、自行车、摩托车、汽车等所在的位置、移动方向、速度等。交通预测模块对感知到的物体进行分析，预测其交通轨迹，并将计算结果输入给上层的行为决策模块。路径规划模块的功能是显而易见的，路径规划就像人们使用地图进行导航一样，需要根据输入的起始地点制定最优的出行路线。只不过，在无人驾驶系统中，路径规划基于高清地图，环境参数更加复杂，在路径规划上决策点的分布非常密集，每个决策点需要制定不同的行车计划，并作为运动规划的输入。

行为决策在无人驾驶当中充当副驾驶的决策，行为决策决定车辆要进行的操作，比如，在当前车道跟随前面车辆行驶，在交通信号灯前停车，等待行人或者车辆通过，进行变道或者超车等。行为决策既包含对无人驾驶车辆自身的控制，也包含与周围环境的交互，比如，车辆在决定跟随前车进行驾驶时，需要对前车的行为进行充分感知，并运用感知数据对自身车辆的运动行为进行约束。

运动规划相对行为决策来说更加细致具体，运动规划需要根据实时输入数据来计算当前行车路径的轨迹点集，包括车辆所在的位置、速度、加速度、曲率等。运动规划的工作要保证两点，第一：需要计算一定周期内的数据，因为运动规划要保证车辆行驶轨迹的连续性，在内部环境没有发生重大变化的情况下，连续周期的运行轨迹应该是平稳变化的；第二：需要保证输出的控制状态传达到硬件平台在合理的物理控制范围内，不能违反硬件的物理控制界限。反馈控制是将运动控制中轨迹点的操控数据分解成线控信号，用来操控制动、车轮和节气门等，使得实际形式的路线尽可能地接近规划路线。

上述的模块是从一般概念上根据数据流的走向将无人驾驶中的模块进行分解，实际上所有的模块看起来解决的都是相同的问题，模块直接的数据关系非常地紧密，计算的结果也是相互依赖的。

8.4　电动汽车

8.4.1　电动车的消失

视 频

电动汽车

电动汽车最早可以追溯到19世纪初，虽然业界对谁是第一个发明电动汽车的人存在争议，但这些早期的发明家都为电动汽车的发展作出了贡献。1828年，被誉为直流发电机之父的匈牙利物理学家耶德利克·阿纽什发明了一种由他设计的电动机来驱动的模型车，将电动汽车的概念首次带入了人们的视野，如图8.18所示。之后人们在电动汽车上进行了多种尝试，各种电动车层出不穷。

1899年3月29日，比利时人 Camille Jenatzy 驾驶着一辆名为 La Jamais Contente 梭形外形设计的电动车以105.88 km/h的速度刷新了由汽油动力发动机保持的机动车最高车速的速度世界纪录，这是机动车辆速度第一次突破100 km/h大关，La Jamais Contente 电动车保持着这个速度纪录进入了20世纪，如图8.19所示。

图 8.18　直流发电机之父

图 8.19　La Jamais Contente 电动车

在19世纪末期至20世纪初期，由于电动汽车在性能上远远超过同期其他类型的汽车，因此越来越受到欢迎，电动汽车的销量也随之达到顶峰。据统计，当时美国共登记了近3.4万辆电动汽车，是世界上电动汽车获得最多认可的国家。在美国汽车保有量中，电动汽车占比达到38%，蒸汽汽车占比为40%，而燃油汽车占比仅为22%。

然而，随着道路等交通基础设施的改进，以及石油开采和炼制技术使得汽油的价格一路下滑，电动汽车在享受了20世纪初的短暂繁荣之后，出人意料地出现了反转。

燃油汽车在长距离运输上更加便捷和便宜，尤其在“一战”和“二战”时期得到了大力发展。内燃机技术的发展加剧了电动汽车行业的萎缩，起动电动机和消声器的发明，再加上福特汽车的大规模生产，直接导致20世纪30年代以后，电动汽车逐渐退出历史舞台。到1935年，所有民用电动汽车几乎消失殆尽。此后数十年里，电动汽车技术停滞不前，没有太大的发展，燃油汽车却长期占据汽车市场较大的份额，直至21世纪初。

8.4.2 电动汽车概述

电动汽车（electric vehicles, EV）是指使用电池或其他可充电电池储存能量，并将其转化为动力驱动车辆的一类汽车。与传统的内燃机汽车相比，电动汽车使用电能作为动力来源，具有更低的排放或零排放，以及更高的能源效率，新能源汽车分类如图8.20所示。

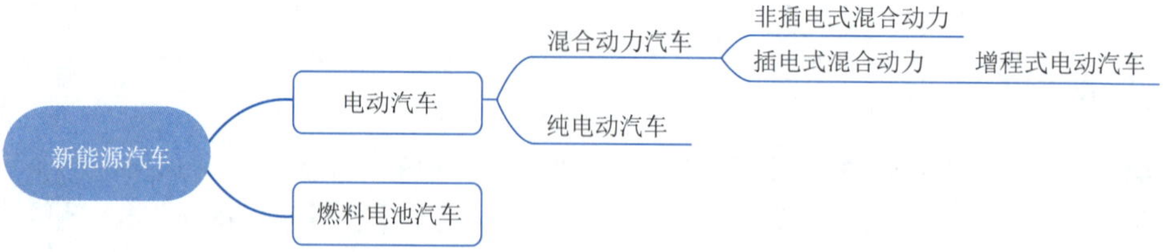

图 8.20　新能源汽车分类

1. 纯电动汽车

纯电动汽车（battery electric vehicle, BEV）仅依靠电池储存的电能来提供动力，没有内燃机。它们通常使用锂离子电池等高能量密度的电池技术。纯电动汽车不产生尾气排放，是零排放的车辆，结构如图8.21所示。

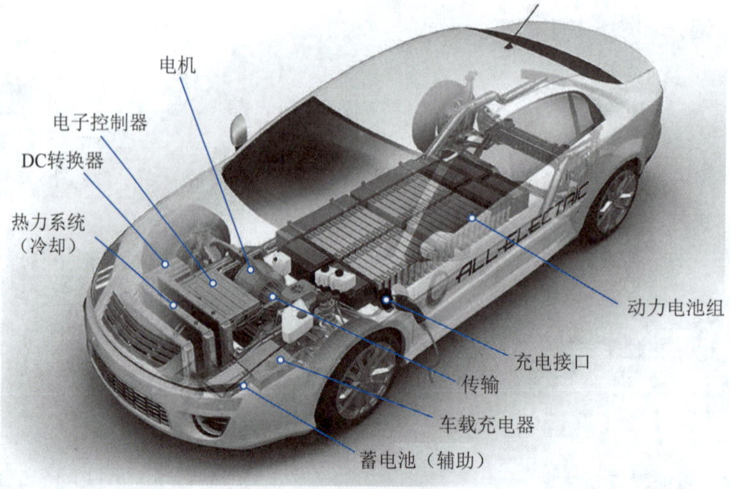

图 8.21　纯电动汽车的结构图

燃油汽车与纯电动汽车的主要差别在于驱动电机、调速控制器、动力电池、车载充电器等四大部件。纯电动汽车时速快慢和启动速度取决于驱动电机的功率和性能，续行里程长短取决于车载动力电池容量大小，车载动力电池制配置取决于制造商对整车用途和档次的定位，以及市场界定、市场细分。选用何种动力电池，如铅酸、锌碳、锂电池等，它们体积、比重、比功率、比能量、循环寿命都各异。纯电动汽车的驱动电机有直流、有刷、无刷、有永磁、电磁之分，还有交流步进电机等，它们的选用也与整车配置、用途、档次有关。另外驱动电机调速控制也分有级调速和无级调速，分电子调速控制器和不用调速控制器。电动机有轮毂电机、内转子电机、有单电机驱动、多电机驱动和组合电机驱动等。

2. 混合动力汽车

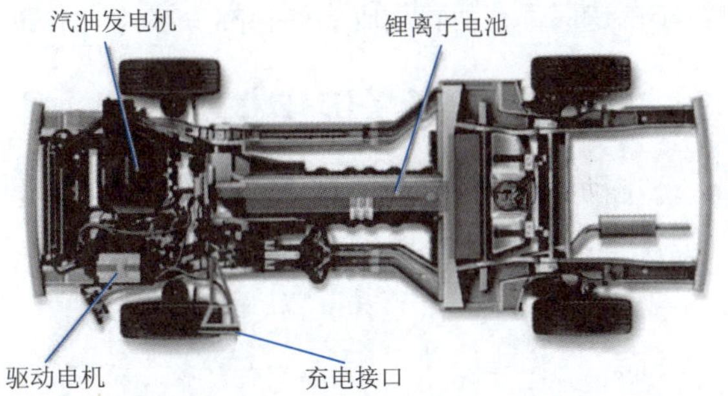

图 8.22　混合动力电车结构图

混合动力汽车（hybrid electric vehicle, HEV）是一种结合了内燃机和电动机的汽车，旨在兼顾传统燃油汽车和纯电动汽车的优点。混合动力汽车通过同时利用燃油和电力来驱动车辆，以实现更高的燃油效率和减少尾气排放，混合动力电车结构图如图 8.22 所示。

（1）并联式混合动力汽车

并联式混合动力汽车（parallel hybrid electric vehicle, PHEV）是最常见的混合动力汽车类型之一。它的内燃机和电动机都可以独立或同时驱动车辆，二者之间通过传动装置与车轮相连。并联式混合动力汽车可以根据驾驶条件和能源管理系统的控制策略，在内燃机和电动机之间实现无缝切换。

（2）串联式混合动力汽车

串联式混合动力汽车（series hybrid electric vehicle, SHEV）的内燃机不直接驱动车轮，而是用于发电机模式，通过发电机产生电能供电给电动机驱动车辆。内燃机的功率主要用于电池充电，而电动机则是主要的动力来源。

（3）能量分流式混合动力汽车

能量分流式混合动力汽车（power split hybrid electric vehicle, PSHEV）采用了更为复杂的系统结构。它通过一种称为“功率分流器”的装置将内燃机和电动机的动力分配到车轮上。功率分流器可以根据需要调整内燃机和电动机之间的功率分配比例，以实现最佳的燃油效率和性能。

（4）扩展里程混合动力汽车

扩展里程混合动力汽车（extended range hybrid electric vehicle, EREV）配备了一台内燃机和一套电动机及电池系统。它主要以电动机驱动车辆，当电池电量耗尽时，内燃机会自动启动并为电池充电，以提供额外的续航里程。扩展里程混合动力汽车能够以电力为主驱动，在长途行驶时仍然保持较高的燃油效率。

3. 燃料电池汽车

燃料电池汽车（fuel cell electric vehicle, FCEV）使用氢气与氧气反应产生电能，驱动电动机以提供车辆动力。燃料电池汽车使用燃料电池堆将氢气转化为电能，不产生尾气排放，只产生水蒸气。

以燃料电池作为动力电源的汽车。燃料电池的化学反应过程不会产生有害产物，因此燃料电池车辆是无污染汽车，燃料电池的能量转换效率比内燃机要高 2～3 倍，因此，从能源的利用和环境保护的角度来讲，燃料电池汽车是一种理想的车辆。

单个的燃料电池必须结合成燃料电池组，以便获得必需的动力，满足车辆使用的要求。燃料电池技术已经取得了重大的进展。世界著名汽车制造厂，如戴姆勒－克莱斯勒、福特、丰田和通用汽车公司已经宣布，计划在 2024 年以前将燃料电池汽车投向市场。在开发燃料电池汽车中仍然存在着技术性挑战，如燃料电池组的一体化，提高商业化电动汽车燃料处理器和辅助部

汽车制造厂都在朝着集成部件和减少部件成本的方向努力，并已取得了显著的进步。

8.4.3 电动汽车的关键技术

电动汽车技术的核心在于动力系统，包括电驱系统、电池系统和电控系统三个系统，简称为“三电”系统，如图8.23所示。

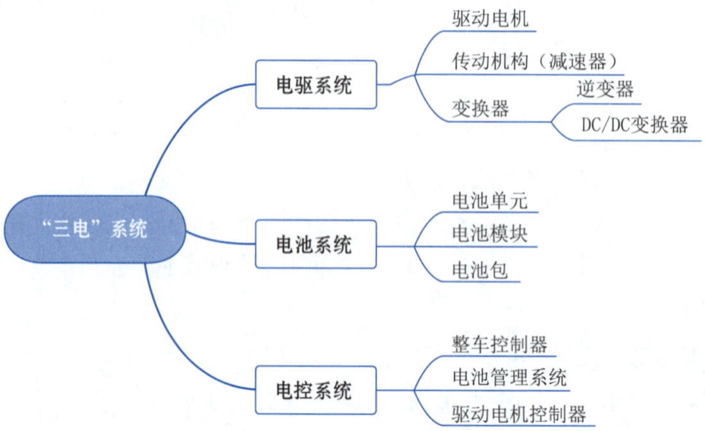

图 8.23 电动汽车的三电系统

1. 电驱系统

高效率、高功率密度的电动机可以提供出色的加速性能和行驶能力，电动机主要有以下几种：①交流电动机（AC）。它具有高效率、高功率密度和较宽的工作范围。交流电动机可以通过变频器控制转速和扭矩，并且可以实现回馈能量到电池的能量回收功能。②直流电动机（DC）。它具有简单的结构和控制方式，可以提供高转矩和起动性能。③永磁同步电动机（PMSM）。它采用永磁体作为励磁源，具有高效率、高功率密度和良好的动态响应。永磁同步电动机在电动汽车中被广泛应用，可以提供高效率和出色的性能。

2. 电池系统

电动汽车的电池技术是至关重要的。这包括电池的能量密度、充电速度、寿命、安全性和成本等方面。锂离子电池是目前主流的电动汽车电池技术，但也有其他类型的电池技术在不断发展，如固态电池、钠离子电池等。

3. 电控系统

先进的控制系统可以实现电动机的精确控制和优化效率，电车的控制系统主要围绕：电动机控制器接收来自车辆的指令，并通过控制电流、电压和频率等参数来控制电动机的运行状态。动力电池管理系统监测电池的电压、温度、电流等参数，并根据这些信息对电池进行充放电控制、平衡和故障诊断等功能，以确保电池的安全性和性能。驱动控制单元接收来自车辆的输入信号，并通过控制电动机、电池和其他系统的运行来实现车辆的加速、制动和转向等功能。智能车载系统用于集成和管理车辆的各种功能和信息。智能车载系统可以包括车载娱乐系统、导航系统、通信系统等，以提供更便捷、安全和舒适的驾驶体验。

本章小结

智能交通是利用先进的信息技术、通信技术和控制技术，对交通运行状态进行监测、分析和调度，以提高交通效率、安全性和环保性的交通管理系统。智能交通系统集合了多种先进的信息技术、数据通信传输技术、电子感知技术、控制技术及计算机技术等，用以实现对整个交通管理系统的动态管理和实时控制，从而提高交通效率，保障交通安全，减少环境影响。智能交通信息采集技术是智能交通系统的基础。主要通过各种传感器、监控摄像头和信息采集设备收集关于车辆、道路和交通流等方面的数据。随着环保意识的增强和新能源技术的进步，电动汽车逐渐成为人们关注和选择的焦点，并在未来的交通系统中扮演重要角色。智能交通技术通过信息采集、通信、分析等手段实现交通系统的智能化和自动化，提升交通运行效率、减少事故风险，同时借助无人驾驶和电动汽车等新技术，推动交通领域的持续创新和发展。

习　题

1. 简述智能交通系统的主要构成。
2. 国内智能交通是何时开始发展的？
3. 交通信息采集的主要方式有哪些？
4. 简述使用机器学习方法进行智能交通数据分析的一般流程。
5. 简述无人驾驶的应用场景。
6. 我国在高端重型采掘运输设备制造上的进步体现在哪些方面？
7. 无人驾驶中有哪些常用的感知技术？
8. 混合动力汽车有哪几种？
9. 简述电动汽车的关键技术。

第 9 章 智能穿戴

学习目标

◎ 了解：智能穿戴设备的定义、类型、工作原理、特点及发展历史，熟悉各类设备在物联网环境下的应用情况。

◎ 掌握：智能穿戴设备的关键技术、组成部件和应用场景。

◎ 理解：智能穿戴设备在物联网中的集成方式、实现方法和安全威胁，以及各类传感器在各种穿戴设备中的应用原理。

◎ 分析：通过设备的应用设计，分析智能穿戴技术中的人工智能技术、大数据技术的实现方式，以及如何针对特定技术融合进行优化开发。

智能可穿戴设备是一种可以穿在身上或贴近身体并能发送和传递信息的便携式电子计算设备，它可以利用传感器、射频识别、全球定位系统等信息传感设备，接入移动互联网，在软件支持下感知、记录、分析实现收集到的各种实用数据，将有用的信息反馈给用户，方便人与物随时随地的信息交流，是当今物联网技术的主要产物。智能可穿戴设备分为生活健康、信息咨询和体感控制类设备。市场上有各种类型的智能穿戴设备，包括智能手表、智能眼镜、智能服装等，这些产品的功能也各不相同。图 9.1 所示是一些常见的智能穿戴设备。

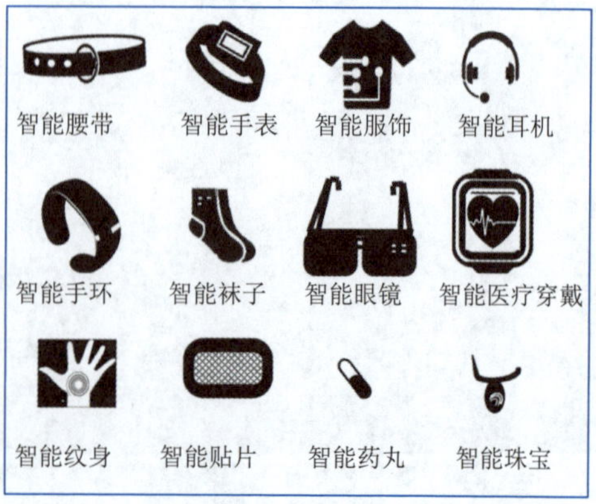

图 9.1　常见的智能设备

随着低功耗移动网络的进步，电子设备和传感器尺寸的减小，以及智能可穿戴设备所能提供的优势，使得可穿戴技术的发展速度很快。其微型、无线传输、不影响用户活动等特点，使其用于健康和安全监护、慢性病管理、疾病诊断治疗及康复、智能家居生活、智能交通等方方面面。随着科技的不断进步，智能穿戴设备将继续演化和创新，为人们的生活带来更多便利和可能性。

9.1 智能穿戴概述

9.1.1 智能穿戴设备概念

视 频

智能穿戴设备概念

智能穿戴式设备拥有多年的发展历史，其思想和雏形可追溯至20世纪80年代，尽管当时的技术还不成熟，但人们对将科技与日常生活紧密结合的憧憬和探索从未停止。随着时间的推移，智能穿戴技术在不断演进和创新的过程中，从最初的原型逐渐催生出了如今功能丰富、便捷实用的产品。这些智能穿戴设备以其引人注目的外观和功能，在塑造现代社会的文化、生活方式和个人健康管理方面扮演着越来越重要的角色。

智能穿戴设备（smart wearable devices）又称可穿戴设备，是指内嵌在服装中，或以饰品、随身佩戴物品形态存在的电子通信类设备，可直接穿戴在身上，具有智能感知、计算和交互功能。这些设备通过内置的传感器、微处理器和无线通信模块等，能够实时采集用户的生理、行为和环境数据，并提供个性化的服务和交互体验。智能穿戴设备通常与智能手机、云平台等构成完整的应用生态系统。

图9.2所示为可穿戴式智能设备的典型组成运行框架结构。设备在用户检测端通过不同传感器将数据采集并经过前端放大和滤波后输入处理器，处理器通过自身集成的模数转换功能将采集到的数据进行模数转换，之后进行数据的处理、存储、显示等，最后将处理后的数据通过无线通信技术短距离传输至智能手机等移动终端。智能手机等移动终端将接收到的数据进行进一步处理、存储、显示，然后通过2G/3G/4G/5G/Wi-Fi等方式将信息发送至远程服务器和数据中心进行数据存储和深度分析。医护人员和家人可以通过网络访问远端服务器查看用户信息和生理状况，也可以将数据分享至朋友圈，比如每天跑了多少步、消耗了多少卡路里等。

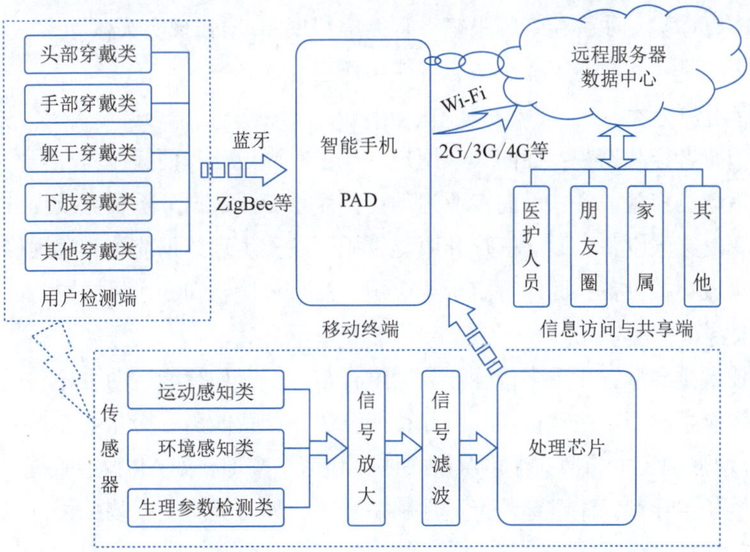

图 9.2 可穿戴式智能设备典型框架

9.1.2 智能穿戴设备特点

智能穿戴设备代表了物联网技术与可穿戴式电子产品的融合发展趋势，是实现泛在感知、个性化服务和人机协同的重要载体。它的主要特征有以下几点：

（1）穿戴性：直接佩戴在身体上，如手腕、头部、脚踝等部位，便于随时使用。

（2）智能性：具备数据采集、处理和分析能力，可提供个性化的服务和反馈。

（3）交互性：支持多种人机交互方式，如语音控制、手势识别、触控等。

（4）连接性：通过蓝牙、Wi-Fi等无线通信技术与其他设备进行数据传输和同步。

（5）便携性：设备小型化、轻量化，方便用户随身携带和使用。

智能穿戴设备的典型产品形态包括智能手表、智能手环、智能眼镜、智能服饰等。这些设备在健康监测、运动追踪、信息提醒、人机交互等方面得到广泛应用，并在医疗、养老、教育、娱乐等领域不断拓展新的应用场景。

视频

智能穿戴设备分类

9.1.3 智能穿戴设备分类

智能穿戴设备种类繁多，可以根据不同的应用场景、功能特点和穿戴部位进行分类。以下是几种常见的智能穿戴设备分类方式：

1. 按穿戴部位分类

（1）头部穿戴设备：如智能眼镜、智能头盔、脑电波耳机等。

（2）手腕穿戴设备：如智能手表、智能手环等。

（3）服饰类穿戴设备：如智能服装、智能鞋袜等。

（4）其他部位穿戴设备：如智能饰品、智能贴片等。

2. 按功能特点分类

（1）健康监测类：如心率监测手环、血压监测手表等。

（2）运动追踪类：如智能运动手表、智能跑鞋、智能瑜伽服等。

（3）信息交互类：如智能通知手表、智能语音助手眼镜等。

（4）娱乐多媒体类：如智能音频眼镜、智能虚拟现实/增强现实头盔等。

（5）工业应用类：如智能工业头盔、智能工作手套等。

3. 按目标用户分类

（1）普通消费者穿戴设备：面向大众用户，注重时尚设计和便捷体验。

（2）专业运动员穿戴设备：面向专业运动员，注重专业数据分析和竞技提升。

（3）医疗康复穿戴设备：面向医疗和康复领域，注重生理数据监测和远程诊断。

（4）工业领域穿戴设备：面向特定行业应用，注重环境感知和人机协同。

4. 按技术特点分类

（1）传感技术主导型：注重多传感器数据融合与分析，如智能运动手环。

（2）人工智能主导型：注重机器学习和智能算法，如智能语音交互手表。

（3）虚拟/增强现实主导型：注重沉浸式体验和信息叠加，如AR智能眼镜。

（4）柔性电子主导型：注重穿戴舒适性和贴身感，如智能纺织服装。

5. 按照通信方式分类

（1）直接和互联网结合，如通过蓝牙或者Wi-Fi等。

（2）通过中转介质（如路由器、中继器等）和互联网结合。

（3）与智能设备结合。

需要注意的是，以上分类方式并不是完全独立和互斥的。现实中的智能穿戴设备往往兼具多种特点和功能，可以跨越多个分类范畴。随着技术的不断发展和应用场景的拓展，智能穿戴设备的形态和功能也在不断演进，未来可能还会出现新的分类方式和产品类别。需要有针对性地开展技术研发、产品设计和市场推广，满足不同领域用户的需求。同时，跨类别的融合创新也是智能穿戴设备发展的重要方向之一。

9.2 智能穿戴技术

可穿戴式智能设备除了需要保证功能和检测数据的可靠性，还需同时顾及设备体积及功耗的问题；此外，用户的体验性和穿戴的舒适度也需同时兼顾。解决以上问题涉及传感器技术、电池技术、低功耗无线通信技术、网络通信技术、人因工程等多种技术。

9.2.1 传感器技术

视频

传感器技术

可穿戴式的传感器具有体积小、质量轻、功耗小、可靠性高、稳定性好、易于集成等特点。目前用于可穿戴式设备的传感器主要有运动感知类、环境感知类和生理参数检测类传感器等。

1. 运动感知类传感器

如运动健身类的可穿戴式智能手环就是采用运动感知类传感器来感测用户的运动状态和睡眠状态。运动感知类传感器中最具代表性的有加速度计（accelerometer）和陀螺仪（gyroscope）。加速度计是智能穿戴设备中最常见的传感器之一，用于检测设备的加速度和运动状态。通常由质量块、阻尼器、弹性元件和敏感元件等部分组成。传感器在加速过程中，通过对质量块所受惯性力的测量，利用牛顿第二定律获得加速度值。通过加速度计，设备可以实时监测用户的步数、距离、速度等运动数据，同时还可以检测用户的睡眠状态和姿势，如图 9.3 所示。同时此类传感器对于车队管理至关重要，可以远程监控和控制速度，对于高速发展的智能交通有着重要的作用意义。此外，三轴加速度计还可用于监测人或物体是否坠落，并通过集成的紧急按钮触发警告，在智慧建筑领域具有重要的应用，同时还可用于测量建筑振动、涡轮机和高速机械。

根据加速度计的敏感元件的不同，常用的加速度计主要分为压电、压阻和电容三种类型。

压电加速度计利用压电效应来测量加速度。压电效应即当某些压电材料在特定的方向上受到力的作用而产生变形时，其内部发生极化，并在它们的两个表面产生符号相反的两种电荷；当外力消失时，晶体会恢复到不带电的状态。压电加速度计主要包含压电材料、质量块及其他组件，当加速度计的速度发生变化时，质量块会对压电材料进行压缩或拉伸，根据牛顿第二运动定律，压电材料内部电荷的变化正比于受到的力作用在其上的加速度，使加速度计成为一种有效的加速度测量装置。最常用于振动和冲击测量，如图 9.4 所示。

压阻式加速度计的灵敏度比压电式加速度计低得多，压阻式加速度计的电阻与施加在其上的压力成正比，在测量低频影响方面不是最好的。然而，它们在高振幅下工作得很好，更适合车辆碰撞测试，如图 9.5 所示。

加速度计的第三种也是最常用的类型是电容式加速度计。电容式加速度计使用电容的变化来确定物体的加速度。传感器加速时，其电容器极板之间的距离会随着传感器膜片的移动而变化。主要用于智能手机中的电容式MEMS（微机电系统），如图9.6所示。

图 9.3　加速度计传感器

图 9.4　压电式加速度计

图 9.5　压阻式加速度计

图 9.6　电容式加速度计

陀螺仪是除加速度计之外最常用的运动类传感器之一。是用高速回转体的动量矩敏感壳体相对惯性空间绕正交于自转轴的一个或两个轴的角速度检测装置，用于检测设备的旋转角度和方向，可以帮助智能穿戴设备更准确地追踪用户的运动轨迹和姿势变化。例如，在跑步时，陀螺仪可以帮助设备准确地记录用户的转弯和转向动作，帮助运动员测量身体运动并在分析后提高其表现。随着技术的发展，现常用的有三轴陀螺仪与六轴陀螺仪。六轴陀螺仪则综合了三轴陀螺仪和三轴加速度计，可以同时测量设备的姿态和运动状态，比如抬手亮屏、横竖屏自适应等功能，多用于导航系统、机器人控制、消费电子产品、蜂窝和相机设备等制造过程。如图9.7所示。

除此之外，随着人工智能技术的发展，AI传感器的设计成了热点。2023年，博世公司上市的基于IMU的可编程传感器系统BHI380（见图9.8），结合了陀螺仪和加速度计，可实现完全自定义。

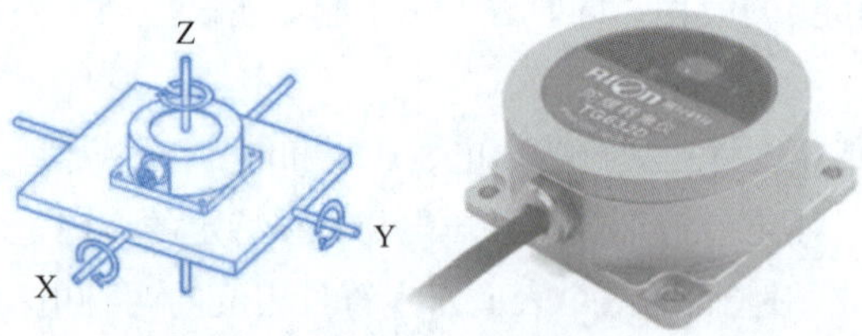

图 9.7　陀螺仪传感器

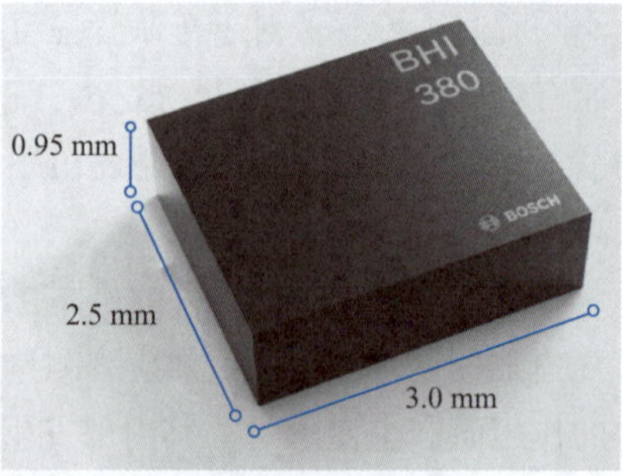

图 9.8　BHI380 传感器

2. 环境感知类传感器

环境感知类传感器用来监测环境中的某些参数，指导用户出行和活动，包括PH传感器、环境光传感器、颗粒物传感器、气压传感器、温湿度传感器、紫外线传感器等。由于受环境感知类传感器体积大小的限制和对环境因数监测认知的缺乏，目前集成环境感知类传感器的可穿戴设备较少。

加拿大温哥华初创公司（TZOA）研发的一款可穿戴式环境检测传感器TZOA如纽扣大

小，可以夹在衣服上，用于检测空气质量、紫外线、湿度和温度等指标。所有数据都会收集到TZOA配套的智能手机App应用之中，然后进行相应的环境量化分析，为佩戴者提供服务。用户不仅可以快速查看本地空气质量，还可以数据包的方式上传数据创建一个本地污染地图，如图9.9所示。

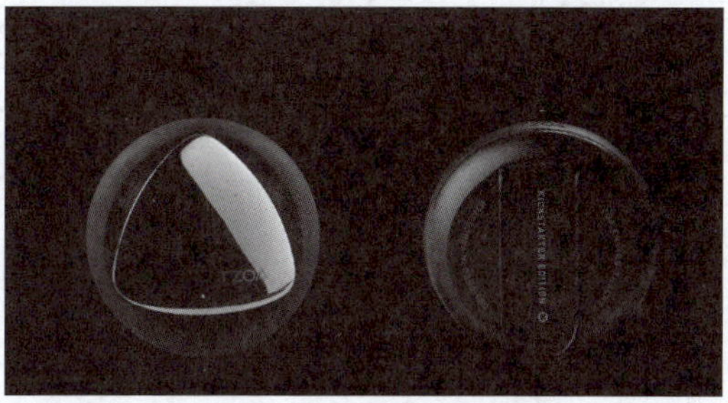

图 9.9　TZOA 传感器

2023年，Bosch博世公司推出了全球最小尺寸的PM2.5传感器（颗粒物传感器）BMV080（见图9.10），450倍尺寸缩减，尺寸仅为4.2 mm × 3.5 mm × 3 mm。传统环境传感器通过风扇把空气卷进激光束，将空气样本引入传感器的检测区域，利用颗粒物反射或阻挡激光光线的特性，借助光电二极管加以检测和测量，从而造成体积大、耗电多，且受限于风扇等机械部件较多等问题。BMV080采用VCSEL的设计方式，使用MEMS（micro-electro-mechanical system）技术制造，加上复杂算法支持，不需要利用风扇等部件集中气流就能检测，改善了传统传感设备体积大、能耗大、测量准确度低等缺点。

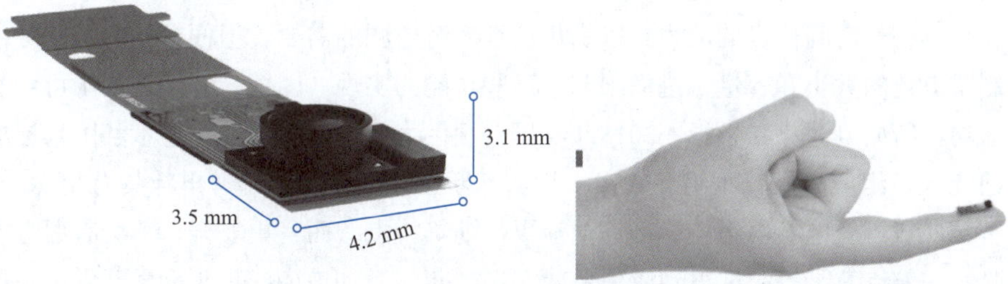

图 9.10　BMV080 传感器

3. 生理参数检测类传感器

生物传感技术用于智能穿戴设备中的生理参数监测，用户要求这类传感器能够检测具有医疗价值的生理参数，如血糖、心率、血压、血氧饱和度等，如图9.11所示。主要原理是通过传感器与生理参数的接触，将生理信号转换成电信号，再通过数据处理算法分析，得出相应的监测结果。

随着可穿戴式设备的发展，在医疗领域也正在进行一场微型化、可穿戴的医疗设备变革，可穿戴的腕式电子血压计、心脏监测仪、血糖仪、脉搏监测器、环境污染监测口罩等医疗类产品不断推出。最为常见的是心率检测，多数可穿戴式设备都具有心率监测功能，如Apple Watch、华为 Watch GT、小米的 Amazfit Bit 智能手表和 Nymi、Mio Fuse 智能手环等。心率检测通常有光电式和电极式两种，光电式是最为常见的，通过光照射检测部位后接收反射或透射光并转换为电信号来测量心率，这种光电式的传感器体积小，易于集成，有利于穿戴，但是光电式检测方法因运动产生的干扰较大，需要强大的算法进行数据处理。电极式是通过身体不同部位的电势差来测量心电信号，数据准确，一般临床诊断用的心电监护仪都是采用多导联的电极式传感器，但由于它需要多触点采集，不利于穿戴和实时监测，所以目前电极式传感器用于可穿戴式较少。

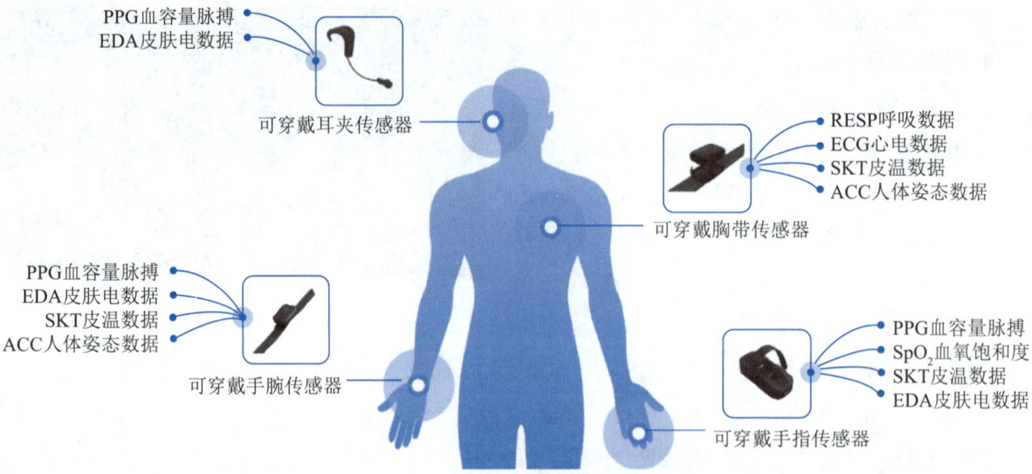

图 9.11 生理参数监控传感

9.2.2 电池技术

所有可穿戴式设备都受到电池技术的限制，功耗控制将直接影响到用户的体验。可穿戴式智能设备须具备长时间待机的能力，以满足连续实时监测的需要，但便携性和易于穿戴的特点往往限制了电池的大小和容量，进而限制了某些功能的实现。因此，开发适用于可穿戴式智能设备的低功耗新型电池势在必行。2018年美国马里兰大学、陆军研究实验室和国家标准与技术研究院研究人员组成的研究小组开发出一种水基新型锌电池，这种锌电池具有超薄、可弯曲、不含有害物质、可充电及电力比标准锂电池更强劲等特点，而且更安全，不会有爆炸或引发火灾的风险，在航空航天等领域得到应用发展。2021年，新加坡南洋理工大学开发出一种可通过人体汗液供能的柔性可伸展电池，利用人体的自身化学反应给可穿戴式智能设备供电的技术，电池外形扁平，接近指甲盖大小，可被粘贴在柔软吸汗的纺织品上，也可附着在如手表、腕带等可穿戴设备上。2023年，中国科学家通过合作研发出柔性单晶硅太阳电池技术，以低成本、高转化、得到广泛应用，进一步实现经济增长方式的转变。2024年，复旦大学研制成了纤维电池，衣物与包都成了充电装置，为健康监测、智能传感等领域提供有效能源解决方案。这些产品和技术打破了可穿戴式智能设备的电池瓶颈，推动可穿戴式智能设备的发展。

9.2.3 无线通信技术

随着智能手机和PAD等移动终端的普及，大多数可穿戴式智能设备依托移动终端来进行数据的接收和分析。传感器检测节点与移动终端一般是通过短距离无线传输的方式进行数据通信，如低功耗蓝牙、ZigBee、Wi-Fi direct等。康体佳健康联盟制定了无线医疗数据传输的标准方式。表9.1是几种无线传输方式的性能对比。ZigBee具有效率高、低功耗、可自组网等特点。MICS（mobile information service center，移动信息服务中心）是一种超低功耗的移动通信服务，主要用于植入式心血管疾病的治疗。IrDA（infrared data association，红外数据组织）具有传输速率快、超低功耗的特点，但是只能点对点传输。传统蓝牙广泛用于手机、平板计算机和PC等之间短距离传输，连接方便。而低功耗蓝牙集合了传统蓝牙、高速技术、低功耗技术，并且符合对等网络技术（peer-to-peer, P2P）通信，这一特点使得蓝牙成为可穿戴式智能设备无线传输的主流方式。

表 9.1　几种无线传输方式性能对比

传输方式	数据传输速率（kbit/s）	传输范围 /m	功率 /mW	频率 /MHz	特点
ZigBee	20	10～75	30	868	效率高、可自组网
	40			915	
	250			2 400	
传统蓝牙	1 000～3 000	10～100	2.50～100.00	2 400	短距传输、连接方便
低功耗蓝牙	1 000	10	0.25～1.25	2 400	低功耗、自搜索连接
IrDA	16 000	1	—	红外线	传输速率高
MICS	500	2	0.025	400	超低功耗

9.2.4　大数据及边缘云计算技术

随着工业 4.0 在全球的迅速展开，具备智能化、精细化、可实时收集数据等特征的可穿戴设备正对工业领域进行持续渗透。2021 年工信部发布《“十四五”智能制造发展规划》提出：以工艺、装备为核心，以数据为基础，依托制造单元、车间、工厂、供应链等载体，构建虚实融合、知识驱动、动态优化、安全高效、绿色低碳的智能制造系统，推动制造业实现数字化转型、网络化协同、智能化变革。到 2025 年，规模以上制造业企业大部分实现数字化网络化，重点行业骨干企业初步应用智能化；到 2035 年，规模以上制造业企业全面普及数字化网络化，重点行业骨干企业基本实现智能化。到 2025 年的具体目标为：一是 70% 的规模以上制造业企业基本实现数字化网络化，建成 500 个以上引领行业发展的智能制造示范工厂。二是智能制造装备和工业软件市场满足率分别超过 70% 和 50%，培育 150 家以上专业水平高、服务能力强的智能制造系统解决方案供应商。三是完成 200 项以上国家、行业标准的制修订，建成 120 个以上具有行业和区域影响力的工业互联网平台。未来我国工业产业随着工业数据化、信息化、网络化转型升级，工业可穿戴设备将得到越来越普遍的工业领域的推广和应用。

由于可穿戴式智能设备是持续实时的监测，故必将产生大量的数据，这些数据都是来自个体的具有医疗健康和运动健康价值的参数，需要进一步存储和深度分析，以便给用户提供有效的建议。大多数可穿戴式智能设备还处于简单的数据采集和显示阶段，缺少大数据分析和智能专家系统对监测数据进行深度分析挖掘，不能给用户提供个性化服务。基于云计算的大数据处理技术给可穿戴式智能设备提供技术支持，在大数据环境中更加有效地挖掘对健康有益的信息。云计算是网格计算、并行计算和分布式计算发展的产物，包括大数据的存储、管理、联机分析和虚拟化等技术，它通过网络形式把庞大的存储和计算资源链接起来，构成一个中央指挥处来统一管理和调度。基于云计算的大数据处理系统的整体框架主要包括可穿戴式传感器端、数据采集管理层、个性化自适应分析层和个性化自适应服务层。可穿戴式传感器端采集的数据经校正和前端处理后存放在 Hadoop 分布式文件系统列式存储的数据仓库中，然后把数据进行映射、复制、归约后填充个性化中间数据库，来提供用户的信息表，帮助用户有效了解生理状态和运动状态，根据实际监测的数据在个性化数据库中寻找合适的信息和建议提供给用户，用于监测和管理身体活动。

9.3 智能穿戴应用

9.3.1 智能手表

智能手表是一种集成了智能功能的可佩戴设备，它融合了传统手表的时间显示功能，并具有诸如健康监测、通知提醒、音乐播放、导航等多种智能功能。智能手表通常与智能手机或其他设备进行连接，通过蓝牙或Wi-Fi技术进行数据传输和通信。智能手表集合了多种功能于一身，其中传感器是其重要的组成部分。传感器通过将各种被测信号量的微小变化转换成电子信号来工作。随后，通过信号处理单元转换为数字或模拟信号，并交给执行程序进行处理。

如光电、温度等传感器，首先向传感器供电 ±15 V，激磁电路中的晶体振荡器产生400 Hz方波，通过功率放大器即产生交流激磁功率，通过能量循环变压器从静止的主线圈传送到旋转的次线圈。高精度稳压电源由基准电源和双运放组成，产生 ±4.5 V精密直流电源。在弹性轴受扭情况下，应变桥检测得到的mV级应变信号由仪表放大器放大为1.5 V ± 1 V的强信号，然后由V/F转换器转换为频率信号，再由信号环形变压器从旋转的初级线圈转到静止的次级线圈，再经壳体上的信号处理电路滤波、整形，就能得到与弹性轴受扭程度成正比的频率信号，既可供专用二次仪表或频率计显示，又可直接送计算机处理。

智能手表的工作原理涉及多种技术和组件的配合。主要由主控芯片、显示器、各类传感器、存储器、电池、电源管理系统和无线射频系统组成。智能手表的一般工作原理（见图9.12），当用户戴上智能手表后，它会通过多种传感器感知用户的动作（如手腕的摆动）、监测生理数据（如心率）和接收用户的指令。智能手表将传感器获取的数据通过蓝牙、Wi-Fi、NFC等短距离传输技术传输给处理器，配合霍尔、GMR、TMR等技术及算法进行处理，并根据用户的需求和设置，通过液晶、AMOLED或电子墨水屏等技术，显示相关的信息、执行应用程序、发送通知等。智能手表也可以与其他设备进行通信和数据同步，从而实现更多的功能和便利。比如用户可以通过手表查看手机的来电、短信、社交媒体通知等信息，还可以控制手机的音乐播放、拍照等功能。同时，智能手表还可以监测心率、步数、睡眠质量等健康指标，帮助用户管理健康和运动。

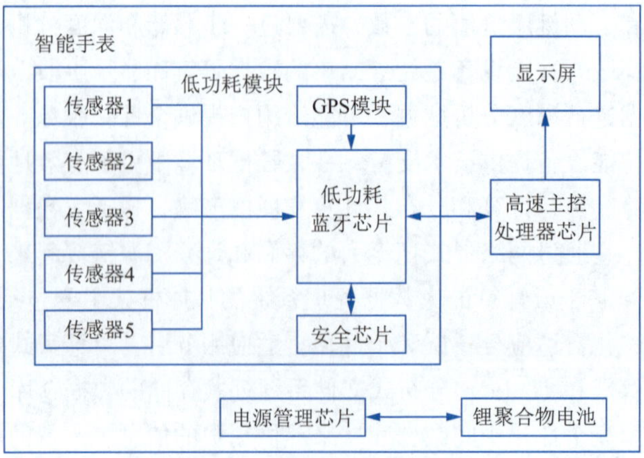

图 9.12 智能手表工作原理图

随着科技的不断发展，智能手表的功能也得到了不断扩展。现在的智能手表可以支持应用程序的安装扩展，用户可以通过手表运行各种应用程序，如天气预报、地图导航、支付等。此外，一些智能手表还具有脉搏氧饱和度监测、GPS定位、水下运动跟踪等高级功能。智能手表的外观设计也非常多样化，以满足不同用户的审美和使用需求。有些智能手表采用方形显示屏，有些则采用圆形显示屏，还有一些可自定义表带或面板。总的来说，智能手表通过将智能功能与传统手表相结合，为用户提供了更便捷、智能的佩戴体验，并成为现代生活中的重要配件之一。常见的智能手表功能：

（1）运动计步专用：加速度传感器

重力加速度传感器，简单讲就是通过感知加速度，将其转换为电信号，从而估算步数，运动距离，以及消耗热量等数值。一般涉及霍尔、GMR、TMR等技术，以及特定算法。

（2）心率检测：光学心率传感器、生物电阻抗传感器

检测心率最常见的是光学心率传感器，也是很早就在智能手环背面上安置的传统传感器，原理是通过LED绿光照射紧贴传感器的皮肤和附近血管，通过测算光线被吸收的波动来判断心率状态，辅助运动检测，也可以检测心脏异常，及时反馈报警。

（3）睡眠监测：三种不同方案

第一种简单的睡眠监测依靠加速度传感器来判断你是否在睡眠状态。人在睡眠时体动少，频率低，检测不到体动就认为你是睡着了，会有一定的准确度，但也容易有误判，比如你在被窝里保持同一个姿势持续看手机，采用这种检测原理也可能认为你在睡觉。

第二种就是结合心率来判断睡眠状态，此时借用的是心率传感器，通过PPG光电容积脉搏波描记法来完成心率变异性检测，准确度要比单纯的加速度传感器检测更准确。

第三种是通过心肺耦合分析法来检测睡眠，原理是利用人们睡眠时的心电、呼吸耦合关系来综合判定清醒、浅睡眠、深度睡眠状态，就目前而言，这种方案准确度更高，也可以减少本人生病状态下，或者上面所说的持续静止但并未睡着的状态下被判定睡着的误判率。

（4）血氧饱和度检测：光学传感器

该检测原理与心率检测原理一致，都是通过背面贴近皮肤的模块发射光线，利用光敏电阻检测被血液吸收一部分的光线波动来分析血氧状态，不同的是这个过程发出的光线往往是红外光，而且容易受到各种因素干扰，因此手环/手表上的血氧检测准确度有限，只能作为参考。

（5）体温检测：温度传感器

体温检测通过热敏电阻和高精确度的温度传感器来实现单次或连续体温检测，常见于近两年推出的血压/血糖类健康监测智能手表，作为其辅助功能，比如2021年出的华为WATCH3、GT3，让喜欢户外运动的用户可以更加清楚了解体温变化、酌情增减衣物。

（6）血压、血糖检测：对应传感器模块复杂多样，也有可能只靠算法

这两大类检测功能已经开始偏向体检领域，面向有中老年人和有特定健康监测需求的人群，但功能准确度高低不齐。市场上现有常见的健康监测类手表产品有：荣耀手表4 Pro、华为WATCH 4 Pro、华为WATCH D、OPPO Watch X、Apple苹果Watch SE、Xiaomi Watch S1 Pro等（见图9.13）。

（a）华为 WATCH 4 Pro　　（b）OPPO Watch X　　（c）Xiaomi Watch S1

图 9.13 常见的健康监测类手表

目前，除三星电子、佳明、华米及小天才外，大多数智能手表品牌商将产品设计生产委外给ODM（original design manufacturer, 原始设计制造商）或EMS（electronic manufacturing service, 电子制造服务）厂商完成。根据中金企信数据，2021年ODM和EMS厂商总出货量占全球智能手表出货量约76%，预计至2025年，随着更多智能手机厂商向手表市场拓展，ODM/EMS模式渗透率将逐步提高至80%。随着智能手表应用人群的增加，根据使用人群，智能手表主要分为儿童智能手表、成年智能手表和老年人智能手表。儿童智能手表主要生产厂商为华为、小天才、小米、360等，主要功能围绕定位、通话、双摄、防水，代表性产品如图9.14所示。

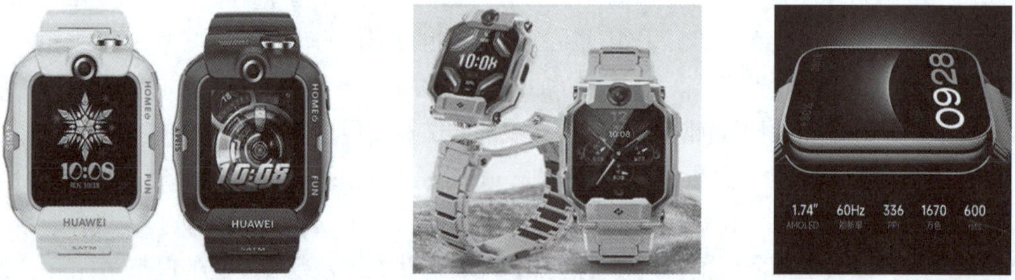

（a）华为 4X　　（b）小天才 Z9　　（c）小米手环 8 Pro

图 9.14 儿童智能手表

成人智能手表主要供应商包括华为、华米、小米、OPPO、荣耀等产品，其中华为成人智能手表数量达到17款，华米有13款，小米有6款，产品数量较多。从1984年，Seiko推出了一款名为“MessageWatch”的智能手表，它可以接收和显示传输到手表的文字信息，可被认为是智能手表的起点。2023年，华为Watch GT 4（见图9.15）上市，从技术层面来看，TruSleep技术和TruSeen 5.5+算法的使用，基于ACC、PPG数据，提供了准确度极高的追踪功能以及心率跟踪功能，同时配套的华为健康应用程序中的指标也非常详尽，为运动监测提供了丰富的参考标准。

同年10月，谷歌发布的 Pixel Watch 2（见图9.16）内置了三个全新的传感器，通过持续改进的AI算法和全新的“多径式心率传感器”，配备了多个LED（比第一代Pixel Watch增加了超过25倍），能够带来更准确的心率检测，特别是在进行高强度有氧运动时，心率准确度比上一代提高了40%。它还配备了全新的皮肤电活动（cEDA）传感器、皮肤温度传感器、红外线传感器（用于检测SpO_2），增强了整体健康监测功能。当然，这款智能手表还具备IP68和5ATM的防水性能。

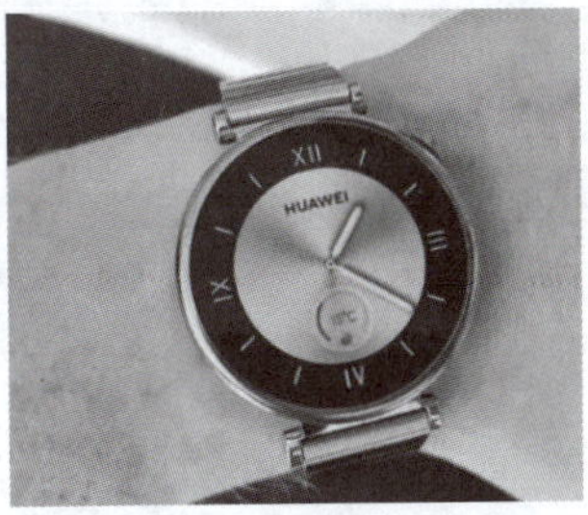

图 9.15　华为 Watch GT 4

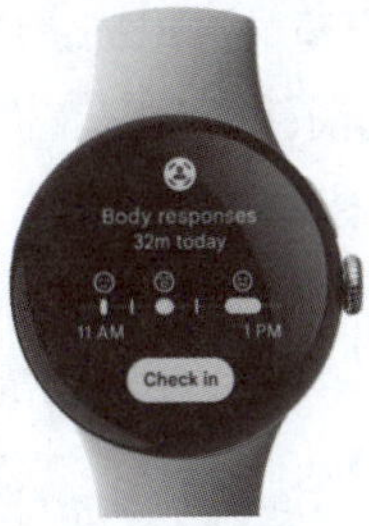

图 9.16　谷歌 Pixel Watch 2

随着人工智能、物联网等技术的发展，国家相继发布多项政策支持养老领域智能穿戴等设备发展，推动智能手表等设备服务老年群体，帮助老年人进行健康监测等，代表性产品如图9.17所示。

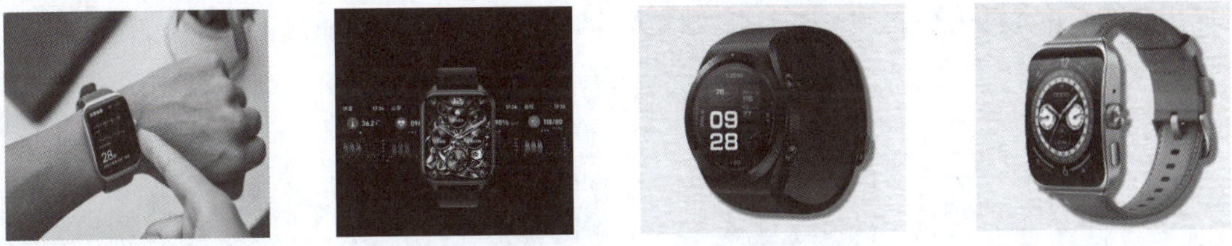

（a）Pebble 智能手表　（b）养无忧手表　（c）小米腕部心电血压记录仪　（d）OPPO Watch 4 Pro

图 9.17　老年智能手表

9.3.2　智能眼镜

智能眼镜，也称智能镜，是一种集成了显示屏、传感器和计算能力的眼镜产品，它可以提供增强现实（augmented reality）体验，将虚拟信息叠加到现实世界中，让用户可以在眼镜上看到虚拟的信息和图像。同时它可以像智能手机一样，具有独立的操作系统，通过软件服务商提供的程序，实现语音交互式操作、地图导航、拍照、视频通话等功能。

智能眼镜利用的是光学反射投影原理，即微型投影仪先将光投到一块反射屏上，然后通过一块凸透镜折射到人体眼球，实现所谓的“一级放大”，在人眼前形成一个足够大的虚拟屏幕，可以显示简单的文本信息和各种数据。

智能眼镜实际上是微型投影仪＋摄像头＋传感器＋存储传输＋操控设备的综合体。镜片上包括微型摄影仪和摄像头，通过将拍摄的图片数据存储传输到智能眼镜内部集成的低功耗的处理器和存储芯片，这些芯片可以实现对图像和数据的实时处理，保证用户在使用智能眼镜时可以得到流畅的体验。同时，智能眼镜内的各种传感器如陀螺仪、加速度计和环境光传感器，用于感知用户的动作和环境信息，通过操控设备及蓝牙链接等，与其他智能设备进行互联互通，实现多设备协同工作，从而实现智能化的交互方式。智能眼镜还可以通过无线网络连接到互联网，用户可以通过智能眼镜浏览网页、观看视频、使用社交媒体等，实现更丰富的应用体验。

除此之外，智能眼镜还可以具备如语音识别和语音助手、触摸控制、防紫外线等功能。它们的设计目标是提供一种更加自然和沉浸式的用户体验，使用户能够轻松地与虚拟世界进行交互，获得更多的信息和便利。

智能眼镜的应用场景广泛，包括以下几个方面：

（1）娱乐和游戏：智能眼镜可以提供增强现实游戏、虚拟旅游、电影观看等娱乐体验，将用户带入虚拟的世界中。

（2）教育和培训：智能眼镜可被应用于教育和培训领域，如虚拟实验室、语言学习、技能培训等，提供更加交互和沉浸式的学习方式。

（3）商业和工业：智能眼镜可被应用于商业和工业领域，如远程协作、维修保养、数据显示等，提高工作效率和准确性。

（4）医疗和健康：智能眼镜可被应用于医疗和健康管理，如手术辅助、病历查阅、健身跟踪等，提供更好的医疗服务和健康监测。

智能眼镜是一种具有计算能力和传感器的眼镜产品，通过增强现实技术将虚拟信息叠加到现实世界中，为用户提供更丰富的视觉体验和功能。随着技术的不断发展，智能眼镜有着广阔的应用前景，并有望在各个领域推动创新和变革，智能眼镜的功能图如图9.18所示。

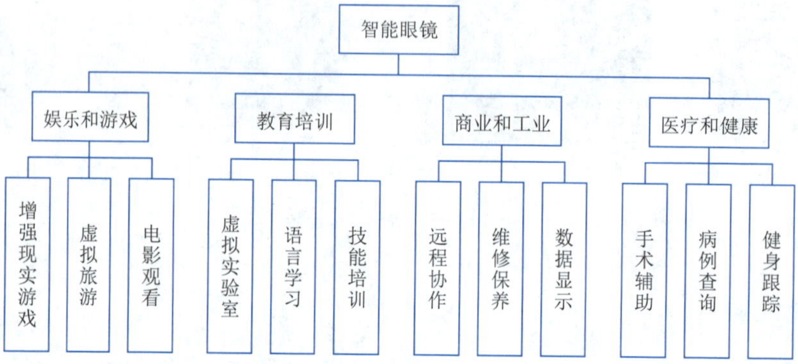

图9.18 智能眼镜功能图

智能眼镜的发展可以追溯到1999年，美国加利福尼亚大学洛杉矶分校的研究人员发明了一种名为eGlasses的智能眼镜，它具备增强现实功能，可以将数字信息叠加在用户的视野中。开启了智能眼镜的应用进程。2013年，谷歌推出了一款名为Google Glass的智能眼镜。它以类似眼镜的外观设计，配备了一个小型透明显示屏，可以在用户的视野范围内显示信息。Google Glass可以通过语音指令、触摸操作或头部动作控制，具备拍照、录像、导航、语音控制、实时翻译和智能提醒等功能，还支持第三方应用程序的开发，以满足不同用户的需求。2023年7月9日，宝马推出了一款智能眼镜，名为Connected Ride，可以将导航、速度、档位等重要数据投影在骑手的视野中。2023年9月，华为推出了华为智能眼镜2，代替骨传导技术，引入全新同向双振膜单元，实现纤巧镜腿设计的同时，减小漏音，提高了通话隐私，而且使得声音更加清晰具有层次感。其配备了全新的语音助手，用户只需通过简单的语音指令就能完成各种操作。同时使用内置的精准姿态传感器，当你长时间佩戴眼镜低头工作时，它能智能提醒颈椎健康。2023年10月，Meta发布了结合AI的雷朋 × Meta智能眼镜。整体外观非常像太阳镜，右侧配有1 200万像素摄像头，可以拍照和录制1 080 P视频，左侧对应为LED灯，提醒他人正在录制视频，同时进行AI对话，增加了应用的方便性。2024年3月底，小米新款智能眼镜——MIJIA智能音频眼镜推出，用的是气传导的开放声场技术，通过空气振动进行声音的传播，发出的声音会更加真实通透，让人沉浸其中，就像是和真人对话，并且听久了耳朵不会发疼，并且搭载

SLS0820 超声线扬声器、融合音腔结构算法，还配有双重防漏音技术，支持通话降噪。同时配备六处人体工学检测点，智能识别、动态跟踪眼镜佩戴状态，随手摘镜音乐即停。该眼镜还加长了触控条，支持多种手势操作，以及语音助手。目前市场流行的智能眼镜如图9.19所示。

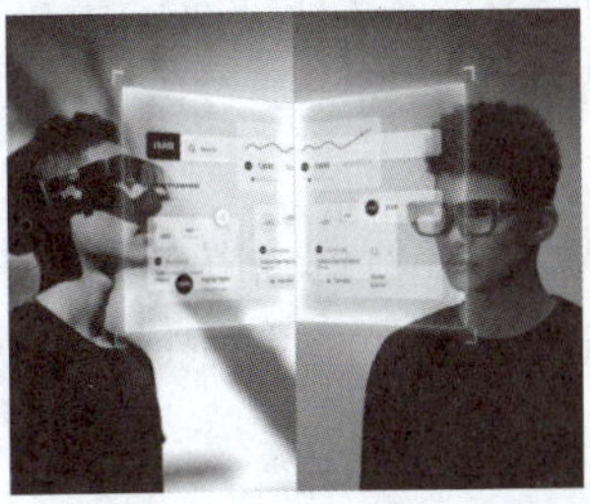

（a）INMO Air

（b）华为智能眼镜 2

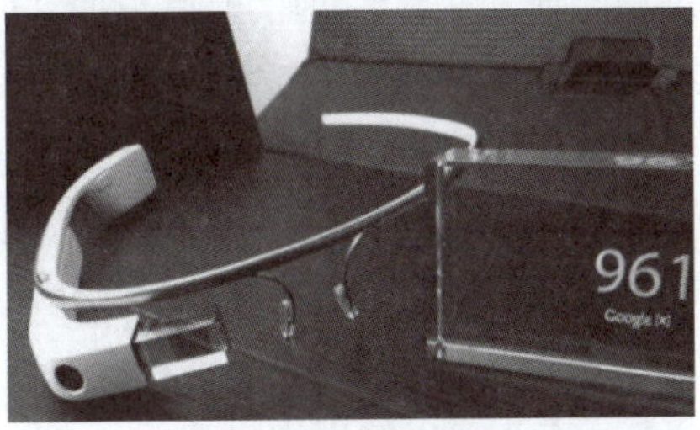

（c）Google Glass

（d）雷朋 × Meta

（e）Connected Ride

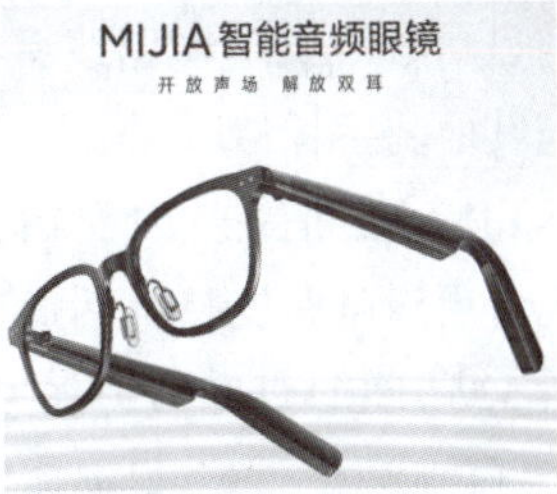

（f）小米 MIJIA

图 9.19　市场流行的智能眼镜

9.3.3　智能头盔

传统骑行头盔通常是指非智能化的安全头盔，注重基本的头部保护，主要功能是减轻冲击力提供头部保护。智能骑行头盔相对于传统骑行头盔来说，则是将科技融入头盔设计中，在安全性能的基础上提供了更多的功能和便利，例如，内置了蓝牙连接、LED转向灯、自动报警、音乐播放器、AR屏幕GPS导航等智能功能，为骑行者提供更多的便利和安全性智能化体验。

智能头盔是一种由一系列关键技术组件构成的多功能设备，其核心构成涵盖外壳和保护、显示屏、传感器、通信和连接，以及计算能力。首先，在外壳设计上，智能头盔采用高强度材料如聚碳酸酯或复合材料，这种材料选择旨在确保佩戴者在使用过程中的安全，通过提供足够的抗冲击和防护性能来减少潜在的伤害风险。其次，智能头盔配备了一个或多个显示屏，这些显示屏通过内置显示器或透明屏幕叠加显示虚拟信息，为用户提供导航指示、传感器数据和视频流等多样化信息。这些显示屏技术的应用旨在为用户提供沉浸式的体验，将虚拟信息与现实环境融合呈现，从而提升用户的感知和交互体验。此外，智能头盔内部集成了多种传感器，如陀螺仪、加速度计和环境传感器，用于感知佩戴者的姿态、运动和周围环境的变化。这些传感器通过采集和分析数据，实时调整显示内容、提供警报或进行其他交互操作，以满足用户个性化需求和行为习惯。

然后，智能头盔通常具备蓝牙、Wi-Fi或移动网络等通信功能，以便与其他设备（如智能手机、计算机等）进行连接。这种连接性能够实现信息传输和互联互通，从而扩展智能头盔的功能和应用场景。最后，在计算能力方面，智能头盔内部搭载了处理器和存储器，支持各种复杂任务的执行，如图像处理、语音识别和虚拟现实体验等。这些计算资源的加持使得智能头盔能够实现更高级别的功能，为用户带来更加便捷和智能的体验。这些核心技术组件的有机结合为智能头盔赋予了多样化的应用场景，包括智能交通、虚拟现实、安全监测和警示，以及运动健康管理等领域，使用户能够在不同场景下获得更加个性化的服务和体验，推动智能交通等应用领域的发展。总的来说，智能头盔是一种结合了多种功能和技术的头戴设备，通过传感器、显示屏和计算能力，为用户提供更安全、便捷和智能化的体验。

Kickstarter平台上第一个做智能骑行头盔的项目（2015年）——Lumos，它内置刹车灯、转向灯及照明指示灯，大大提高骑车人夜间骑车的安全指数。内置充电电池，通过micro USB端口充电半小时即可充满，每次充满电的续航时间为一周左右。此外，还具备防水功能，即便是在雨天也可以轻松使用。

2020年发起的项目——EyeRide，把AR屏幕做进了智能头盔里，虚拟的屏幕在使用者的视线内显示Google地图路线，它55 mm、99 dB的平板扬声器和定向麦克风提供强大的声音体验，并与其他骑手保持联系。

LIVALL 是一款内置JBL蓝牙音箱的智能骑行头盔，采用了JBL的喇叭，低音更浑厚饱满，中高音更清晰，支持电话通话、音乐播放和导航，同时拥有智能LED灯系统和紧急SOS功能，内置53颗LED灯和重力加速度传感器，当检测到明显减速时，前后警示灯自动高亮；而且通过光纤传感器，它会根据环境光的强弱自动调节灯光亮度，既能保证夜间骑行的亮度，又能在白天节省电量。

2024年3月，工业AR+AI技术提供商谷东科技正式发布了2024行业首款工业级5G双目一体式AR智能头盔——H4000。H4000支持5G全频高速网络，以及增强版Wi-Fi 6+蓝牙5.1，数据瞬间传输，稳定流畅。在没有5G网络的地方，H4000可通过Wi-Fi 6以更快的速度、更低的延迟连接企业大脑。H4000同时支持GPS、北斗、LBS、WLAN（支持WAPI）四重定位，管理人员可随时掌握每位人员的作业位置及活动轨迹，从而建立安全预警联动，提升保障能力。采用可换防爆电池，获得各级防爆权威认证，如图9.20所示。

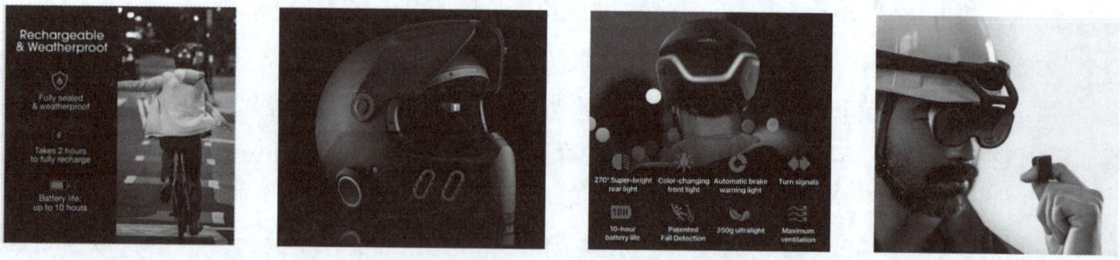

（a）Lumos （b）EyeRide （c）LIVALL （d）H4000

图 9.20 各类智能头盔产品

智能头盔的应用场景多样，主要包括以下几个方面：

（1）智能交通：智能头盔在交通领域有广泛应用，如摩托车头盔、自行车头盔等。它可以通过显示屏提供导航指示、交通警示和实时路况信息，同时还可以通过传感器检测佩戴者的运动和姿态，提供相应的安全提示和警示。

（2）虚拟现实（virtual reality, VR）和增强现实（augmented reality, AR）：智能头盔可用于虚拟现实和增强现实体验，提供沉浸式的游戏、教育、培训和娱乐体验。它可以将虚拟世界的图像和声音叠加到用户的视野中，创造逼真的虚拟环境或将虚拟内容与现实世界融合。

（3）安全监测和警示：智能头盔配备了各种传感器，可以检测佩戴者所处环境的安全状况，例如，火灾、有害气体、高温等。当检测到危险情况时，智能头盔会发出警报并提供相应的保护建议。

（4）运动和健康管理：智能头盔可以监测佩戴者的运动数据，如心率、步数、距离等，以帮助用户进行运动训练和健康管理。它还可以提供即时的反馈和指导，帮助用户改善运动效果。

9.3.4　智能装备

智能可穿戴设备逐渐成为生活的一部分，在健康监测、远程医疗和人机交互等领域发挥着越来越重要的作用。智能装备的原理就是通过传感器感知环境的信息，经过数据采集、处理和分析，采用人工智能算法实现决策和智能化功能，并通过通信和互联实现与外部设备的互动和协作。这样，智能装备就能够适应不同的应用场景，随着硬件的发展与应用领域的扩展，智能装备主要在服装、工业、农业、医疗等领域有着比较成熟的产品产出，为社会生活带来巨大的改变。

智能服装，通常也称为高科技服装、电子纺织品、智能纺织品，一些智能服装使用具有交织电路的高级纺织品，而其他一些则实现柔性传感器和附加硬件以使其具有智能功能。许多智能服装可以使用蓝牙或Wi-Fi连接到辅助设备上的应用程序或程序，提供更加便利舒适的智能化和高效的服务和功能。

然而，上身的“设备”舒适性、复用性、安全性等问题仍然存在。相较于传统刚性的半导体元件或柔性薄膜器件等，由智能纤维编织而成的电子纺织品具有更好的透气性和柔软度，被视为理想的可穿戴设备载体。智能纤维开发多基于“冯 • 诺依曼架构”，即以硅基芯片作为信息处理核心，开发各种电子纤维的功能模块，如信号采集的传感纤维、信号传输的导电纤维、信息显示的发光纤维、能量供应的发电纤维等。2024年，来自东华大学材料科学与工程学院的先进功能材料课题组在《科学》上提出了基于“人体耦合”的能量交互机制，并成功研发“非冯 • 诺伊曼架构”的新型智能纤维，有效地简化了固有的硬件结构，将能量采集、信息感知、信号传输等功能集成于单根纤维中，让智能纺织品不再依赖芯片和电池。在穿着体验上会比传统的贴片、佩戴控制盒的方式舒服很多。如2023年10月，Milbotix推出了一款名为SmartSocks的智能产品，这款袜子可以通过跟踪心率、汗液、体温和运动状态来感知默汗症或孤独症患者的情绪波动等，具有功能性的穿戴服饰为人们带来舒适的同时，也为生活健康保驾护航，如图9.21所示。

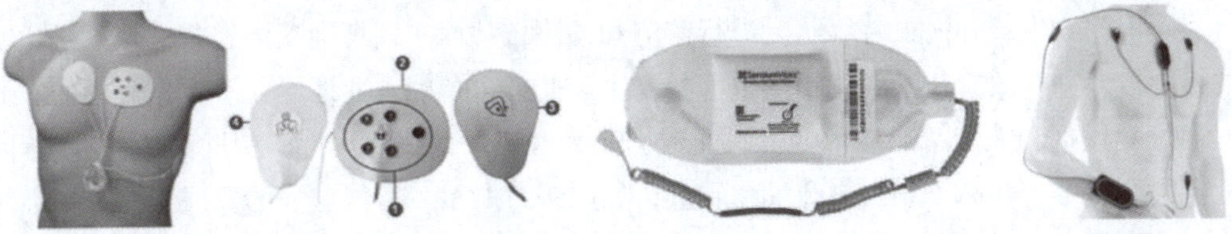

图 9.21　智能服饰

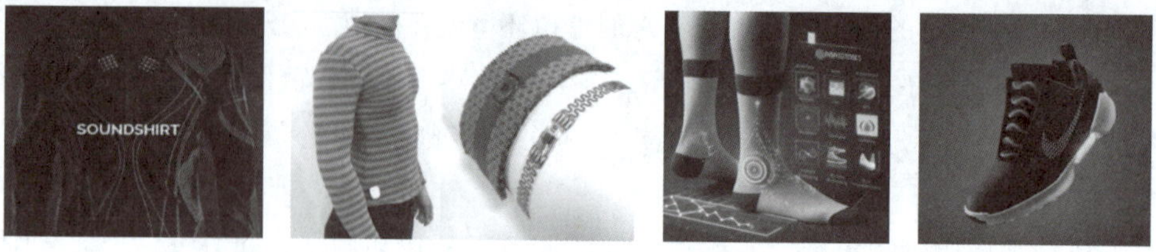

图 9.21 智能服饰（续）

智能工业，也称智能制造，是通过技术创新和自动化系统来提升生产效率和产品质量的领域。其核心包括自动化生产线和机器人技术、物联网技术、大数据技术、云平台、虚拟现实，以及增强现实技术，通过连接生产设备、传感器和控制系统，利用数据分析和人工智能算法对生产过程进行优化和预测，提高生产计划的精准度和效率，实现智能化的生产决策和调度，以降低人工成本、提高生产效率和品质。虚拟现实和增强现实技术的应用能够提高产品设计、工艺仿真和培训的效率，从而推动生产过程的可视化和沟通效率。智能工业的发展旨在实现制造业的数字化、网络化和智能化转型，以提升产业竞争力和可持续发展能力。

在智能工业领域中，工业机器人是一项备受瞩目的技术创新。这些机器人以其高效、精确和多功能的特性，成为现代工厂中不可或缺的生产力。如2023年投入的深圳优必选机器人工业版人形机器人Walker S，利用自主规划，精确感知等能力，动态去实现相应的运动与抓取，在蔚来车间代替人工进行部件组装；2024年，艾豚科技自主研发的智能验布机器人“艾布机器人”，采用机器视觉技术和人工智能深度学习算法，通过学习海量瑕疵数据，可精准、高效并稳定地检测不同面料中的上百种疵点，在家纺坯布市场上已取得较好进展，如图9.22所示。

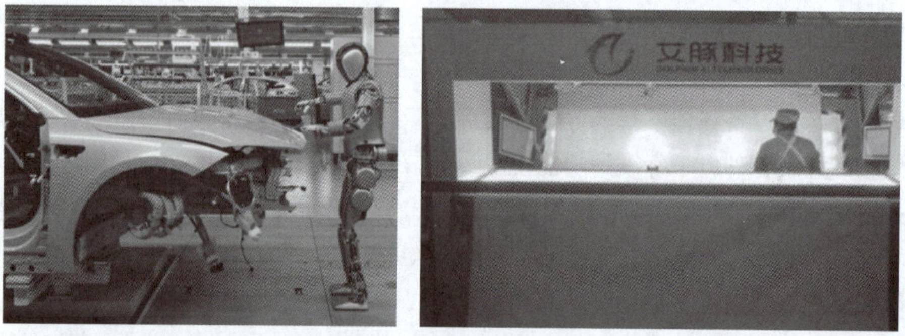

图 9.22 智能机器人

智能农业作为农业领域的一大创新，借助智能农业装备先进技术提升了农业生产的效率和质量。这些装备不仅提供了实时监测和数据分析的功能，还能实现自动化操作，从而优化了农业生产流程。例如，自动化的智能灌溉系统能够根据土壤湿度和气象条件自动调整灌溉量，提高了水资源的利用效率。智能植保无人机则能够利用拍摄的农田图像，通过图像识别与分析系统，对农田作物生长和病虫害等状况进行监测和预测，从而实现精准喷洒农药，减少了化学物质的使用量，并有效防止了农作物病虫害的发生。此外，智能农业还涵盖了数据驱动的农业管理，通过大数据和人工智能技术分析农业数据，为农民提供决策支持，帮助其优化种植计划、农业资源配置等，提高了农作物产量和质量，如图9.23所示。智能农业的发展为实现精准农业提供了重要技术支撑，有助于推动农业生产方式的转型升级，实现可持续发展。

图 9.23　智能农业产品

智能装备具有以下特点：

（1）智能感知：智能装备配备了各种传感器，如摄像头、声音传感器、温度传感器等，能够感知周围环境的信息和变化。通过对这些数据的采集和分析，智能装备可以实时了解环境状态，并做出相应的反应。

（2）数据处理和决策：智能装备内置了强大的计算能力，可以进行复杂的数据处理和分析，从而提取有用的信息和特征。基于这些信息，智能装备可以做出智能化的决策，执行相应的任务或提供相关的服务。

（3）自主性和协作性：智能装备可以具备一定程度的自主性，能够根据环境和任务的需求主动做出反应和决策。同时，智能装备还可以与其他智能装备或系统进行协作，共同完成复杂的任务或提供更加完善的服务。

（4）通信和连接性：智能装备通常具备蓝牙、Wi-Fi、移动网络等通信技术，可以与其他设备或网络进行连接。这使得智能装备能够实现与外部设备的数据交换、远程控制和互联互通。

总的来说，智能装备通过集成人工智能和智能化技术，实现对环境的感知和理解，具备自主性和协作性，并可以在各个领域中应用，提供更便捷、高效和智能化的服务和功能。

9.4　智能可穿戴装备发展趋势

随着微型传感器、系统集成、物联网、人工智能、5G等技术的发展，大量小型化、轻量化、多样化的智能可穿戴设备相继涌现，例如，智能手表、智能眼镜、智能戒指、智能手套、智能臂章、智能项链、智能背心、智能鞋和电子文身等。现代可穿戴设备可以进行与医疗器械相当的高质量测量，消费级和医疗级可穿戴设备之间的界限越来越模糊。

Meticulous Research发布市场预测分析称，全球可穿戴设备市场将以11.3%的复合年增长率增长，2025年将达到628.2亿美元，Fitbit®、Garmin®和Huawei Technologies®等公司将向该领域投入更多资金，第一代可穿戴设备主要侧重于通过跟踪个人的身体活动、心率、血压来进行生物物理监测，如手表、贴片等。传统评估个体活动水平是主观的，依赖于患者回忆及表达，存在主观偏差，而活动传感器可以量化个体活动数据，客观准确地评估身体活动和能量消耗，如三轴加速度计和陀螺仪能够测量沿三个不同轴向的线性加速度及角运动，全球定位系统和气压计可以提供位置及海拔信息；心电传感器通过连续监测心电信号计算心率并通过算法对心律进行分类，一些智能手表可以通过将对侧手指放在表冠上（表的负极）记录单导心电，此外，光电体积描记技术也可以测量心率、心律等信息；带内置袖带的手表HeartGuide（欧姆龙，日本）在非活动环境下与袖带血压测量一致；最新发展的一种技术可以不用袖带测量血压，将光电体积描记技术与心电结合，通过计算脉搏传输时间来估计血压，可全天监测血压，但仍需进一步验证。

随着第一代可穿戴设备的推广应用，第二代可穿戴设备逐渐转向无创或微创的生化和多模态监测，包括皮肤贴、隐形眼镜、纺织品等，以及微针、注射器等装置。生物传感器通过非侵入测量汗液、眼泪、唾液和组织液等生物流体中的生化标记物，以及包括代谢物、细菌和激素在内的生物标志物，来提供连续、实时的生理信息，最近的发展集中在电化学和光学生物传感器上。复合生物传感器、微流体采样和传输系统的组合已被集成、微型化，并与柔性材料相结合，以提高耐磨性和操作方便性。

本章小结

智能可穿戴设备是物联网时代人机交互和泛在计算的重要载体，集感知、计算、交互、网络等功能于一体。未来，智能可穿戴设备将朝着更加智能化、个性化、时尚化的方向发展，融合人工智能、柔性电子、生物传感、脑机接口等前沿技术，不断拓展设备的形态和功能。同时，智能可穿戴设备也将与云计算、大数据等技术深度整合，构建万物互联、智能协同的生态系统，在智慧医疗、智能家居、智慧城市等领域发挥越来越重要的作用，为人们的工作、生活、健康、娱乐等带来更大的便利和价值。以后的研究方向将向大健康产业、远程护理等远程医疗和虚拟医疗方向发展，让人们可以随时随地获得医疗服务。同时，随着数据量的增加，数据安全和去隐私化，以及制度规范性将成为智能穿戴伴随下一代网络发展的主要研究方向。

习　题

1. 请列举三种常见的智能穿戴设备，并简要说明它们的主要功能。
2. 智能手表如何帮助用户管理日常生活和健康？请举例说明。
3. 智能服装可以监测哪些健康数据？在医疗保健领域有哪些潜在应用？请至少列举两个实例。
4. 针对老年人的智能穿戴设备应具备哪些特点和功能？请至少列举三点，并简要说明原因。
5. 智能穿戴设备通常包括哪些传感器？
6. 智能鞋可以跟踪哪些数据？
7. 智能眼镜的潜在应用还有哪些？
8. 虚拟现实（VR）设备主要应用于哪些领域？
9. 可穿戴设备通常使用哪种无线技术与智能手机连接？

第 10 章 智能物流

学习目标

◎ 了解：在物联网技术的支持下，智能物流的基本应用及其应用发展趋势。

◎ 掌握：智能物流技术的发展轨迹、基本概念与特征。

◎ 理解：智能物流通过物联网技术实现的国内外典型应用。

◎ 分析：以物联网技术在智能物流实际场景中的应用为例，分析智能物流集成应用技术的两大主要技术：智能作业技术和智能数据底盘技术。

10.1 智能物流概述

物流活动随着商品交易的产生而出现，主要是为了完成商品从生产者到购买者的时间与空间上的转移，它伴随着商品经济的发展而不断发展。智能物流通过使用集成智能化技术，使物流系统可以实现数字化和智能化应用，如实现感知、学习、推理、判断以及交互等能力，用以自主解决物流中某些问题。智能物流利用传感、射频识别、云计算等先进技术，通过信息处理平台和网络通信平台应用到物流业的运输、存储、配送、包装、装载与卸载等环节，实现了在物流运输过程的自动化和高效率的优化管理，提高物流行业的业务水平，降低成本的同时减少自然资源和社会资源消耗。

视频

自动化仓储

10.1.1 自动化仓储

自动化仓储是指利用自动化设备和信息系统，对仓库内部的存储、搬运、分拣和管理等操作进行自动化控制和管理的仓储模式。它是现代物流系统中的一个重要组成部分，通过提高仓库操作的效率和准确性，降低人工成本和错误率，从而提升整体物流系统的运行效能。物流与自动化仓储发展历程如图 10.1 所示。

自动化仓储系统通常包括以下几个关键组成部分：

（1）自动化存储设备：如自动化立体仓库、自动化货架系统等，这些设备能够实现货物的高密度存储，提高空间利用率。

（2）自动化搬运设备：如无人搬运车、自动化堆垛机等，它们能够在仓库内自动搬运货物，减少人工搬运的需求。

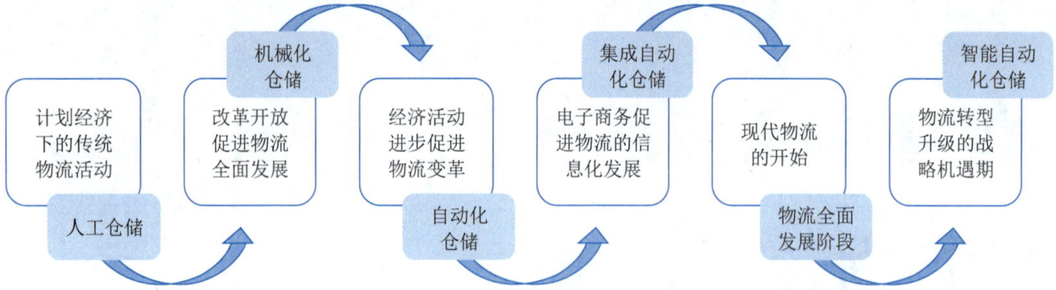

图 10.1　物流与自动化仓储发展历程

（3）自动化分拣系统：通过条形码、RFID等自动识别技术，结合分拣设备，实现货物的快速准确分拣。

（4）仓库管理信息系统：这是自动化仓储系统的大脑，负责处理仓库内的所有信息，包括库存管理、订单处理、数据分析等，确保仓库能够高效和准确地运作。

（5）机器人技术：在一定高度自动化的仓库中，机器人可以执行更复杂的任务，如拣选、包装等，进一步提升操作效率。

1. 人工仓储（早期阶段）

在自动化仓储之前，仓库主要依靠人工进行货物的存储、搬运和管理。这个阶段的效率低下，且容易出错。我国在这一时期只有传统的储运活动，即传统的物资运输、保管、包装、装卸、流通加工等活动，它还不算是真正意义上的现代物流活动。

2. 机械化仓储（20世纪80年代）

1978年党的十一届三中全会以后，改革开放首先从农村突破，进而向城市推进，引入外资。伴随着市场取向的经济体制改革，为经济发展注入活力。三中全会前夕，国家物资总局牵头，组织了国家计委、财政部、省市等政府相关部门和部分大专院校考察日本物资管理，首次把“物流”概念介绍到中国。1984年8月，我国第一个物流专业研究团体——中国物流研究会成立。随着改革开放的深入，现代物流和自动化仓储理念进入中国，越来越多的大专院校、研究机构开始研究现代物流与自动化仓储理论。

在这一阶段，随着工业革命的发展，机械化设备开始应用于仓储行业，如叉车、输送带等，这些设备的出现大大提高了仓库作业的效率。

3. 自动化仓储（20世纪90年代）

20世纪90年代初至90年代中后期，自动化仓储实践范围得到拓展。自动化技术的发展推动了仓储自动化的实现。自动化立体仓库、自动化堆垛机等设备的应用，使得仓储作业更加高效和精确。其主要表现是，随着零售业连锁超市等新型业态的出现，作为面向零售连锁业提供物流服务的配送中心在提高物流服务水平、降低物流成本和交易成本等方面的作用受到高度重视，对配送和物流系统的研究向深层次发展，配送实践活动逐步向其他行业渗透，进而推动了现代物流事业的发展。

4. 集成自动化仓储（21世纪初）

21世纪初，随着电子商务对传统交易方式的改变，自动化仓储作为实现电子商务交易的商品供应保障系统，由于自身发展滞后，使电子商务应用陷入瓶颈。集成自动化仓储系统通过计算机控制系统将各种自动化设备和信息系统有机地结合起来，实现了仓储作业的全面自动化。

企业对物流的重要性有了新的认识和更为深入的思考，开始积极研究开发并引进适应信息化与电子商务环境的物流管理与运作模式，加强物流信息化建设和物流网络建设。

5. 物流全面发展阶段（21 世纪前 10 年）

2006年3月，十届全国人大四次会议批准的《国民经济和社会发展“十一五”规划纲要》提出“大力发展现代物流业”。2009年3月国务院印发《物流业调整和振兴规划》现代物流的产业地位在国家层面得到确立，我国现代物流业进入全面快速、持续稳定发展的新阶段。其主要表现是，物流事业发展进入了一个新阶段，对物流的认识更加全面和成熟；物流管理从宏观层面到微观层面全面铺开，在发展现代物流的问题上有了统一的认识，发展方向逐步明确；物流产业地位在国家层面得到确立，政府将发展现代物流业作为了一项重要的产业政策；物流理论研究和物流教育水平显著提高。

6. 智能自动化仓储（2010 年至今）

2017年，我国提出“去产能、去库存、去杠杆、降成本、补短板”的战略规划，对物流业提出了新的标准和要求。随着新一轮科技革命的兴起，物流业与互联网深度融合，包括人工智能、物联网、大数据等前沿技术，实现了仓储作业的智能化管理和优化。将加速实现连接升级、数据升级、模式升级、体验升级和智慧升级；随着产业变革的持续深入发展，全球价值链和产业链体系逐步重构，将加速实现物流社会化、专业化、一体化、柔性化、集中化、个性化和国际化发展。

根据华经产业研究院的分析，智能仓储行业市场规模从2017年的712.5亿元增至2021年的1 145.5亿元，预计到2026年市场规模将达到2 665.3亿元。智能仓储行业正处在集成自动化向智能自动化发展阶段，未来有望实现技术上的弯道超车，提升整体智能仓储实力。

10.1.2　自动化运输

随着物联网理念的引入、技术的提升、政策的支持，自动化运输将给中国物流业带来革命性的变化。物联网技术对物流业的影响主要分别体现在传统运输行业和物流新范畴行业两方面，具体应用举例如图10.2所示。

图 10.2　物联网推动物流发展

传统运输行业应用相对成熟，主要集中在以下四类应用体系：

（1）商品的智能可追溯网络体系：在医药、农产品、食物、烟草等职业范畴，商品追溯体系发挥着货品追寻、辨认、查询、信息收集与管理等方面的无穷作用，物联网技术的可追溯体系为保证商品的质量与安全提供了保证。

（2）运输过程的可视化智能管理网络体系：根据GPS卫星导航定位技能、RFID技能、传感技能等多种技能，在物流过程中实时完成对车辆定位、运送物品监控、在线调度与配送可视化与管理的体系。现在，物流工作的透明化、可视化管理现已开端完成，全网络化与智能化的可视管理网络还有待开展。

（3）自动化的公司物流配送基地：根据传感器、RFID等物联网技术树立物流工作的智能操控、自动化操作的网络，完成物流配送基地的全自动化，完成物流与出产联动，并与商流、信息流、资金流全部协同。

（4）公司的自动化供应链：根据物联网技术晋级智能物流和自动化供应链的后勤保证网络体系，满足电商在智能制作等环境下发生的很多个性化订单，协助公司精确猜测客户需要，完成全部供应链的智能化。

10.1.3 供应链新商业模式

智能物流作为供应链新商业模式，一方面可以通过对物流资源进行信息化优化调度和有效配置，来降低物流成本；另一方面，物流过程中加强管理和提高物流效率，以改进物流服务质量。智能物流是指通过智能硬件、物联网、大数据等智能化技术与手段，提高物流系统分析决策和智能执行的能力，提升整个物流系统的智能化、自动化水平。智能物流集多种服务功能于一体，体现了现代经济运作特点的需求，即强调信息流与物质流快速、高效、通畅地运转，从而实现降低社会成本，提高生产效率，整合社会资源的目的。

物流企业对智慧物流的需求主要来自物流数据（形成层）、物流云（运转层）、物流设备技术（执行层）三大领域。

智能物流数据（形成层）服务市场处于起步阶段，其中占比较大的是电商物流大数据，随数据量积累及物流企业对数据的逐渐重视，未来物流行业对大数据的需求将越来越强烈。

智能物流云（运转层）服务市场是基于云计算应用模式的物流平台服务在云平台上，所有的物流公司、行业协会等都集中整合成资源池，各个资源相互展示和互动，按需交流，达成意向，从而降本增效，阿里、亚马逊等纷纷布局。

智能物流设备技术（执行层）服务市场是智能物流市场的重要细分领域，包括自动化分拣线、物流无人机、冷链车、二维码标签等各类智能物流产品。

1. 互联网＋物流业

自2015年以来，国家各级政府机构出台了鼓励物流行业向智能化，智能化发展的政策，并积极鼓励企业进行物流模式的创新，主要方向包括：

大力推进“互联网+”物流发展，发挥互联网平台实时、高效、精准的优势，对线下运输车辆、仓储等资源进行合理调配、整合利用，提高物流资源使用效率，实现运输工具和货物的实时跟踪和在线化、可视化管理。如《国务院办公厅关于深入实施“互联网+流通”行动计划的意见》中提出，鼓励发展分享经济新模式，密切跟踪借鉴国外分享经济发展新特点新趋势，结合部门和地方实际创新政府管理和服务，激发市场主体创业创新活力，鼓励包容企业利用互联网平台优化社会闲置资源配置，拓展产品和服务消费新空间新领域，扩大社会灵活就业。

鼓励物流模式创新，重点发展多式联运、共同配送、无车承运人等高效现代化物流模式。商务部办公厅关于印发《2015年流通业发展工作要点》的通知中提出，深入推进城市共同配送试点，总结推广试点地区经验，完善城市物流配送服务体系，促进物流园区分拨中心、公共配送中心、末端配送点三级配送网络合理布局，培育一批具有整合资源功能的城市配送综合信息服务平台，推广共同配送、集中配送、网订店取、自助提货柜等新型配送模式。

加强物流信息化和数据化建设。《国务院办公厅关于推进线上线下互动加快商贸流通创新发展转型升级的意见》中提出，大力发展智能物流，运用北斗导航、大数据、物联网等技术，构建智能化物流通道网络，建设智能化仓储体系、配送系统。

2. 新商业模式下的智能物流

近10年来，电子商务、新零售、C2M（customer to manufacturer，从消费者到生产者）等各种新型商业模式快速发展，同时消费者需求也从单一化、标准化，向差异化、个性化转变，这些变化对物流服务提出了更高的要求。

电商快速发展，电商带动快递业从2007年开始连续9年保持50%左右的高速增长，2016年业务量突破300亿件大关，达313.5亿件。行业爆发式增长的业务量对物流行业更高的包裹处理效率及更低的配送成本提出了要求。数据显示，我国2023年全年快递业务量达1 320亿件，社会物流总额超352万亿元，物流业总收入超过13万亿元。

新零售兴起，企业以互联网为依托，通过运用大数据、人工智能等先进技术手段，对线上服务、线下体验，以及现代物流进行深度融合的零售新模式。这一模式下，企业将产生和利用消费者数据合理优化库存布局，实现零库存，利用高效网络妥善解决可能产生的逆向物流等诸多智能物流的需求。

C2M由用户需求驱动生产制造，去除所有中间流通加价环节，连接设计师、制造商，为用户提供顶级品质、平民价格、个性且专属的商品。这一模式下，消费者诉求将直达制造商，个性化定制成为潮流，对物流的及时响应、定制化匹配能力提出了更高的要求。

3. 智能物流需求

互联网时代下，物流行业与互联网结合，改变了物流行业原有的市场环境与业务流程，推动出现了一批新的物流模式和业态，如车货匹配、众包运力等。基础运输条件的完善，以及信息化的进一步提升激发了多式联运模式的快速发展。新的运输运作模式正在形成，与之相适应的智能物流快速增长。

车货匹配可分为两类：同城货运匹配、城际货运匹配。货主发布运输需求，平台根据货物属性、距离等智能匹配平台注册运力，并提供SOP（standard operating procedure，标准作业流程）等各类增值服务。对物流的数据处理、车辆状态与货物的精确匹配度能力要求极高。

运力众包主要服务于同城配市场，兴起于O2O（onlion to offline，线上到线下）时代，由平台整合各类闲散个人资源，为客户提供即时的同城配送服务。平台的智能物流挑战包括如何管理运力资源，如何通过距离、配送价格、周边配送员数量等数据分析进行精确订单分配，以期望为消费者提供最优质的客户体验。

多式联运包括海铁、公铁、铁公机等多类型多式联运方式，多式联运是一种集约高效的现代化运输组织模式。由于运输过程中涉及多种运输工具，为实现全程可追溯和系统之间的贯通，信息化的运作十分重要。同时新型技术如无线射频、物联网等的应用大大提高了多式联运换装转运的自动化作业水平。

4. 智能物流技术

无人机、机器人与自动化、大数据等已相对成熟，即将商用；可穿戴设备、3D打印、无人卡车、人工智能等技术在未来十年左右将逐步成熟，并广泛应用于仓储、运输、配送、末端等各物流环节。

目前较为成熟，以及将要或已经实现商用的物流相关技术包括：

① 仓内技术：主要是机器人技术，包括自动导引运输车、无人叉车、货架穿梭车、分拣机器人等，主要用于仓内搬运、上架、分拣操作，可有效提升仓内的操作效率，降低成本，如亚

马逊在13个分拣中心布局超3万个KIVA机器人。

② 最后一公里配送：无人机技术包括干线无人机与配送无人机两类，其中配送无人机研发已较为成熟，主要应用于末端最后一公里配送，如京东在2017年“6·18”期间，已采用无人机在多省市进行农村小件商品配送，完成1 000余单配送。

③ 智能数据底盘：大数据分析技术通过对商流、物流等数据进行收集、分析，主要应用于需求预测、仓储网络、路由优化、设备维修预警等方面，如京东采用数据预测方式，提前洞察消费者需求，并进行预先分仓备货。

目前，仓内技术中可穿戴设备、3D打印、干线等，包括无人卡车、数据底盘等技术已经逐步规模化应用，分别部署在仓内智能分拣、末端产品配送、干线货物运输、产品溯源、决策支持等方面，如在DHL荷兰仓内，员工可根据智能眼镜的图像提示包裹体积、目的地等信息，从而进行高效分拣。

10.2 物联网在物流行业典型技术应用

10.2.1 物流行业中典型物联网技术

视频

物联网在物流行业典型技术应用

物联网技术是在互联网技术基础上的延伸和扩展的一种网络技术，其用户端延伸和扩展到了任何物品和物品之间，进行信息交换和通信。从物联网本质上看，物联网是现代信息技术发展到一定阶段后出现的一种聚合性应用与技术提升，将各种感知技术、现代网络技术和人工智能与自动化技术聚合与集成应用，使人与物智慧对话，创造一个智慧的世界。因为物联网技术的发展几乎涉及了信息技术的方方面面，是一种聚合性、系统性的创新应用与发展，才被称为是信息技术的第三次革命性创新。

物联网技术主要有三大技术体系，一是感知技术体系；二是通信与网络技术体系；三是智能技术体系。下面结合物流行业应用情况对前两项具体分析。

1. 物流行业常用的物联网感知技术

在物流行业中，物流的作业对象是各种“物”，这些“物”不仅品种繁多、形状各异，而且还处在不定的“移动”“交换”过程中，因此物流业组建物联网，发展智能物流，在感知层采用的感知技术也很多，可见表10.1。

表 10.1 物联网感知技术分类

序 号	物流活动	物联网技术
1	“物”进行识别、追溯	RFID技术、条码自动识别技术
2	“物”进行分类、拣选、计数	RFID技术、激光技术、红外技术、条码技术
3	“物”进行定位、追踪	GPS卫星定位技术、GIS地理信息系统技术、RFID技术、车载视频技术等
4	“物”进行监控	视频识别技术、RFID技术、GPS技术等

综合来看，在物流行业目前最常用的物联网感知技术可以归纳为：传感技术、RFID技术、GPS技术、视频识别与监控技术、智能嵌入技术等。

2. 物流行业常用的物联网通信与网络技术

在现代物流作业中，既有区域范围内的厂区生产物流的运作与管理，也有大范围的物流线路运输与调度，更有以仓储系统与拣选系统为主的智能物流中心的物流系统作业与运筹；面对复杂的、流动的物，要实现在“物流”过程中的物联网，需要多种技术集成应用。

在区域范围内的物流管理与运作的信息系统，常采用企业内部局域网直接相连的网络技术，并留有与互联网、无线网扩展的接口；在不方便布线的地方，常采用无线局域网技术。

在大范围物流运输的管理与调度信息系统，常采用互联网技术、GPS 技术、GIS 地理信息系统技术相结合，组建货运车联网，实现物流运输、车辆配货与调度管理的智能化、可视化与自动化。

在以仓储为核心的物流中心信息系统，常采用现场总线技术、无线局域网技术、局域网技术等网络技术。

在网络通信方面，常采用无线移动通信技术、3G、4G、5G 技术、M2M（machine to machine, 机器对机器）技术、直接连接网络通信技术等。

物流行业为了使移动或存储中形态各异“物”能够联网，最常采用的网络技术是局域网技术、无线局域网技术、互联网技术、现场总线技术和无线通信技术等。

10.2.2 物联网典型物流行业应用

智能物流集成应用技术分为智能作业技术和智能数据底盘技术两大类，如图 10.3 所示，其中智能作业技术包括：仓内技术、干线技术、最后一公里技术和末端技术。下面结合物流行业的应用案例进行详细的介绍。

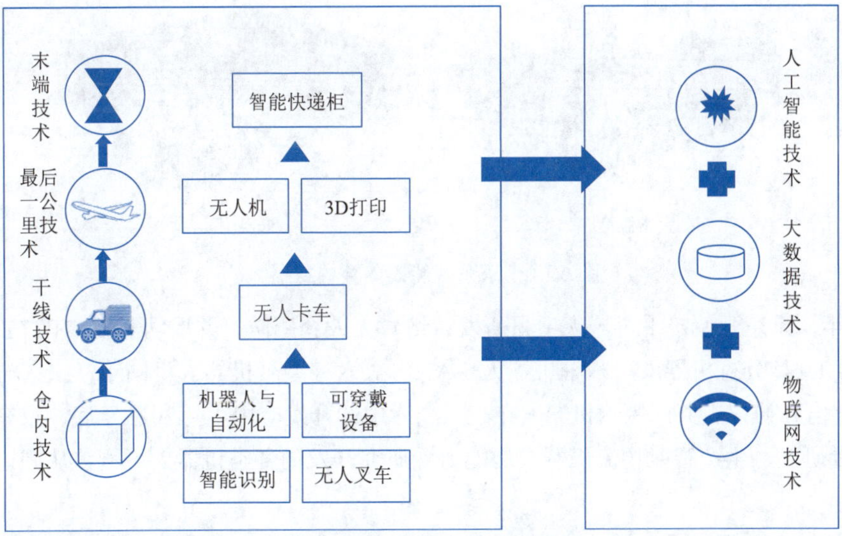

图 10.3　智能物流集成应用技术

1. 仓内技术

仓内技术，顾名思义，物流货仓内使用的技术，主要包括机器人与自动化分拣、可穿戴设备、无人驾驶叉车、货物识别四类技术，当前机器人与自动化分拣技术已相对成熟，并得到广泛应用，可穿戴设备目前大部分处于研发阶段，其中智能眼镜技术进展较快。

(1) 机器人与自动化技术

仓内机器人包括AGV（automated guided vehicle，自动导引运输车）、无人叉车、货架穿梭车、分拣机器人等，主要用在搬运、上架、分拣等环节。国外领先企业应用较早，并且已经开始商业化，各企业将在机器人的应用场景深入推进。国外企业如亚马逊、DHL，国内企业京东、菜鸟、申通已经开始布局并实施该方面的技术。

应用案例1-亚马逊：亚马逊通过收购KIVA，构筑技术壁垒，是目前全球市场上物流仓储机器人应用最广泛、最领先的企业。2012年，亚马逊为应对自身快速增长的业务需求，收购全球领先的仓内机器人初创企业KIVA Robotics进入仓内机器人领域，主要用于仓内货架搬运、分拣。2013—2014年底，亚马逊首先在美国的10个亚马逊物流中心布局1.5万个机器人，随后亚马逊将KIVA部署向其全球各地转运中心拓展，截至2016年，亚马逊已在其全球13个物流中心部署了超过3万个KIVA机器人，在机器人的帮助下，亚马逊每笔订单的处理都能节省1个小时，拣货到发货时间从一个半小时缩减为15分钟，每年可以节省约9亿美元的人力成本。2016年，KIVA正式更名为Amazon Robotics，力图打造新型机器人平台，除研发新型AGV机器人外，还将致力于研发可胜任打包、分拣等复杂环节的先进机器人，最终实现仓储无人化的目标。

应用案例2-京东：京东成立X事业部，并与新松机器人合作进行研发，机器人应用覆盖搬运、上架、分拣等环节为在“6·18”“双十一”等流量高峰期保证消费者体验，并降低企业整体运营成本。2014年，紧随亚马逊收购KIVA后，京东开始布局仓内机器人技术，以实现其无人仓的战略目标，同年京东研制的第一代仓储机器人投入“亚洲一号”系列仓库进行实地操作。图10.4所示为2021年研发的智能四向穿梭机器人，这是集四向行驶、原地换轨、自动搬运、智能监控和交通动态管理等多功能于一体的智能搬运设备。

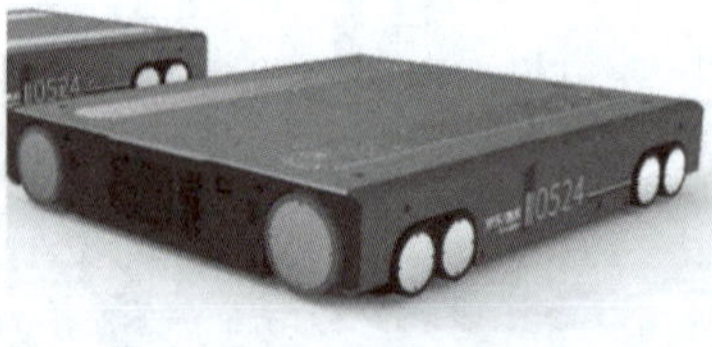
常温型

低温型

图10.4 京东智能四向穿梭机器人

2016年，京东开始接手机器人项目研发，组建无人仓团队，并成功开发SHUTTLE货架穿梭车、DELTA型分拣机器人、六轴机器人6-AXIS等六种型号机器人。同年，京东与新松机器人签订战略合作协议，共同探索机器人在京东仓库中的开发应用。到2023年底，京东已经具备了自主批量研发、生产智能物流机器人的能力，研究开发的各类机器人可覆盖从搬运到分拣的全程操作。

2017年，京东部署了大量AGV机器人的昆山无人分拣中心正式亮相，在国内首次实现前后端无人AGV自动装、卸车作业。同时，在仓储的商品上架，商品分拣各环节，京东还部署了其研发的SHUTTLE货架穿梭车等各型号机器人，基本实现了仓储全流程自动化。如图10.6所示，智能存取产品——AGV搬运（地狼系列）设备。仓内机器人的应用也是京东向无人仓这一战略目标迈进的关键举措，通过部署自动机器人，京东“无人仓”的存储效率可达到传统人工横梁货架存储效率的10倍以上，现场效果如图10.7所示。

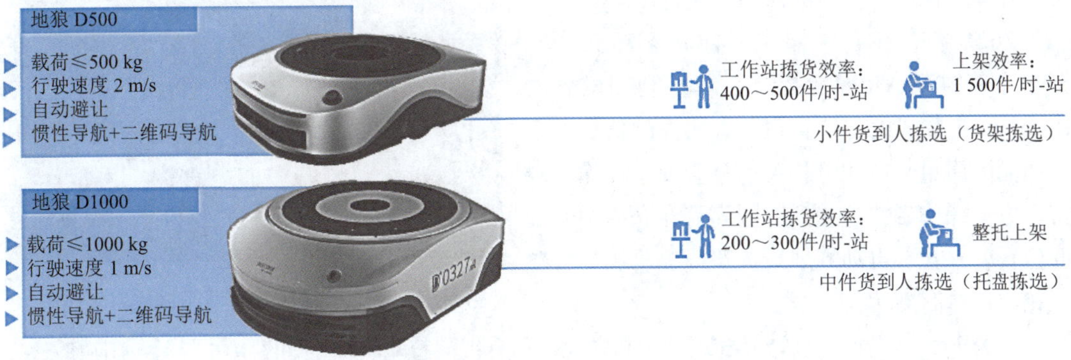

图 10.5　智能存取产品——AGV 搬运（地狼系列）设备

图 10.6　无人仓储智能存取产品场景演示

应用案例 3- 阿里菜鸟： 2017年8月，菜鸟广东惠阳机器人仓投入使用，仓内部署上百台阿里自主研发AGV机器人，主要用于货物搬运，提高仓内效率。除了AGV外，菜鸟还尝试在仓储其他环节研发生产机器人，如广州仓库在包装等环节使用机器人，天津武清仓已在使用自主研发的仓内分拣机器人（托举机器人）。

菜鸟网络的核心是通过数据驱动、社会化协同，与合作伙伴搭建全球智慧物流骨干网络，提高物流运作效率，加快商家库存周转，降低社会物流成本，致力于实现中国范围内24小时送货必达、全球范围内72小时送货必达。截至2018年8月，通过菜鸟与合作伙伴的努力，全球智慧物流网络已经覆盖224个国家和地区，并且深入到了中国2 900多个区县，其中1 000多个区县的消费者可以体验到当日达和次日达的极致配送。2024财年报告显示，在国际物流领域，菜鸟全年日均跨境包裹量已超500万件。

（2）可穿戴设备

当前，可穿戴设备仍然属于较为前沿的技术，在物流领域可能应用的产品包括免持扫描设备、现实增强技术-智能眼镜、外骨骼、喷气式背包，国内无商用实例，免持设备与智能眼镜小范围由UPS、DHL应用外，其他多处于研发阶段。整体来说离大规模应用仍然有较远距离。智能眼镜凭借其实时的物品识别、条码阅读和库内导航等功能，提升仓库工作效率，未来有可能被广泛应用，京东及亚马逊等国内外电商企业已开始研发相关智能设备。

应用案例-阿里菜鸟：重点布局AR增强设备，外部提供硬件，内部强调研发算法。

2016年，在仓内操作层面，菜鸟高调宣布未来将推动AR智能物流系统，利用微软的Hololens头戴式设备，看到所有快件的信息，仓库商品的质量、体积等相关信息会映入操作者眼帘。方便操作者快速找到对应商品在仓库中所处的位置，并且会自动规划最优路线提示操作者拿到相应订单商品。

图 10.7　菜鸟信息视窗智能眼镜应用场景演示

2021年，菜鸟推出CAINIAO LEMO GLASS信息视窗智能眼镜，如图10.7所示。用户取快递时，只要打开手机App扫一扫就可以体验AR智能查件，然后根据手机AR显示的位置就可以轻松找到自己的包裹。然后刷脸签收，验证成功后就可以带着包裹离开了。未来，菜鸟将加大在AR仓内技术领域的研发与应用。

2. 干线技术

干线运输主要是无人驾驶卡车技术。无人驾驶卡车将改变干线物流现有格局，目前尚处于研发阶段，但已取得阶段性成果，正在进行商用化前测试。

无人驾驶乘用车技术已经取得了阶段性成果，目前多家企业开始了对无人驾驶卡车的探索。由多名Alphabet前高管成立Otto，研发卡车无人驾驶技术，核心产品包括传感器、硬件设施和软件系统，目前已经进入测试阶段，虽然公路无人驾驶从技术实现到实际应用仍有一定距离，但从技术上看，发展潜力非常大，未来卡车生产商将直接在生产环节集成无人驾驶技术。

目前，无人驾驶卡车主要由整车厂商主导，如戴姆勒等，但也有部分电商、物流企业正尝试布局，如亚马逊已申请无人卡车相关专利提前布局，而国内企业如京东也正在尝试研发无人卡车。

应用案例-主线科技：无人驾驶卡车。

2022年底，主线科技面向真实场景需求，与主流的商用车主机厂及供应商合作打造出三款自动驾驶卡车，其中两款面向物流枢纽应用，另一款面向高速干线物流场景。公司研发了一套L4级自动驾驶软硬件系统“Trunk Master”，可以具象地理解成为专门为卡车配备了看不见的“人工智能虚拟司机”。图10.8所示为宁波港的无人驾驶开车工作实景，人类驾驶员在操控车辆的过程中，需要感知周边环境，然后形成精准定位，最后精准控制车辆。

图 10.8　宁波港的自动驾驶卡车路口会车路况处理

目前，主线科技一共在港口物流枢纽部署了超100台车，是目前全球落地规模最大的港口无人驾驶卡车集群。率先部署落地的项目是天津港，2020年1月，公司完成天津港25台无人驾驶电动集卡交付运营；同年，又向宁波舟山港交付13台无人驾驶电动集卡，图10.9展示了港口真实工作场景。2022年底，主线科技又向天津港全球首个零碳智慧码头交付60台ART人工智能运输机器人和6台无人驾驶集卡。

图 10.9　宁波舟山港无人驾驶卡车工作场景

3. 最后一公里技术

最后一公里相关技术主要包括无人机技术与3D打印技术两大类。无人机技术相对成熟，目前京东、美团、阿里巴巴、顺丰和DHL等国内外多家物流企业已开始进行商业测试。

在实际应用中，物流无人机技术展现出了诸多优势。首先，无人机配送可以提高物资配送效率，减少人力资源成本。其次，无人机技术在复杂环境下的应用，如城市配送、偏远地区运输等，如图10.10所示。中国企业在该项技术具有领先优势，且政府政策较为开放，制定了相对完善的无人机管理办法，国内无人机即将进入大规模商业应用阶段。2024年，在全国两会中，“低空经济”被写入政府工作报告，诸多省市密集出台政策支持低空经济发展和生态打造。无人机物流配送作为“低空经济”的重要构成，全面爆发，各地相关支持政策不断出台，各种无人机物流配送航线落地的报道涌现。

图 10.10　物流无人机配送

京东快递：2020年，京东快递在部分城市开展了无人机快递配送试点项目。他们使用了大疆的Mavic 2无人机，这款无人机具有强大的自主导航能力和高效的电池续航，使得无人机快递配送成为可能。这一举措无疑增加了京东快递的配送效率，同时也提高了客户的购物体验。

美团外卖：2023年底，美团外卖加入无人机快递配送的行列。他们在深圳市的一些区域开展了试点项目，使用了亿航的GhostDrone 2.0无人机。这款无人机可负载10 kg，续航能力达到30分钟，使外卖配送的时间从人力的平均30分钟/单提高至17分钟/单。对于美团这样的外卖企业来说，无人机的使用无疑缩短了配送时间，提高了服务效率。

阿里集团：2022年，阿里集团与顺丰快递合作，共同研发了一款名为“大白”的物流无人机。这款无人机可负载5公斤，续航能力达到40分钟，主要针对农村地区的农产品运输和城市地区的短途快递配送。这种创新性的合作模式，将无人机的应用范围进一步扩大，为解决农村地区的物流问题提供了一种有效的解决方案。

4. 末端技术

末端新技术主要指的是智能快递柜。目前已实现商用（主要覆盖一、二线城市），是各方布局重点，但受限于成本与消费者使用习惯等问题，未来发展存在不确定性。

智能快递柜技术较为成熟。已经在一、二线城市得到推广，包括顺丰为首的丰巢、菜鸟投资的速递易等一批快递柜企业已经出现，但当前快递柜仍然面临着使用成本高、便利性智能化程度不足、使用率低、无法当面验货、盈利模式单一等问题。

应用案例1-阿里菜鸟：投资快递柜企业，切入智能末端市场，实现数据闭环。

对于菜鸟网络而言，已经掌握上游商品数据、快递企业数据、快递员数据等，但由于缺乏末端用户的一部分数据，导致数据闭环不能够完整地流通。

2016年，菜鸟与格格货栈合作，格格货栈加入菜鸟网络全国快递自提柜服务平台。2017年6月，菜鸟更进一步，携手中国邮政、上海复星共同投资智能快递柜领头羊速递易。切入末端市场后，菜鸟可及时获取缺失的那部分末端用户数据信息，从而能够统一调配相关仓配、物流等，最终实现物流资源社会化的目标，未来菜鸟将进一步整合快递柜数据资源，利用数据优化整体社会物流效率。

应用案例2-顺丰：自主研发，联合各物流企业合作推出丰巢，掌握末端数据，有较强的业务获取能力，能直接承接上游业务。截至2023年9月，丰巢已实现柜机铺设数量30万+，覆盖200+城市的19万+社区，服务5亿+消费者用户。并以柜机为载体，丰巢24小时随时可用的智慧服务，已经通过取件、寄件、互媒、洗护、家政保洁等便民业务，深入居民的日常生活。

5. 智能数据底盘技术

数据底盘主要包括物联网、大数据及人工智能三大领域。物联网与大数据分析在智能物流应用方面相对成熟，尤其在电商运营中得到了一定应用，人工智能还处于研发阶段，是未来各家研发的重点。物联网技术与大数据分析技术互为依托，前者为后者提供部分分析数据来源，后者将前者数据业务化，而人工智能则是大数据分析的升级。三者都是未来智能物流发展的重要方向，也是智能物流能否进一步迭代升级的关键。

（1）物联网技术

物联网的概念已经非常普及，但在物流领域的应用仍然有一定难度。受终端传感器高成本的影响，二维码成为现阶段溯源的主要载体，技术的阶段性突破将不断促进物联网的发展，长期来看，低成本的传感器技术将实现突破，RFID和其他低成本无线通信技术将是未来的方向。物联网技术预计未来在物流行业将得到广泛的应用。目前国内已出现专注智能物流物联网领域的领先企业，如汇通天下。

物联网主要有以下四个物流应用场景：

①产品溯源：通过传感器能够追溯到农产品从种植到运输再到交付环节的所有信息，包括种植条件、农药使用、农产品品质、运输温度等，同时，通过区块链记录货物从发出到接收过程中的所有步骤，确保了信息的可追溯性，从而避免丢包或错误认领事件的发生。

②冷链控制：通过车辆内部安装的温控装置，对车内的温湿度情况进行实时监控，确保全程冷链不掉链。

③安全运输：通过设备对司机、车辆状态数据进行收集，及时发现司机疲劳驾驶、车辆超

载超速等问题，提早警报，预防事故。

④ 路径优化：通过车辆上安装的信息采集设备，可以采集运输车辆情况、路况、天气等信息，上传给信息中心，分析后对车辆进行调度优化。

（2）大数据技术

大数据已经成为众多企业重点发展的新兴技术，多家企业已成立相应的大数据分析部门或团队，进行大数据分析、研究、应用布局，各企业未来将进一步加强对物流及商流数据的收集、分析与业务应用。

大数据技术主要有以下四个物流应用场景：

① 需求预测：通过收集用户消费特征、商家历史销售等大数据，利用算法提前预测需求，前置仓储与运输环节。目前已经有了一些应用，但在预测精度上仍有很大提升空间，需要扩充数据量，优化算法。

② 设备维护预测：通过物联网的应用，在设备上安装芯片，可实时监控设备运行数据，并通过大数据分析做到预先维护，增加设备使用寿命。机器人在物流环节的使用将是未来应用非常广的一个方向，如沃尔沃在物流车辆设备上安装芯片，可通过数据分析进行提前保养。

③ 供应链风险预测：通过对异常数据的收集，进行贸易风险、不可抗因素造成的货物损坏等情况的预测。

④ 网络及路由规划：利用历史数据、时效、覆盖范围等构建分析模型，对仓储、运输、配送网络进行优化布局，如通过对消费者数据的分析，提前在离消费者最近的仓库进行备货。甚至可实现实时路由优化，指导车辆采用最佳路径线路进行跨城运输与同城配送。

（3）人工智能

人工智能主要由电商平台推动，尚处于研发阶段，除图像识别外，其他人工智能技术距离大规模应用仍有一段时间。

人工智能技术主要有以下五个物流应用场景：

① 智能运营规则管理：未来将会通过机器学习，使运营规则引擎具备自学习、自适应的能力，能够在感知业务条件后进行自主决策。例如，未来人工智能将电商高峰期（如618，双十一）与常态不同场景订单依据商品品类等条件自主设置订单生产方式、交付时效、运费、异常订单处理等运营规则，实现人工智能处理。

② 仓库选址：人工智能技术能够根据现实环境的种种约束条件，如顾客、供应商和生产商的地理位置、运输经济性、劳动力可获得性、建筑成本、税收制度等，进行充分的优化与学习，从而给出接近最优解决方案的选址模式。

③ 决策辅助：利用机器学习等技术来自动识别场院内外的人、物、设备、车的状态和学习优秀的管理和操作人员的指挥调度经验和决策等，逐步实现辅助决策和自动决策。

④ 图像识别：利用计算机图像识别地址库、卷积神经网络技术提升手写运单机器有效识别率和准确率，大幅度地减少人工输单的工作量和出现差错可能。

⑤ 智能调度：通过对商品数量、体积等基础数据的分析，对各环节如包装、运输车辆等进行智能调度。例如通过测算百万SKU（stock keeping unit, 最小存货单位）商品的体积数据和包装箱尺寸，利用深度学习算法技术，由系统智能地计算并推荐耗材和打包排序，从而合理安排箱型和商品摆放方案。

10.2.3 智能物流发展趋势

一方面物流企业可以通过对物流资源进行信息化优化调度和有效配置，来降低物流成本；另一方面，物流过程中加强管理和提高物流效率，以改进物流服务质量。然而，随着物流的快速发展使得物流过程越来越复杂，物流资源优化配置和管理的难度也随之提高，物资在流通过程中各个环节的联合调度和管理更加重要也更加复杂，而我国传统物流企业的信息化管理程度还比较低，无法实现物流组织效率和管理方法的提升，阻碍了物流的发展。要实现物流行业长远发展，就要实现从物流企业到整个物流网络的信息化、智能化，因此，发展智能物流成为必然。

本章小结

从“感知中国”“智慧的地球”到“智能物流”，正因为其快速提高的信息化技术水平和不断扩大的应用范围，逐步影响到中国各行各业。智能物流供应链标志着信息化在整合中国网络和中国管控流程进入到一个新的阶段，即进入到一个动态的，实时进行选择和控制的管理水平。建立智能物流系统，提高物流效率并降低物流成本已成为企业获得利润的新渠道。依托智能交通系统，在电子商务的环境下，智能物流系统可以完成以下功能：应用智能物流信息技术，将运输、储存、包装、配送等物流活动联系起来，对所获取的信息和知识加以处理和利用；应用智能处理技术，优化配置物流行业的资源，更加精细和动态地管理物流生产活动，提高资源利用率和生产力水平；借助互联网，将信息在企业供应链传递、共享，及时掌握市场动态，缩短供应链周期。随着智能物流系统在食品行业、快递行业的广泛应用，系统的优势已日趋明显，发展智能物流系统是大势所趋。同时，物联网应用还处于初级阶段，要完全达到智能物流的要求，还存在投资庞大、技术标准、网络结构和协议、安全隐私问题等技术问题，还需要对其进行开创性研究。

习　题

1. 简述智能物流的核心目标。
2. 什么是智能物流?
3. 列举至少三种在未来智能物流系统中可能采用的高新技术，并解释它们在物流中的作用。
4. 描述智能物流在中国从早期人工仓储到智能自动化仓储的发展历程。
5. 解释自动化仓储系统中“仓库管理信息系统（WMS）”的作用。
6. 物联网技术在物流行业的三层架构是什么？请分别说明每一层的主要功能。
7. 新商业模式（如电子商务、新零售、C2M）对智能物流提出了哪些新要求?
8. 物联网技术在物流行业中的应用面临哪些挑战?
9. 国家推进“互联网+”物流业的政策如何影响智能物流的发展?
10. 在建设智能物流系统时，企业应如何根据自身业务需求选择合适的物联网技术?

第 11 章 智能机器人

学习目标

◎ 了解：了解在物联网技术的支持下，智能机器人的概念、发展历史、基本结构、功能及其特点。

◎ 理解：深入理解智能机器人主要感知技术的特点及其应用场景。

◎ 分析：能够运用本章介绍的知识，分析智能机器人通过物联网技术实现的多种感知技术的融合。

◎ 应用：运用本章下肢康复训练机器人的开发案例，在掌握了智能人形机器人的开发步骤及其所需的技术之后，尝试解决实际问题或者设计、开发自己的智能机器人。

机器人是人工智能皇冠上最璀璨的明珠，而智能机器人则是目前为止机器人发展的最高境界。智能机器人之所以“智能”，是因为它具备了感知、认知（决策）和执行这三种能力（有时也会将认知和决策分为两种不同的能力）。实现这些能力需要多领域中各项新兴技术的交叉、融合与协同，其中人工智能是机器人具有“智慧”的关键，大数据分析与处理是机器人“智力”的来源，而物联网则是保障机器人的“智能”可以顺畅流通的血脉。

将人工智能与机器人技术相结合所产生的成果体现了一个国家的科技发展水平。机器人按照用途可以分为工业机器人、农业机器人、服务机器人、医疗机器人、娱乐机器人、特种机器人、军事机器人等。按照使用场合可以分为水下机器人、陆地机器人、空中机器人、太空机器人等，以及结合上述多种使用场合的两栖或多栖型机器人。按照控制方式可以分为遥控机器人、程序型机器人、示教再现型机器人，以及目前最高级的智能机器人。

智能机器人具备的三个功能可见表 11.1。各种有自主能力的智能机器人在完成任何的复杂任务时，都是在不断循环地执行着这三个最基础的功能。

表 11.1　智能机器人具备的三个功能

名　称	说　明	技术现状
感知	通过各种传感器获得当前的环境状况和自身的状态信息	因为涉及机器视觉等多传感融合系统，所以需要物联网和大数据技术等的支持
认知（决策）	根据第一步“感知”得到各种数据信息并结合设定的目标任务，自主确定下一步应该做什么	在这一层次上还需要更多地引入人工智能发展的新成果

续表

名　　称	说　　明	技术现状
执行	根据第二步“认知（决策）”获得的结论，驱动机器人的执行机构完成动作	已经发展得较为成熟

由此可见，智能机器人的发展及应用都离不开人工智能、大数据、物联网这些新兴技术的研发与成熟。图 11.1 和表 11.2 展现了这些新兴技术在不同领域中的应用实例及其说明。

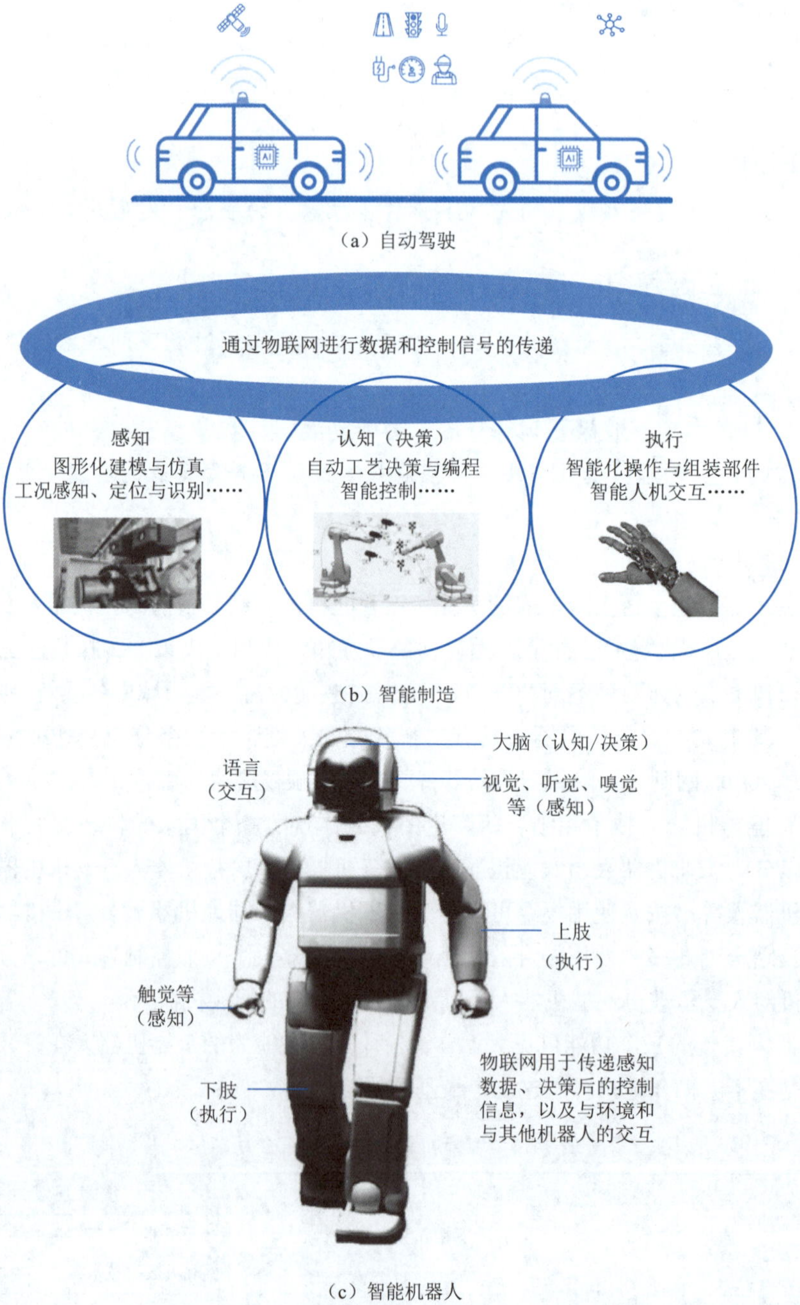

图 11.1　大数据技术、人工智能和物联网技术在不同领域中的应用事例

表 11.2　大数据技术、人工智能和物联网技术在不同领域中的作用

	自动驾驶	智能制造	智能机器人
大数据技术（采集、处理、分析、融合各种传感数据）	包括车辆定位系统，道路、信号灯、行人、其他车辆等环境数据，以及车速、转向、油耗、电量等车体自身的车况数据	包括视觉定位、故障诊断、缺陷检测等数据，以及从原材料到成品这一完整生命周期中产生的各种数据，还包括企业运营与管理中的数据	包括语音、视觉、听觉、嗅觉、触觉等数据的产生、接收、分析与处理，以及向周围环境或其他机器人发出的数据信息
人工智能（AI）	根据从各种传感数据获得的结果自主做出决策		
物联网技术	不断地传递各级、各类实时的传感数据和各种控制信号		

顾名思义，物联网即“万物相连的互联网”，它是在互联网基础上进行延伸和扩展的网络。如图 11.1 所示，它能够将各种信息传感设备与网络结合起来形成了一张“巨网”，就像人体中流动的血脉一样，可以实现在任何时间和任何地点下的人、机、物和环境的互联互通。

智能机器人就是充分结合了大数据、人工智能和物联网等先进技术，因此才能够具备感知、认知（决策）和执行能力。本章将介绍搭载了这些先进技术的智能机器人具有什么样的特性，以及它们在不同场景下的应用，还将分析智能机器人是如何在物联网技术的支持下通过对环境的感知和对感知数据的处理来实现智能化的行为。

11.1　智能机器人概述

智能机器人是人工智能与机器人技术的完美结合。智能机器人是把感知、认知、规划与决策、行动等各模块有机结合的智能系统。

简而言之，智能机器人是通过人工智能等先进技术制造出来的能够实现自我控制、具有高度自主性的自动化机器或设备，是机器人技术发展的高级形态。它具备了人类所特有的某些智慧与行为能力。

因此，研究与开发智能机器人将是一项复杂而艰巨的工作，涉及力学、机械、电子、控制、计算机、生命科学、人工智能和系统工程等诸多领域的新技术探索与交叉。而智能机器人在工业、农业、服务业、家庭陪护等各方面都有越来越多的应用需求。

11.1.1　智能机器人的结构和功能

视频

智能机器人的结构和功能

所谓“智能机器人”，顾名思义，就是在传统机器人的基础上再加上一个和人一样充满智慧的“大脑”。这个“大脑”通常是指智能机器人的一个控制系统，它可以接收到各种信息并进行分析、判断，然后做出决策。这一过程就是机器人智能的体现。

因此，可以认为智能机器人具有和人相似的组成结构和功能。如图 11.2 所示，智能机器人具备的各种传感器、控制器和执行装置分别对应于人的各种感觉器官、大脑和肢体。而智能机器人的传感器包括视觉、听觉和触觉等，这些传感器模拟了人的眼睛、耳朵和皮肤等感觉器官的功能。

图 11.3 所示则显得更为形象，从中可以看到单体的智能机器人应该具备的各种功能。

（1）感知：感知系统是智能机器人用来获取外部环境和自身状态信息，以便进行自我行

为监视和控制的重要组成部分，它包括各种传感装置，如视觉传感系统、激光雷达、声音传感器、触摸传感器等，用于感知和收集周围环境与自身的数据。通过这些传感器获得的是声、光、电等信号，以及图像、文本等不同形式的大量数据，后面还需要大数据分析与处理技术来对其进行整理与融合。

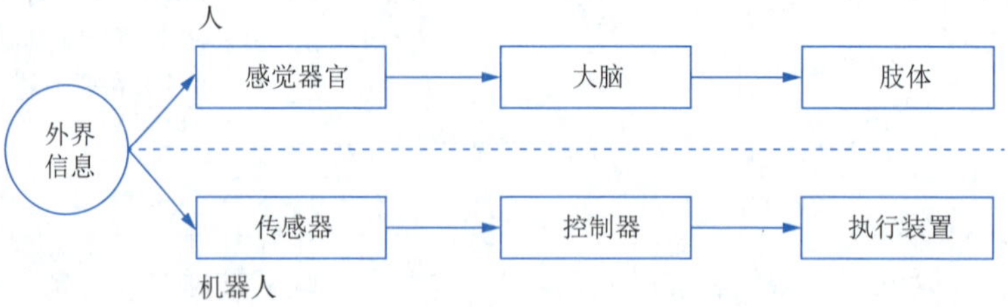

图 11.2 人与机器人

（2）认知（决策）：智能机器人的认知（决策）系统是指以数据和知识为基础的决策系统，负责智能机器人的认识、推理、判断与决策。它是基于前面第一步获得的感知数据和预设的任务目标，通过智能算法和模型进行决策，并将决策结果转化为机器人的动作和行为。这一步的关键是利用人工智能来尽量模仿人的智慧，即人的分析和判断能力。认知系统按照研究领域可以划分为路径规划、运动控制、决策算法等。

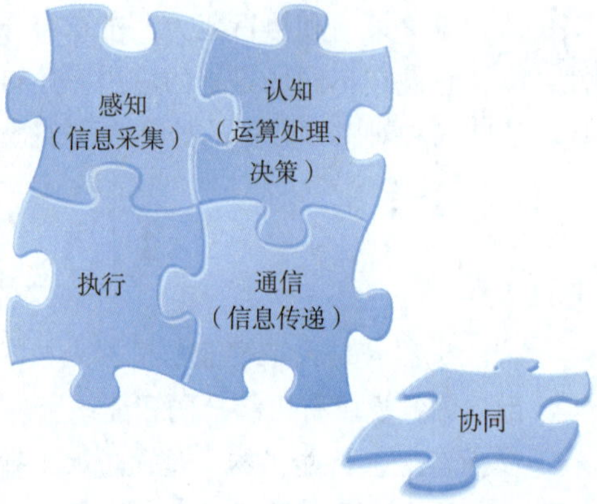

图 11.3 智能机器人的功能图

（3）执行：它是机器人施加于外部环境的机能，相当于人的手和脚等器官的功能。执行系统是智能机器人执行动作的部分，它包括机械结构、执行器和执行控制器等。执行系统将认知（决策）系统生成的指令转化为机器人实际的运动行为和操作动作。

（4）通信：它是机器人与环境、人，以及群体机器人之间进行信息交互、协调的重要组成部分，可以分为内部通信和外部通信。内部通信是为了协调机器人自身内部各模块间的功能与行为，是通过体内各部件的软硬件接口来实现的。外部通信是指机器人与环境、人类或其他机器人之间的信息交互，一般是通过独立的专用通信模块来实现的。

多个机器人之间的有效通信可以保障信息共享，从而使它们能够更好地协同合作。在图11.3的右下角有一个“协同”的板块，它是指当有多个智能机器人共同完成某项工作时，各个机器人之间要利用物联网通过高效通信来协同作业。

以上这些系统组成了智能机器人的基本结构（也是它的主要功能），使得智能机器人能够自主地感知环境、理解数据、做出决策并执行动作。当然，根据具体的应用需求，智能机器人的系统组成会有所不同，表现出来的智能程度也会根据不同的应用场景而具有不同的特征。但这些功能都是在物联网的支持下才能够实现。

11.1.2 智能机器人的发展

从机器人的产生直到今天，是一个从低级到高级的发展进程。可以把机器人的发展过程大体分为三代，这里重点介绍最新一代的智能机器人。

11.1.2.1　机器人发展的三个阶段

1. 第一代机器人（示教与再现式机器人）

第一代机器人还不具有“智力”，因为它对外界的环境没有感知。其本体是一个类似于人体上肢的机械手臂，末端是手爪等执行机构。操作人员首先要对机器人“手把手”地示教，或者通过离线编程的动作顺序来控制机器人完成作业。但是如果外界条件发生变化或者机器人的工作内容需要改变，就必须由人重新对操作程序做相应改变。

2. 第二代机器人（具有一定感知能力的机器人）

第二代机器人是指具有一定感知功能的机器人。它依靠搭载的传感装置来获取工作环境和被操作对象的信息，然后通过对这些信息进行分析和处理进而做出判断并最终实施动作。这类机器人具有了初步的“智能”，拥有了一定的应变能力并且达到了实用水平，但是还不具备自动规划的能力。

3. 第三代机器人（逐步发展起来的智能机器人）

第三代机器人即真正的智能机器人，这是一类具有高度适应性和自主能力的机器人。智能机器人自身可以感知工作环境和操作对象的状态，既能接受、理解被给予的指令，也能够独立地认识外界环境并做出工作规划。它可以自主地利用操作机构和移动机构实现任务目标，还能通过调整自身行为来适应环境的变化，也可以通过多个智能机器人的协同或与人的交互来完成更复杂的工作。智能机器人的发展也是经历了一个由初级到高级的过程。

11.1.2.2　智能机器人的发展

1. 智能机器人新时代的到来

1997年，日本本田汽车公司开发了图11.4（a）所示的智能机器人ASIMO，标志着智能机器人新时代的开始。1999年，索尼公司推出了图11.4（b）所示的犬型机器人爱宝（AIBO），从此智能型的娱乐机器人开始走向家庭。这些机器人初步模仿了人的行走和相互交流等功能，具有了初步的与人交互的能力。但是这些能够体现出来的功能还都是预先设置好的多种选项之一，因此它的“智力”还不算高。

2006年6月，微软公司推出Microsoft Robotics Studio系统，如图11.5所示，它的出现使得对机器人的模块化、平台统一化的开发趋势越来越明显，有效推动了智能机器人的开发进程。

（a）智能机器人 ASIMO　　（b）机器人爱宝（AIBO）

图 11.4　智能机器人的产生

图 11.5　Microsoft Robotics Studio

2012年，美国“发现号”宇宙飞船成功将首台人形机器人送入国际空间站。这位机器人宇航员被命名为“R2”，如图11.6（a）所示，R2的活动范围接近于人类，可以像宇航员一样执行一些比较危险的任务。2014年在中国第116届广交会上出现了图11.6（b）所示的人形机器人“旺宝”，它已经能够热情地接待宾客了。

上述各类早期的智能机器人还没有具备高度的“智慧”。这是因为真正的智能机器人应该是具有高度适应性的自治机器人。高级智能机器人之所以被称为高级，是因为它应该可以自己修改自身的行为准则，自主通过自学习和总结经验获得规划能力，因此可以在变化的工作环境中独立行动。那么智能机器人的这种“智能”是如何获得的呢?

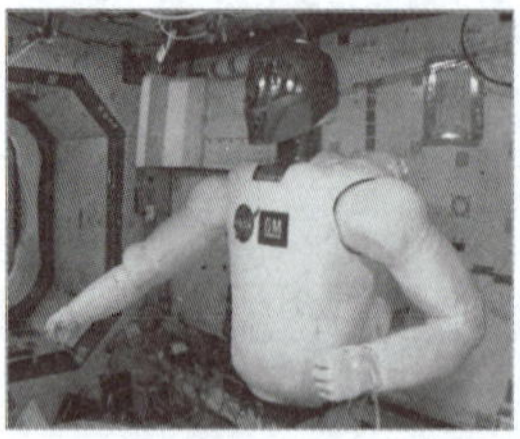

（a）机器人“R2”

（b）机器人“旺宝”

图 11.6　人形机器人

2. 机器人“智能”的产生

其实机器人的智能在很大程度上是依赖于机器人“大脑”所拥有的模型的规模、算法的优化、算力的提升和获得数据的能力。在目前阶段，人工智能和大数据的分析、处理能力对提高机器人的智能起到了巨大的推动作用，而支撑数据流动的物联网技术则是目前提高机器人智能的有效途径。

当数据量的积累达到一定程度之后就有可能发生质变。大量数据的获取能力只是表征了获得知识的可能性，还应该从模型的角度去有效分析、处理好这些获得的数据，这才是真正提高机器人“智力”的关键，它就是人工智能。

早在1950年，英国的计算机科学之父阿兰・图灵提出了著名的“图灵测试”，简而言之就是测试计算机能否正确回答人提出的问题。如果计算机能够通过这个测试就意味着人工智能迈过了人类智能的这个门槛。在2014年6月7日阿兰・图灵逝世60周年的纪念日那天，聊天程序“尤金・古斯特曼”首次通过了图灵测试，图11.7所示是进行测试的画面。这预示着人工智能进入了一个全新时代，为智能机器人带来了智慧大脑。

此后在2016年3月，由谷歌（Google）旗下的DeepMind团队开发的人工智能程序阿尔法围棋（AlphaGo）击败了人类的围棋世界冠军李世石，引起了世界的瞩目和惊叹。这预示着人工智能已经进入大众视野。2017年5月，它又以3比0战胜了当时排名世界第一的柯洁，对战画面如图11.8所示。

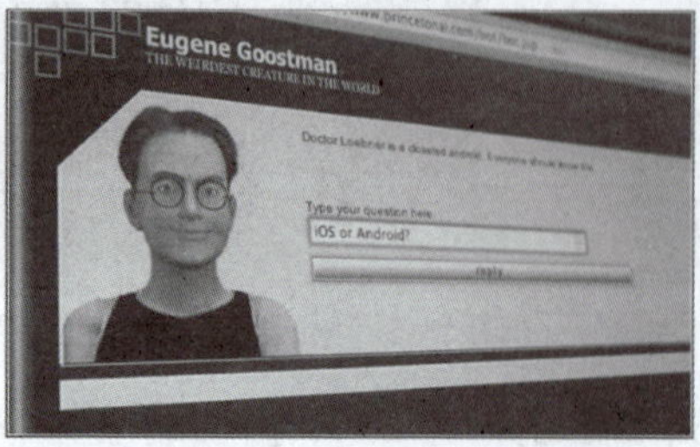

图 11.7　通过了图灵测试的聊天程序“尤金・古斯特曼”

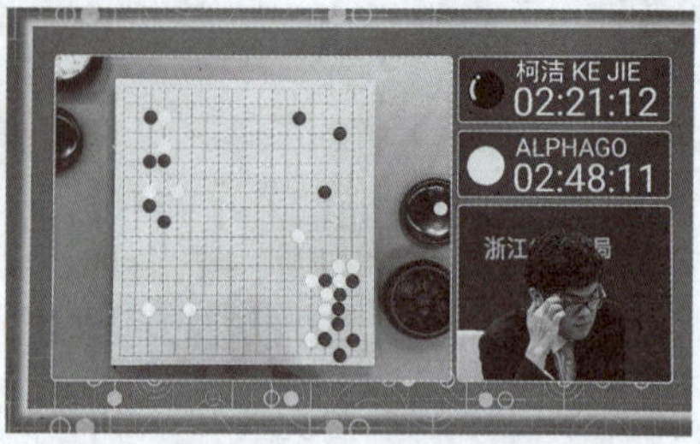

图 11.8　AlphaGo 与柯洁的围棋对战画面

图 11.9 机器人索菲亚（左一）

上述这些在人工智能和深度学习技术领域获得的成果成了智能机器人“智力”快速发展的坚定的支撑力量，并且快速地被装备到了智能机器人身上。

到了2017年10月26日，沙特阿拉伯授予汉森机器人公司生产的“女性”机器人索菲亚（见图11.9）公民身份。由于采用了纳米技术皮肤“Frubber”，使得索菲亚表现出了非常逼真的人类面部特征和微表情。作为史上首个获得公民身份的机器人，索菲亚可以模拟62种面部表情，其“大脑”通过人工智能和谷歌语音识别技术能识别出人类的面部表情，并且可以理解语言、记住与人类的互动等。

3. 智能机器人的新成果

将上述人工智能新成果武装起来的“智慧”赋于机器人技术之中，就开发出了很多各具特色的智能机器人。这些智能机器人所具有的基本功能都是起始于感知、着重在认知（决策）、完成于执行。下面分别介绍几种典型的智能机器人及其具备的功能，以及开发这些机器人所必需的技术。

（1）美国波士顿动力公司的人形机器人Atlas。在2023年推出的新一代Atlas双足人形机器人，如图11.10（a）所示，它可以非常自然地实现跳跃、翻滚、倒立、走独木桥、跳舞等功能。波士顿动力公司开发机器人Atlas的目的是要解决人形机器人的一些极限能力问题，所以研究的主要方向是人类的平衡感、发力方式、手眼协调等这些既细微但又非常难以实现的领域，也是将研究重点放在了对机器人执行层的控制技术上。在2024年4月17日，波士顿动力发表了一篇名为《Atlas的电气新时代》的文章，正式宣告液压版Atlas的退出与电动版Atlas的问世，如图11.10（b）所示。这是因为液压路径的维护成本高，而近年来电机的功率有较大提高并且能够满足较大力矩的输出用以完成对机器人的动态控制。该公司开发的机器人代表了当今机器人研发的最先进水平，而令人期待的更是它们展现出来的广阔的应用前景。

（a）新一代 Atlas 双足人形机器人

（b）电动版 Atlas 问世

图 11.10 波士顿动力公司的人形机器人 Atlas

（2）美国特斯拉公司的人形机器人擎天柱（Optimus）。与波士顿动力公司开发机器人Atlas的目标不同，特斯拉公司开发机器人Optimus的目标是着眼于民用领域。这一目标的设定体现在功能上就更贴近于普通场景，例如，擎天柱的多关节手指能够灵活、精确地抓起鸡蛋这类易碎物品。可见，研发不同的智能机器人首先要确定研究它的目标，然后根据目标确定它应该具有的功能，最后才是确定完成这些功能所需要的技术。

特斯拉公司于2023年12月12日发布了人形机器人Optimus Gen-2（擎天柱第二代），如图11.11所示。在足底和手腕处均配备了六维力传感器用于感知手和脚的力和扭矩，在手的部位引入了新的Tactile Sensor触觉传感器以便更全面地感知物体和环境。这些极大地提高了机器人的感知能力，而Optimus的大脑是一个超级计算机系统，能够完成信息处理与决策功能。

（3）英国Engineered Arts公司的人形机器人Ameca（见图11.12）。该公司致力于人形娱乐机器人的设计与制造。基于这种目标，2021年推出的机器人Ameca在当时是最先进的人形机器人，重49千克，高1.87米，全身共有52个模块，支持51种关节运动。它可以与人交流对话，还有着非常丰富的表情。它搭载有多种传感器、摄像头和麦克风等设备，能够确保与人的交互能力。

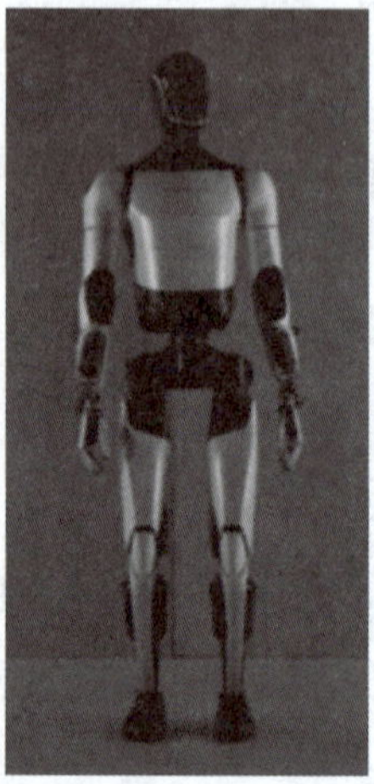

图11.11 特斯拉公司的人形机器人Optimus Gen-2（擎天柱二代）

图11.12 Engineered Arts公司的人形机器人Ameca

到了2022年，ChatGPT（chat generative pre-trained transformer）及其随后出现的多种人工智能引领下的大模型又逐步全方位地渗透到了理解和协助人类的社会生活、科学技术发展和教育等各方面。大模型技术的发展又推动智能机器人的"智力"上升到了一个新的台阶。

例如，在2023年3月，Engineered Arts公司发布了人形机器人Ameca接入GPT-4后的视频，显示出在物联网的支持下，Ameca不再只是一个会做预置表情的、只能采用响应搜索引擎式对话的"仿生机器人"。它已经变得能够"有意识地理解"提问者的语言并作出"有效沟通"，还能够自动"理解"隐藏在人的某些微表情背后的被隐藏的意图。

对于智能机器人，长期以来我们一直致力于让它的四肢运动、体态表情、动作行为，直到思维方式变得更像人类。而ChatGPT及其随后的GPT-4等大模型的出现让最困难的模仿人类思维变得有迹可循。特别是借助于物联网技术，能够从网络上、从其他机器人甚至是通过脑机接口从人的思维中直接提取信息，完成与机器人的交互。

11.1.3 智能机器人的特点

综上所述，智能机器人搭载有多种传感器，并能够利用物联网将多种传感器探测到的信息进行融合，从而有效地适应环境的变化，因此它的自适应能力强。这类机器人同时包含视觉、语言交互、感觉、决策，以及运动的能力。因此能够感知周围环境、理解和解释数据，并据此做出适应性行动，所以它具备自学习功能。

与此同时，智能机器人通过与物联网的连接，能够进一步获取更多的数据和资源，实现更智能化和个性化的功能。而受到技术和产业成熟度的综合驱动，物联网的应用在智能机器人领域中呈现出了如下的几个新特征：

（1）边缘的智能化：随着机器人的智能化发展，使得不同类型机器人终端的协同能力得到加强。而边缘计算的兴起更是将“智能”下沉至边缘，使得物联网的实时监控、快速连接、数据优化等关键需求得到满足，为不同的智能机器人之间的协同提供了支持。

（2）连接的泛在化：局域网、低功耗广域网，以及新型移动通信网络等多种网络为物联网提供了泛在化的连接能力，使得互联效率不断提升，大大拓展了智能机器人（特别是多机器人系统协同作业）的应用场景。

（3）服务的平台化：随着人工智能技术的不断融合，物联网平台在智能机器人的通用水平化和专业垂直化这两个方向上互相渗透，使得开放性不断获得提升。

（4）数据的延伸化：将大数据分析与处理技术赋能物联网，能够推进数据的流动并使之尽快成为知识，使得智能机器人的应用新模式、新业态不断显现。

基于物联网的上述特征，又因为智能机器人的目标是模仿和增强人类的认知和行为能力以更好地适应和服务于人类社会，因此智能机器人具备以下特点：

1. 智能性

智能性也被称为自主性，是智能机器人区别于普通机器人的显著特征，是指拥有自我学习、自主决策的能力。

2. 学习性

智能机器人可以通过不断地与环境交互和收集数据来学习并改进自己的性能。目前阶段主要是使用机器学习和人工智能算法来分析数据、识别模式和提取知识。

3. 人机交互

智能机器人可以与人类进行有效的交互，可以理解和解释自然语言、识别人的面部表情和语音指令，并能够以语音、图像或其他形式进行回应。

4. 适应性

智能机器人为了适应不同的环境和新的应用场景的要求，可以自动调整自己的行为和策略。

5. 多功能性

智能机器人既可以在工业生产中进行自动化操作，也可以提供医疗服务、协助日常生活等，还能够参与到娱乐和教育等领域。

6. 灵活性

智能机器人具有一定的灵活性和可编程性。它可以根据任务需求进行编程和重新配置，以实现不同的功能和目标。

7. 感知能力

智能机器人可以自主地感知周围环境中的物体、人类和其他机器人，并能够对其进行识别、跟踪和交互。感知能力是机器人具有“智能”的关键因素，此部分将在下一节详细解释。

以上这些智能机器人具备的特点（也是智能机器人应该具有的功能）是从多个不同角度对智能机器人应该具备的“智力水平”进行的定义和评价，因此有些描述是存在部分“重叠”的。但是不可否认，具备了这些特点的机器人也就具有了不同程度的“智能”。

11.2 智能机器人的感知技术及其应用场景

在2022年总结出的机器人领域十项前沿技术中，包括了软体机器人的柔性技术、敏感触觉、会话式智能交互、情感识别、自动驾驶，以及生物肌电控制、脑机接口、虚拟现实机器人、可变形的液态金属控制、机器人云服务。其中的前五项就直接涉及了智能机器人的感知技术及其应用，而后面的生物肌电、脑机接口和虚拟现实则是机器人对人的生物信号和动作的感知。由此可见，感知技术在智能机器人的开发及应用上具有极其重要的作用。

智能机器人在海洋开发、宇宙探测、工农业生产、军事、社会服务、教育、娱乐等各个领域都有着广阔的发展空间与应用场景。本节将结合智能机器人的感知技术介绍它的不同应用场景。

视 频

智能机器人的主要感知技术及其应用

11.2.1 智能机器人的主要感知技术及其应用

顾名思义，智能机器人的感知功能是指机器人用于感知和理解周围环境与自身状态的能力，它以搭载的各种传感器为硬件依托，以物联网技术为支撑后盾。运用物联网技术发展较快的主要感知算法包括机器视觉、语音识别、自然语言处理、机器学习等。物联网收集的海量数据将被用于底层算法模型的训练，而训练后能力更强的模型又将赋能给智能机器人。

下面介绍智能机器人具有的主要感知技术及其应用。

1. 视觉感知

智能机器人使用摄像头、深度相机和图像传感器等可见光视觉设备，或者使用红外等不可见光设备来获取真实的或者特殊的图像信息。机器人通过视觉感知可以完成目标检测、物体识别、姿态估计等任务，它是用来理解和分析环境中的视觉信息。目前几乎所有的智能机器人都具有了物联网支持下的视觉感知功能，在智能安防、自动驾驶、工业检测等众多领域都有应用。

2. 声音感知

智能机器人可以使用麦克风和声音传感器等设备发出和接收声音信号，而这些声音数据又可以通过物联网进行接收和发布。通过声音处理和语音识别技术，机器人可以“听懂”人类的语音指令，或者识别出环境中的各类声音。

在生活中，基于声音感知的智能机器人的典型应用就是陪护机器人，即在家里对小孩和老人起到陪伴与护理作用的机器人。它可以实现与家人的互动娱乐、学习指导、健康监测等功能。如果发现家里的老人或孩子有异常，也能够主动通过网络向外面的联系人发出提醒信号。图11.13所示为海尔“小帅”机器人，既可以听懂人的语言，还可以与人进行交流。它能通过物联网提供智慧教育，通过声音辅导孩子学习，或者从事一些生活和娱乐服务。

图 11.13 陪护机器人“小帅”

3. 触觉感知

智能机器人使用触觉传感器、力传感器和力矩传感器等装置来感知与物体的接触和相互作用力的效果，能让机器人对物体的外形、质地和硬度更加敏感。这使得机器人能够完成对不同物体抓取、力控制和碰撞检测等任务。如图 11.14（a）所示，就是采用基于电学和微粒子触觉技术的新型触觉传感器在抓取西红柿。图 11.14（b）所示为软体机器人正在通过柔性技术来关闭阀门。

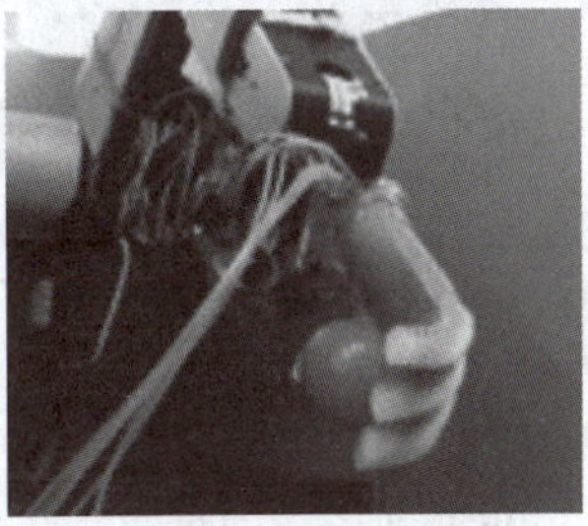

（a）触觉机械手在抓取西红柿

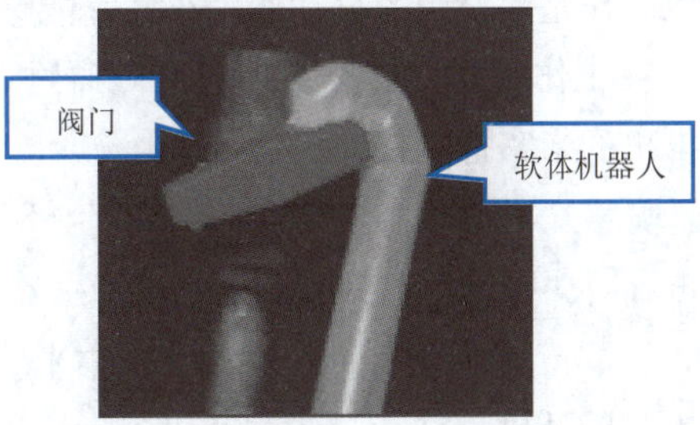

（b）软体机器人关闭阀门

图 11.14　智能机器人的触觉感知及其应用

4. 情感感知

智能机器人可以使用情感识别技术来感知人类的情绪状态甚至是心理活动。通过分析人类的面部表情、声音语调和体态等特征，机器人能够推断人类的情感状态并据此作出相应的反应。前面提及的智能机器人索菲亚（Sophia）已经具备了这一能力，她不仅能理解用户的问题并给出相对精准的答案，还能在信息不全的情况下主动引导对话。而图 11.15 所示为智能机器人 Pepper，它也具备了情感感知与识别技术。这类智能机器人可以获得类似人类的观察、理解和反应能力，可应用于机器人辅助医疗康复、刑侦鉴别等领域。

图 11.15　具有情感感知功能的机器人 Pepper

5. 位置和导航感知

智能机器人可以使用北斗导航系统、全球定位系统（GPS）、惯性测量单元（IMU）、激光雷达和红外传感器等设备来感知自身位置和环境的空间结构。这使得机器人能够执行导航、避障和路径规划等任务，最直接的应用场景就是自动驾驶。

物流配送机器人同样需要具有位置和导航的感知能力，无须人的干预就可以通过位置和导航感知技术，并利用物联网数据来分析周围环境，再根据需要对情况做出响应。物流配送机器人根据工作任务的不同还可以分为图 11.16（a）所示的单体搬运机器人和图 11.16（b）所示的分拣配送机器人群（它基于多智能体机器人系统与平台的自动化分拣技术，被广泛应用于电商分拣中心）。

（a）单体搬运机器人

（b）分拣配送机器人群

图 11.16　具有位置和导航感知的物流配送机器人

智能机器人的位置和导航感知在家庭生活中的典型应用就是家庭扫地机器人。它拥有北斗/GPS导航定位系统，可以主动构建出房间内的地形图并自动地清扫房间。这种机器人也可以看作是简易版的自动驾驶车，它能够定时打扫和自动充电，在工作时还能够有效地避开障碍物。图11.17所示为小米推出的米家智能扫地机器人。

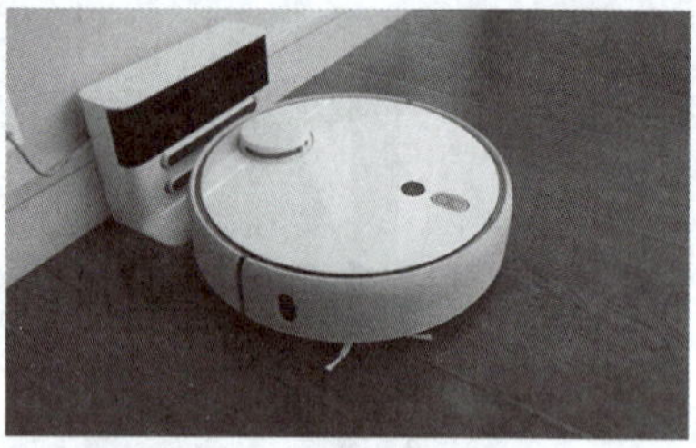

图11.17 智能扫地机器人

6. 环境感知

智能机器人可以拥有各种环境感知传感器，例如，温度传感器、湿度传感器、光照传感器等，用来感知环境的物理特征和数据的变化。这有助于机器人适应不同的环境条件。某些智能机器人还配备了用于检测和识别环境中特定气体成分的气体传感器和化学传感器，这对于环境监测、气体泄漏检测和危险品识别等应用非常重要。

环境感知的典型应用就是巡检安防机器人。它可以在建筑物、工厂或公共场所进行巡逻，监控环境安全，并结合视觉和声音等感知技术识别可疑的行为或异常情况。巡检的项目包括烟火检测、高温告警、异常声音告警等，还要在物联网技术的支持下完成人脸识别、人体检测、车辆检测及识别、异常行为分析，以及人证核验、语音交互与语义分析等工作。

11.2.2 智能机器人的其他应用场景

对于智能机器人，上述这些感知技术通常会结合起来使用，为它提供更加全面的环境感知、识别与理解能力，使机器人能够适应和交互于不同的环境与任务之中。此外，随着技术的进步，新的感知技术也在不断涌现，为智能机器人的感知能力提供更多可能性。在这一过程中，物联网也逐步形成了新的技术演进，其特征是从有线技术走向无线技术、从高功耗技术走向低功耗技术。下面再介绍几个智能机器人的不同应用场景。

1. 医疗康复机器人

医疗康复机器人包括医疗机器人和康复机器人。医疗机器人可以帮助医生进行精确的手术操作，提高手术的准确性和安全性。康复机器人可以协助患者进行物理康复训练，提供运动辅助和监测功能，加速康复过程。

目前“达·芬奇”外科手术机器人系统是应用最广泛的医疗手术机器人，已在泌尿科、妇科、心脏手术、腹腔手术等微创手术中获得巨大成功。该系统如图11.18所示，由医生主控平台、手术机械臂及图像处理设备这三部分组成。

不同于医疗机器人，康复机器人是临床康复治疗的重要技术手段之一，被应用到肢体活动受限患者的康复治疗中。图11.19（a）是瑞士医疗器械公司与瑞士苏黎世大学合作推出的LOKOMAT系统，它是第一台外骨骼式的下肢步态矫正驱动装置，能够对有步态障碍的神经科病人进行步态训练。

辅助外骨骼机器人是一种可穿戴的人机一体化机械装置，它将人和机器人整合在一起，由人来指挥机器人辅助患者正常站立和行走。外骨骼机器人的应用使得丧失行走能力或有行走障碍的患者能重新正常站立、行走，这极大地改善了患者的身体机能。图11.19（b）所示为日本筑波大学研制的系列穿戴型助力机器人系统HAL，它可以帮助老年人和下肢残障者完成正常的步行运动。

以色列埃尔格医学技术公司开发了一套下肢助动外骨骼机器人Rewalk，如图11.19（c）所示，它由电动腿部支架、身体感应器和一个背包组成，并需要一副拐杖帮助维持身体平衡。它能够帮助下肢麻痹患者站立、行走和爬楼。

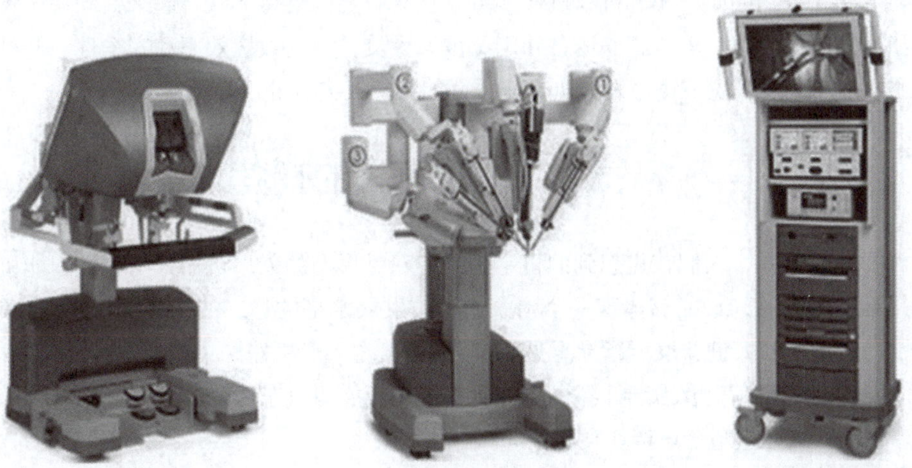

（a）医生主控平台　（b）手术机械臂　（c）图像处理设备

图 11.18　达·芬奇外科手术机器人

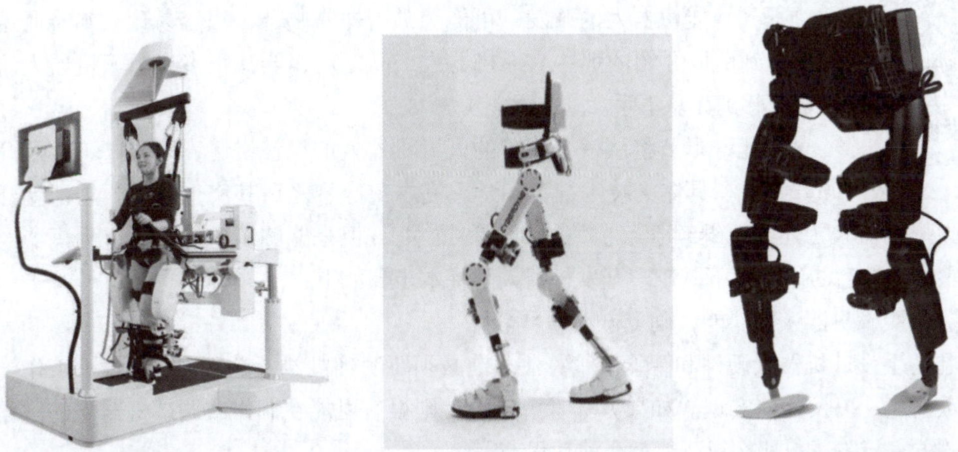

（a）LOKOMAT 外骨骼式下肢步态矫正驱动装置　（b）穿戴型助力机器人系统 HAL　（c）下肢助动外骨骼机器人 Rewalk

图 11.19　康复辅助机器人

2. 养老机器人

养老机器人的功能与康复机器人相似，不同之处在于它的服务对象是特定的老年人。如图11.20所示，RI-MAN是一款养老智能机器人，它有柔软、安全的外形，在手臂和躯体上有触觉感受器，使它能小心翼翼地抱起或搬动行动不便的老年人。RI-MAN机器人可以识别八种不同的气味，还具有视觉辨识和声音辨识的功能，可以照顾和抚慰老人。

图 11.20　养老机器人 RI-MAN

3. 应急救援机器人

机器人不仅在生产、交通、医疗等领域大放异彩，也为高危环境下的应急救援提供了更安全、更高效的新方案。它改变了传统的以人为主要参与者的救援模式，代表着救援技术、装备与模式的发展趋势。例如，无人机和机器人可以在物联网的支持下联合起来共同用于灾害现场的勘查和搜索救援任务，快速获取信息并定位被困人员，提高救援效率和安全性。此外，救援机器人还可以在危险环境中代替人类执行任务，如扑救火灾、处理化学泄漏等。

11.3 人形机器人的开发

提到智能机器人，人们首先想到的肯定是具有双足形态的人形机器人。它在智能机器人的研发中是难度最大的，最能够体现一个国家的科技发展水平的。2023年10月，工业和信息化部印发了《人形机器人创新发展指导意见》，明确指出“人形机器人集成人工智能、高端制造、新材料等先进技术，有望成为继计算机、智能手机、新能源汽车后的颠覆性产品，将深刻变革人类生产生活方式，重塑全球产业发展格局。”

为此，本节将以一个下肢康复训练机器人为例来简要介绍人形机器人的开发步骤。

视频

开发机器人的基本步骤

11.3.1 开发机器人的基本步骤

提到智能机器人的开发，可能会觉得非常复杂，很容易让人知难而退。特别是看到前面介绍的那些人形机器人产品之后，会让很多有志于机器人研发的初学者感到无从下手。

为此，本节将从一个简单的人形机器人的设计讲起，内容并不涉及开发的方方面面和具体的技术细节。学习完本节内容之后其实也并不能立即就开发出一个人形机器人（还需要继续学习相关的知识和技术），但是能够从中初步了解到机器人的开发步骤，为今后的研究打下基础。开发机器人的基本步骤如下：

（1）明确机器人的功能，确定方案的可行性

在动手设计机器人硬件和智能决策算法之前必须要明确机器人是在什么环境下工作，要实现什么功能，以及如何实现。如果方案考虑不周，则很有可能在制作或调试机器人的过程中才发现该方案行不通，那么很可能就会前功尽弃了。

（2）通过仿真来设计机器人的动作，实现其功能

方案确定之后就进入了具体的设计阶段。此时要考虑的是机器人可以通过哪些动作组合来实现相应的功能，然后再确定各个动作的实现过程并据此设计机器人的各个零部件。在此阶段要通过大量的计算机仿真来验证机器人的动作执行能力。

这两个步骤有时候可以看作是同一个步骤的前后阶段。当通过仿真发现有些动作很难实现时，有可能要返回去对功能进行调整。

（3）设计机器人的硬件，选择传感器等部件

根据机器人的功能与设计好的动作要求，同时结合控制软件的执行环境来准备各种硬件材料（如机器人的控制器、机械手和各种传感器等），对于智能机器人特别还要注意实现物联网功能的协议与硬件接口设备。此时应该对各种硬件的功能与控制方式、动作的实现原理与技术有了更进一步的理解。

（4）制作实体机器人并不断地进行调试与改进

利用准备好的材料制作出机器人实体。应该根据机器人的结构特点合理安排机械、线路布局与组装步骤，要便于调试和更换部件。在各个模块安装前要分别测试其功能是否完好。各种导线及接口一定要做好标记，知道它的来源和去处。

在完成了机器人的硬件组装和控制软件的开发后，需要不断地调试软件的算法与参数，有时候甚至要对硬件进行再调整。调试与改进既是一个不断尝试和不断优化的过程，同时也是进一步熟悉机器人系统的过程。

11.3.2　开发下肢康复训练机器人

下面以开发一个人形的下肢康复训练机器人为例，按照上面的步骤进行详细介绍。下肢康复训练机器人作为物联网和机器人技术的深度结合体，在融合了人工智能后必将进一步改变人们的生活和康复医疗方式。

（1）明确下肢康复训练机器人的功能，确定方案的可行性

对于肌肉或神经系统患有损伤和疾病而无法正常控制肢体运动的患者而言，可以通过机器人进行康复训练，以此来实现肢体的部分或全部运动机能。其中下肢康复训练机器人是专为下肢肌肉或神经损伤患者的康复训练而设计的，下面就以它为例介绍机器人的开发过程。

首先，为了明确下肢康复训练机器人的功能，就要掌握正常人体下肢的结构特征和正常人的步态。图 11.21 所示为是抽象出来的人体下肢基本结构和运动特征模型（具体内容在此不详述），可以把它作为将要设计的机器人的基本结构。

以图 11.21 中的 X 轴正方向为机器人的前进方向，*JRi*（$i = 1$，2，3）分别表示人体右侧下肢的踝关节、膝关节和髋关节，*JLi*（$i = 1$，2，3）是人体左侧下肢对应的这三个关节。*RS* 表示右脚，*R*2 是踝关节和膝关节之间的小腿部分，*R*3 是膝关节和髋关节之间的大腿部分，*LS*、*L*2 和 *L*3 分别代表人的左脚、左侧小腿和左侧大腿。

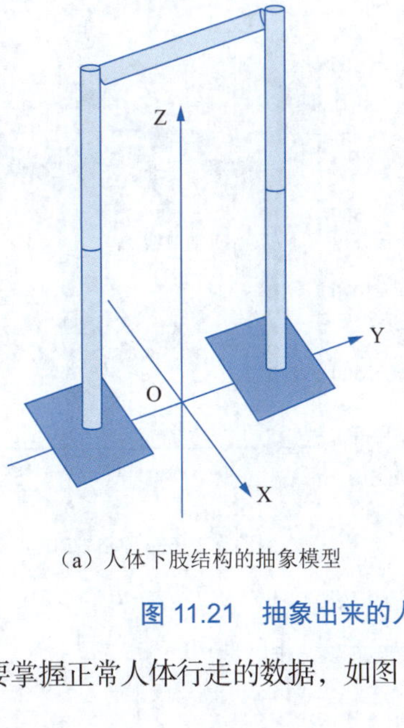

（a）人体下肢结构的抽象模型

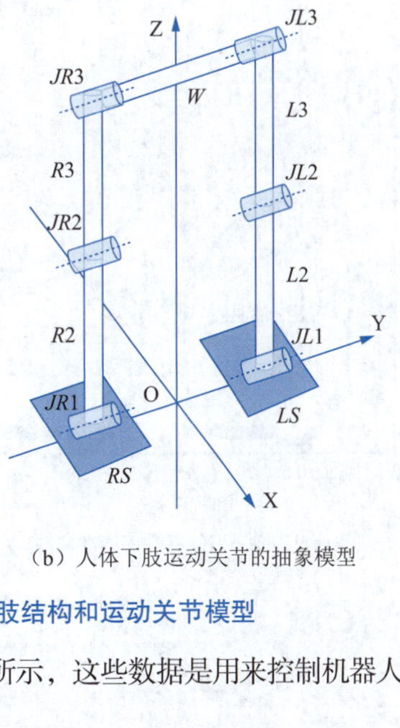

（b）人体下肢运动关节的抽象模型

图 11.21　抽象出来的人体下肢结构和运动关节模型

同时还要掌握正常人体行走的数据，如图 11.22 所示，这些数据是用来控制机器人运动步态的。

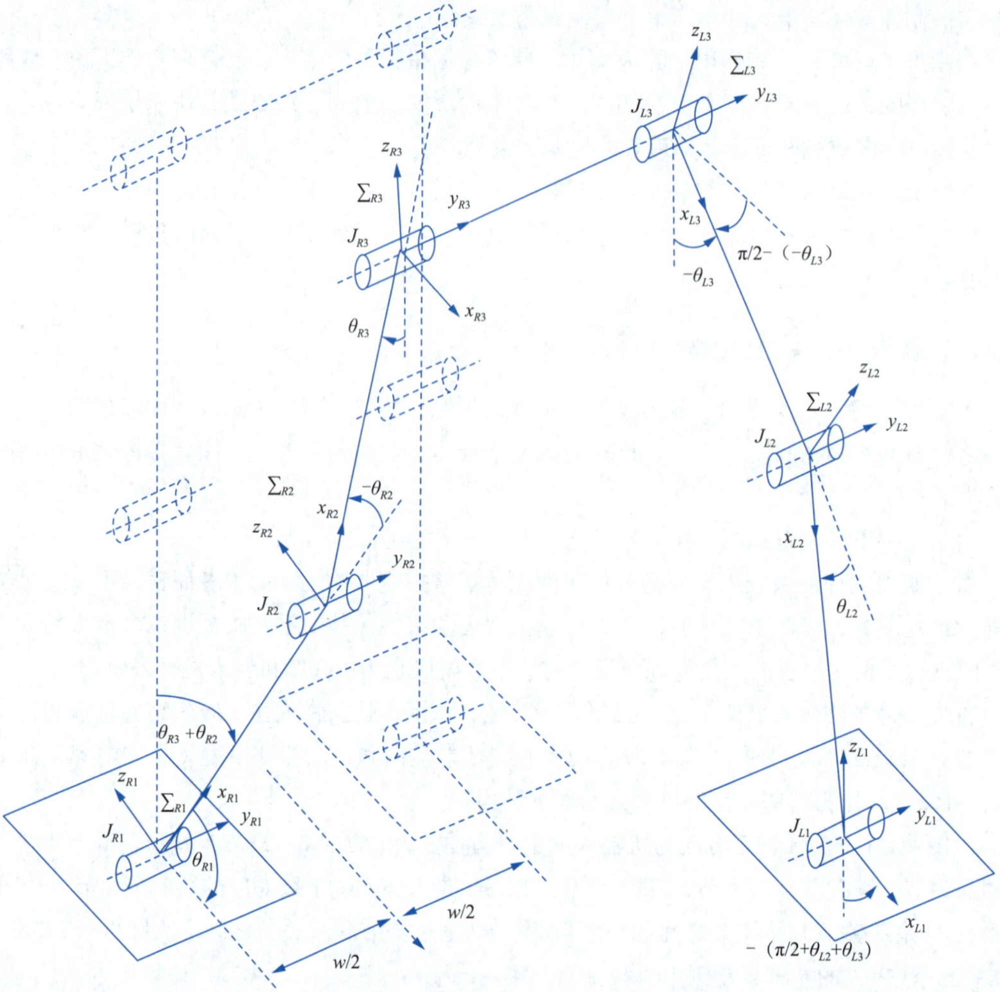

（a）正常人体的步态

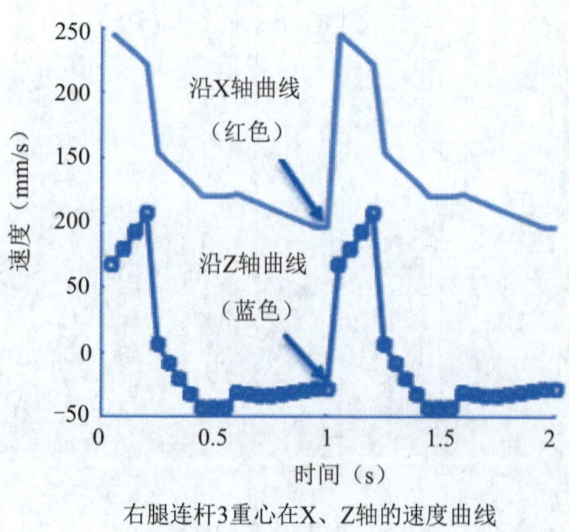

右腿连杆3重心在X、Z轴的速度曲线

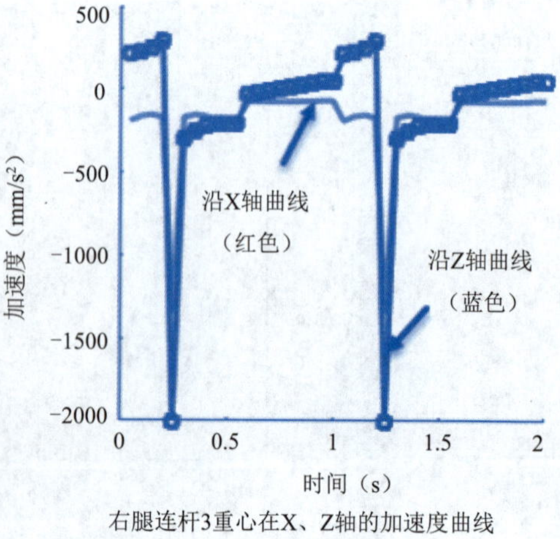

右腿连杆3重心在X、Z轴的加速度曲线

（b）正常人体的行走数据

图 11.22　正常人体的步态和行走数据

（2）通过仿真来设计机器人的动作，实现其功能

接下来就是参照图 11.21 对设计的机器人下肢模型图 11.23（a）进行步态仿真，得到图 11.23（b）所示的机器人行走数据。将这一仿真数据结果与人的正常步态特征（见图 11.22）进行对比，以此来进一步改进下肢康复训练机器人的模型，最终得到与正常人行走功能相近的机器人的动作过程。

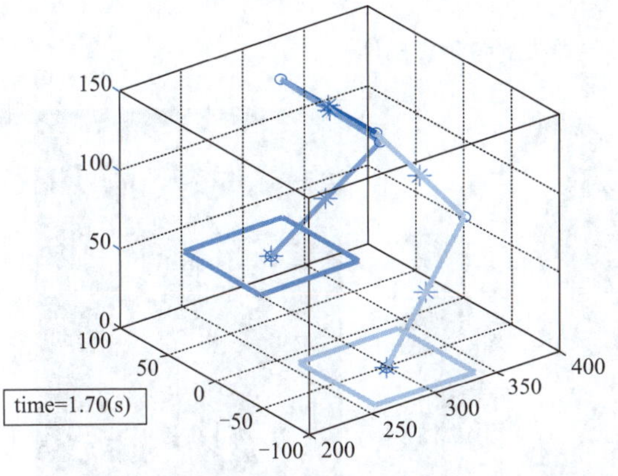

（a）机器人的下肢模型

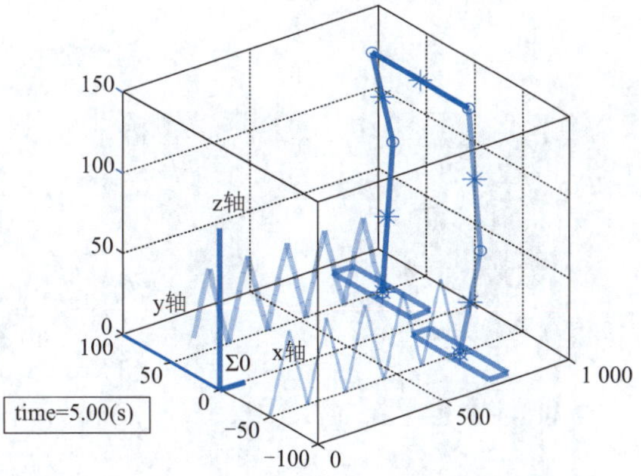

（b）机器人下肢模型的步态仿真数据

图 11.23　对机器人下肢模型进行步态仿真

（3）设计机器人的硬件，选择传感器等部件

通过前两步就得到了与正常人行走功能相近的下肢机器人结构模型，接下来就是要进一步细化，要明确机器人的各个零部件（如各个关节），以及为传感器、控制器等设备选型。

在确定了零部件的结构和尺寸，以及选定了各部件的型号之后，还应该根据机器人要具有的功能进行机器人的整体仿真。只有在计算机上测试仿真效果并适当进行硬件调整之后才能进行实体机器人的制作。

这是因为如果开发一个多功能、高精度的人形机器人，假如在投入大量时间和资金组装完实体机器人后才发现机器人要么因为肩膀的设计错误而影响了上肢的活动范围，要么因为大腿和小腿的长度比例和脚掌的设计错误而影响了机器人的行走能力，那时再后悔没有做机器人的整体仿真验证就太晚了。

常用的机器人机械设计软件有 UG（Unigraphics NX, UG），Solidworks，Pro/E，SolidEdge 等。这些计算机辅助设计软件具有工业设计、产品设计、模具设计、仿真和优化等功能，可以轻松实现各种复杂实体及造型的构建与动态仿真。

如图 11.24 所示，是设计出的机器人的各种“骨骼”和“关节”等零部件，包括舵机、连接件、支撑件等。图 11.25（a）是装配完机器人一条腿之后的样子，图 11.25（b）为最终利用机械设计软件完成的人形机器人下肢的三维模型。

建立机器人的三维仿真模型，除了能够掌握绘制和装配模型的方法之外还有一个好处，就是可以知道哪些零部件需要什么机械结构来支撑或连接，这样可以优化设计并减少浪费。在仿真模型图 11.25 的基础上为各种搭载的传感器和控制器等选型后完成的试验样机模型如图 11.26 所示。

（a）舵机　（b）舵盘　（c）多功能支架

图 11.24　利用软件设计机器人的各种零部件

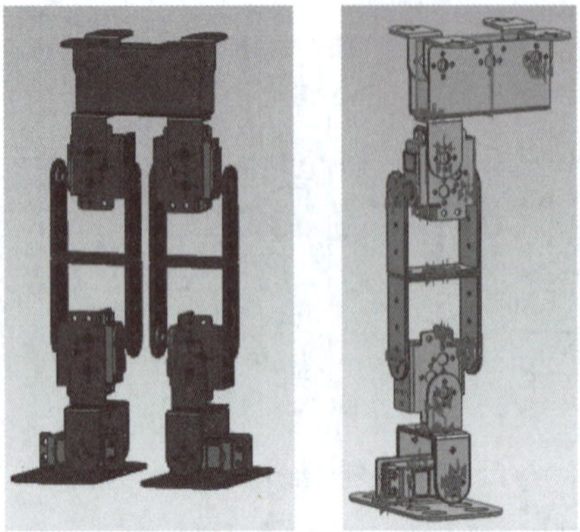

（a）机器人的一条腿装配完成　（b）下肢机器人的三维模型

图 11.25　下肢机器人的三维仿真模型

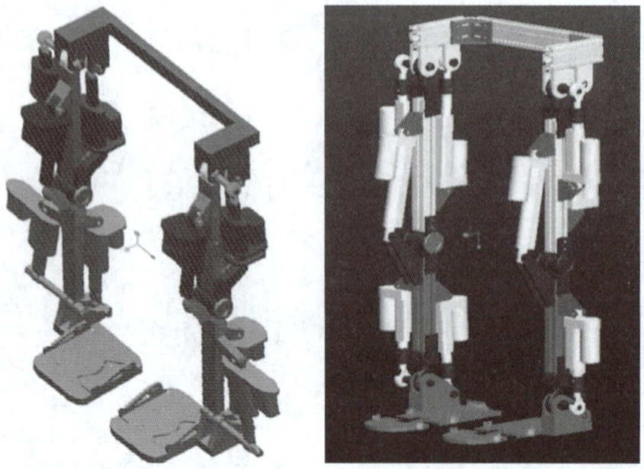

（a）第一版样机模型　（b）改进后的样机模型

图 11.26　下肢康复训练机器人的试验样机模型

（4）制作实体机器人并不断地进行调试与改进

在进一步对结构设计、硬件组成、控制（包括执行器和控制器等的电路设计等）和软件（包括控制程序和智能算法等）进行测试与优化后就得到了产品的定型，如图11.27所示（在该图中没有展现具体的传感器和控制器等设备）。

当然，如果真正地开发智能机器人，这些内容是远远不够的。还需要更加系统地学习机械设计、电路开发、控制理论等专业内容。同时，为了让机器人更加“智能”，更要学习人工智能、大数据分析和物联网技术等相关知识。

其实对于智能人形机器人，人们最希望的场景就是直接与其对话，然后机器人就能够根据对话内容做出决策并完成相应的任务。2024年3月，由Figure公司发布的第一个由OpenAI大模型加持的机器人Figure 01（见图11.28）正在展现这种能力。Figure 01机器人的摄像头捕获的图像和内置麦克风捕获的语音在转换成文本数据后被输入到一个由OpenAI训练的大型多模态模型中，而这个模型能够理解和处理图像和文本数据。该模型将处理整个与人对话的历史，并且能够将各种信息通过文本到语音（text-to-speech）技术转化为语音，最终回应给人类。而通过模型获得的策略还会指导机器人进行快速而灵巧的操作。

Figure 01机器人已经是一款结合了人类形态的灵巧性和尖端人工智能技术的自主人形机器人。它通过OpenAI的GPT系列多模态大模型的支持学会了与人进行深入的交流，也能够很好地理解其所应对的场景，并且根据交流的内容自主做出决策和行动。Figure 01人形机器人具备了以下特征：视觉识别与理解能力、对话交流能力、逻辑思考与学习能力、自主性和适应性。

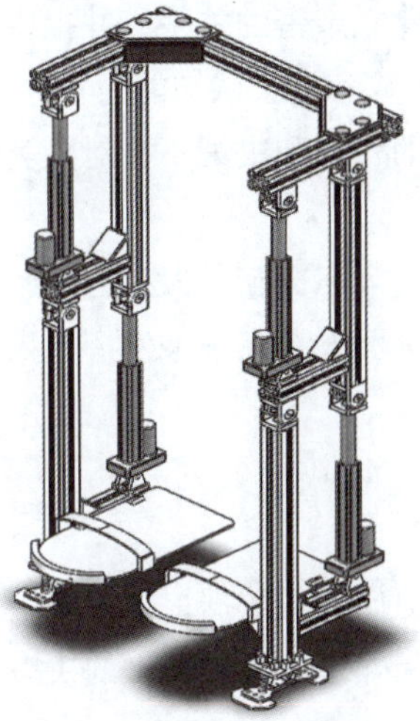

图 11.27　定型的一款下肢康复训练机器人（未展现控制电路等设备）

图 11.28　由 OpenAI 大模型加持的机器人 Figure 01

11.4　智能机器人的发展趋势

智能机器人已经被广泛应用于社会生产和日常生活等各方面，并且这种需求越来越多、越来越细。智能机器人全面参与各种社会工作和成为家庭一员将是智能机器人的必然发展趋势。

尽管人们现在对智能机器人的开发已经有所成就，但智能化水平仍需继续提升。如果让机器人全方位应用于各个领域，就还需要努力提升机器人的智能化水平，使其具备高强度的自理能力和适应能力。此外，人与机器人的协作，以及机器人之间的协同也非常重要，而在人与机器人的顺利交流中，让机器人准确理解人的自然语言和思想是关键。

向以网络大模型为基础的百度的“文心一言”问了如下两个问题，请允许以它的回答作为本节和本章内容的结束和总结。希望将这种智能尽快赋予智能机器人，使其能够更广泛地服务人类。

问题 1：请简单论述智能机器人的发展趋势。

回答：智能机器人的发展趋势主要包括以下几个方面：

（1）自主性：智能机器人将越来越自主，能够独立完成更复杂、更灵活的任务，而不需要过多的人工干预。这需要机器人具备更强大的感知、决策、控制和学习能力。

（2）人机交互：智能机器人将更加注重人机交互，能够更好地理解人类的语言、指令和情绪，并与人类进行更自然、更流畅的交互。这需要机器人具备更强大的自然语言处理、情感计算和对话系统等技术。

（3）多模态交互：智能机器人将能够通过多种媒体与人类进行交互，包括文本、语音、图像、视频等。这需要机器人具备多模态感知和处理能力，以及跨媒体学习和推理能力。

（4）人工智能：智能机器人将越来越多地应用人工智能技术，包括机器学习、深度学习、计算机视觉、自然语言处理等。这需要机器人具备更强大的计算和存储能力，以及更高效的学习和推理能力。

（5）社交性：智能机器人将越来越注重社交性，能够与人类建立亲密的关系，并提供情感支持和社会交往等方面的服务。这需要机器人具备更强大的情感计算和社会认知能力。

（6）安全性：智能机器人将越来越注重安全性，保障机器人的行为和决策不会对人类造成危害或损失。这需要机器人具备更强大的安全控制和风险评估能力。

总的来说，智能机器人的发展趋势是更加自主、人机交互、多模态交互、人工智能、社交性和安全性。随着技术的不断进步和应用场景的不断拓展，智能机器人将在未来发挥越来越重要的作用，为人类带来更多的便利和服务。

问题2：请简单论述物联网技术在智能机器人上的应用。

回答：物联网技术在智能机器人上的应用主要体现在以下几个方面：

（1）数据采集和处理：物联网技术可以帮助智能机器人获取更广泛的数据，包括环境、设备、用户行为等方面的数据。这些数据通过物联网技术进行传输和处理，为机器人的决策和交互提供支持。

（2）设备互联：物联网技术可以实现智能机器人与其他设备的互联，实现更高级别的任务协同和资源共享。例如，机器人可以与智能家居系统、工业自动化系统等互联，共同完成更复杂的任务。

（3）实时监测和控制：物联网技术可以帮助智能机器人实现实时监测和控制。通过物联网技术，机器人可以实时获取设备状态、环境变化等信息，并快速做出响应，提高机器人的适应性和灵活性。

（4）云计算和边缘计算：物联网技术可以与云计算和边缘计算相结合，提高智能机器人的计算能力和处理速度。通过云计算，机器人可以获取更强大的数据处理和分析能力；通过边缘计算，机器人可以更快地做出决策和响应。

（5）智能交互：物联网技术可以帮助智能机器人实现更自然和流畅的交互。例如，机器人可以通过物联网技术实现语音识别、图像识别等功能，更好地理解人类的语言和指令。

总的来说，物联网技术的应用可以帮助智能机器人实现更广泛的数据采集和处理、更高级别的设备互联、更实时的监测和控制、更强大的计算能力和处理速度，以及更自然的交互方式。表11.3给出了1G ～5G技术发展中的一些应用场景，可以看到在5G技术发展与应用的今天，物联网技术进一步提升了智能机器人的性能和功能，并更好地服务于人类的生活和工作。

表 11.3　1G ～ 5G 技术发展中的一些应用场景

	1G	2G	3G	4G	5G
传输速率（bit/s）	—	115 kbit/s ～384 kbit/s	384 kbit/s ～100 Mbit/s	100 Mbit/s ～1 Gbit/s	10 Gbit/s +
特点	模拟	数字	移动互联网		万物互联
应用场景	模拟、语音	数字、语音、短信	移动互联网的应用	数字业务占据主导	物联网

在本章的最后，如果再用一句技术性稍强的话来串接本章中针对智能机器人而涉及的人工智能、大数据和物联网这三个新兴技术的话，那就是：物联网与人工智能新技术的融合创新，使得智能机器人具备了更加智能、开放、安全、高效的“智联网”内涵，而这种内涵的提升是围绕数据流动和数据赋能这两大方向进行的。

本章小结

机器人技术是革新人类生产生活方式的颠覆性技术，已成为当今世界科技领域的必争焦点技术。智能机器人则是目前为止机器人发展的最高境界。本章在介绍了智能机器人必须具备的感知、认识（决策）、执行这三种能力的基础上，引出了人工智能、大数据和物联网这些新技术在智能机器人的开发与应用中的作用及其相互的关系。随后通过分析智能机器人的主要结构和功能、结合对机器人发展的三个阶段的介绍，突出说明了物联网的应用为智能机器人的发展所提供的新特征。随后详细阐述了智能机器人具有的基于物联网技术的主要感知技术及其应用场景。接着，以下肢康复训练机器人为例介绍了开发机器人的主要步骤，为智能机器人的开发提供了一个入门介绍。最后请百度的人工智能大模型“文心一言”借助互联网和大数据的优势回答了“请简单论述智能机器人的发展趋势”和“请简单论述物联网技术在智能机器人上的应用”这两个问题。这两个问题的回答还是非常符合实际的，能够有力地证明人工智能、大数据和物联网技术相互结合所产生的巨大能量，相信这正是让机器人产生智能的源泉和动力。.

习　题

1. 智能机器人应该具有哪三种主要的能力?
2. 在智能机器人的开发与应用中，人工智能、大数据和物联网分别起到了什么作用?
3. 智能机器人的一般定义是什么?
4. 请概括智能机器人的主要结构及功能。
5. 简要说明机器人发展的三个阶段。
6. 物联网的应用在智能机器人领域呈现出了哪些新特征?
7. 智能机器人具有哪些特点?
8. 智能机器人具有哪些主要的感知技术?这些技术的应用场景是什么?
9. 开发机器人需要哪些主要步骤?简要说明下肢康复训练机器人的开发步骤。
10. 简要分析智能机器人的发展趋势。
11. 简单论述物联网技术在智能机器人上的应用。

第 12 章 智能博物馆

学习目标

◎ 了解：了解智能博物馆的概念、具体内涵、系统组成，以及智能博物馆的整体架构和三大体系建设目标的具体内容。熟悉物联网技术在博物馆中的应用情况。

◎ 理解：深入理解物联网技术对博物馆发展的推动和支撑作用。

◎ 应用：能够运用本章介绍的物联网技术和应用模式，设计和实施基本的智能博物馆应用场景，解决实际问题。

◎ 分析：通过案例学习，分析不同物联网技术在博物馆中的应用特点、优缺点，并从中提取实用的设计和应用经验，优化智能博物馆未来的发展应用。

博物馆作为一个城市乃至一个国家的文化符号。中国历史悠久，博物馆承载着传承中华优秀传统文化、弘扬社会主义核心价值观的重要作用，也是保护和传承人类文明的重要场所，是连接过去、现在和未来的桥梁，是国家公共文化服务体系建设的重要机构之一。近年来，我国博物馆体系布局不断优化，博物馆在社会教育和公共文化服务领域的作用更加彰显。根据国家文物局官方数据显示，2023年，全国博物馆总数达6 833家，免费开放率超过90%，类型丰富、主体多元、普惠均等的现代博物馆体系基本形成。国家实行博物馆全面免费开放政策以来，我国博物馆年参观人次从2.8亿增长到12.9亿，数十家博物馆年参观人数超过百万，居于世界领先水平。博物馆的社会教育功能得到有效发挥，2023年全年举办线下展览4万余个、教育活动近38万场，接待观众数量创历史新高。越来越多的人走进博物馆，了解中国传统文化遗产，学习中国传统文化，“博物馆热”成为中国社会文化的新时尚，如图12.1所示。

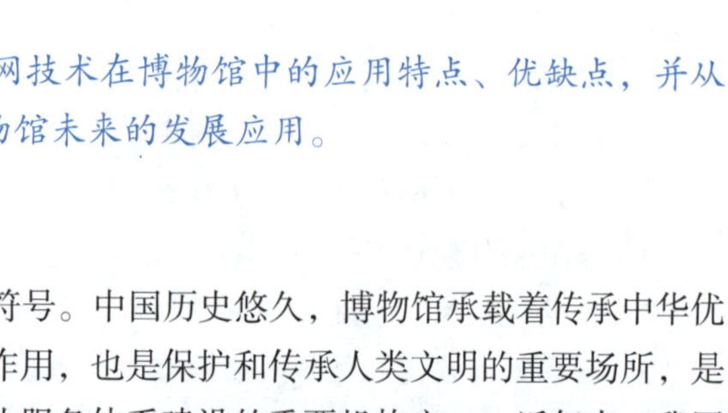

图 12.1 “博物馆热”成为新时尚

随着人们对博物馆的研究、保护、管理、展示、教育及服务等多方面需求的不断提升，如何满足社会对博物馆的新期待，满足观众对博物馆多样化、个性化等方面的需求，成为博物馆界关注的建设和发展重点，智能博物馆在这一背景下应运而生。物联网技术的不断发展，使得博物馆业务高度智能化成为可能。智能博物馆是以博物馆业务需求为核心，以物联网、人工智能等不断创新的科技为支撑，线上与线下相结合的新型博物馆发展模式。这种新模式将极大地提升博物馆的核心业务水平与观众的体验感受。

物联网在智能博物馆建设和运行中扮演了“神经系统”的角色。智能博物馆的建设主要体现在博物馆的社会服务能力、文物保护研究能力和综合运行管理能力的融合创新、全面提升上。在社会服务方面，智能博物馆通过物联网、云计算、大数据、人工智能和人机交互等技术应用，实现社会公众与藏品、展馆空间及服务设施的智能化互动展示服务。在保护研究方面，智能博物馆通过无线射频识别（RFID）、传感网络、自动化控制、大数据等技术应用，建立融合文物保管养护、藏品储藏及其环境监测控制的博物馆智能化保护体系。在综合运行管理方面，智能博物馆通过物联网、智能设备、无线通信、大数据等技术应用，建立博物馆可视化管理平台，最大限度地减少博物馆管理的人工参与，提高博物馆综合管理的科学化、规范化和智能化水平。

物联网推动博物馆完成从传统实体博物馆向智能博物馆的“全新蜕变”。物联网技术支撑博物馆对藏品、空间、人员的实时动态智能化识别、定位、追溯、监控、管理和服务，令博物馆更加“反应敏捷”“善解人意”，智能博物馆的实现是博物馆领域真正从思维模式到行动模式上的一场革新。

12.1　智能博物馆概述

博物馆智能化发展过程中最显著的特征是物联网技术的引入。物联网技术是博物馆信息化实现“耳目通达”和“融会贯通”的基础条件和重要支撑。其中，“耳目通达”强调的是利用各类传感器采集博物馆相关数据，“融会贯通”则是利用无处不在的网络通信和信息交换。物联网是利用传感技术，按约定的协议，把所有物体与网络连接进行通信，以实现对物品的智能化识别、定位、追溯、监控和管理的一种网络。在博物馆中，除了传统的音视频采集手段，物联网更多的是应用综合传感技术获取数据并反馈信息。利用RFID、红外感应器、定位技术、激光扫描器，以及传统的热、光、气、力、磁、湿、声、色等传感器件，获取博物馆建筑、藏品、设备设施、库房展厅环境与人员位置信息等。

视频

智能博物馆概述

物联网技术应用彻底改变了博物馆简单的人机信息交互为主的信息互动模式，进入到传感器和智能芯片无处不在、信息多源实时获取和智能控制的泛在计算阶段，使博物馆和环境周边数据计算和分析应用得到迅速发展。博物馆物联网中的“物”，就是各种与博物馆收藏保管、研究修复、展示教育活动相关的事物，如藏品、展柜、展厅、库房、设备，以及观众、工作人员等。博物馆物联网中的“联”，即信息交互连接，把上述“事物”产生的相关信息交互、传输和共享。博物馆物联网中的“网”是通过把“物”有机地连成一张“网”，就可感知博物馆服务对象的活动、各种数据的交换和无缝连接，达到对博物馆服务与管理的实时动态监控、持续跟踪管理和精准的博物馆业务决策。

物联网的发展从根本上提高了从宏观到微观的博物馆信息采集和融合管理能力，也将促进博物馆宏观与微观的调控能力，促进以人为中心的博物馆藏品及其周边环境的智能化。

12.1.1 智能博物馆的概念

智能博物馆又称智慧博物馆，是博物馆行业信息化发展的高级形态。博物馆的智能化体现在两个方面：一是及时准确地获取事物全面信息的能力；二是依据事物现象进行分析、推理、理解、判断和决策的能力。智能博物馆是具有对事物感知、记忆、理解、分析、计算、判断、创造等高级综合能力的博物馆。

物联网技术的发展，使得博物馆业务高度信息化成为可能。传统实体博物馆以藏品的人工保管、修复保护、静态展示为主，由于对文物保护的保守考虑和观念、技术、场地、展陈等的能力限制，博物馆的职能发挥存在时间、空间与形式上的局限性，例如大量藏品无法展出，展品展示信息量有限、博物馆管理模式低效、文物修复手段保守、公众服务形式单一等。智能博物馆作为伴随信息技术发展而成的一种博物馆新形态逐渐显现。智能博物馆坚持需求驱动、业务引领，通过重新梳理和构建博物馆各要素的关联关系而形成合力，加强博物馆服务、保护和管理工作的协同。智能博物馆突破了传统实体博物馆的界限，强调通过泛在网络、移动通信技术实现无所不在的网络互联服务和随时随地随身的数据智能融合服务，实现用户与系统的信息无缝连接。为参观者提供在任何时间、任何地点，访问任何感兴趣的藏品和博物馆信息的便捷服务。

智能博物馆的出现是博物馆从以“数字”为核心转变为以“人”为核心的发展基调的回归，恢复了博物馆业务需求在信息化发展进程中的主导地位。如图12.2所示，智能博物馆这一“智能大厦”的构筑融入了复杂多样又缺一不可的各种“材料”：博物馆业务需求作为土壤，博物馆发展第一阶段的博物馆信息化和第二阶段的数字博物馆作为地基，在互联网的新业态和新模式下，通过物联网等新技术构筑“钢筋水泥”。由此，这一庞大建筑才能发挥其职能：构建全面透彻的感知、宽带泛在的互联、智能融合的应用，打通博物馆“物（包括藏品、库房、展厅的各类仪器设备设施等）、人（包括线上和线下观众、博物馆工作者，以及相关机构和管理部门人员等）、数据（博物馆的档案数据、各信息系统产生的数据、外部相关数据等）”三者之间的双向多元信息交互通道，从而实现博物馆服务、保护和管理的智能运转。未来随着“智能大厦”使用的积累完善和技术的不断演进，可持续提升、优化公众知识化服务提供的创新应用的支撑效能。

图 12.2 智能博物馆如同“智能大厦”的构筑设计

目前智能博物馆较通用的定义为：智能博物馆（智慧博物馆）是通过充分运用物联网、云计算、大数据、人工智能等新一代信息技术，感知、计算、分析博物馆运行相关的人、物、活动等信息，实现博物馆征集、保护、展示、传播、研究和管理的智能化，显著提升博物馆服务、保护、管理能力的博物馆发展新模式和新形态。智能博物馆的具体内涵可概括为：（1）更全面交互的公众智慧服务——以多维展现互动形式提高展示与教育服务能力，实现公众与文物交互的高度完美融合，提供观众无处不在的服务体验，让知识在潜移默化中传播。（2）更透彻感知的文物智慧保护——从“内”到“外”精准监测文物健康状态，提高文物预防性保护的深度和力度，在本体、环境、修复、运输、安防等方面真正实现文物风险预控。（3）更敏捷高效的业务智慧管理——最大限度地减少内部与外部管理工作中的人工参与，提升馆内业务协同效率，保障人、财、物管理的精细化、决策的科学化。

12.1.2　智能博物馆的系统组成

视 频

智能博物馆的系统组成

智能博物馆总体架构是在国家政府主管部门统一标准和范式下进行设计和开发的，博物馆可根据自身的特色需求有针对性地选择实施。智能博物馆整体架构由基础环境、支撑平台、智能化应用三层组成，构建一个以信息基础网络为数据中心及运营平台，以资源采集加工为辅助，综合后台管理为支撑，终端网络为基础，最终体现智能管理、智能服务、智能保护为目的的智能博物馆系统。智能博物馆系统组成标准如图 12.3 所示。

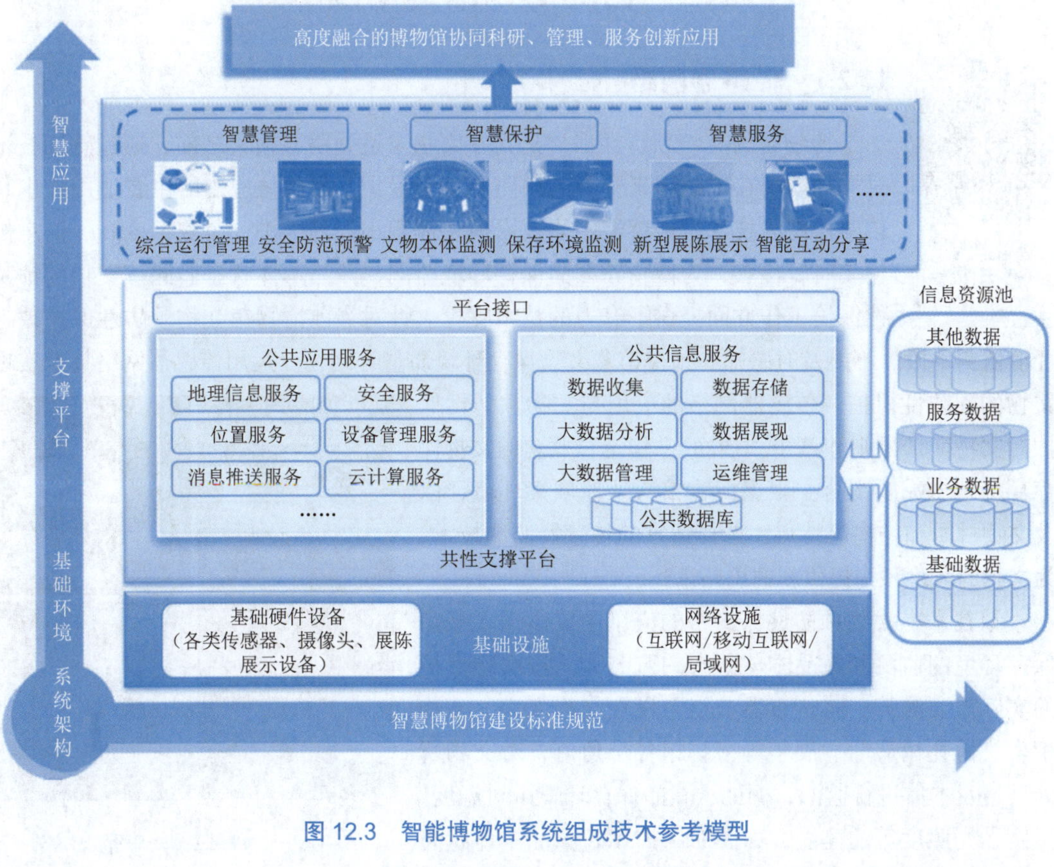

图 12.3　智能博物馆系统组成技术参考模型

（1）智能管理

以先进的智能控制技术为支撑，优化传统博物馆的管理模式和工作机制，为与博物馆管理的计划、组织、领导、控制等内容相关的决策活动提供支持，使管理工作更为科学、智能、高效。具体体现在博物馆内部管理与外部管理的智能化，既减小管理压力，又提高管理效率。

（2）智能服务

重点围绕博物馆观众及其活动展开，通过对观众知识、心理、行为、需求等各类数据的采集和分析，从保障藏品安全、提高展陈质量、改善参观体验、优化服务内容等目标需求出发，为管理决策提供支持。今后，这种外部管理还将由观众服务发展到社会服务，实现对社区、学校、社会团体、企业、媒体及一般公众的全面覆盖。

（3）智能保护

基于智能感知技术和图像识别技术，针对博物馆藏品的本体健康状态、影响因素、保护修复方案进行全面量化分析，以及智能数据挖掘和分析处理，在文物损坏发生之前就掌握其各项特征，并以三维建模形式立体呈现可视化结果，形成一套馆藏文物诊断、分析、处理和评价体系，实现“风险可识别、险情可处理、效果可评价”的文物预防性保护和虚拟修复保护目标。

智能博物馆以信息技术为支撑，以博物馆运行评估指标体系为模型，从业务、服务、安全、研究等全方位支撑博物馆的日常运行，构建一个以全面透彻的感知、宽带泛在的互联、智能融合的应用为特征的新型博物馆形态。

12.2 智能博物馆适用技术

视频

智能博物馆适用技术

12.2.1 传感器网络

博物馆的文物预防性保护是指在文物未遭受明显损害之前，通过感知技术对文物的潜在威胁因素开展的预防和控制保护。目前该应用的主要适用技术是传感器网络技术。传感器网络技术模块体积小、易维护、监测精度高、信息传输实时等优点，为博物馆藏品保存环境监测、藏品本体状态监测等文物的预防性保护工作方面提供了有力的技术支撑。针对当前博物馆文物预防性保护缺乏环境监测手段、不能及时感知和预控馆藏文物保存环境质量等问题，运用传感器网络技术实现文物的预防性保护。传感器网络的应用与文物预防性保护对文物保护原则和基于“洁净”“稳定”概念的文物保存环境理念完全契合。根据博物馆所处地域大环境，以及文物材质和结构等特点，选择适宜的传感器监测技术，为文物的风险预控提供新的思路。

图 12.4　传感监测终端布设示例

该技术在文物预防性保护中的应用主要体现在藏品保存环境的监测和藏品本体状态的监测上。按文物保护的实际需要测算，将传感器节点布设在文物库房、文物柜架、博物馆展厅、展柜等博物馆各个角落，对文物所处环境及本体进行监测，例如，藏品保存环境中对温度、湿度、光照度等的监测，如图12.4所示，藏品本体状态中对位移、裂缝、振动、变形等的监测，并将采集信息传输给用户进行分析和处理。该技术应用为藏品保存环境的调控工作和藏品本体状态的保护工作提供数据支撑和科学依据，提升博物馆的风险预控能力，最大限度地防止或减缓环境因素对文物的破坏作用，形成科学保护文物的长效机制，最终提高博物馆的文物收藏保管能力。

12.2.2 无线通信

博物馆无所不在的数据传输和服务提供的智慧性体现都离不开无线传输技术的应用。不论是针对博物馆内部资源管理，尤其是珍贵藏品的管理，需本着“友好、保护”的原则；还是针对博物馆公众服务场所的角色定位，无线传输技术无疑成为智能博物馆建设过程中的理想数据传输方式。智能博物馆的智能管理平台中数字资源管理、馆务综合管理、藏品管理、虚拟展示服务提供等各业务模块的高效运行都要依靠无线传输技术的数据传输支撑。

根据智能博物馆的建设实际，结合博物馆智能管理、智能服务、智能保护的具体建设需求，通常综合采用以下几种常用的无线传输技术：（1）无线局域网。基于IEEE 802.11标准的无线局域网允许在局域网络环境中按需进行无线连接，以目前应用较广泛的Wi-Fi技术为例，其优点主要体现在覆盖范围广、传输速度快、使用方便等；（2）无线自组网技术，主要体现在文物环境及本体的数据采集感知终端通过自组织的无线网络进行连接的无线传感器网络技术，基于该技术将各感知终端采集的数据通过无线网络进行传输汇总，以实现对空间分散范围内的物理或环境状况的协作监测；（3）移动互联网技术，即是移动通信和互联网二者的结合体，是一种通过智能移动终端，采用移动无线通信方式获取业务和服务的新兴业态，其优点在于随时随地、移动共享、隐私保护等，尤其是5G通信技术，为越来越多的智能终端用户提供便利的信息获取方式。

因此，如何根据博物馆各业务管理工作需求和参观者的服务提供需求，灵活应用各类无线传输技术，实现最人性化、最智慧化、最高效可靠的数据传输和信息推送，成为智能博物馆正常运行和有效建设需要考虑的关键要素之一。

12.2.3 云计算

云计算为博物馆用户提供了计算资源物理集中、应用系统逻辑分隔的集约化模式。博物馆用户一般不再需要自己去建设云计算中心，由专业的云计算服务提供方通过建立以云计算中心为载体的计算资源池，实现计算资源的集约化和规模化经营，为博物馆用户提供基础设施即服务（IaaS）、平台即服务（PaaS）和软件即服务（SaaS）等不同层次的计算资源应用服务，从而实现博物馆信息化技术应用的低成本、高可靠性、可扩展性的目标。

云计算是构成博物馆智慧特性的关键，是实现智能博物馆“算度精准”和“能文善辩”的必要条件。“算度精准”要求深入分析采集到的博物馆的海量数据，使用各类先进的数据挖掘和分析工具、算法模型和功能强大的运算系统进行复杂的数据处理、分析和计算，以便及时获取准确信息；“能文善辩”要求智能博物馆具有直观生动的图形化、可视化和三维虚拟化等表达方式，并根据用户交互要求进行动态调整。智能博物馆的最终实现需要应用多源海量数据存储、管理，以及分析处理、共享、整合等诸多应用，对计算资源和计算能力提出了巨大的挑战，云计算为这一挑战提供了解决方案。

12.2.4 大数据

随着智能博物馆的建设和逐步推广，物联网的应用为博物馆带来了多源海量数据的同时，也带来了海量数据的存储、管理、处理、融合和挖掘分析等问题。智能博物馆中的大数据特征是由其数据丰富程度来决定的。博物馆中的大数据普遍具有数据粒度偏大、异构多源、访问频次偏低等特点，例如物联网系统中各类传感器件周而复始地产生的大量监测信息等结构化数据，视频监控采集终端实时采集的大量视频画面等非结构化数据。从数据量来说，智能博物馆的建设已开始进入大数据时代。

大数据技术是智能博物馆“谋虑深远，决胜千里”的核心支撑条件。智能博物馆发展过程中产生的数据只有被及时保存，并得以分析挖掘，进而从中获得有价值信息，才能真正实现智能博物馆决胜于千里之外的策略谋划（见图12.5）。虽然大数据分析应用在国内博物馆领域还处于萌芽阶段，但价值已经显现出来。例如按照博物馆定位角度不同，或业务侧重数据分析，比如通过挖掘智能博物馆公众服务端用户的行为习惯和喜好，从凌乱纷繁的数据背后找到更符合用户兴趣和习惯的产品和服务，并对产品和服务进行有针对性的调整和优化，这就是大数据分析在智能博物馆中的价值所在。

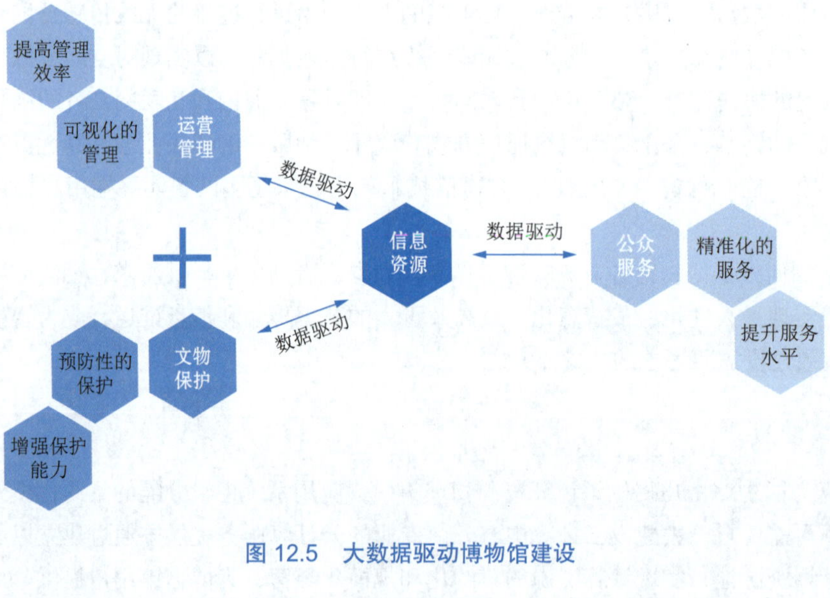

图 12.5　大数据驱动博物馆建设

12.2.5 人工智能

人工智能从诞生以来，理论和技术日益成熟，应用领域也不断扩大，其代替人工的智能交互服务、观众管理、文物虚拟修复等应用在博物馆中具有较强适用性。

在智能博物馆的建设发展过程中，人工智能技术的应用，将充分展示出博物馆的“智慧”性，体现物联网、云计算、大数据、移动互联技术综合、交叉使用的显著成效。可以说，人工智能技术使传统博物馆充分展示出“灵气”成为可能。一是人工智能技术为博物馆的公众服务提供新颖、有趣的交互方式，以博物馆线下场馆机器人或线上数字机器人的方式，为公众提供交互体验、智能问答等服务（见图12.6）。二是在观众管理方面，人工智能技术的应用主要体现在观众流量监控和观众聚类分析上，为博物馆展陈布置、展览活动等提供决策依据。三是人工智能技术为文物修复工作提供虚拟修复新思路。通过综合运用图像处理、视觉计算等技术对文物碎片进行非接触三维测量，实现对文物本体的全自动建模、虚拟修复，为实际修复提供参考方案，以及可预览文物的修复效果。

图 12.6　人工智能在导览中的应用

除此之外，人工智能同时渗透到智能博物馆的众多细分领域。如 AI 中台基于公共能力引擎，统一提供无业务属性或者弱业务属性的智能化服务或工具能力，包括智能推荐、智能搜索、知识图谱数据可视化等功能模块。

12.3　智能博物馆典型应用

12.3.1　藏品保存环境监测系统

该系统针对文物保存环境的特殊需求，采用无线传感网络技术和环境因素监测技术实现实时监测文物保护环境的变化，动态采集、传输、记录、分析数据，系统网络架构示意图如图 12.7 所示，实现对异常环境参数的及时预警，第一时间提醒相关人员采取必要的保护和调节措施，有效地提高文物预防性保护的精度和效率。此外，在监测数据不断积累的基础上，结合文物本体状态数据，可通过数据挖掘分析，探索不同材质文物的风险评估指标体系及风险预测数据模型，从而建立文物的风险评估预控机制，最终实现博物馆文物预防性保护综合能力的提升。

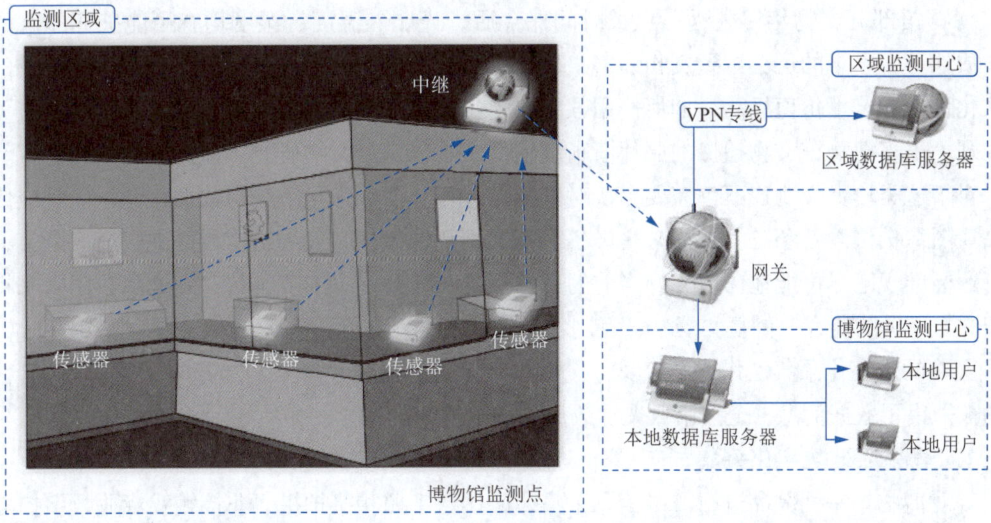

图 12.7　藏品保存环境监测系统网络构架示意图

系统建设按照博物馆收藏保管、展陈利用等实际需要，统筹考虑博物馆库房、展厅、展柜等空间分布，采取文物保存微环境调控区域与非调控区域比对监测、不同材质文物选择性监测等方式。系统主要对温度、湿度、光辐射、二氧化碳、挥发性有机化合物（VOCs）等多种环境因素数据开展实时监测和智能数据采集，系统界面如图12.8所示。

国内文物预防性保护工作的开展以上海博物馆为主要代表，从2010年起逐步研究、应用，通过国家重点文物保护专项的支持，在国内各大博物馆中推广实施，目前国内已有数百家博物馆开展文物保存环境监测系统的布设。随着各地博物馆文物保存环境监测系统的广泛建设和监测数据的持续积累，当前文物预防性保护工作的重点侧重于馆藏文物预防性保护风险防控关键技术的研发和示范应用。

图 12.8　文物保存环境监测系统界面示例

12.3.2　藏品数字化留存

博物馆部分文物年代久远，在长时间保存后，光照、温度、湿度均有可能破坏原有的色彩、质地等，严重的还会导致文物病害，破坏其原有的品质。馆藏文物，尤其是珍贵文物的历史文化价值和艺术价值极高，如何使用数字技术将文物的信息保存下来显得尤为重要。有关调查发现，很多博物馆文物拍摄的照片清晰度较低，难以满足文物研究、保护及利用的需要。因此，对于这类珍贵文物，不仅需要尽快对其影像进行全面数字化采集与数据存储，而且应使用超高清图像拍摄设备和三维扫描采集设备对其二维图像数据、三维结构数据进行全面采集，按照行业标准规范尽可能地保留文物当前的原始信息和各种状态细节，留存的藏品数据未来将运用于文物相关的研究、修复、展示、复制、文创开发等众多领域。

文物的数字化采集工作逐渐普及，文物数字化资源剧增。截至2020年末，346万件可移动文物被采集了数据信息，全国馆藏文物数据总量超过140 TB。

1. 藏品二维数字化采集加工

针对博物馆平面藏品进行二维信息采集，采用数字照相机拍摄、非接触式专业数字扫描仪扫描等方式，可运用移轴拍摄模式拍摄文物的局部，拼合成的文物高清图片像素，可实现亿级以上，在线浏览时可通过多级放大观看文物的高清细节。书画类平面藏品二维数字化采集加工成果示例如图 12.9 所示。

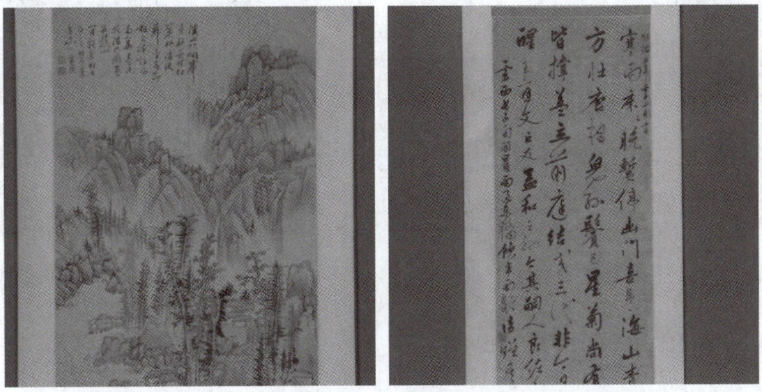

图 12.9 平面藏品示例（图片来源：四川博物院）

利用高清影像拍摄技术及大幅面扫描技术，对馆内藏品进行数字化采集加工，获取平面文物及文献资料、照片等藏品的高清影像数据，为博物馆的历史文化资源宣传展示、学术研究、数据利用等提供原始数据。值得指出的是，考虑文物的珍贵价值和不可逆损毁属性，在拍摄现场环境布置中，注意拍摄环境安全评估及相应措施的实施。藏品二维采集拍摄环境如图 12.10 所示。

图 12.10 藏品二维采集拍摄平台及小型摄影箱

采集的藏品二维数字影像通过图像拼接、色彩管理、畸变纠正等加工处理，形成满足博物馆主要业务工作需要的影像信息。藏品二维影像的质量和数据格式以博物馆实际业务需求为准，并满足国家和行业标准规范要求。

2. 藏品三维数字化采集加工

针对博物馆立体器型藏品，需要进行三维数据采集，获取藏品表面完整的三维点云、网格模型、纹理映射、图像色彩等，构建精度模型数据，真实再现藏品表面材质的高清纹理，保存藏品的细节信息。藏品的三维数字化采集过程中必须以保护藏品安全为第一原则，严格遵循国家相关工作标准规范进行数据采集加工。典型立体器型藏品三维数字化采集加工成果如图 12.11 所示。

藏品三维数据扫描采集将采用高精度非接触式光学扫描技术和多图像三维重建技术相结合的方式，完成模型点云数据采集，制作具有色彩还原度的藏品三维模型，并通过精准纹理映射方式完成模型的高清贴图，最后充分整合制作高清三维模型。由于藏品的珍贵价值和脆弱敏感性，藏品的三维数据采集往往采用非接触式标靶点布设，通过周边其他物体形成参照物，利用参照点进行全局的高精度拼接，如图 12.12 所示。

藏品三维数字化采集数据通过加工处理，通常形成原始精度、展示精度、数据留存归档三种类型数字化成果。藏品数字化留存后的资源通过加工利用，为智能博物馆的应用服务提供重要支撑，为文物保护研究和利用提供素材和数据。藏品数字化资源加工成果的呈现形式主要包括可用于虚拟展示的藏品高清图像信息、三维立体影像、虚拟漫游场馆、主题场景展示、互动游戏应用、动画视频资源等。

图 12.11　立体器型藏品示例

图 12.12　藏品本体外的参照点扫描

12.3.3　博物馆智能导览系统

博物馆智能导览系统运用GIS、室内定位、移动互联网等技术手段，结合智能导览设备中所包含的方向传感器、重力传感器、加速度传感器、GPS、陀螺仪等多种传感器，全面整合博物馆观众服务资源，提供针对观众个体的个性化、智能化、具备多种互动方式的数字化展陈展示服务。

目前博物馆智能导览系统一般分为散客讲解和团队讲解两种模式。散客讲解通常借助智能导览机或观众手机终端实现，系统界面如图12.13所示；团队讲解通常借助团队讲解器实现，系统实现如图12.14所示。在室内无线定位网络的布设下，通过智能导览机为观众提供博物馆介绍、展览活动资讯、展品展示、线路导览、位置共享等服务。导览模式包括：（1）室内定位自动导览：观众无须任何操作，走在室内展厅任意位置，均能自动收听到相应讲解内容；（2）数字点播，自主导览：通过输入相应展品编号，观众可以针对自己感兴趣的展品重点收听；（3）扫码讲解，自主导览：通过扫描相应展品旁的二维码，观众可以针对自己感兴趣的展品重点收听；（4）室外GPS定位，实时导览：针对遗址类博物馆，通过GPS定位，导览机能时刻获取观众当前所在位置，当走近遗址点时，可自动触发相应的讲解内容。该系统还可支持3D多层地图查看、实时定位、路线规划、位置共享、AR实景导航等功能。

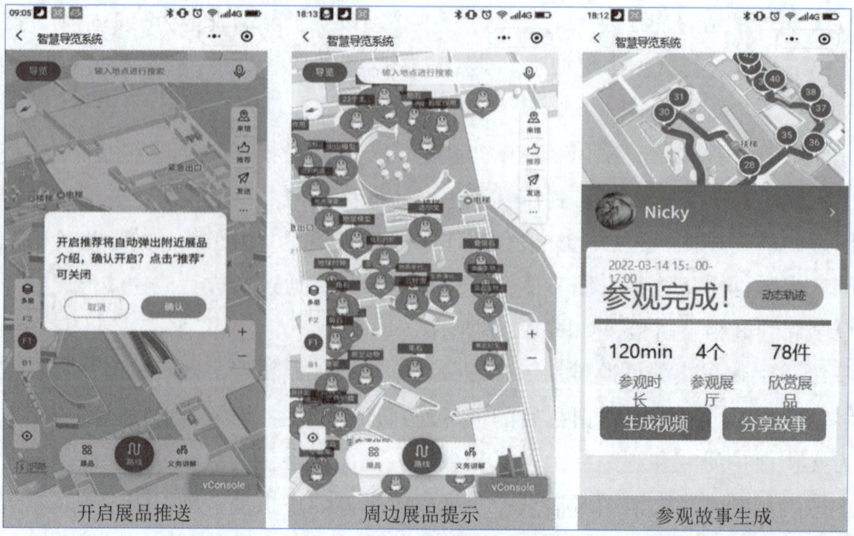

图 12.13　智能导览系统界面示意图

图 12.14　团队讲解系统示意图

该系统可优化环境和公共服务设施引导，强化展览内容信息，满足观众随时随地多角度自主探索文化空间、了解文化知识、传承文化精髓等多元化需求。后台实时同步采集观众数据、分析观众行为，为观众提供更便捷、贴心、稳定的参观服务，打造自适应的智能化服务体系，提高博物馆智能化、精细化的管理水平和服务水平。

12.3.4　博物馆大数据可视化管理系统

博物馆大数据可视化管理系统是基于大数据技术的智能博物馆“智慧大脑”的集中体现。系统以数据驱动博物馆的创新建设，其功能实现主要集中在三个方面：一是数据标准化与关联；二是跨数据源/跨单位的数据共享与重用；三是数据全局可视化查询与呈现。针对馆领导，该系统可实现馆内人、财、物及运营全局数据直观展现，融合空间的全景可视化；针对业务部门，该系统可助力业务流程的打通和业务相关数据资源的一键访问，支撑部门间的协同办公；针对外部合作，该系统可支撑信息资源的快速核查、统计、共享，有力地支撑馆际的合作研究和对接工作。

博物馆大数据可视化管理系统的建设契合博物馆智慧化创新的本质——价值化和去边界化。通过将博物馆的信息资源从数字化向数据化发展，进而发展到数智化，实现博物馆信息资源的价值再利用。例如，某博物院的数据可视化平台，在分布式环境下进行计算和通信，实现对文物保护、安全保卫、社会服务、文创销售等的业务分析，如图 12.15 所示；某博物馆的数据中心是将博物馆现有内外网的系统整合到一个统一的综合性管理展示平台，如图 12.16 所示。

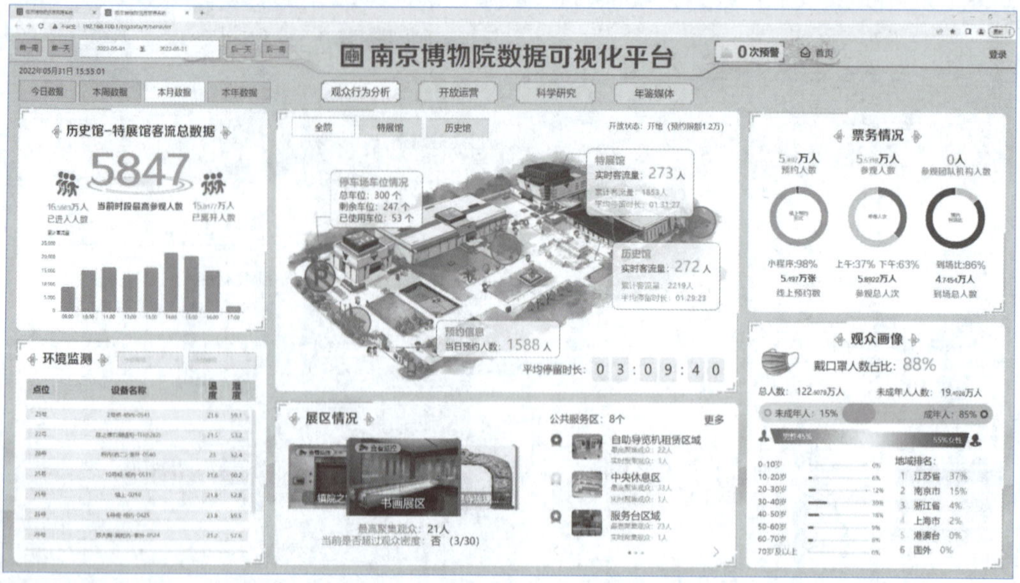

图 12.15　某博物院数据可视化平台界面

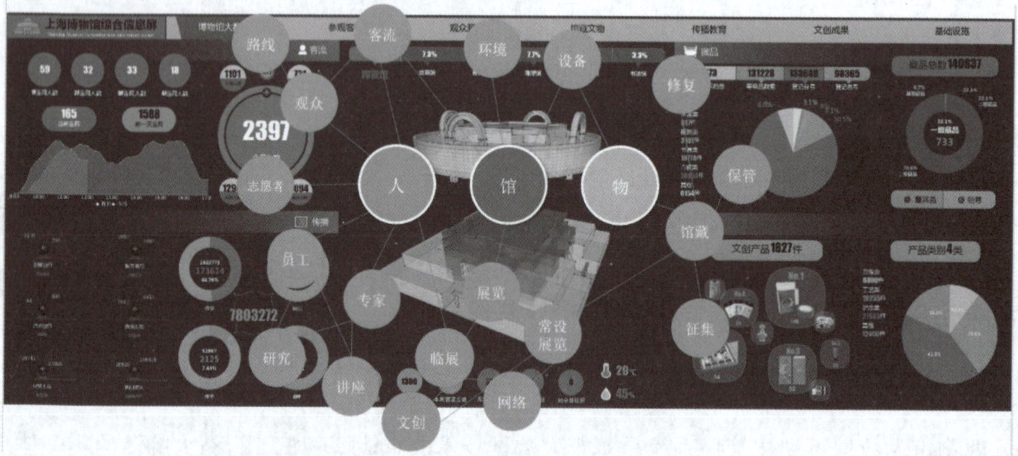

图 12.16　某博物馆数据中心界面

12.3.5　文物虚拟修复系统

文物修复保护一直以来作为文物保护研究工作的重要内容，是博物馆的主要职责之一，也是尽可能地长久保存和延长珍贵文物信息的重要保证。博物馆收藏的文物大多年代久远，由于自身老化、环境影响，以及人为干预，都经受着不同程度的破坏和损害，如金属文物锈蚀、陶器/瓷器破碎、木器/竹器干裂、纺织品/纸质文物腐朽霉变、石刻风化、彩绘脱落等，如图12.17所示。因此，对这些文物需要进行合理有效的保护和传承利用，在科学指导下，对其进行保护性修复工作，尽可能地保持文物原有的样貌和形态。传统的文物保护修复技术主要利用手工修复完成，是一项技术性很强的工作，其修复的效果主要取决于文物修复工作者的素质和修复人员的审美观念，修复过程费时费力，且极易造成对文物的再次破坏。文物虚拟修复系统的出现通过人工智能技术的合理应用为文物保护修复提供了新的思路和有效的技术支撑。

图 12.17　待修复文物碎片

文物虚拟修复系统基于计算机视觉的三维重建技术，利用数字摄像机作为图像传感器，综合运用图像处理、视觉计算等技术进行非接触三维测量，获取文物碎片的几何特性，将这些三维信息进行特征提取，融合高光谱等多源数据，设计运用图像深度信息估计算法和三维碎片拼接技术，快速实现文物本体的全自动建模，指导破碎文物的原貌修复，修复过程如图 12.18 所示。

图 12.18　文物虚拟修复示例

文物虚拟修复能够极大程度降低文物保护修复工作的风险，并且能够将文物的原始信息永久保存，成为文物保护领域的一个研究热点。系统可针对不同的文物本体修复方案，动态展示不同的虚拟修复成果视觉效果，使修复人员能够"提前"预览到修复效果，能够在真正修复之前进行方案的对比、优化。目前，国内外已经取得一定研究成果和相关积累，主要集中在针对文物脱色、裂缝、破损和污渍的虚拟修复。

12.3.6　公众互动展示系统

近年来，文物资源和展陈空间有限与公众追捧的"博物馆热"形成较大的供需矛盾。传统的实体博物馆展示与参观模式已不能满足公众的需求。传统博物馆与公众之间"以物示人"的静态单向沟通方式存在更大的挑战。智能博物馆的发展为博物馆创新展示与公众体验服务提供新思路。公众互动展示系统突破以资源为中心的传统参观模式，转变为以观众为中心，重视观众的感受和参与度，利用交互式新型显示技术，将静态的博物馆资源动态化，对隐形的历史文化资源进行还原，使其具有画面感和动感，以增强普通观众对历史文化的识读能力。针对博物馆现场观众，系统基于传感网络、虚拟现实、增强现实等技术方式，丰富陈列形式和信息供给，开启公众高品质、沉浸式的轻松文化之旅。对于非现场观众，系统则通过网络信息传递方式，打破博物馆传统的时空界限，拓展博物馆的公众服务广度、深度与时限。

从故宫博物院丰富炫目的"数字故宫"到内涵丰富的"数字文物库"（见图 12.19），从敦煌莫高窟走出国门的"数字藏经洞"（见图 12.20）到效果震撼的"数字敦煌"，数字化技术将现代与古代紧密连接，真正实现"时光穿越"，以全新的感官体验满足人们探古求知的需求。

图 12.19 故宫“数字文物库”

图 12.20 敦煌“数字藏经洞”

公众互动展示系统通过多元多维输出展示技术，以高速数据处理、相关历史文化关联、历史场景再现、高清和超高清图像互联网站展示、文物三维图像展现、博物馆全景漫游等方式，拉近观众与藏品的距离，提高了博物馆藏品的开放力度，拓展了博物馆的公众服务时限和广度，提供了高品质、沉浸式的轻松文化旅程，让更多的人了解和感受传统文化文物的魅力。

12.4 智能博物馆未来发展趋势

日益成熟的物联网、云计算、大数据和无线通信等技术共同支撑了博物馆服务、保护与管理核心业务职能。其中，物联网技术支撑了对藏品、环境、人员的实时动态智能化识别、定位、追踪、监控和管理，令博物馆更加“耳目通达”和“反应敏捷”成为可能；云计算技术按需提供存储、计算及网络资源，解决数据量和访问量快速增长带来的问题，从而实现智能博物馆技术应用低成本、高效能、可扩展的目标，令博物馆更加“融会贯通”和“运筹帷幄”成为可能；大数据技术则针对智能博物馆所产生的海量、多源、异构、时变的数据，采用数据挖掘、深度学习等技术，为社会公众提供更好的个性化服务，令博物馆更加“知识渊博”和“善解人意”成为可能；无线通信技术的应用，使得博物馆各相关业务活动的开展更加快捷、便利、高效，令博物馆更加“随时随地”和“无处不在”成为可能。

智能博物馆的建设不应被“五光十色、日新月异”的新技术主导，而应该坚守核心业务需求导向，新技术的应用和选择要服务于需求的发展思路。智能博物馆在科技与文化融合并有人工智能参与核心驱动系统的条件下，可以具备持续进化、不断演变、提升自身的能力。随着物联网技术的发展、成熟，“互联网+”的思维方式应该贯穿博物馆数据处理和分析工作始终，采取全方位、多视角、动态的大数据技术，收集并分析博物馆“人”“事”“物”数据信息。未来智能博物馆的发展势必建立在海量数据的有效知识化应用上。因此，对博物馆海量数据进行有效梳理和组织，从基于数据的应用转变成基于知识的应用，是全面提升博物馆服务质量的关键途径，也是未来智能博物馆建设的核心内容。

智能博物馆的知识体系建设，需要基于互联网共享共治理念，着重以博物馆的大数据为核心。数据具有催生博物馆变革的能量，这种能量的释放，需要严谨的数据采集、数据分析以及一个激发管理创新的环境。智能博物馆将海量、多源、异构的数据，包括文物普查数据、保存环境数据、博物馆网站/微博/微信、历史文献库、考古资料数据、数字图书馆/辞典、国内外百科、新闻/社交媒体、历史地理信息，以及观众数据等，通过利用自然语言处理、大数据分析、文献计量学、软件科学等组织起来，能够支撑文物和博物馆各项业务需求的知识表达和知识呈现体系，为知识库管理人员提供系统集成管理平台，为社会公众提供开放的数据共享平台，以及更人性化、个性化的服务。可以把过去普查的、现有的藏品数据，以及未来会产生的数据，进一步结构化为可高效利用的知识，从而保证智能博物馆建设的知识集成能力和供应能力，使得智能博物馆建设实现更全面的知识汇聚、更丰富的知识表达、更多样的业务知识需求、更精准的知识呈现，更好地实现博物馆的教育和研究功能，使博物馆真正成为“虚拟世界的真实性源泉”和数字时代知识的创造、生产机构。这种基于关联数据的知识组织方式，目前已成为国际博物馆界普遍关注的方向，也是智能博物馆未来的主要发展方向。

本章小结

智能博物馆概念的提出和不断发展，本质上是新一代信息技术发展大潮下博物馆发展基调的理性回归。智能博物馆作为一个以核心业务需求为导向，创新科技发展为支撑的有机体，必将不断演变进化。物联网技术的发展和成熟必将推动智能博物馆的更高阶发展，也是博物馆领域真正从思维模式到行动模式的变革。

习　题

1. 请简述物联网技术在博物馆发展中的推动和支撑作用。
2. 请概括描述智能博物馆的定义及具体内涵。
3. 简要说明智能博物馆的整体架构及三个体系建设。
4. 智能博物馆涉及的关键适用技术有哪些？这些技术的应用场景是什么？
5. 描述三个及以上智能博物馆的典型应用。
6. 简要分析智能博物馆未来的发展趋势。

参考文献

[1] 陈宏，牛攀峰，齐浩. 高轨移动通信卫星系统支持低轨航天器测控应用研究[J]. 中国航天，2023（8）：49-55.

[2] 戴凤智，乔栋，温浩康. 机器人智能检测与先进控制基础[M]. 北京：机械工业出版社，2022.

[3] 戴凤智，赵继超，宋运忠. 多智能体机器人系统控制及其应用[M]. 北京：化学工业出版社，2023.

[4] 贺琳，杨晓飞. 浅析我国智慧博物馆建设现状[J]. 中国博物馆，2018（3）：116-126.

[5] 贾永兵，张文超，郑红斌，等. 计算机网络通信技术和光纤通信技术分析[J]. 信息记录材料，2023，24（8）：158-160.

[6] 赖幸君，林达宜. 蓝牙技术在测控系统中的发展应用研究[J]. 数字通信世界，2023（4）：92-93.

[7] 李艳霞，张艳芳. 物联网环境下移动机器人定位应用研究[J]. 信息技术与信息化，2023（12）：193-196.

[8] 李治国. 现代光纤通信传输技术的应用[J]. 光源与照明，2023（8）：87-89.

[9] 梁尊人，刘诗华. 智能交通中无线通信技术的应用[J]. 交通世界，2020（25）：24-25.

[10] 林粤伟，王溢，张奇勋，等. 面向6G的通信感知一体化车联网研究综述[J]. 信号处理，2023，39（6）：963-974.

[11] 刘纪元，祁瀚文，刘志诚，等. 一种基于机器视觉的精准注意力追踪系统[J]. 系统仿真学报，2023，35（10）：2087-2100.

[12] 马利庄，吴飞，毛启容，等. 面向复杂场景的人物视觉理解技术[J]. 中国图象图形学报，2022，27（6）：1723-1742.

[13] 孙琦钰，赵超强，唐漾，等. 基于无监督域自适应的计算机视觉任务研究进展[J]. 中国科学：技术科学，2022，52（1）：26-54.

[14] 王钊，梁洪，王佳晨，等. 基于可穿戴技术的临床监护新模式探索研究[J]. 生物医学工程学杂志，2021，38（4）：753-763.

[15] 武琼，李磊，吴方健，等. 智能交通系统信息采集、处理与发布技术研究[J]. 信息与电脑（理论版），2023，35（5）：200-202.

[16] 辛璐瑶. 无线时间敏感网络中的时间同步技术研究[D]. 北京：北京交通大学，2023.

[17] 徐莹. 无线通信技术在智能交通系统中的应用研究[J]. 数字通信世界，2019（7）：219.

[18] 杨俊，马霆，郭丹. 提升数字能力赋能智慧农业发展[J]. 华中农业大学学报，2023，42（5）：282-288.

[19] 余子昊，王栎皓，汪洋，等. 卫星激光通信快速反射镜研究进展及发展趋势[J]. 激光与光电子学进展，2023，60（15）：43-52.

[20] 张翼英，张茜，张传雷. 人工智能导论[M]. 北京：中国水利水电出版社，2021.

[21] 张翼英，史艳翠. 物联网通信技术[M]. 北京：中国水利水电出版社，2018.

[22] 朱思峰，杨诚瑞，柴争义. 基于神经网络的智能家居管控方案[J]. 南开大学学报（自然科学版），2023，56（5）：1-8.